光化

(二)

光化

第四期

目次

民國三十四年五月二十五日出版

先化

第三期

·印書無多·欲購從速·

目錄

實價六百元各大書局報攤均售

民國三十四年四月二十日出版

光化 月刊 目次

第一卷第四期

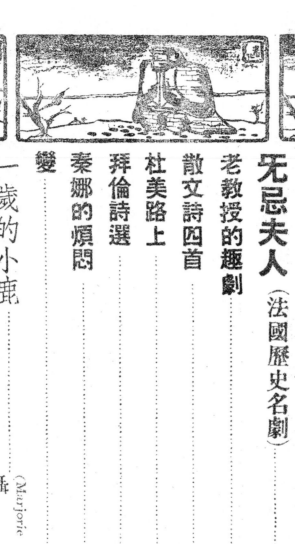

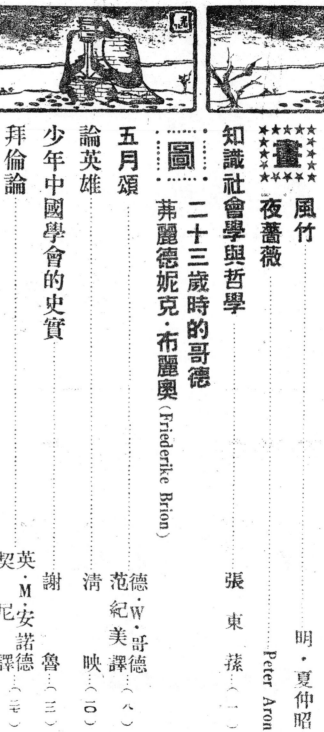

咖啡
中菜
西點

泰山路分店
[illegible]已開幕

台灣白糖
儘量供飲

優待
顧客

不加
小賬

總公司 上海靜安寺路一四七二号
分公司 上海泰山路五三四号

有鞋皆美 無樣不新

華東皮鞋商店

南京路七七七號

電話九二五六六號

揚子

飯店

房間清潔
招待週到

舞廳

紅星如林
音樂新穎

地址：雲南路二八七號

電話：九四八〇〇

明・夏仲昭 **風竹**

孫曜東先生珍藏

夜 薔 薇

阿 蘭 作（Peter Arno）

知識社會學與哲學

張東蓀

東蓀先生爲現代中國研究西洋正統派哲學之先驅者。在認識論上樹起「多元認識論」；已爲學術界所週知共認之事。文德爾班說：「眞能理解康德者，卽是超邁康德之謂」；其言大遭時論掊擊。玆吾人不欲諛美文德爾班，然亦不避此遭世掊擊之語，以之奉獻於東蓀先生，而掊擊之事則獻諸之人，願以身當之。秋去在北京謁東蓀先生於西四大覺胡同寓齋，得閱先生此文。竊念兵爭以來，東蓀先生之作，甚少與海內相見；先生老矣，以賣書畫爲存活，今春復經紀伯兄孟劬（爾田）先生之喪，心情當更難爲懷；爰鈔正此篇以付光化編者。　桑儇謹記

「哲學本來是一種最不實用的學問，並且我們也似乎很難指出在人類歷史中所謂「哲學」曾放過什麼異彩在人類社會上發生多大的影響，這偉大而空虛的學問事實上常還不如一件偶發的小事更有效力，人用盡一生精力研究「哲學」在老耄的時候建立了一個完整的哲學體系共體大思精且眞足使人驚異，而其實際上這偉大的哲學體系，無論在當時發生或不發生，當時的社會還是那個樣子，那末，哲學的任務究竟在什麼地方呢，舉例來說，譬如造房子，那監工的人便是相當於哲學家，他對於一切建造房屋各方面的常識全都了然其大要，而自已却不或不能親自去動手建造，只是在事先事後詳細考察吹毛吹疵，人所見不到的缺點他却見到了，沒有他，也許全部的建築會因某一定的缺欠悉歸解體，培根說「我只是吹號却不親身上前線去，」所有哲學家也通體都是吹號的人，號吹的調子越高，實際作戰的人勇氣也越大，

可是，中國近年治哲學的人，旣沒有吹號者，也沒有監工者，沒有吹號者，不能引領大批的人勇敢前進，沒有監工的人，便不能保定大批的工作沒有漏洞，不會誤解，中國治學的人，大概都是建築工程的參觀者，讚美者，最好的也不過參觀各種建築所得的結果互相比較一下，說明他們的相同或不同之點胡適之是實用哲學的讚美者，梁漱溟是參觀而後比較者，到現在中國人在西洋學問的各個部門中都尚可找出少數精幹的人才，惟在哲學方面很難找出站得穩的人，所以號筒便吹不起來，其他精幹的人無法努力前進，慢慢也就被人遺忘，自己遺忘了。

必要找出一個治西洋哲學眞能通其大體的人，到現還只有一個東蓀先生，先生對西洋哲學涉獵甚廣，所以見地也趨於公正，尤其因爲是一個中國人，並沒有先爲西洋傳統思想所束縛，漸漸才變成一個替西洋哲學監工的人，只是，西洋人既然自以爲不需一個中國的監工，中國本身又無工可監，結果東蓀先生才過着現在這樣隱居式的生活。

去年夏天，在北京拜見先生於其寓所，深感到先生無論在思想行動方面之中立不倚，談話的時候，其他問題都未得其要領，還是關於哲學方面，先生仍坦白地表示他的意見，短短一小時的談話，無不打中哲學問題的中心，並且與此篇關於知識學的文章有關不妨記在這裏以爲參考。

首先我問「現在是西洋潮流澎湃世界的時候，中國思想學術還會不會有發揚的一日？」先生囘答說「恐怕很難，」那意思是大概不會了，因爲「中國以後必須要走上西洋的路，你自己不願意也是不行的」，其次我便說：「現在所謂西洋的路，當然就是指科學的路吧」，先生亦以爲然，接着我又問「據先生的意思，自今以後西洋科學是不是仍要繼續前進呢？」先生說：「恐怕還是要進步的」。我又更深一層表明我的疑問說：「我們所說的進步並不是指發明一件新東西，或發現一個新星球而言，乃是就全體的科學思想，科學方法而言，因爲西洋科學自近世以來突飛猛進，到了現在的愛因斯坦驚才飄逸，百尺竿頭再進一步提出了相對論，在科學界開了一個新紀元，不過，我的意思認爲相對論對於科學不是一種肯定而是一種否定，不單是一個進步也是一個打擊恐怕以後科學難以那麼容易的進步，這是我自以爲是不知先生以爲然否」，先生此際對於我的意見一方面認爲未免胆大一方面也好像以爲能够自己說出一個思意，認爲可喜的，於是說：「相對論是一個很難瞭解的東西」我又插嘴道：「那大概是因爲中國作學問的人，大都對於西洋純粹科學即數學的工力不够罷，」先生說：「眞正研究了數學也還是難於瞭解相對論」，關於相對論的話就止於此，以下便談到研究哲學的路先生以爲有三條路可走一是科學的路，一是心理學的路，一是哲學史的路。這也是可以給此篇文章作爲參考的，先生更表示中國人研究哲學，到現在爲止，大概只能通其大意，把外人已成的學說介紹過來，單獨研究尙非易事因爲第一中國人的科學造詣不够，第二在哲學史方面中國人的語言學不够，並且這都是難於補救的，先生的談話大概就是這些，現在拿來與此篇文章一對照又可得到一點先生的見地。

在此篇文章裏面先生提出單獨建立「知識學」並且要在「實證哲學」之上，實證哲學本來就是以知識爲其根基的，現在要把「知識學」放在實證哲學之上，當然是認爲在普通所謂知識之外尙有物在可以限制知識的，就便是先生所以重視知識社會學的理由，但是先生最感困難的地方就是知識的矛盾，在「態度的非難」一節裏面說得很明白，先生說：「知識本是一個怪東西，知識確爲知識以外者所限制然而發現此限制仍就是由于知識……我個人對於這一點深感有調和的必要」這就是先生所提出的知識學的問題的中心，並且先生自謙說「但吾學力未足到，今天依然毫無把握」，說是「毫無把握」其實路綫已經是找到了，不過還不願把它輕易發表出來罷了，至於我個人以淺鮮的學識，認爲這個困難問題的重心，仍可以歸根於傳統的心物問題，解決了心物問題也就可以用同樣的方法解決這個問題，心本體不可知物本體不可知，但是由心可以知物由物也可以知心，那末處於心物之間，而可以知兩者的東西是什麼呢？可以說就是康德所謂的純粹理性，理性本有心的成分，純粹理性就是要撇開心的成分，但實際這個東西是很難捉摸的，叫它純粹理性也可以叫它別的名字也未嘗不可，總然處於心物之間而出於兩者的，康德所以被人認爲犯了二元的毛病也就是因爲這個緣故，關於其他方面我也無話可說了，契尼附記。

知識社會學，是最新出的一門科學。從社會環境決定思想上以研究各種思想的內容。換言之卽職在分析人類思想內容以求發見其如何被社會因素所左右。

注重於境遇左右思想；致各種思想皆有其背境。於是有「境況的相對性」這種學問同時又以「主義」爲對象，以研究其所以構成的利害關係。詳述知識社會學的性質非本篇目的，故請從略。

但就發見社會因素以決定思想而言，這亦顯然是主張人類的知識有限制。因爲社會的因素在知識以外，用知識以外者來左右知識，便是限制知識。發見知識有限制，不自知識社會學始。康特(Kant)就是發見知識有限制的一個人。

不過他是從「先驗」的觀點，來發見知識有限制。

但這個先驗說却可用生物學來解釋。我們因此可稱這種限制爲生物學的限制。

此外，例如佛洛德(Freud)未嘗不是亦講知識的限制。他用「不自覺」以限制自覺的心意。但他的所謂不自覺，是由壓抑而鬱結以成。這便可說是心理學的限制。生物學的限制與心理學的限制有一個很大的不同。就是前者是普遍的與必然的。而後者却各人不同。至於知識社會學乃是於此兩種限制以外又添了第三種限制。這種限制又與那二種不同。既不是普遍的，却不是各人各樣的。我們研究知識，必須承認這三種限制。

我個人的宗旨是想把「知識學」建立爲一種獨立的科學，而立於「實證主義」之上。換言之，卽從各方以研究知識，而不限於用形而上學的觀點。詳細說來，這個知識必須不僅限於傳統的「認識論」；而必須包括各方面。從邏輯方面以研究知識的「格式」；從心理方面以研究思想的「作用」；從認識方面以研究知識的「確實」。這些都須包括在內。而尤必要的就是關於上述的三種限制的研究。

因爲這個緣故，我對於知識社會學甚爲重視。但我不是專從社會學的立場想把知識盡吸入其中；我乃只是從知識論的立場以爲研究知識不能拋棄其社會因素的影響而已。現在我就講一講我的計劃。

我以爲可分下列諸點來討論：

第一是關於邏輯方面。向來研究邏輯決不會連想到社會的因素例如唯物派主張否定之否定以及相反者之合一與滲透，由量變爲質的法式。他們以爲是千古不易的眞理，是自然自足的實情。而在我們看來却完全不是那麼一回事。乃只是由社會所要求而始發明的。反之如傳統邏輯上的同一律，其情形亦然。所以就我的觀點來看，唯物派攻擊傳統派與傳統派攻擊唯物派同是一樣地爲他的社會因素所拘。以致於互相水火。倘能從我的觀點，便見這兩個互相攻擊未免好笑。

第二是關於哲學上的問題，我現在所取的態度與一向的哲學家不同。他們總是自己迷在哲學內，想努力以「解決」哲學上的問題，例如，心與物的關係問題；宇宙是多元還是一元的問題；質與式的問題等等。我則先不從這些問題本身着眼，而先查一查這些問題何以會發生，發生了與人生有何關係？解決了對生活起何作用？爲甚麼只是怎樣，而不會別的樣子？這樣一想便覺得這些問題不僅其本身成爲問題，且何以會有這樣的問題亦就成爲問題了。所以我想：從問題以外來看問題，這便是多少採取知識社會學的態度。

第三是關於哲學史。從社會學的立場以研究哲學家的思想自然是考查哲學家的時代，與那個時期的經濟政治狀態，以及其個人的社會關係。我對於這樣研究尙未能十分滿足。我主張不把一個一個的哲學家作對象。而把哲學思想看成一個很長很長的不斷之流。在這個流中我們務必想法發見其文化的背境。于是便把哲學史當作文化史。從思想的變遷上映出社會的變化。從思想上有新問題發生，證明文化的階段。把所有的各種思想連續起來，作一個長流來看，看出其背後的社會文化的過程。

除了這些方面以外，尚有幾個問題：

第一是關於言語的問題，我在此處却要和卡那魄，紐拉司等人異趣。他們所主張的是所謂「物元主義」我則以爲言語不能盡還元到物理的報告。大部分的言語是表示「價值」的。正由於人類有希望，有感情，有意志。表示這些都是用言語。所以言語的主要作用在于表情，而不限於達意。尤其須知的卽這些情感的交通乃是社會的。因爲言語完全是爲交通而設。因交通而情感凝合遂有社會。故言語本身就是社會的。言語的構造上如有特殊處必定卽表示那個社會的特點。因此我把言語列入社會現象之一而以知識社會學的方法研究之。不採取他們的物元主義。

第二是關於態度的非難。必定有人對於知識社會學加以非難曰：你主張社會因素左右思想，則你的思想亦必爲社會因素所決定因而必非真理了。其實這樣的攻擊可施於任何學說。卡那魄的物元主義亦曾同受此種詰難。就是說：你主張一切言語若不能還元到物理卽爲無意義，你這個主張就不能還元到物理，故你這句話卽爲無意義。美國的行爲派心理學亦曾受此攻擊。就是說：你主張思想只是喉管中潛伏的動作，則你的思想只是你喉中的動作，便不足表示真理了。我認爲這個問題確有解決的必要。英人羅素想用「層次」來解決。我則以爲專就知識一點來論，知識本是一個怪東西，知識確爲知識以外者所限制；然而發見此限制仍就是由於知識，這便是一班唯心論者所不能不把心列爲最後者的緣故了。但我則以爲這是由於觀點不同。知識社會學是科學的態度以知識的對象而研究之。如果接受此詰難則便換了觀點。因爲詰難者是以知識爲立場，而想取包括態度。我個人對於這一點深感有調和之必要。但苦於學力未足，到今天依然毫無把握，不知將來能有法打通否。

以上所說只是略抒我近數年來的感想，亦是我近來所祈向的方向。

五月頌

(Mailied)

德國·W. 歌德著
范紀美譯

自然這是何等明媚的自然，
簇錦綺麗圍繞在我底身邊，
太陽是如此壯麗的太陽，
歡欣的熱力流蕩於草原牧場！

從每顆樹木的枝葉間
都怒發着花蕾的新鮮，
在那些繁馥叢密的林中
流出的韻律萬籟千種！

歡樂，喜慰
充滿了所有的心胸乳房，
啊，宇宙！啊，太陽
啊，光明！啊，歡暢！

愛情，愛情
你蘊藏着金色的燦爛，
你又好像那些雲片
浮動在蒼古的太空間。

你祝福，你禮讚，
這所有的田園，
在這廣漠的原野上，
遍處都充滿了鮮豔的花香，

二十三歲時的歌德

1772年於佛蘭克府(FRANK FURT)

苿麗德妮克・布麗奥(Friederike Brion 1752—1813)

歌德的戀人，歌德於1770年10月到史特拉斯茲拜格城附近涉辛黑美(Sesenheim)村落拜訪牧師，(即其父)而認識，雙方熱愛，歌德因此創作了不少的抒性詩，但到第二年八月，歌德因在史特拉斯茲拜格大學已得法學博士學位而離別赴佛蘭克府，從此遂永別矣，但苿麗德妮克，布德奥因愛歌德而終身未嫁。

啊，姑娘，姑娘，
我愛你都已成了瘋狂！
你底眼睛流露出的瀅瑩，
好像是已明瞭我愛你的熱情。

愛情有如小鳥，
愛歌唱又愛飛翔，
也愛朝晨的花露——
　天醇的蜜香，

我用我底熱血，
這樣狂熱的愛你，
你底青春，你底康健，
快來溶化我這灼熱的胸膛。

快來開始新歌曲的合唱，
配合着舞蹈最新的交響，
呼吸着幸福沉醉的氣氛，
狂飲着愛情濃郁的瓊漿。

現在一般聖潔的天使，
都在爲我們結綴着花環，
把她和我的靈魂溶化而爲一體，
你，命運之神，我衷誠的感謝你！
你爲我塑成了這座崇高的理想，
她底姿態儀表，永恆都是美麗端莊。

歌德(Johnn Wolfgang von Goethe 1749——1832）寫這首抒情詩五月頌，是一七七一年，那時他肄業於史特拉斯兹拜格 (Straszbg)大學，時年二十二歲因熱愛弗麗德妮克，布麗奥(Friederike Brion）姑娘而寫成此詩。

論英雄

清映

在心理學方面，常將酸葡萄與失敗的英雄相提並論，不過牠另有其意義。由各方面來看，英雄如不與失敗相結合，便不成其爲英雄，不過，失敗的，確不盡是英雄。

英雄都是個人主義的信徒，只知道有自己，不知道別人也應該存在。只有自己，所以，英雄都自私，貪名，頑強，無所懼。不知道別人也應存在，所以，英雄總不惜欺侮別人，侵略別人犧牲別人。兩者綜合起來，便構成了中國所說的一將成名萬骨枯的心理與結局。英雄只以成名自喜，不以萬骨枯爲意。

英雄而掌握國政，不受政治家的指揮，監督，必然的會使國不成國，民不聊生，甚然，或民族絕種。因爲英雄所注意的是取名，取榮譽。所以，他會以國家的命運，來博取自己的榮譽。無戰爭時，他會想以武功自榮，有戰爭時，他先想到以戰勝爲榮，次想到即會戰敗，自己也要成爲英雄。發動了戰爭，英雄的野心，卽有了發展的機會，戰爭持續中，英雄便有了指揮全國的機會。到了戰爭將敗的時候，英雄不注意到國家的命運，民族的命運，而只注意到自己的榮譽，他會以自己的英雄觀念，來感動，號召成千成萬的帶有英雄觀念而神經不健全的小英雄，在殺身成仁，捨身取義，慷慨就義的口號下，去作無謂的犧牲。鮮紅的血，逆流到各處，他們個人是成功了，博得人們的同情，成爲歷史上的可歌可泣的史蹟。可是，國家與民族，是永不會死亡的，永遠要存在的。勝利的存在着也好，失敗的存在着也好，但是，總要有存在着。英雄管不到這些，他們存在的時候，國家與民族是存在着的，在他們死了之後，國家與民族之是否存在，就不是他們應注意的問題。

從歷史上看，英雄總是國家民族的罪人，儘管他們的事跡是被人們歌頌着。一個國家與民族中，英雄愈多，則國家愈不成爲國家，民族將愈不堪設想。英雄之死，之失敗，雖然，看起來，似乎是以身殉國，其實他早已以國殉身。

項羽的好處，在于他最後還覺悟到「愧對江東父老！」拿破崙之不足取，則在于他的再起與至死不悟。曹操的「天下英雄，惟使君與操耳」，教人感到一些酒臭氣。

政治家——不是政客——與英雄的差別，主要的是在于政治家是常以國家民族的命運作前提的。政治家的努力，是鉅細兼施，不計成敗，不計個人之毀譽，他會忍辱負重，他會適可而止。英雄的性格，是易于瞭解的，英雄的事業與結局及後果，是易于看得出並予以判斷的，政治家則正相反。爲世人所詬的常是偉大的政治家，事業不爲世人所注意，所重視，所推崇的常是大政治家，他的政蹟與遺風，更不易于使人瞭解把握。

謝魯兄說，英雄是悲劇的角色，是不健全的人格，話極正確。

可是，現在世界上有不少重要人物，正努力將他們的國家與民族的命運，與自己的命運，聯結在一起。他們或許正在等待着中國古語的「固一世之雄也」的謚號，他的國家，他的民族，在他獲得了光榮的個人榮譽以後，仍然要存在着。存在着受屈辱呢存在着等候翻身呢？這要等歷史來判斷。但是，現在他們的民族所受的痛苦，已然够了。現在的痛苦與將來的屈辱，或許就是這些國民不選擇政治家而讓英雄來管理國政的報酬，也或許是處罰。

世界要和平，第一，便是成千成萬的愚夫婦不再崇拜，追隨那些空作國家民族罪人的英雄。

少年中國學會的史實

謝　魯

前兩天家大弟舶善會面的時候，要我寫一篇「我與少年中國」這樣命題的字文。我想一想，近期二十八個年頭中間，少年中國學會運動，也站有他橫貫於中國現代文化發展史，橫貫於中國現代社會運動史的一頁相當地位，乃是事實。但是「我與什麼」的題目，自已覺得那是用不着，還是就用今天這個題目罷。

一

從一個學府單位的活動，怎樣到以中國社會為對象的中心運動而展開

五四運動時期，被稱為中國新文化運動的主潮，有三個代表：

（一）人文主義的「學衡」雜誌系，以南京的南京高師做代表。

（二）實驗主義的「新青年」雜誌系，以北京的北京大學做代表。

（三）知識主義的「解放與改造」雜誌系，以上海尚志學會做代表。

學衡以劉伯明，吳宓，梅光迪，胡先驌，柳詒徵，劉永濟為主幹。

新青年以胡適，陳獨秀，李大釗，劉復，周作人，錢玄同，沈尹默兄弟為主幹。

解放與改造（後更名改造）以張東蓀，張君勱，藍公武，吳貫因，南庶熙，俞頌華為主幹。

學衡系統下面，以南高為中心產生「文哲月刊」社，以繆鳳林，景昌極，張其昀為骨幹。

新青年系統下面，以北大為中心產生「新潮」社，以傅斯年，羅家倫，汪敬熙，馮友蘭，江紹源，毛子水為骨幹。

上海方面，以戴傳賢，沈玄廬，孫少侯為中心的「星期評論」，算是國民黨的游擊文化的一個據點，也會風靡一時。

新聞紙方面，北京的晨報代表人蒲殿俊有「晨報副刊」作為北方文化界公開園地。上海的時事新報代表人張東蓀有「學

燈」副刊爲改造的羽翼。國民黨的上海民國日報代表人葉楚傖，邵力子有「直覺」副刊。三個副刊，以直覺爲最弱，晨報副刊最爲有力。

南方的重鎭，人文主義派，介紹白璧德的人文主義，介紹伊麗莎白時代的宮庭文學，這個人文主義，是人文的放任發展者，聽其東西人文自然接觸，自然合流於放任的發展者，沒有一個確定的觀念作爲他的中心，也沒有使用强制的觀念論來作爲你不接受這個就不行的中心，他們是理性的感情論者。

北方的重鎭，實驗主義派却不然了，他們標實驗主義做中心，根據唯用哲學的方法，他那方法是（一）存疑，（二）假定，（三）試驗，（四）拿證據來；他們有觀念論的演繹，他們也有强制性的注入觀念給你，你不接受這個就彷彿有落伍的恐怖，在後面等着就要懲罰你的樣子；然而他們依然缺少提出經濟的論據作爲他們根柢。我們說他們是「半邊物觀論者」，他們自己叫做實用論。

知識主義派，既不是主觀的人文，也不是客觀的實驗；他們主張「社會因素，左右思想」。他們鄙視抓住半個失勒，或者抓住半個杜威的「片段哲學」底實驗方法，作爲至寶，來詐嚇一時。他們是絕對的西洋傳統思想——「自由」——的知識自由論者。

這幾個極不同型類的西洋浪潮，一時打入中國來了，我們古舊的商務印書館，他的古舊的小說月報也不能不從王蘊章手裏輪到應該交把沈雁冰的時候了；雖說東方雜誌一直下去永遠還是他那付雜七雜八的老面孔，也就不必去理他了。小說月報十卷以後的改革，是中國新文藝劃期的事件，「文學研究會」的成立，沈雁冰，沈澤民，耿濟之，耿式之，周作人的翻譯，魯迅的小說一篇又一篇的打出一個國民文學的路線來了。（魯迅在新青年未負分編責任，只寫稿子，兼用唐俟筆名，）

從而稍後一期的創造月刊標榜浪漫主義，要給小說月報的自然主義打對檯。說一句公平話，勝利是屬於文學研究會那邊的；對國民文學的功勞也是屬於自然主義那邊的。因爲創造社所謂浪漫，實際是根柢並不深厚，儘管始而也介紹過哥德的一些作品，可是相等於唾駡哥德一樣的在介紹哥德，那是對一位世界第一流作家難以容忍的事。儘管後來在週刊上又介紹尼采的查拉圖斯特拉，這個工作還是應該讓給李石岑去幹，倒幹得出色當行些。一句話，中國浪漫主義的浪漫，太缺少自己的詩的哲學地根柢。說這個根柢，那可又該讓給後來的馮至去做羅發利斯的研究，倒是相當優秀的。

話太扯遠了，在五四開始，本來是以一個大學爲中心的運動，從而產生了以各個大學的大學生自動聯合爲中心的運動；本來是以西洋文化爲對象的中心運動，從而產生了以中國社會爲對象的中心運動；那就是少年中國學會產生出來的少年中國的少年運動。

少年中國學會一百多個學會會員，是集合了南北各大學的高材生，國內外有志的中國少年，意氣感激，不再限於一個學府單位，一個結構單位，而自動加以組成。雖然民十二以後學會分裂，但在未分裂之先，隱然有一個可以共通的各別意識，就是：「不向左，就向右」，斷沒有肯走既成政黨的「中間」一條路；因爲少年們乾淨的意識，意識着：那是偷巧，檢便宜，乃至認爲墮落的一條路。少中同人有沒有走既成政黨「中間」的路呢？有之，那就只有周炳琳和孟壽椿。

少中人物憑記憶得起來的，大致已不過半數，這裏試列一個人名表：

王光祈（潤璵）　鄧　康（仲澥，後改中夏）
李大釗（守常）　張崧年（申甫）
陳　淯（愚生）　趙崇鼎（叔愚）
袁同禮　陳道衡（平甫）
張尚齡（夢九）　惲　震
涂開輿　沈　怡
葛　澧　田　漢（壽昌）
許德珩（楚僧）　魏嗣鑾（時珍）
黃　玄（仲蘇）　黃懺華
雷寶華　曾　儔（趙曾儔）
雷寶菁　段調元（子燮）
易家鉞（君左）　陳登恪
左學訓（舜生）　雷國能
周　無（太玄）　陳寶鍔
李　璜（幼椿）　羅益增
曾　琦（慕韓）　楊賢江（英父）
李劼人　沈德濟（澤民）
彭　舉（雲生）　蔣錫昌

周曉和
胡　助(少襄)
孫少荊
李思純(哲生)
何魯之
李　珩(小舫)
穆世清(濟波)
劉正江(泗英)
黃日葵(一葵)
康鴻章(白情)
宗之櫆(白華)
易克嶷(敦伯)
徐彥之
孟壽椿
蘇甲榮
沈懋德
周炳琳
張聞天(洛甫)
劉國鈞
毛澤東(潤之)
鄭伯奇
陳劍翛
劉仁靜

阮　眞(樂眞)
謝承訓(循初)
倪文宙
金海觀
曹　芻(漱一)
楊效春
惲代英(子毅)
王克仁(魯達)
方　珣(東美)
余家菊(景陶)
王德熙
唐啓宇
査　謙
梁　空(紹文)
朱鏡宙
芮學曾(道一)
李　誠
周佛海
楊德培(子培)
章了天
羅元愷(百舉)
陳啓天(修平)

二 少年中國學會的組成和分裂

少年中國學會是民國七年六月三十日發起，預備籌備期間一年，在民國八年七月一日午前十鐘齊集北京宣內回回營二號陳宅（陳愚生家）開正式成立大會，由王光祈主席報告會務經過及會員散居各地情形，以次討論選擧評議，執行兩部職員，議定月刊宗旨，並修改規約第二條詞句。由李大釗，王光祈，陳愚生，康白情，雷寶華，曾琦六君提議將規約第二條：

原文：「本學會以振作少年精神，研究眞實學術，發展社會事業，轉移末世風氣爲宗旨」。

修改爲：「本學會宗旨：本科學的精神，爲社會的活動，以創造少年中國」。

少年中國學會在北京呱呱墮地以後，成都，重慶，上海，南京，濟南，東京，巴黎相繼成立少年中國學會分會，柏林，倫敦，紐約亦相繼成立學會會員通訊，以巴黎通訊最爲努力；（巴黎通訊始由周太玄負責，繼由李璜負責）。成都創設「星期日」週刊由孫少荊，李劼人，李思純，胡少襄，彭雲生負責；「直覺」週刊由穆濟波負責；重慶組織新蜀報，新文化印刷社，新文化書店，由劉泗英，鄧少琴，謝重開，羅孝于負責。上海由左舜生負責，南京由宗白華負責，濟南由徐彥之負責，東京由沈懋德負責，巴黎由周太玄負責，柏林由魏時珍負責。

八年七月一日大會選擧職員的結果：

執行部（爲辦理本會對內對外一切會務機關）主任王光祈　副主任陳愚生

評議部（係監督會務進行，選擧各項職員，審查會員資格之機關）主任曾琦，評議員左舜生，宗之櫆，雷寶華，易克嶷。

編輯部（係審查本會叢書之機關，）編譯員李大釗，徐彥之，黃日葵，康白情，陳愚生，袁同禮，孟壽椿，蘇甲榮，王光祈。（編譯主任應由編譯員互選，）

月刊總經理陳愚生，發行蘇甲榮，書記黃日葵，會計王光祈。

月刊編輯主任李大釗，副主任康白情。

第一組月刊編輯員（第一組編輯員多居北京及其他各埠，）李大釗，康白情，徐彥之，黃仲蘇，孟壽椿，劉正江，周炳琳，陳愚生，王光祈。（本組編輯月刊第三期係八年九月十五日發行，八月二十日以前齊稿）。

第二組月刊編輯員（第二組編輯員多居東京及長江流域各省）田漢，宗白華，黃日葵，李劼人，黃懺華，易家鉞，彭舉，李哲生，蘇甲榮，趙曾儔。

第三組月刊編輯員（第三組編輯員多居歐美南洋各處，）魏嗣鑾，李璜，許德珩，陳寶鍔，段子燮，陳登恪，周無，羅益增，雷國能，涂開輿。

各組編輯員，輪流編輯，每三月輪流一次。（譬如六七八期之月刊則應由一二三各組依次分任編輯。）凡本會會員及編輯員均可隨時自由投稿，惟輪到某組編輯時，編輯員應負絕對的著譯責任。

月刊文字注重三點：一鼓吹青年，二研究學說，三批評社會。（三點係由宗白華君提出。）

八年十月九日，北京總會在嵩祝寺八號開會到會十七人，討論組織學術談話會，籌辦通信社，籌辦義務夜校及月刊印刷編輯各事執行部各股職員，正式任職，其名單如下：

總務股主任　王光祈（兼）
會計股主任　孟壽椿
文牘股主任　黃日葵
庶務股主任　鄧仲澥
交際股主任　徐彥之

少年中國月刊的發行，在北京新青年與上海解放與改造兩大雜誌中間，以「少年中國的少年運動」底姿態，飈然出現於五四運動以後，負有一種劃時期的風格，關於此點，李大釗在少年中國月刊一卷三期發表「少年中國的少年運動」一文，他希望少年中國的少年應有如下的幾個運動：

一、是物心兩面改造的運動。
二、是靈肉一致改造的運動。
三、是打破智識階級的運動。
四、是加入勞工團體的運動。
五、是以村落爲基礎建立小組織的運動。
六、是以世界爲家庭擴大聯合的動運。

急進的社會改造運動，在這裏已經萌了芽。王光祈則主張較為緩進的改造，他在「少年中國之創造」一文裏以為少年中國的少年應該注重「人的生活問題」——精神的與物質的——換句話說就是怎樣適應環境的問題，他以為少年中國的少年要有下列的三種新生活：

一　創造的生活。

二　社會的生活。

三　科學的生活。

這是一個很抽象而含混的提議，潤嶼君他另在少中月刊一卷六期發表「少年中國學會的精神及其進行計劃」一文，認為

一、少年中國學會會員各有各的主義，而且是各人對於自已所信仰的主義非常堅決，非常徹底。

二、少年中國學會的任務，便是從各種主義共同必需的預備工夫。

三、把這一段路程走完了——指各種主義共同必須的預備工夫——再商量走第二段的路程。

這比較說得切實一點，但什麼是一段路程，一段路程和二段路程又怎樣分野？仍然沒有確切的指標。這正是他一個苦悶，他覺察到學會的會員人數是一天比一天增多，主張是一天比一天分歧，對於團體的擴大是表示欣喜的，對於團體的澎漲會有爆裂危機的那天又表示着隱憂的。潤嶼是脚踏實地，老實苦幹的脚色，熱血是够一個好男子，思想的範罩不是他的所長，這也難怪他的。李守常以村落為基礎建立小組織的運動，這個指標，至今尚不能說他的見解成為過去。

少中月刊一卷十期惲代英發表了「懷疑論」反對形而上學，論及世界各方面的進化，都起源於懷疑，世界將來若有進步懷疑論便是促進世界進化的唯一工具。代英在十一期會員通訊裏提出我們學會的宗旨原說：本科學的精神，為社會的活動，以創造少年中國；所以，我們不僅僅是講學的團體，亦不僅僅是做事的團體，且不僅僅是講局部的學，做局部的事的團體；「我們的目的，在于創造適應少年世界的少年中國」。那便要知道：

一、我們的事業，不永遠僅是講學。

二、我們的事業，不永遠是靠文字的鼓吹。

所以，我們的同志，總不要忘了社會的實際生活，社會的實際改造運動，這是代英針對宗白華的提議，——鼓吹青年，研究學術——而給以一個反響。對於王光祈所主張的「預備工夫」代英也加以補充，他說：我們固然應該注意今天是預備做事的時候，亦同時應該注意今天不僅僅是預備做事的時候。所以：

三、我們不應該敷衍的做社會事業，做我們不願做的。

四、我們不應該虛偽的做社會事業，做我們不能做的。

最後代英主張：我們不僅「找」我們所需要的同志，我們要有力量「造」我們需要的同志。少年意大利黨已經救了意大利，少年中國學會一定可以救起中國。

少年中國學會，是個無主義，無中心（個個都是學會的中心，這是代英的提議。）的團體，怎麼會蓬蓬勃勃的保持四年以上的團集呢？這可要知道五四的風氣有兩個重要的原質，一個是羅素的「經驗的創造衝動說」，一個是柏格森的「超經驗的直覺說」，普泛的影響着當日中國青年的思想。少年中國學會的一大羣少年，（少數入會癖者，少數改裝的新學究除外。）尤其代表了這雙重浪潮的鼓舞精神，但憑各自的直覺，從事協力的創造；橫的組織太放任，（團體組織）縱的結合太活潑（朋友結合）團體的壽命短折由此，而精神的跳動永生也由此。五四期中可誇稱為全國青年自發的最大組織的團體，少年中國學會是符合於這個最大的，雖然不能說是唯一優秀的。

試就近二十五年政黨政治下，從少年中國學會產生的政黨政治人物：

左　翼

李大釗，惲代英，鄧中夏（康）黃日葵，張聞天，毛澤東，劉仁靜。

右　翼

余家菊，左舜生，李璜，曾琦，陳啓天。

民　黨

周佛海，周炳琳，孟壽椿，（學會當時對旣成政黨的接近，對會員懸為例禁，國民黨不能例外，故人數最少。）

文化方面二十五年來從少年中國學會產生的人物：

人生哲學

方東美，黃懺華，宗白華。查謙，唐啓宇。

辨證哲學

張崧年。

數　學

魏時珍，段子燮。

天文學

李小舫。

生物學

周太玄。

社會學

許德珩。

教育學

曹芻，倪文宙，楊效春，金海觀，王克仁。

戲曲

田漢。

詩歌

康白情，黃仲蘇。

小說

李劼人，沈澤民，鄭伯奇。

語言學

李思純。

考據學

陳登恪，袁同禮。

校勘學

蔣錫昌

樂理學

王光祈。

心理學

謝循初。

民十二以後團體破裂，雖有多種原因，經濟組織，社會結構的變動，都影響到團體的分裂。須知這個團體的結合是基於

「超經驗」的鼓舞而擴大，也隨着「經驗的發展」而分裂。代英提出懷疑論以後，就掀起了少年中國學會內在的鬥爭，鬥爭本身是個經驗的東西不是超經驗的東西。所以，少年中國學會是以浪漫運動的勃興而開始，是以經驗的洗刷而結束。

少年中國學會的左翼，是以懷疑的經驗論而走上社會的民主主義，少年中國學會的右翼，是以浪漫的直觀而走上脆弱的德謨克拉西。一直今天學會遺蛻下來的痕跡，仍然看得出來，是這麼兩條路綫，今天所叫出的民主同盟，或聯合政府的口號，尚能在立場不同的政黨間，此呼彼應者，未嘗不有基於二十八年前那點「萌芽同根」的舊感，在那裏引逗。

今天尚是活起的少年中國學會的人物，至少尚存當日的半數。學會除了黨派性格的分立以外，尚有文藝性格，哲學性格以及社會活動性格的多方面的學會綜合性格；就是說學會的精神能包括學會會員的黨派性格，而這些黨派性格不能包括學會綜合具有的精神而超過他。人物的得失我們也許給他一個特寫，但這個特寫不必即是判斷，因爲大家多半尚是活着的人人是可以有向上的，進步着的機會。

三

少年中國學會人物的特寫

王光祈　他是少年中國會的創始人之一，學會選舉他做第一屆執行部主任。他三十多歲已經禿頭光頂，，做人極少曲折；帶幾分山嶽性。民八在北京一面忙着推進少年中國學會會務。一面又忙着籌辦「工讀互助團」。他是一點一滴從局體方面實際改造家，他沒有惲代英那種一舉眼就看到整體，一動脚就踢住咽喉的敏感。他是受傳統影響極深，有固執的「君子氣」，够眞，够熱，能硬，能苦：他斷不是一個新學究，他也不是一隻書獃子，但他不能不是一個思深慮微的極乾淨的好書生；壞也就壞在這一點上，他太沒有曲折，他不是個政治運動的領袖才；他是一個中國「完人」的好胚胎。學會的人提起了旁人難免都有瑕疵可折。提起王光祈，誰也不忍指摘他，誰也摘不出他的瑕疵的，那就是「領導少年中國的少年運動」的王光祈。他去柏林專研樂理；純粹西洋樂理，這一樁倒霉的貨色，留學生淘金也不肯淘這樁背時的陰溝，鍍銀也鍍不到這樁倒霉的冷門貨，王光祈既不是一個聲歌的有節奏者，也不是一個器樂的有技巧者；簡直說，他做這個並非他本工的活路，只是由於他的志向驅使他，在一切救國活路中間，他斷然——不是忽然——選定了「音樂救中國」一條路。要懂得他這條路不錯，必定在「音樂已經救起中國」的那一天，才會有人贊歎說：「從前，中國有個王光祈」。……

宗白華，田漢　薄薄一本「三葉集」，在五四以後，曾經風靡一時的三個人用信札往還談文藝動向的書簡，其中有兩個人是屬於少年中國學會的，一個就是宗白華，另一個就是田漢。少年中國月刊第一卷第一期第一篇文章大致是談什麼人生觀罷，那第一篇就是宗白華寫的。他的家，住在南京西華門三條巷裏的破瓦巷，巷子名叫破瓦，房子倒是頂考較又頂寬敞的中國洋房。南京高等師範（後來改東南大學，中央大學）一大批人加入少年中國學會，最初都是宗白華在南京負少中責任拉出來的，方東美，余家菊，謝循初，曹芻，倪文宙，金海觀，楊效春，阮眞都是南高一系提出來的。白華對學會他是有功不可磨的地方。田漢在少中月刊介紹美國平民詩人惠特曼（似乎在少中也介紹過法國惡魔詩人波托萊爾。）把一本月刊常常佔了三分之一，甚至二分之一的篇幅，對少中寫作他是非常賣力的一位，少中會經連着出過兩期「詩的專號」也是田漢和黃仲蘇康白情的努力，田漢努力最多。那時他已經是有婦之夫，又熱戀着易君左的妹子易漱瑜，常常發爲歌詩，他自己離了婚，再和君左的妹子結褵，後來不知怎樣又感情破裂，終於宣告脫輻了。郭沫若（開貞）是三葉集中的另一個，他不是少中團體的人，那時他的詩名藉盛，或者因爲他住在福岡很窮，飢者歌其食，勞者歌其事，他是飢而且勞吧，所以詩就寫來有點要動人憐吧，論到詩，要不做一首詩，也够詩人的話，那可要數他的老鄉吳碧柳（芳吉）了。若論做詩。創造社的詩人不是女神，星空的作者，應該首屈一指的是那一位豆腐塊詩人聞一多。

李大釗、張崧年　記得在少年中國學會紀念册上有兩張照片很觸目，那就是李大釗的鬍子和張崧年的睛眼，李大釗只和陳愚生的歲數相上下，差不多都是三十多歲的老大哥，看起來一把鬍鬚，倒像五十開外的道貌巖巖的老先生。他那時已經是北大圖書館的館長，他那時已經在新青年（大約是四卷）寫了他有名的「物質變動與道德變動」，而他又是新青年六位輪值編輯之一。論說，少年中國雜誌是和新潮雜誌行輩相等，少年中國雖然沒有加入傅斯年（孟眞）羅家倫（志希）傅羅是新潮的負責人，康白情也是新潮頂活躍份子，他與傅羅在北大年級相等北大的張崧年，周炳琳，許德珩，徐彥之，却都由康白情和孟壽椿的關係拉進少年中國系統來。北大這一系列快畢業或已當助教的同學，都是傅羅的同學，傅羅是新青年雜誌指導下的新潮負責人，北大同學們參加的少年中國雜誌，　雖不是新青年直接指導下的雜誌，　事實上畢竟是聞新青年雜誌之風而興起的，晚一輩的雜誌，他和新潮正是同一行輩的雜誌。這種情形之下，李大釗肯加入少年中國月刊做編輯主任，同時也在少中執行部底下編輯部做叢書的編譯員。　雖說他和陳愚生是日本帝大同學厮熟，興味相投的朋友關係，但是新青年雜誌的其他分編（胡適之給少中寫過一篇文章）並沒有李大釗這樣坦率的勇氣這一點足見李大釗的社會意識之明確與樸素。少年中國這個陣容，新青年雜誌何嘗不想指揮，——因爲他不是正在指揮新潮社？——但北大另一批同學已經團結南京高師，武昌高師，成都高師，長沙師範，又伸進日本帝大，日本早大，巴黎大學，里昂大學，柏林大學如是其廣袤的伸進範圍，自然不再是美國科倫比亞大學的中國哲學博士氣岸所能壓得下去的形勢之下、而新青年雜誌只得默然放棄領導之念了。這一着棋，是陳愚生（淯）瞧準了的，李大釗和王光祈就規劃執行這個路線。曾琦是個鼓裏睡覺的人，做他的少中評議部主任去過癮好了；反正一生老沒有機會過癮，又老要想找機會過癮。

說張崧年（申甫）的眼睛罷，張申甫那時已經是已有些名氣的羅素新實在論的研究者了，他在少中紀念冊上照個胸像，側頭伸頸，仰目高視，傲然物表的樣子，簡直可以派得倒一個哲學家照像的郵政名姓片的用場。北大學哲學，胡適之老祖宗脚底下有兩樁史法，一樁是弟子顧頡剛的中國古史，一樁是弟子馮友蘭的中國哲學史；而張崧年出國捧羅素，回國也只捧他清華同事金岳霖。在北京大學學哲學跟胡適之老祖宗沒有關係的張申甫，恐怕事情壞就壞在他那仰目高視傲然物表的一對眼珠罷。

黃懺華　他由宗白華介紹入會，不到半年，他忽然不幹了。託宗白華致函學會要求退出，他退會的原因說是厭世，我知道他退會不是爲了什麼政治關係上感覺不舒服，實在他有三個原因，一是爲了戀愛，一是爲了貧困無聊，一是爲了闖進南京支那內學院。第一個證明是他出的一本雜集叫「弱水」，寫了好些詩不像詩的康白情時代的詩；那是有關他的戀愛。二是他給朋友的信（大致是給柳亞子）說：想求一個明窗淨几的所在，供我焚香讀書，竟和威廉第二想統一世界一樣困難；這是有關他的貧困無聊。三是民國九年他踏進了水木明瑟的南京公園路十一號歐陽竟無先生辦的支那內學院，他受業於這位法相大宗的宜黃大師之門，是在邱晞運、呂秋逸之後；是在陳銘樞、王恩洋、熊子眞、湯用彤、繆鳳林、景昌極、蒙文通之前。黃懺華是個孤介有操守的人，他的成就在印度哲學史綱，西洋哲學史綱兩本著作，在西洋和印度兩條哲學路上打成一條路走的人，景昌極（幼南）是吃了敗仗了，（居住在他家鄉的泰州，不知更有進步否。）黃懺華在這條路上，是不敵湯用彤（錫予）的融貫，但在目前爲止，也僅次于湯用彤。

余家菊　南高教育系出身，留英兼治哲學，他不做他同學邰爽秋那樣的土布運動，他是一個修長偉立，安雅謙和的十足紳士型，清言娓娓，愛客不倦，他是青年黨的論客而兼領袖的一個人。他寫過一篇「憲政固不可行於中國乎」爲國內在野派所一致推許，他說：「或謂行憲政則必有政黨，有黨必有爭。…政黨爭政權係公開的競爭於國民之前，其競爭方法必須遵循軌道，不可踰越範圍」。我們須知政爭太烈，由來是由放在野派太急於奪取政權；在這個前提之下，在朝者必須能領率得起全體人民，而在野的亦非大講「黨德」不可；這是對於余家菊的持論所以能够受到國內論壇表同情的地方，就是爲此。他在青年黨中沒有左舜生的小官僚氣派，沒有李璜的小政客氣派，也沒有曾慕韓的土政客氣派，更沒有青年黨後來加入的常乃德（燕蓀）的游談不根的小論客氣派。他太多書生氣，活動是其所短，所以聲光不如左李兩人。

張聞天，李小舫　民國十一年冬天張聞天（洛甫）因爲少中的關係受聘重慶省立第二女子師範學校教授女中二班，那時周茀陵任中二班級任，李小舫任數學，張聞天任英文，三人同心，進攻中二班級花鄧敬言，結果三人都接受校友會歡送請簡，聞天自編自導他的「朱紅的太陽，」一劇由中學二班歡送會中演出，我寫復仇一劇也自編自導，由師範九班歡送會席上演出。李小舫是幼椿的弟弟，一去英國專心學他的天文學，張聞天回上海做他「青春的夢」的劇本。（少中叢書，中華出版）周茀陵本與少中無關，聽說他是個孝子，就把他請來教國文。孝子離開學堂，跟蕭楚女，廖划平一塊住，想回校復辟，沒有成功；孝子就回家養親去了。蕭麻哥（楚女）在學校一年多，麻哥倒是硬綳綳的，他只會雙手靠在藤手杖上撐着身體，隨時大開演說；却沒有講過一回戀愛。他不是少中同人，他不只惲代英對他很好，麻哥確是有些不必推翻的麻道理。聞天在學校老是像個不聲不響的瘦女孩子；我在學校呢，永遠脫不掉一付苦學徒的面孔。，張聞天寫東西，不像惲代英那樣磅礴浩瀚，奔騰千里；也不像黃日葵那樣煙視媚行，顧影簪花；想起李大釗的絕壑巔崖，步步危石，令人沈思，終日不快；聞天是織素投杼，絲絲見理，華澤不揚，明細可觀；毛澤東在少中碌碌無奇，文章更非所長，新民主主義一書是張聞天在延安的手筆。

穆濟波　民九在成都獨力自組直覺社出版直覺週刊。他任職職業女子中學，提倡女子剪髮，省會人士大加攻擊，他率男女學生六七人東下重慶，剪髮女士三名有女文學家秦德君，女詩人陳竹影，還有一位女詩人張女士，一齊打住重慶臨江門小井七號少中同人劉泗英家。秦女士就在劉宅與穆濟波訂婚，結婚，吃喜酒，寫文章，做運動；新蜀報開張不到半年，被羅孝于和我兩個人把軍閥開罪了，我們被捕，濟波也在逃不脫。川東道尹葉秉誠向重慶衛戍司令部調停，我們脫囚，報館移交第二軍司令部劉湘派衛戍司令袁承武接收，這是民國十年的夏天。濟波又攜眷到上海，後來茅盾先生沈雁冰，不知怎麼給秦德君又結婚了，穆濟波兩隻手攜着秦女士留下的兩個棄兒，一躺跑西北大學教書，一躺又跑南京漢西門給亡父設靈堂。穆聾子的耳朵，越來越不靈光了。

黃仲蘇，康白情　黃仲蘇是一來就模做太戈爾詩體的五四前期的詩人，朱自清在中國新文學大系裏主編詩集，黃仲蘇的詩一首也不載，倒是對絕外行的左舜生却被選家看中了。仲蘇和白情在少中月刊寫詩，乃是一時瑜亮。後來黃仲蘇提倡中國詩的朗誦法，也未引起國人多大的注意。康白情的「草兒」當時很走運，胡博士再來一捧，「草兒在前」奠定了康詩人不可刊落的詩壇地位。詩人同孟壽椿留美，忽然高興，兩個人要組織新中國黨，黨是很快就流產了。康詩人歸國以後，一聲不響，有一年跟一位土匪師長做參軍，做了參軍當代表，月夜我們爬一座高山，康詩人一切不談，只談他和伍絳霄相戀的運命悲劇，月亮掛在我們的頭上，戀愛掛在詩人的心裏，還是下山，各人打各人的鼾睡罷！

鄧仲澥・黃日葵・惲代英　仲澥和日葵的交情最篤，日葵健談，多關文藝，愛情，風景；仲澥健談，少談個人多及社會；少中同人筆不健者佔一半，談不健者那就很少，像蔣錫昌那樣日校羣書，出語訥訥，他是以笑代談，聽朋友議論，搖腿自樂終日不倦，也是談座中的可人。代英英氣逼人，在少中同輩中最成熟老練；劉泗英亦英氣勃發，泗英不如代英之處，泗英太多貴公子氣，少中二英——惲代英，劉泗英——都精悍絕倫。代英更孤往無前，勇略兼人；能幹，能寫，能說，能號召，能掀動浪潮，少中「全掛子」挺出人才，當數代英。

左舜生　少中同人聚會，有幾個大的驛站；北京是宣內回回營二號陳愚生的家。南京是中華門三條巷破瓦巷宗白華的家。西南是重慶臨江門小井七號劉泗英的家。上海可就鶩脚些，那就是地豐路左舜生的家。舜生因陸費伯鴻的關係在中華書局多年留任編輯；寧滬，平滬，渝滬往來學會人物，他的接觸機會最廣最多，他不是文人，也不是學者，也不是什麼政治家，他是少年中國學會梁山泊下面的「朱貴水亭施號箭」的上海水亭上，接待往來豪傑的「朱頭領」。你若懷疑他不懂學問，他會馬上送你兩厚册中華書局出版的左舜生著「中國近代史料」，因爲是那們厚的緣故，你也該沒有話說了罷。其實所以厚的緣故是四號鉛字排的呀，倘若用新五號鉛字呢，起碼薄去一半，那可不要糟了嗎？糟不糟倒不是厚不厚，只是可憐了薛福成，被這位作家抄個精光，那就叫做左著中國近代史料，一句判斷沒有，就硬抬出來問世，可取的是他還不會把這兩卷書編進少年中國學會叢書，那就眞是萬幸了。

陳愚生　少年中國學會之有陳愚生（淯）不客氣點說，他可算少年中國學會的梁山泊上的宋公明。有他在，顯得各位英雄一個賽一個都比他本領超羣；沒有他，唏哩嘩喇，令人看見今昔山寨光景，就想起那位文縐縐的宋公明大哥理當痛哭一番。他是民國十二年病盲腸炎死的，因他死得較早，文化界知者較稀；民國五年成立的丙辰學會他參加過，文元模，傅式說，鄭貞文，周壽昌一輩人大致知道愚生一點。愚生爲人少稜角，從容赴事，矢志不拔；朋友有長，不妨自短；不挾詐，不掩善，不驕意氣；總攬英髦，接納衆流，少年中國學會團集組織之功愚生第一。青年黨主幹人抹殺愚生說：愚生不死，必定向左，我說：愚生就是左了，也必能籠罩你們這一羣，也有力量協調他們那一羣。他們也不否認愚生有這樣領袖才。眞的，愚生若在，少年中國必不分裂，李守常惲代英都有大路可走，亦不必孤行死難身爲腐草。人物的不幸，會加重國家分裂的損失。

有一個時期（民國十三年）共燄高張的時候，張君勱先生，張東蓀先生屈已從人，與曾琦談判；有意加入國家主義，他們這批人就是自已旣然沒思想又駭怕人家有思想，會壓倒自己地位信用和聲勢，婉言推謝以後兩張先生纔有國社黨的組成。陳愚生活着，必「推誠退已」與兩張先生合流。李大釗是「大西洋的激流」陳愚生會拿他「太平洋的緩流」調和李大釗；也只有陳愚生的從容矢志纔配調和李大釗。少年意大利黨救起了意大利，少年中國的少年要救起中國，這是惲代英的本志，代英是個强將，陳愚生李大釗摒力一團，陳李合力，王光祈可以立刻返國，同時歡迎兩張合流；代英就是駿馬，他獨自往那兒走？陣容他還認不眞嗎？可惜，老大哥們倒了大旗以後，他不得不自己掛帥，就成了先軫拒敵，戰士死綏了。代英不死，毛澤東焉能僥天之幸，挺露頭角如今日。

吳玉章是對重慶少中分會竭盡全力協助的一個人，另一位就是滿口不離杜威的葉秉誠先生了，熊克武離開成都，吳玉章不得不辭四川省議會議長，他到重慶與愚生共組自治聯合會，新蜀報成立（民九冬天）他也竭力寫稿。那時他是無政府主義者，正好翻譯了克魯包特金的互助論，什麼名人他不找他題簽，却要我這個記流水賬的書法，給他題簽；我也不辭固陋，題封面，就題封面好了。此公與陳愚生，是一對坐四人大轎，來做新文化運動的人，今天老去無聊，散坐西北，做延水四皓了。

曠觀全國五十年來，能把握思想的正軌而前進，體系秩然，斷推梁任公先生一系下來的思想；能把握革命精神的則推國民黨前身已被殺頭的同盟會諸先烈，國民黨北伐前後時期已被殺頭的共產黨諸少年。少年中國學會的運動，當時可能緊握着前一類的思想體系，後一類的殺頭工作；結成一個擧國一致的「祖國陣線」而邁進。那就是：「本科學的精神，爲社會的活動，以創造少年中國」！

少年中國學會是第一次世界大戰結束，中國少年們所活動出來的機構。二次世界大戰的歐洲方面戰爭已經全部結束的今天，「新的一代」的少年中國的少年們！今後的二十年代，將怎樣通過兩洋接流的浪潮，爭取主權主動與攻勢，以整齊我們新的一代底步伐？出發就在今天！

（民國三十四年五月八日）

拜倫論

馬太·安諾德作
契尼譯

我所選的華茲華斯詩集終有一編在手了，當我起始瀏閱的時候，馬上心中湧起一種慾望，想要同時也有一部類似的拜倫名詩集與此集相伴，在此一世紀的前期所有我們的詩人當中，只有拜倫和華茲華斯，不但其詩篇足供此選集，且一經選刊則對於他們更有好處，辜律耶已(Coleridge)和濟慈(Keats)雖然也有些詩縱不高過拜倫與華茲華斯，却也足與他們的任何詩篇相擬，可惜這些詩只要十二頁或廿頁就可容納了，至於兩人其餘的詩那就質量甚低了，至於斯各脫(Scott)呢，我認爲若以詩人而論他便永遠不會高過到拜倫和華茲華斯的水平線，但在另一方面他却也不會降到自已的水平線下多少遠，並且，他的詩就是選出來也不會增加效能，談到雪萊(Shelley)問題就更多了，斯陶普佛，布魯克君(Mr.Stopforb Brooke)確也爲他作過選集，而且布魯克君的造詣，辯才，詩之愛好，誠然也是我們應當承認和景慕的，只是我個人總不能相信雪萊的詩除開一部份的斷章警句外，有華茲華斯和拜倫的名作一般的價值，我也不能相信布魯克君會給他作出一個選集來，在實質上，權能上，價值上，都可與拜倫或華茲華斯的選集相比並。

雪萊自已很知道，像拜倫這樣一個詩才的成就與自已的成就不同，他毫無隱蔽地讚美拜倫，他感深切感到拜倫是一個比自已更偉大的詩才，他這樣感覺是不錯的，若是單以個人而論雪萊在某些方面不知比拜倫要高多少，他是一個美麗迷人的靈魂，這個靈魂的幻像我們如果把它喚起來，對於我們的靈魂是太美麗太可愛了，這不是拜倫是幻像所及得上的，但是，雪萊個人方面的優美終不能阻止我們在他詩裏面發現一個普遍的不可醫治的缺憾，就是一個健全的主材，還有一種必然有的不可醫治的錯誤，就是非實在性。有些人盛讚他爲「雲之詩人」，「落日的詩人」，實際上不過是說他沒有抓住詩人的正當主材，而且這種詩人的主材，他也實實在在未會或少有抓住過，雖說他有那些靈魂的美，音樂的字彙與音樂律動上的天才，而他所創作的詩除開一部份短章片節外，還不如他的譯品較爲令人滿意，因爲譯品是原本就有其主材的，甚至，我會疑心是否他那些輕的論文與書札反該多被閱讀，且可抗拒時代的磨鍊摧殘，終較其詩歌佔更高的位置。

現在且復討論拜倫和華茲華斯吧。我久已相信華茲華斯產生了許多選集的好材料，而且他的詩一經選刊獲益良多，還信念引領我最近出版了一部華茲華斯的選集，此集一經出版頗受歡迎，大衆也似乎表現出來是我的信念的同志，如今拜倫的選集又出版了，材料也是同樣豐富，我想拜倫也必因而獲益，不過，斯文明君(Swinfurn)却曾表示過說：「拜倫很少寫過全無價值或全無錯誤的作品，我們只能根他作品的全體來判斷來欣賞，因爲他的作品中最偉大的就是全體。」誠然，拜倫的作品很少是無價值的，也很少是無錯誤的，又誠然，於欣賞拜倫的權能時，雖其作品多有缺憾，一種宏偉的多變的感覺直入我們的景慕之情，不過，拜倫的詩雖然很少可以說是全無價值或全無錯誤的，其中到底有一部份有更高的價值和更少的錯誤，並且，雖然他的創作的豐富與多變無疑地是他的權能的證明，我却要問究竟是我們閱讀其作品的全部時，可以使我們欽羨豐富多變呢，還是閱讀他最愉快的所寫的作品更爲有效呢？其實，只此選集就足以證明他的豐富與多變了！逐節逐行，自始至終去讀他全部的作品而毫無抉擇，反容易使人疲倦的。

拜倫自己告訴我們「異敎徒(Giaour)不過是章節的堆積而已。」他又頗自承認其疏忽，說：「沒有一個人因疏忽破壞了語言比我更厲害的了。」他對自己的詩如此責讓並不是公平的，可是他又說：「那些錯誤都是出於疏忽而非出於努力。」這話却是正確的了。他公開宣稱：「拉瓦(Lara)是我一八一四年每次從跳舞場回家脫衣服的時候所寫的新娘(Bride)寫了四天，海盜(Cosair)寫了十天。」他又稱此爲「一個謙卑的召認，因爲這證明我對於發表這類沒有耐久性的作品缺乏判斷力，同時也證明大衆對於閱讀這類作品沒有判斷力，」他這話是不正確的，因爲這些詩的作者不能不發表它們，大衆不能不閱讀它們，拜倫的創作也沒有取過其他的方式，他的詩並不是先在腦子裏生長成熟然後寫出，像一個有機的整體似的，因爲在這方面拜倫的藝術性不够，自我支配的力量也不够，他寫，正如他實實在在告訴我們的一樣，是在解放自己，並且他不斷地寫，因爲他發現這解放是不可免的了。這樣產出來的作品，在大體上，當然只該是「章節的累積」，如他自己所說是在疾速和刺激之中奔流出來的，並且時時有新的章節提出，在將要印刷的時候又加上去，這麼一來，很顯然地，我們便不能看到精巧的科學的構製，看不出那種詩之全體的天然藝術創作，從拜倫的作品裏面選出幾段來，一點也不會減消詩的優點，這和從奧地帕斯或暴風雨裏面選出是不同的。

而且，這種選出來不但於他的詩無損且更有益，我已經說過在動作的連續與人物的描寫上拜倫沒有藝術家那種深邃堅忍的技能，且這技能我們如想加以公斷是必須重視追隨的，不過拜倫却有一種驚人的才能；活現地想出一個個別事項，個別情態，他把自己投入其中把握住它好像親眼所見親身所經，並且使我們也如親臨目睹異敎徒（Giaowr）只是「章節的累積」，他自己說得很對，那不是基於深邃的內在展開律完成的作品，因此我們的全部印象也只能接受其一貫的缺欠和某種程度的晦暗不明，可是那裏頭，哈三的旅行與死亡是用一種無比的活潑，想像出來表現出來的，因之，我們所得的印象也清明有力在拉瓦裏面，個性，主人公，動作，都沒有適當的展開，我們的全部印象只是昏迷，可是被殺的愛茲林的屍體的處理，却好像使我們的眼睛眞個看見一般，同樣又有許多事件的突發，感情的突發，在詩篇的半路出現生動而且有力，但這詩篇，在全體上就只好是貧弱的想像和鬆懈的結構了，當時拜倫若能集中精神於作品的，活潑，有力，有效的地方而遺略其他，那他的成就一定更大了。

這樣的選刊我說，拜倫必會得到益處，正如華茲華斯確已獲益一樣，我景慕華茲華斯的詩如此其高，而世人對他的公斷却又如此其少，所以我爲華茲華斯着想，非實現一個久存的願望不可，我的願望就是盡能力之所及把他的好作品從次一等的作品中拔出來，並且我已經把這些作品呈獻給大衆了，至於拜倫的詩，世人已熱烈地予以注意，他的同代人已給他的詩之潮流以充分的公正，甚至於有失公正了，他的詩受景慕受崇拜，儘管「那上面多有缺欠，」多有重複，多有錯誤，他的聲名依然偉大而輝煌，不過，他的權威時代，究竟過去了，時刻已到，他必須和其他詩人一樣取得他眞正的永久的地位，不能再倚賴他自己時代的權威和同代人的熱衷了，當我們想到他的時候，我們不再與其同代人一樣，爲他所屈，因爲他之對於我們，不能再同對於他們一般，我們不能像他們那樣，熱烈地無分別地崇仰他，他的疏忽，雜亂，重複，以及無論那種錯誤，我們都要充分地感到，並將無咎指摘，僅在我們與他們之間的時間隔離已經使這種覺醒無可避免。

但是現在，如果我們盡量寬容他次流的最弱的作品的負担，或者我們把他最好最有力的作品單獨發表，拜倫的地位將如何呢？這個問題我不能不提出更不能不求眞答案，因爲我尚且記得拜倫權威時代的末期，並曾親身感到那巨大影響的將息之洪濤，並且我又曾毫無迷惑地注意過他，長時地注意他，現在這個選集就是試備以答案的適當材料的，

無疑地，拜倫是過度被讚譽了，愛德芒，許萊爾嘗云：「拜倫是我們法國迷信的一種，」其實，在那兒拜倫不是一個迷信呢？可是到現代他却要爲這誇大的崇拜付出代價了，泰納君說：「只有拜倫，在他同時代的詩人當中，能達於詩的極峯，」可是，泰納這樣崇仰的英雄許萊爾却要毀掉他，他說：「拜倫有一種顯然的無能，他永不能够把自己提高到眞正的詩境——非個人的，非功利的境地，他有涵蓄，辯才機智，但這些長處也都被禁錮在狹小的境內，他所處理的，幾乎只有一個主題——他自己，拜倫這個人的天性，還不如其爲詩人較更誠實，這個美麗的人物在根底上不過是一個炫耀者，他終生都在自我誇張，」

我們的詩人眞不能接受比這更嚴厲，更不客氣的批評了，可是實際上，通常給與拜倫的讚美眞也太過分，以致引起一種反響，使拜倫受到不公平的貶價，華爾特斯各脫說：「在文章方面拜倫與莎氏比亞一樣是多方面的，包容了人生的

每個論題，那神聖豎琴的每一條絃上響着它最低微的以至最有力的驚心調子，」對於這般的讚美，若有人用冷靜的頭腦反駁說：「他只處理過一個主題——就是他自己，」那也是無足驚異的，斯各脫說：「在那非常之壯偉，龐大的該隱一劇中，以個人立場而論，拜倫實在比得過密爾頓，」並且，斯各脫更附加說拜倫完成這些作品是：「當他以一種天才的疏忽與懈怠運筆的時候，」呵！「以一種天才的疏忽與懈怠運筆！」在該隱裏拜倫寫道：

「靈魂」們，敢于仰視「全能的暴君，」
在他永生的臉上，並且告訴他，
他的邪惡乃爲不善，」

或者他寫道：「……並且你或將繼續窺探
那偉大的雙重「神秘」；兩個「主宰！」

像這樣的詩我們只須誦出失樂園的一行就可以覺出其相異之點了，聖佩韋在說到審愼的語言支配者，意大利詩人李奧巴第的時候，曾指出詩人的天才如何常常和學問的天才，語學的天才相連合，雖然起初或許是單一的，但丁密爾頓就是人人可見的例子，可是拜倫對於他的詩體是如此的疏忽，實在說他常常是拉拖，不正確，不暢快，他很少被眞正藝術家對文字的正確運用與澈底管理的敏感光臨過，甚至我們可以說他對於這藝術的天賦有一種「粗野的不感覺性」——即是如此，那末斯各脫說他是：「以一個天才的疏忽與懈怠運筆」也不過是較不諂媚的另一種說法而已，譬如下面一節詩用這樣的韻律：

「你敢等待那幾分神的
解放，事件麼？」

或者又如：「一切都將成空——
被毀了，」

這一節的意思就是說：——

「它現在對於這些眼睛是苦痛的，
因它們尙未見過太陽升起，」

後一句上說「……讓他躺在那裏！」

或是像那最有名的一節詩起首說：

「他會使自己傾向死者」

像上面兩句詩用那些個形容字，那樣顯明地違犯文法那末不流利的沒文法的句子，把這類詩的作者與下面詩句的作者認爲同流是可笑的，如；

「在時間之黑暗底背後與深淵之中」——

或如：「代表着泰伯族或比羅普族的血統
或是神聖特瓦城的故事」——

莎氏比亞和密爾頓以他們隱祕的，透澈的語彙上音律上的才能成爲另一種典型，是高出拜倫和華茲華斯的，他們高出下面詩句的作者：

「太陽已經沉入他的港口」

或如（如果拉斯金君高興的話）

「炎熱的夏天是沒有保證的」

正如他們高出：「一切都將成空
被毀了！」

的作者是一樣的，以詩的天才及其最高成就而論，拜倫多數作品的拖拉，無韻味和華茲華斯許多作品的誇張，龐鉅，都是不能存在的，我們該完全承認這一點。

爾且，若我們傾聽許萊爾君之論並隨之挑剔錯誤的話，我們更當承認人的拜倫與詩人的拜倫一樣是不完成的，雖我們不取任何道德批判——在這裏我們不必注意那些而仍會發現拜倫的不完成，他的人的過錯，如他的粗獷，他的愛情等實際上是與他的詩人造詣的過錯，如俗氣，缺乏藝術等相連的，理想的詩人，藝術家的天性本該是如希臘人的精美的天賦之性，而拜倫實際是（如我說過的）野人的天性，這種精美觀感本可使他和盧梭並論，就是因爲缺乏這種美感才使他有許多可怕的寫法，如 Anye Wool have redde thce Sur Burmen Oons aca it is xxcellent null　這種美感的不足，才使他說，頗普是希臘聖殿以及其他類似的批評，總之，這就是他的詩的本質上的障礙，如果我們一想到理想的詩人藝術家的敏感和優美的天性的良好表現，我們就可以清楚拜倫的人與詩人之間，過錯的連繫，比如拉斐爾就是純希臘式的，拜倫却正不是，對於拉斐爾，拜倫那種粗陋，和虛僞批評的毛病是不會有的，他那種俗氣，濫造也是不會有的。

凡上所述，自然全部是眞實的，可是，對於拜倫却不是其眞實的全部而且相距甚遠，許萊爾君的苛評絕不能提供我們拜倫的全部眞實，並且就在我們對其批評所參加的意見裏面也不能獲得眞實的全部，拜倫的眞實批評的反面我們或者是有的，但其更重要的正面我們却沒有崇拜拜倫的人對於外國人的批評多顯得過於偏袒，並且，實在有許多外國批評也不能使我有動於衷，其中只有一個，批評我認爲是大有分量的——就是歌德的批評，哥德對拜倫發表言論的時候，正當拜倫聲名的高潮，其有力的輝煌的人格，正展開其最大吸力郎在哥德自己的家裏，便存在着一種熱烈的「拜倫崇拜」的氣氛，哥德的兒媳就是其一，她欣賞，珍重拜倫的詩，與蒂克及當時許多德國人一樣，認爲拜倫的詩更高過哥德，但哥德並不因此妒恨，不但不曾降低他對拜倫的讚揚反更提高了，他自己會說：「時代精神就是當時爲拜倫作的」他寫時代精神的時候自己或者想道；拜倫因此會更得助益了，並且這種利益拜倫是應得的；哥德因此更增强了對拜倫敬重，並提高其讚賞，那時候，哥德論到拜倫絕不會像論到但丁，莫里哀，密爾頓時一樣，是那末冷冰冰的批評，這一點，我們在讀哥德對拜倫詩的批評時應當記住，並且，我們如果謹記此點，如果我們正確引用哥德對拜倫的讚美——哥德本國人的引用並不正確——又如果我們再加上哥德自己添加的偉大，而正當的評價——這一點我尚未見國人引用者有作過的——然後我們將會得到一個拜倫的評判，這評判我以爲是接近眞實足以使我們賓服的。

尼果爾(Nichol)教授在其所著殷實有趣的拜倫傳裏面曾引用哥德的話說：拜倫「無疑地須被認爲此一世紀的最大天才」其實哥德原意是說：「最大才能」並不是「最大天才」其中分別是要緊的，因爲「才能」是表示一個人的成就的一種力量觀念，「天才」却表示一個人的成就的圓滿與完成的觀念，並且，這「完全圓滿」的精神賦與絕不會屬於拜倫及其詩歌，哥德說拜倫「無疑地須被認爲此一世紀的最大才能」又說：「英國人儘可隨便想像拜倫可是他們斷不能提出一個與拜倫相類的詩人，他與任何其他詩人不同，並且，大體說是，更偉大些」，這段話尼果爾教授又譯作，「他們找不出一個現存詩人可以與他相比」——加上「現存」兩個字，用意不過是免得人以爲哥德把詩人拜倫放在莎士比亞和密爾頓之上，可是哥德並沒有用這兩個字，我想他也無意加上任何限制詞：像尼果爾教授所加者，哥德說的很簡單，意思就是「沒有一個人」，只是以下的字我想不應作「可以與他相比」，這話的意思是說「以一個詩人而論與他相等」，實際上，哥德原意是：「可以適當地與他相比」，意爲可與他並列的」，並且哥德說拜倫「大體上他偉大些」也並不是專論拜倫的詩，他是想到拜倫的驚奇的人格深入其詩歌之中，哥德聲稱：「這種人格，以其輝煌驚奇而論，是向所未有，並且也似乎不會再有，」他說這話是想到拜倫的「大胆，疾敏，雄偉」，那實在是非常可觀的，哥德更認爲那是一種爲善的個性，因爲「一切偉大都是典型的」，而如此的典型必與人爲善。

至於拜倫的過犯與其偉大並存，且破壞了他的詩歌的，哥德看得非常清楚，他看到那種經常的戰鬥，衝突，那種「否定的；詭辯的創作」，致使拜倫的詩歌很少平靜，他看到妄求無限使拜倫不能產生像暴風雨李爾王一樣的作品，他看看到拜倫對於生活所呈現給詩人的素材，無抉擇地採用，且都一仍原狀，對於詩歌的「形式」所作成的神秘變質，沒有考慮沒有耐性，哥德說過一句話，道出所有拜倫這些缺點的原故所在以及其人的或詩人的弱點的根源，這句話我不記得有國人引用過，他說：「他反省的時候是個孩子。」

至此，我們有了哥德批評拜倫的讚美和指摘兩部份，我想，若把兩者合起來看，眞像就可得着了，在一方面，是一個輝煌的强力的人格，這種人格，「以其輝煌奇特而論，實向所未有，將來也似乎不會再有」像這樣的詩人，在我們全國的詩人當中是找不出的，所以拜倫「與一切其他的詩人不同，並且，大體說來是更偉大些」，此外，拜倫又是「此一世紀的最大才能」，而在另一方面，這個輝煌的人格，無比的才能，這個調和一致的拜倫，却又「對於自己太不淸楚」，因爲「他在反省的時候是個孩子」，這末一來，我想我們已經得到拜倫的全部，於是在崇敬他估定他的地位的時候，我們就該做成一個均衡，他的詩因他的優越性較其他詩人多有所得，而又因他的許多缺欠多有所失，就在這兩者之間我們要做一個均衡

其實像這種均衡對於所有的詩人都當應用，只要除去極少數的至高的偉人，這些偉人們把一種深邃的生活批判表現出來，永遠與詩的眞美律有着不可分的連繫，我曾見過有人說我認爲詩歌的特性就是「生活批判」，並且說我認爲這就是詩與散文的區別，其實完全不然，多少年前我起始用「生活批判」這個說法的時候，本是用之於文學的全體，並非專用於詩歌的，我當時說：「一切文學的目的，細細想來，沒有別的，只是一種「生活的批判」。實在，我們所有表現的

主要目的，無論其爲散文或韻文，都是「生活批判」，我們並不是要用這個眞理尋出詩歌的適當定義以與散文相區別，只是「生活批判」這句話，仍然是個眞理，如果忘掉這一點詩歌便永不會成功了，然而在詩歌裏面「生活批判」是被作成與詩的眞美律相吻合的，質料與素材的眞實和嚴肅，語彙和形式的圓滿與完成——像最好的詩人所表現的那樣——便組成了一個「生活批判」而又與詩的眞美律相諧和，然後，藉着瞭解與欣賞這些詩人的作品，我們才學習去認識這些條件的完成不完成。

我們若是除開少數眞正古典的最好的詩人，而去考察次等詩人的話，就可以發現素材的眞實，嚴肅與形式的眞實輕鬆相和諧，已經不再是一個規律了。我們現在須就能力所及的來論，一方面論某一點，另一方面又允許與這一點相對立相均衡，當這均衡作成之後再看着如何我們的詩人是當互相敬重的，現在我們來考察這個緣故。

在這一世紀最著名的詩人當中，我們且提出三個人李奧巴第拜倫，華茲華斯，加哥讀，李奧巴第（Giacomo Leopardi）比拜倫小十歲，比他晚死十三年，所以兩人去世時都是很年青的，拜倫三十六歲，李奧巴第三十九歲，他倆都是出身名門，都有身體上的缺欠，都反抗既存事與當代信仰，但他倆所有的相類之點也就止於此了。萊加拿第（Racanati）的不幸的詩人是沒有國家的，在他那年代，意大利尚不存在，他沒有聽衆也沒有榮耀，他的詩集恰巧在拜倫去世的那年出版，我想，恐怕沒有能賣出十分之一，而拜倫却正暢銷數千本，雖然如此但李奧巴第乃正具有拜倫所欠缺的那種「性質」，他有形式與文體的感覺，他有正確表現的要求，他有眞正藝術家的確切而堅實的造詣，並且他還有智識的嚴正的飽滿，他以一個懷疑詩人掀起問題，對這問題的眞實現象有深入的觀察，有抓住重心的能力，有清新不混，這些都是該隱之作無從比擬的，我想當李奧巴第念着：

「……並且你將繼續窺探，

這偉大的雙重「神秘」！兩個「主宰」。

的時候」，或是念着拜倫與肯尼第（Dr. Kennedy）博士的神學辯論的時候，在他臉上一定現着平靜而美麗的微笑，並且像哥德一樣評論他這如日中天的同代者說：「當他反省的時候，是個孩子。」無論何人若要親身感覺到在哲學思想，哲學表現方面李奧巴第高出拜倫的地方只要讀他一首詩的第一句和末一句就够了。

同樣，在許多地方，李奧巴第在詩歌上也是優於華茲華斯的，他比華茲華斯有更廣泛修養，心思更爲清新，對於既存事實以及權威信仰更爲自由不迷，總之，此意大利人以其純潔而眞實的造詣，以其觀感的優美，確是一個非常的藝術家，像下面這類癡蠢的詩句：

「呵！爲着那光榮時間的來臨！」

還有接下去的這詩其餘的句子，或會像拉斯金君所仇恨的陋句：「炎熱的夏天是沒有保證的」。

李奧巴第還絕對寫不出的，如同但丁絕不會寫出這類詩句一樣，既然如此，那末華茲華斯的優越之點究竟在那裏呢？我以爲就在於華茲華斯所給予我們的詩歌上的價值以全體而論比李奧巴第所給予的價值更大些。

「在最廣泛的大衆之中散佈快樂」

這就是華茲華斯的聲音，及其深沉的官感，而李奧巴第的思想却是永遠固定在單一方面，華茲華斯以一種權能感覺到自然所供給我們的快樂之源，在原始的人類的感情與義務之中供給我們，他更藉這權能在靈感來臨之際把快樂表現出來使我們也感覺到它，這一種力量比他自己還要强大，似乎在提高他，推引他的舌頭，所以他在說話的時候所用的體裁遠高於任何他所常用的文體，他說出的眞理遠高於他所瞭解的確信的哲學眞理，但是無論是李奧巴第或華茲華斯都還不是與下面詩句的作者，偉大的詩人們同一類型的。

「……人必要忍受
他們向彼而去，如其向此而來，
成熟便是一切，」

若與李奧巴第比較起來，華茲華斯，雖則在多方面缺乏清新遠不如他之善用文體，遠不如他是個藝術家，但華茲斯因其生活批判使他的價值更高出李奧巴第之上，他的批評對某些重要事件是健全的眞實的，而李奧巴第的悲觀主義却並非如此，我且以爲華茲華斯在這方面是高過任何近代的人的，只有哥德除外，

拜倫的詩的價值在全體上也是高於李奧巴第，他的優越之點也是在於某些事情的無比的價值，這樣價值，即在他所有的缺欠完全指出批論之後，仍然不變，仍然爲他所有，我們談到拜倫的人格的時候說是「輝煌奇特，將來也似乎不會再有，」並且我們說正因爲這人格，拜倫才是「與所有其他的英國詩人不同，且更偉大些，」可是，我們不能够更確切指示這種人格的驚奇權能究竟在於何處嗎？能，並且史文朋君(Mr. Swinburne)已經以其詩人的天才將它抓住，爲我們命之以名了，他說拜倫的人格乃在於「一種輝煌不滅的優越，此優越遮掩了他的一切冒失，超出他的一切缺欠，那是，誠與力。」

拜倫發現我們的國家與革命的法國長久地光榮地爭戰之後，便固滯於存在事實與權威觀念的體系之中，而這些權威觀念却正激反了他，這類褊狹虛僞的體系對於我國大部份國民，强大的中等階段——的心智加以束縛那就是我們所謂「不列顚非利士丁主義」(British Rhiliotinism)（庸俗主義譯者）直到現在，束縛並未掙開，只不過在拜倫時代比現在更深固更陰暗罷了。拜倫是個貴族，以一個貴族而對「不列顚非利士丁主義」的偏見與習慣發生懷疑，輕視，並不困難，拜倫在阿爾馬克(Almack)與結西夫人(Lady Jersβy)的家裏會過不少，與他同階級的青年對於當時英國的既存事實以及權威信仰並不重視，可是這些人，在私人方面雖然不信仰「不列顚的非利士丁主義」，等到一進入世界上最保守的英國社會以後，就立刻敬重着「非利士丁主義」了，就好像他們只不過是創造物的一部份，又好像在社會上絕沒有一個聰明人會想到與「非利士丁主義」開戰，拜倫却不是這樣，他所稱的英國中等階級的僞善即我們所謂「非利士丁主義」當然

是激反了他，但他自己階級的虛僞，却激反他更甚，這一階否認「非利士丁主義」却獨得「非利士丁主義」的好處，拜倫自己說：「無論如何，我永不會以任何形式去諂媚這百萬人的僞善」，而在另一方面，他的同階級的人，對於這種僞善大概都聳着肩嘲笑着，同時却又趨承它，爲它所統治。虛僞，苛薄（犬儒主義），暴燥，無禮，壓迫，以及不絕的人類的可憐現象，都是爲這種事態所產生，逼使拜倫從事於不可妥協的反抗與鬥爭，他們使他易怒，憤懣，雖然他們是如此的强硬，不遜，造孽，——但他總以爲他們是無望了。他自慰地說：「你們已經看見每個高壓者，都依次跌倒了，自布拿帕脫（Buonapart N 拿破崙之名）以至最簡單的個人」，自一八一五年以後舊秩序勝利地存在着，其愚昧，其在下的可憐，其僞善，其自私，其在上的苛薄，無論在國內國外，對拜倫都是同樣可憎，「我已經簡化了我的政策」，他寫道：「就是所有現存政府的澈底毀滅」，又寫道：「給我一個共和國吧，君王的時代已經完結了，將來必要血流如水，淚下如霰，但人民終將得勝，我此生不能限見這時日了，但是我已經預見了他。」

拜倫告訴我們他重視政治家行動遠在詩人歌者之上，可是在當時他自己階級的政治——甚至其中的自由主義者——使他無從政的可能，天地沒有把他造成一個自由主義者的貴族，使之宜於在貴族議院發言，使之宜於給英國中等階級自由主義的獨立力量以助力，並使英國政治與此主義相吻合。正因爲與此種政治不合所以他才投身於詩歌，以此爲工具，在詩歌裏面他的主題並不是「馬白皇后」，(Queen Mal)「阿替拉斯的女巫」(Witch of Atlas)（阿替拉斯爲希臘擎天之神）含羞草(Seusitive Plant)這些詩的作者都是支持舊秩序的人，喬治三世(Georgethe Third)加斯萊爾里亞卿(Lard castlcreagh) 惠靈吞公爵(Duke of Wellington)强西(Southey)他們都是大世界的踐踏者，他們都是他的仇敵。

這就是拜倫的人格，也就是他之所以「與所有其他英國詩人不同，更偉大些，」許萊爾君說他一生誇張，我們這裏應當作個分辯，不錯，拜倫一方面是誇張的，是多情而癡愚的，這種缺點，勃萊星頓夫人(Lady Blessington)夫人已經用女性的正確。將之抓住了，她說：「他的大缺點就是輕狂，不能自制，」但是，當他的戲劇式的，易受批判的人格一用之於詩歌的時候，當他完全熱衷於工作的時候，他就變成另一個人了；至此他的戲劇式的人格卽形消失，一種更高的權能捉住他，充滿他，終於把他的眞正有力的人格，以及其直接的攻擊，其不滅的力，其諷刺，其精力，其沮喪都表現出來，這才是眞正的拜倫，凡止步於那種戲劇式的前奏的必不能瞭解拜倫，並且這個眞正的拜倫很可以說是高過那不幸的，李奧巴第的，很可以說是「與所有其他英國詩人不同並且大體上，更偉大些。」他配得上泰納(Taine)所說的：「所有其他的靈魂與他一比較，都顯得遲鈍。」他配得上尼果爾教授所說的，「他以超人的，不竭的精力維持鬥爭，這鬥爭，雖不能使靈魂得救，却可使之永生，」他確又配得斯文朋君的讚賞，就是我已經引用過的話！「那輝煌的不滅的優越，遮掩了他一切的冒失，勝過他一切的缺點：那就是誠與力的優越。」

實在的，以人而論拜倫不能管束自己，不能引自己入正路却全然迷途，實在他沒有光明，引導我們從過去走向未來「他反省的時候是個孩子。」他並沒有看到走出那使他惱怒的虛僞事態的道路——遲緩的，吃力的向上之路。他沒有那種發現出路所必要的忍耐、智識、訓練、德性，以詩人而論，他又實在沒有文字的美妙與正確的感覺，沒有結構，沒有韻律，他沒有藝術家的天性和賦予，但是有拜倫這樣力量的人格，在生活中是如此重要，有拜倫這樣力量的修辭家在文學中又如此重要！若像許萊爾君一樣，把拜倫僅僅認作一個辭藻者那就太不公平了。伴着他無敵的能力與感情，他對於自然的美以及人類行爲的美，受苦難的美，更有一種强力的深刻是感覺，當他熱衷於工作，爲工作所激發的時候，大自然似乎親自替他執筆，正如她替華茲華斯執筆一樣，並且以她自己深入的單純替他去寫，也如她替華茲華斯去寫一樣——雖然其方式是不同的，哥德對拜倫的觀察很恰當，說他在最快樂的時候，事物的表現是如此的輕鬆而眞實，就好像他是誦詠出來的，誠然，他的詩句常顯示出一種與詞藻不同的更高的性質——這種性質在其特有的優點與詞藻同其華美——例如下面的句子：

「富麗的寵兒們從災難之中退下」

以及其他類似的詩句，所以我說自然在替他執筆，並確定他成爲一個眞正詩體的主宰者，雖然他本身並不是的，也不比華茲華斯更好些，華茲華斯最好的詩裏面有這樣的句子：

「沒人會告訴我她唱的是甚麼嗎？」

而在拜倫最好的詩裏面也有這樣的句子：

「他聽見了，却不會注意，他的眼睛
與他的心同在，遠在異方，」像這類名句拜倫有的很多，可是比這低下的句子，只是詞藻，不是眞正詩體，而仍具有奇異的力量與優點的，拜倫有的更多，所以，我相信把拜倫的許多名詩從全集裏面單獨選出來，對於拜倫的名譽以及我國的詩之光榮都是有益的工作。

在此選集中我便嘗試完成這個工作，至於對於拜倫本人，除了已經給他的獻詞而外，這裏還有一個：

「在你的偉大貢獻之中，這便是我的貢獻。」此言並不是完全不着邊際的恭維，實是出於誠摯，因爲一種獻詞的目的，並不在利用我們流利的讚語把詩人遮蓋了，乃是要他以其本身的至大至善自行發言。其實，一個要對作者有益的批評家並不替自己的議論找求讀者，却是爲作者找求讀者，——要使作家有更多的讀者，並使他們在讀着他的時候，愈加崇敬。

况且，拜倫儘管有那末大的聲名，他或者始終還不會得到應得的鄭重的崇敬，社會在讀他談他，猶如現在社會讀着談着日恩地密昂（Endymion）——）一樣，其結果也正相同，社會以拜倫的眼鏡觀看，也像用培根斯斐爾卿（Lord Beaconsfield）的眼鏡觀看，它看着，它幻想出自己的臉形，可是等到一走開便立刻忘記所看見的是怎樣一個人了，甚至，在拜倫的最狂熱的崇拜者當中，有多少還不能走出戲劇式的拜倫的範圍，他們從他學到的只是，蓬頭散髮，繫圍巾，襯衫硬領不繫紐扣，至於眞能深切感到他的生命的影響，以及他的誠與力之輝煌不滅的影響的能有幾個呢！

他本身那貴族階級的苛薄勢力使他發狂他粉身於多數中等階級的非利士丁主義之上，可是他當中有幾個感到拜倫的影響呵！到了現在，舊秩序不可免的破壞到來了，英國中等階級逐漸自兩世紀的休眠之中甦醒了，這種休眠所給與我們的實際世界也漸顯露其眞像——貴族空虛、物質化、中等階級無知、可憎、下等階級粗暴、獸性——現在我們的眼睛又轉到這個狂熱，不屈，希望渺茫的戰士身上了。他看不見將來，不能爲未來的希望所慰藉，但他仍然與舊的無理世界的保守激烈作戰，直到失敗——以如此輝煌不滅的誠與力的優越性作戰呵！

至於華茲華斯的價値，却是另屬一類的，華茲華斯對於人類的喜悅與安慰的永久源泉有深入之見，拜倫却沒有，華茲華斯的詩比拜倫給與我們更多的安住，並且比我們現在更多的安住，以至人們可以永遠安住其上，因此，我才把華茲華斯的詩放在拜倫之上，雖然有許多地方他遠不如拜倫，並且拜倫大約可以永遠獲得更多的讀者，給讀者以更多的喜悅，在實際成就上，我認爲這兩個——華茲華斯和拜倫都是第一流的，出色的，在此世紀的英國詩人當中是光榮的一對，濟慈或許有比他們任何一個更豐富的詩才，可是他寫作這麼少就死了，拿來與兩人相抗，顯得太不成熟。在他們同代人中，我甚至永不以爲有那個可以與他們相等——無論是辜律耶巳(Coleridge)詩人兼哲學家爲鴉片毀了的，或是雪萊美麗柔弱的天使，徒勞地在混沌之中振其光輝羽翼，華茲華斯和拜倫屹然而立，當一九〇〇年終了，英國重新估量她前一世紀的詩之榮耀的時候，前茅的名字就是這些了。

（譯拜倫選集序言）（完）

黔途一程

離石

十年前的九月中旬，由貴陽到下司的長列汽車開動了，太陽的晨光，射在滿山上的樹木，把那些紅的綠的葉子與花草反映着嬌豔的光輝，是秋深的山色了，這一幅難得的圖畫，我們坐在汽車中欣賞，倒也別有一般風味，車行太快，景物的變動很迅速，方才看見山腰，轉眼就到山頂，這兒才現了幽谷，那兒便來了峽嵐，不住的山窮路盡，不住的陵出岡巔，外景是够味的賞心樂事啊！

但，在汽車中却有說不出的難受，我們這車中，有貨十五箱，已裝得水洩不通了，加上我們四人老路與我坐左邊，他的太太與屠副官坐右面，中間隔貨箱，能够自由動作的只有頭，只有頭上的眼睛，其次雙手還可伸縮，脚就不可隨意動彈了，在這深秋時，風吹入車中，在早晨却有點兒寒意，幸好我已穿上薄毛絨馬夾，還能够抵禦，可是不久車中的熱氣充滿了炭酸氣，倒還想伸頭窗外，呼吸些冷空氣了，但爲了不能動彈，弄得心慌意亂，頭也昏了，老路們便悶悶的睡了，這正像上海的「宵禁」以後，把路人用大汽車裝到巡捕房時那種味道。

我在此刻，就生出了厭惡的心，覺得這次去長沙，啓程之日，就是如此受拘禁，被壓迫，將來的發展，也就可知了，世人不是在任何事上，都要圖一個開頭的吉利麼？今天的啓程，是太不吉利了。

還有，這種貨車，機器車就不佳妙，車胎也不優良，顚顚簸簸的震動得太厲害，那悶得睡去的人們，一會兒又醒了，老路因爲起身早了，未曾燒「大煙」，此刻發了癮，他的太太也表同情，此刻也發了癮，兩位的煙癮發着，你一個呵欠打過去，我一個噴嚏打過來，鼻涕口沫都向外流，這種窘困情態，不是言語所能形容的。

屠副官看得難過了，向他們建議，吞煙泡子，果然他們接受了這個建議，大家都吞了一口煙泡，這才漸漸恢復原狀，更進而精神渙發，老路才與我閑談起來，只是這時我已被震動得頭昏眼花了。

老路向我誇耀的說：「本來我可以弄得十箱貨到長沙漏了稅，收入就有三千元，大家可以玩幾天，那知臨走老王變了卦，竟至弄這種車子來坐，對於老兄很是抱歉。」

「現在不是抱歉的時候！我們希望早點到達目的，得以休息，就很幸運了。」我帶着忿怒的口氣答他。

我們正說到這兒，車子忽然停了，探頭望外面，所有的車子都停了，原來這兒是大坡，陡險得很，斜度頗高，汽車的馬力，不能夠開上去，只有全憑人力來推動扶持上去，凡是坐車的人，都要下車來推車了，若是自己不推，還有一批鄉人每天在那兒專門替人推車，可以獲取一元二元的力費。

這正是如囚犯獲了「出風」的機會一樣，使我們快活得不知怎樣快活，立刻跑下車來，呼吸一點新鮮空氣，舒暢一下渾身的筋骨，自然我們都不會推車，但此刻也不能不去推了，可是因爲氣力太小，還是僱了四個大漢子來幫忙，這才往上推進，一直到達頂端，前面的汽車們已經開駛好遠好遠，我們又才上了汽車，繼續開駛。

這一座斜坡，在建築公路已經費了不少的功夫，據鄉下推車的人說，他們都是築公路的事務工人，當政府下令建築公路時，依照地段分派人家，限定日期，配勻距離，有一家人築一里的，有兩家人築三里的，連碎石頭都要築路的人家担去，監工的人，正比監獄的吏還凶猛，到了日期，公路未好，那就受到非常苛暴的處罰，因此有的人家，連自己祖坟上的石頭，也得拆卸下來，打碎了，担來墊公路，有的人家，本來靠作工過活日子，因爲要擔任築公路，也只好餓着肚子來了，這一來，當時的怨聲滿道，都說這是秦始皇築萬里長城時代苦役的再現，民衆們遭受重大的犧牲，但，在政府還大設關卡，抽收公路捐，捐外還要附加稅，這些公路的捐稅，一半兒繳上去給王家烈買槍砲，一半兒被稅吏們中飽了，人民雖然繳了公路捐，而不能看見用捐稅來造的公路，人民沒有錢來坐汽車走公路，還要被壓迫強制來造公路，所以公路就是這樣的不合科學的建築，因了這種高坡，便無法剋制而修平坦了。

在車上我想爲了這條公路的修造，正與四川修造公路一樣的辦法，西南幾省的官府，其殘民以逞的手段，似乎在一個老師名下學出來的，老路精神已經很好了，我倆侷促於車箱中，又談起在貴陽的故事來，我有意的試驗他的觀察力道：「老兄這次返省，（貴陽）見聞所及，有何感想？」

他似乎也有話要傾吐一樣的說：「貴陽！這是我第二次回來，第一次在十年前，那時候的貴陽，完全是古樸的古城，什麼也看不出一點現代都市的景色，市民也與現在的市民生活不同，這一次回來，整整十年，却也有十年的進步，一切都變了，雖然趕不上外面的都市，但，却是進步十年的貴陽。

第一域中的道路，經過了坡坎革命，而能築成馬路，可以行車，這是穿了西裝，第二街道也有很幾條改變了過去的建築，在商業上的鋪家，似乎調整多了，如錢莊銀號在一區，綢緞呢絨在一段，餐館旅社分布得很均勻，還有娛樂場所也是恰合其數，這些都是以前沒有的，所以在我的眼中，看貴陽是進步得可愛的貴陽」。

「那末！一點缺陷都沒有了麼？」我更進一步逼他的問道。

「自然還是有它的缺點，比如市政府的行政機構，就不健全，自來水沒有，電燈不亮，電話不靈，郵政局電報局都還有問題，尤其是公衆衞生，公共教育，都還說不上合乎水準，談到一般市民的生活，那就太低劣了，就以煙土一事而言，這就是滅種之禍，最低度也使人習成懶性，不事生產，還有……」

他正談到這兒，他的太太便切口道：「你這個人說話太滑頭了，先前說得貴陽那樣好，現在又說得貴陽那樣壞，還有，還有什麼？」

老路笑了，便驕傲的說道：「梅兒，你又何必認眞，我們已在長途汽車中批評貴陽，無論好否，也不會惹人動氣的，你是個長沙人，倒衞護起貴陽來了，哈哈………」

他正要繼續說下去，那個梅兒（他的太太）便不服的說道：「我並不是以長沙人來衞護貴陽，我是省主席的同鄉醴陵人，但是我對於貴陽，並沒有好的印象，尤其那些城中人服裝的汚濁，我看了都是發嘔，並且在表面上號稱無娼的都市，實際上比公開有娼的都市的娼妓還多，爲了生活的壓迫驅策着這樣多的婦女，操此下業，演出不少的悲慘故事，這就是那些做官人的罪惡，舉此一端，可以看出貴陽的政治社會是如何腐敗，我雖是無識無智的婦人，也看出這麼一點漏洞來。」

一向不會開口的屠副官，聽得高興時，便接着梅兒的話談下去道：「我到貴陽來，已經一月多，還了一個中秋節期，總是不見得有什麼快樂，那兒趕得上我們漢口那樣熱鬧，惟獨有一樣爲別處所不及的便是大煙館，倒也是三步一樓，五步一閣的櫛比相連無數「煙霞洞」，政府把禁煙視爲大政，貴陽以吸煙視爲大事，這樣的腐化市民，全把都市的命運弄壞乃至崩滅呢！」

這一段議論，似乎不是一個屠副官那樣的人的口吻而他却說得振振有詞，老路被這兩個非貴州人批評貴陽的煙和娼的缺點，似乎臉上有些過意不去了，便解嘲的說道：「這樣僻省的都會如此，原是不足深責，若是在下江一帶南北京這些地方，那煙，娼，就更爲凶猛了，除此之外，還加上賭博和盜竊，以及一切非常的騙局，竟致成了罪惡的淵藪，那末，比較起來，貴陽總道算在罪惡中是小罪惡呢！」

果然他這一段話，把一個以長沙百事好，一個以漢口爲美好的議論都推翻了，都沒有話再來辯駁，我這時候正想幫他們二人說幾句話，恰巧汽車又停了，這一次是要加水。

爲了加水的躭誤幾分鐘，我們這一部車就落後了，開車的便開足馬力，拚命的駛追，在那亂山叢中高低曲折的公路，這加速度的行駛，却含有幾分危險性的，常常有這種快車開出了公路，墮落在谷坑中，懸崖，車燬人亡的不少。

不過，這麼開得快時，由車中望出去的外景，又是一番新的氣象，如閃如電一樣的活動畫面經過眼前，憑你好銳利的目光，精良的記性，總不會深刻的記着一幅冥逝的美景，惟有在危險灣拐的所在，倒會使不穩定的心，嚇得卜卜的跳動，這樣的冒險行徑於山道上，在我是第一次，在快感中夾着驚悸，在驚悸中又有懽欣，因此我們的談話被快車阻止，我的雙眼不住的飽覽山程的景色。

開車人的努力，不上半點鐘，追上了前面的列車，步入了正常速度的軌，嗚嗚呷呷喇喇交響着瀰漫在逶迤的路上，這一列特貨專車中的特貨，據說要值兩千多萬元，我們四人成了附屬在兩千多萬元特貨的軍費中的夾帶，奔馳貴（陽）貴（定）道上，倒也是一種偉觀啊！

我們汽車行列經過貴定時並未停留，因爲要兩天趕到下司，所以又繼續前進了，那一夜却歇在一個不知名的小村落，這原是懼怕歇在大的地方，有土匪來搶「特貨」故意開駛到這兒的。

據土人告訴說，這兒是牛場的鄉間──吳家壩，我們住宿的人家，本來是一個煙館，所以在堂屋中原有兩三間牀，老路同梅兒一床。

那夜的晚餐，吃得很快活，一隻鷄才花了五角錢，鷄蛋一分錢一隻，新鮮小菜不算錢，我們用鷄肉來炒，又燉，味道極美，可惜沒有好的酌料，只用鹽調味而已，這樣的吃法，倒比在貴陽城中吃酒席還覺得舒服。

在這些地方的酒，就沒有茅台了，那兒有種白酒，用糯米來釀的，彷彿上海小酒店的老白酒，內中水分極多，酒味甚淡，每人喝的時候，都是用碗盛，不像飲別的酒時，用杯裝的，這種白酒，雖然味淡，也能够醉人，酒量不好的，只喝半碗就會醉了。

我們喝酒的時候，那房主人也來談天，他約有五十多歲的鄉老人，鴉片煙癮很大，瘦得來只有皮包骨，却是精神很好，他已知道我們是搭的特貨車子來的，以爲我們是特貨商人，看樣子老路是一位大老板，因爲他帶有女人一路，他來說話時，便先向老路交言。

「老板們這一次到長沙，貨價一定很高，將來賺了大錢，我愚老再來喝杯喜酒。」他吸着旱煙的說。

『他們不是做特貨生意的，却只乘的貨車。』屠副官快向鄉下老聲明。

『貴州除了出產雅片以外，未必不能再種別的東西麼。』我在老路未答復話的時插入了問話。

『先生！你不是貴州人麼？我們這個省分，地土很磽瘠，水田極少，坡坎很大，栽種稻穀，是極不相宜的，就是大麥小麥，也出產很少，所以只有種煙，倒還合宜，我們貴州民衆，都靠煙吃飯，我們貴州政府，都靠煙吃飯，這是地土相宜，所以才肯栽種。』鄉下老坦白的告訴道。

『吸煙是害人身體的，政府早已下令禁止，爲什麼貴州人這樣的不聽政府命令呢？』我向他詢問！

『這個理由很簡單，這是人們的一種嗜好，在吸煙時總是舒服，吸了以後，更是舒服的，不過，年深月久，才會發生不良的影響，有錢人家，原以吸煙爲消遣，窮人苦人，原以吸煙來帮助勞作，只顧目前的利益，就不能顧到將來的痛苦了，只顧本人的舒服，就不顧子孫的强弱了，所以有人吸，就有人種，政府便籍此而收稅，不但縣政府如此，省政府也如此，就是中央政府，還是如此，說是禁煙，這是對付外國人的一句門面話，你不知中央的軍費，都是靠着特貨（鴉片煙）的稅收麼？就是你們乘的貨車中的特貨，都是何主席與王主席們公開簽約公開生意，那兒能够禁呢？」鄉下老把他胸中的見解，對禁烟問題說了這麼樣一段話。

我聽了之後，沒有話再問他了，只望着他發出了會心的微笑。

老路的酒，已飲得有九分醉了，他乘着酒興的說：「你們把中國禁煙的弊病，說得很詳細，但是你們還應當知禁煙在中國已有九十餘年的歷史，第一個禁煙的大員，是兩廣總督林則徐，因爲禁煙，惹起了中英戰爭，從此就引進了帝國主義，侵略中國，一直到今日的各種不平等條約，都由那一次戰爭開始。」

「你在發表禁煙大會演說麼？」我打趣的問道。

「豈敢！豈敢！有老兄在這兒，我不敢班門弄斧。」他掉頭來向我解釋，又接說：「我是要講一個當時禁煙的故事，以作酒後的笑料。」

「那末！我是第一個歡迎你先生講的了！」鄉下老也打起精神的說，他已抽了第三枝旱烟了。

「又是那一個講臭了厭了的老實話！」梅兒當面要拆穿老路的西洋鏡。

「你們是聽厭了，他們乃是初聽……我要開始講了，不要打岔啊！」老路端了碗，大大喝了三口白酒，似乎振起精神的說道：「當林則徐禁煙之際，命令非常嚴厲，凡吸煙的人，捉獲了，梟首示衆。

果然由部下拿獲了一個身先試法的煙民，詢問確實之下，就依法處死，梟首示衆。

夜間林公微服出巡，希察有無吸烟份子，那知走到煙犯示衆之地，一根高竿之上，懸掛了一顆血淋淋的人頭，在高竿之下，有兩個公差，職司看守，然而却發現了他們都橫臥地上，當中有一盞孤燈，正在燒煙談天，籍慶他們這寂寞恐怖的長夜。

林公當時看見了這一幅活動的漫畫，不禁心有所感，他自己想道：「政府下令吸煙者死，偏偏還有在死者的頭下吸煙，這倒底是吸煙的趣味，可以消滅殺頭的痛苦麼？」

「相公們！煙味好麼？」

這兩個公差正談得有勁，吸得舒服，並不會想到是林公微服巡視，便有意無意的答道：「那兒舒服不舒服，這不過上了癮不能戒絕罷了！」

「上了癮，就不可戒麼？朝廷的王法你們不怕麼？並且在你們上面竿頭懸掛的腦殼，是不是爲吸烟而斬下呢！」林公向他們提出了警告。

「哎！煙癮發了，連死也不會怕的，不吸的痛苦，比死還要凶啊！」那年長的公差這樣答道說了也不看一看林公不繼續的吸煙了。

林公不便再說，掉頭便走，回到督府私自嘆道：「亡中國者，鴉片煙也！」這樣一夜都不能安眠，天未明時，即下令將那看守屍首的兩名公差捕，開堂審詢，他把夜間爲他們相遇的對話背述出來，駭得那兩個公差叩頭像搗蒜一般的哀求饒命，並願具結取保，限期戒絕。

林公當時嘆道：「饒了你們這兩顆狗頭，限定七日戒絕，再行試驗。」這樣才了結此案。

老路講完了故事，鄉下老並不加以批評，似有無限感慨，不住的咋舌搖頭意思是說：「戒烟眞是難事啊！」這晚餐所談故事中結束了，然而老路的烟，他們兩夫妻（？）還繼續的燒下去，我因被汽車震動了一天，很感覺疲乏，便早已睡熟了。

醒來時，正聽着遠近的雞鳴聲，窗外已微微有曙光透進屋來，但老路和梅兒還沒有睡覺，却在準備睡覺，那就是老路收拾煙具，梅兒在整理被褥。

他收拾煙具，到要很費時間和手續了，先是試煙斗，擦煙槍，歸好槍袋，這才收拾另件煙扦，煙剷，打石，鉗子，一一揩得光亮透明的又歸好在煙盒中，這才來用小帚，小畚，掃除煙盤子了，煙燈移在床上，左手持盤，右手掃除，這就更爲細心了，由左而右的掃一次，又由上而下的掃一次，將掃得的煙灰却盛在煙灰筒中，再來一次清掃以後，還要用一方小小的布巾，揩拭，又是由左而右，由上而下，由點而面，畫圓圈，寫草字，種種花樣，似乎用這小巾在表示他心中無限的意思，在他以爲滿足之後，方砰膛一聲，全盤丟掉了，兩手一拍，片時休息，也倒下睡了，才由梅兒來辦理善後。

這是我第一次照見吸煙人的一種古怪潔癖。

此刻天已明了，執事的人便來請我們上車，老路的夢門都未走進，只好翻身下床，準備在車中去活動睡眠了，屠副官是草莽英雄樣先自登車，我便與他同坐一塊，便聽得嗚嗚的汽笛亂叫，這一列貨車，又開始馳奔於山程中了。

在貴州的山程，眞是千變萬化，坐在汽車中看出去，不知怎樣的使人心快神怡，尤以這深秋的早晨，離開了貴定城後的風景，是上次未經過的地段，這時我們所行的是雋山一條路了，可惜車開快了，不能一一飽覽山光野色，比走馬觀花還杳茫。

老路與梅兒眞也是一對夫妻（？）上車以後就呼呼鼾聲大作，熟睡得若無其事，屠副官乘這個機會，用手向梅兒臉上一指，低聲向我說：「爛汚貨！」

這使我大吃一驚，其實我早已猜着梅兒在屠副官的心目中，也不過是爛汚貨之流耳，但是我抱定「疎不間親」的處世哲學，不便答言，只點頭微笑，表示他的批評妥當，也於此推測到屠副官在他們中，也自有其特殊關係。

我此時無話可講，便同他說起貴陽的吃食來，我無意的說：「貴陽的腸旺粉，眞是美味啊！」「不錯！我也歡喜吃，我曾經吃過四五次，味道眞是好極了，好在於油多，味濃，辣重，若在冬天吃它，那便是一餚好菜」屠副官說得津津有味的。

「還有別的東西好吃麼？」我接着淡然的問，

「好吃的東西太多了，就是那三不管的鴛鴦饅頭，也是其味無窮的，」他又推薦了一樣食品。

「據我看來，貴陽的食品，無論小吃，大吃，都是佳味，餚美，這個原因，本來不容易在一個邊僻窮省中尋出來，只是貴陽的菜味好吃，我確知道，是因爲鴉片烟。」

我說出一個我推測的原因來。

「祕書長的話，我却不明白，爲什麼菸味好吃是因爲鴉片烟呢？」屠副官疑惑的問。

「這是我的一種推測，因爲吃烟人心閑又心細，很愛吃口味，所以說貴陽的菸味好，都是由於鴉片烟的原故。」我坦白的告訴，

「哈哈！祕書長談話，倒會轉灣呢！我眞是個粗人，這種理由，我一百年也想不出來，」他似乎很贊成我的推想的說法。

我才留心去看他們，只見他們這時鼾聲更濃，大家都在尋各人的好夢，尤其是老路的嘴角，還滴流流滴出沫涎來，形容極其可怕，就是梅兒也沒有什麼「美人春睡」那一種醉人的媚態，她正是一個烟鬼典型。

「啊！他們的結合，有如「水災」（一部小說）所序的麼？那更證明作者說的話都市中都有，而今在鄉村山野的路途上都有了，倒是巧合呢！」我用了極低微的聲音回答他。

「老實說：他們連濫愛二字都不能講，祗是濫而非愛呢！」他又鄙視的說。

「唔——」老路的鼾聲變成了唔音，似乎聽見屠副官的話，接着眼睛也開合了一兩次，使屠副官倒有些吃驚了。

我也不好再同他談及坐在對面的一對熟睡的夫妻，這倒底是初交的朋友，其心性如何還不知道，並且，這次我的同行，覺得太不加考慮了，雖然已走了一天汽車的路程，看他們的情形，使我後悔起來，「我怎能來做一個假代表的淸客呢？」

但，轉念想道：「我爲了探奇旅行，存心流浪，這就也是一個好機會，當然可以得些見所未見聞所未聞的材料，在人生途程中也是不可多得的機會。」於是也就釋然了。

到了停車吃中飯時，老路與梅兒都醒了，這個地方是幾十家小茅棚，像市集一樣，鄉人很多有多少在日中爲市，買賣食品用物，很爲熱鬧，其間不少的苗家婦女，頭帶笠，腰繫裙，赤手赤足，頗具天然健美，那就是古代的民間尤物代表了。

這小集的光景，還未脫盡原始簡陋的交易形式，襯着山野的景緻，來看這一羣山野的漢人與苗人，使我覺得置身於「傳奇」中了。

我繞集參觀了一周，回到飯館，已是酒肉滿桌，等我下箸了，老路笑道：「老兄是個探奇的旅行者，到一地方，都要把它的輪廓飽覽，這才是奇異的開始，以後在這條道上，還有很多好玩的地方，我們到了長沙之後，就要拜讀老兄的旅行記了。」

我覺得他的話，是出諸肺腑，便滿意的說：「不錯！此行我倒眞有點獵奇的心理，想把湘黔邊邊區的風土人情，實地考察一番，恐怕時間的不許可，也不會有什麼好的成績，但，憑我的直覺能把所經驗的地方，看過的事物記了出來，就眞不虛此行了。」

「將來祕書長做成書的時候，我的賤名也不是在內中麼？一個人的名字上了書，眞不容易呢？」屠副官已經喝醉了的大聲向我說。

「名字上書嫌太容易了，因爲現在著書太容易，假使將來我有機會記出這次旅行的事實，當然屠副官的大名要由賤筆傳出了。」我表示允許他的請求。

「千萬不要把我寫在你着的書，祕書長！我是一個不值得記名在書上的人。」梅兒帶着病態的媚態向我說。

「你倒是我書中的主角呢！」我詼諧的答她。

「上書不上書，都沒有關係，我們這一次的旅行，總是極有意義的，祕書長是個歡喜弄筆墨的人，那可阻止他不寫呢！我們的賤名，賤言，賤行，倒也因爲留下雪泥鴻爪，也很難得了」老路這樣作了結論，我也笑望着他們三人，似乎在這時候開始，我確想在我的筆下，要繪出他們言行大意來，也是此行的一種不可少的工作。

隨即談風轉了向，談到別的雜事上去了，老路與梅兒已在討論鴉片的多寡問題，爲他們的黑飯食糧打算，屠副官也覺得無話可說，各自打盹，我又雙目注視車外的野景。

這樣過去了兩三點鐘的沉默，車已到了下司，我們下榻在全福烟號內，休息了一會兒，我就出去閒玩街頭，下司這個地方，乃是一個小鎮，傍臨了湘水上流，也可以說是源頭的將盡處，由這一條河流，可以舟行直抵長沙，今後的行程，便捨掉登山而來涉水了，它的地形，像一個大蘿蔔，土股河水包圍了三面。

據土人說：這個命名爲下司的原因，乃是古時在此地戰爭，什麼將軍誤殺了他的部下，後來有鬼作祟，經了多少方法才超度安寧，爲了紀念便把這地方取名「下司。」

這兒因爲水陸交界之處，本已熱鬧，加之近年來烟土由水道運，可以省脚力，增速度，於是變成了重鎮，這小小的鎮上，多有烟土堆棧，也就有了銀號錢莊，其他吃的用的，就有三分之一到了城市程度。

但，這兒幾乎是純苗區，十分之九是苗人，與湖南鳳凰廖家墈，鴉拉營一帶差不多了，風景却佳妙得多，山高，林茂，古樸像原始的森林原野，山徑的崎嶇，水流的幽雅，帶着微寒的季候，大有令人逸世獨立之概。

在小河中我看見了渺小的苗船，這苗船的渺小，恰如蘇東坡說的「從一葦之所如」那一葦之大是長條形，船面狹小得只能坐一人，船頭船尾，一人都不能容，船的腰中，僅能並坐二人，本身茅蓬一槳一櫓，若是人在船中用力一脚踏去，立刻就會傾覆，我推想世界上行駛的船隻，還怕最小最小的了，它很伶俐，活潑，實在小巧得可愛，那時我就想去乘坐遊河一番。（完）

人之有詩文猶其有兒
女子也才不才亦各言
其子他人子何可愛哉

侯朝宗語

無忌夫人（歷史名劇）（一續）

法薩爾都著
賀之才譯

第一幕　在恭別尼行宮

一座莊嚴的大客廳，爲純粹之帝國款式，許多圓柱與穹窿雅各式之傢俱。裏層有三座孤行門架，居中者裝着壁爐，嵌之以鏡，其在兩旁者向另一客廳洞開着，那客廳有三窗，隔窗可以望見花園之秋景搖落的木葉，浸在月光之中，在中層左右之花板壁，各有一門通內室。在前層兩旁各有寬長之椅，裝于牆壁，在兩門與裏層之間，有檸檬木製之矮樹，嵌着銅飾，上置燃着的燭台。在客廳中部有大茶几爲桃花心木所製亦嵌着銅飾；上懸萬花燈。周圍有方形之橙椅，及躺椅種種，

第一場

佘士明著炫赫的制服，帶敷粉的假髮，整理爐火。

侍僕　（走入）佘士明先生？

佘士明　什麼事？

侍僕　戴布爾先生來了！

（佘示意之後，侍僕肅立一旁，讓戴走入。）

戴布爾　（行禮之後）但澤公爵夫人在家是嗎？

佘　在家先生（對侍僕）去稟知公夫人。（侍僕走開）我曾在維爾賽宮見過戴先生當前朝鼎盛的時代，……那時先生在國立歌舞院充舞團領袖。

戴　（坐下）我如今在馬麗路易士皇后的宮中充舞蹈教師兼侍從儀注總管，應大將軍夫人之命來到這裏。

佘　大將軍夫人正在理髮同着她底理髮師杜布郎停一刻她即出來見你。

戴　我不知她乘大家晚飯的時候召我來這裏是何用意！

佘　是這麼一回事：恭別尼宮內大臣阿德內將軍突然發了風濕病這很不湊巧正當籌備歡迎武爾資堡大公夫人的頭一天有種種的節目如走逐的圍獵盛大的會宴，話劇，歌舞劇，團體舞等類……剛巧李飛爾大將軍同着大將軍夫人來到行宮，萬歲爺遂趕緊派他代理宮內大臣；原定今晚上在阿德內將軍家歡宴，陛下也改定于李飛爾將軍家舉行。你瞧這裏忙的不亦樂乎，因爲我們還沒有佈置停妥。一切全須臨時設備，譬如服裝，僕役，酒饌，燈光種種！

戴　我明白是怎麼一回事，大將軍夫人

想和我商量跳舞會的事件

佘　不然！不然！沒有跳舞會只是於覲見皇后之前簡單地舉行招待，這算萬幸，因爲……我們說一句私房話罷……：關於跳舞一層，大將軍夫人只會「摸那哥」「麵包娘」「燴雜碎」幾種平民舞……至於舉止動靜……（他笑着）呵唷，哈哈哈！

戴　（微笑）我知道

佘　還有那談吐呵！……

戴　她一開口便招的那些貴婦們好笑！她革命以前是不是曾開過店？

佘　在聖阿內街……嗣後曾充隨營酒保，作過當爐女子，參預萊因河之役，跟着李飛爾軍曹。

戴　不久便封將軍。

佘　旣而晉陞大將軍。

戴　並錫爵但澤公，固然，這些爵秩，他可謂受之無愧。

佘　（不屑之狀）哼！可是，帝國的貴族！但澤公……從前我們那時代，只有一種香水叫過這個名字。……還有沙伐理也封維維葛公！還有傳奢皇帝命他包辦賭場，封他阿儻得公……有「儻」來之財可「得」……像你我們，曾忝在前朝效力……

戴　啊！你曾充？……

佘　（揚眉挺胸）彭鐵夫公爵夫人底馬夫。（戴起立微點頭示敬）戴先生，貴族豈是臨時可以湊成的！鮑魚之肆，總脫不了臭魚的味兒，而但澤公夫人，還是阿內街洗衣娘的派頭，據故事的傳述，她曾於八月十日搭救賴伯爾貴爵將他藏在髒衣服的一個簍子裏口

戴　然則是因爲這個緣故所以賴伯爾貴爵和她家來往那樣親密？

佘　當然哪，像賴伯爾貴爵，乃是老世家子弟要他和那種平凡的人來往，至少須有這一類的理由！大將軍和他後來又在萊因河畔相遇那時李飛爾統率桑伯爾茂司方面大軍而賴伯爾則在龔德親王部下當參謀。他們倆於和議談判席上重叙舊誼，後來伯爵又跟隨梅特涅大使來到法國於是他們底交情益加親密甚至無日不通來往。

戴　（作私語狀）我們說私房話也罷我猜他是被女主人的動人的姿態——雖然有些俗氣——所誘惑。

佘　（聳肩）不價！親愛的先生，並且連這椿都不是！因爲大將軍夫人，除了其餘的笑話而外還加上一個守婦道！你看那多够下等人的派頭！你以爲他們兩夫婦分房而睡嗎？

戴　當眞嗎？

佘　正如我所給你說的……這眞令人笑死！

（右部的門開了）

戴　且慢！她出來了……

第二場

同上嘉德林走入後面隨着一位侍嬪停在門口她只穿着一條襯裙和小褂紬

嘉德林　早安戴先兒！眞好小子，在這時候爲我勞步。

戴　（深深行着禮）公夫人！

嘉　你這人諸事都順遂嗎？

戴　幸賴上帝保祐，公夫人！

嘉　基馬德是你討了去作老婆麼？

戴　（頷首之後）公夫人或許認識過她麼？

嘉　哦：那還用說我認識過她……那傢伙眞有一些漂亮的衣衫！……（對佘

）去，瞧瞧那鞋匠是不是把我不當人，還沒有將我的高跟鞋送來

余 我敬請公夫人注意，天到這般時候那是出人意表的，倘能……

嘉 （打斷他的話頭）嘻！「倘能」……說話總是酸溜溜地，留神吞下了你的舌頭！

余 我的意思是說，若想找着他……

嘉 必須挪動尊腿……好罷，快去！還要快些！「倘能」！我不叫你「躺」着，看你還「能」不能（余走出含着受了委屈的容態）這個油頭粉面的東西，我見了他就有氣！

第三場 同上少一余士明

嘉 （對戴）我們來吧，戴先兒這一切不要管！（她坐下）我此刻是一屁股坐在炭火上！停一會兒我要招待一大堆的公主，爵夫人，公夫人……假如他們也和我是一個窰裏燒出來的貨，倒也罷了；那我就請他們吃一些糖炒栗子嘗一些煎鷄蛋餅，一起在地板上打一打腿官司那才格外快樂咧……可是他們全是一堆糖人兒，便是給你談一句極尋常的話也免不了抿着嘴唇，扭着全身！……我給他們行禮必須要拿出天字第一號的貨色來！既是這樣，我心想，戴布爾可以教給我這些個……。你對於這一切的猴兒把戲是專門名家！

戴 您太過獎了，（背語憤憤地）猴兒把戲！

第四場 同上，一侍僕，既而加入葛布雷和瓦

侍僕 公夫人？

嘉 有什麼事兒？

侍僕 是雷和瓦先生皇后的倘衣監和葛布先生……

嘉 那鞋匠？……好！（走向侍女）而那大貫腸傢伙正去找他去了（侍僕走出）進來吧！（他們走入深深地行禮）得了！得了！扭轂了腰了！……（對葛）好容易，高跟鞋來了！

葛布 （臂下夾着紙盒）是的，大將軍夫人，

嘉 （對雷）那明天要用的騎馬裙呢？

雷 （指着他底助手，正拿着兩個大紙盒）在那盒裏，大將軍夫人。

嘉 這就好了。（侍嬪走入後面跟着一侍女）

雷 大將軍夫人不要我們一塊兒上您底梳裝室裏去麼？

嘉 我們在這裏不好嗎？

雷 這卻……

嘉 那梳裝室裏堆滿了包包裹裹，戴先兒要教給我裝鬼模樣，還是在這裏比較舒服些。

戴 （小聲地背語）鬼模樣！

嘉 （坐着有人爲她脫鞋）你讓我等苦了你，爲這麼一雙鞋！

葛 請公夫人原諒我，爲了武爾脊堡太公爵的歡迎會我們忙的非常……諸位貴爵夫人，一齊要我們伺候她們比方阿儻得公夫人……，

嘉 啊！傅奢在恭別尼麼？

葛 （給她穿鞋）他來了人家都覺得很奇怪，自從萬歲爺革了他的警政部長派了羅維葛繼任以來，人家以爲他失了寵。

嘉 那才是呢！人家若是像我那樣知道他傅奢的爲人，就不會替他担心了！那傢伙便摔下來還是站着的（對葛）

喂！你這傢伙，你已經達到小腿肚了，你不打算再往上爬嗎！

葛　（起來着）現在成了，公夫人。

嘉　牠該不會像上次那雙一樣吧，我剛一穿上就咔嗤裂了一個大口了。

葛　那一定是公夫人踹着牠走了路。

嘉　這話才糊塗呢！要我拿腦袋朝下，像洋葱一樣嗎？

葛　我底意思是說公夫人或者用脚踏了平地，不會在地氈上滑着走，像仙女一樣。

嘉　我便是仙女，不是？（侍嬪攤開了騎馬裙對雷）我可以就這樣試一試騎馬裙嗎？

雷　一定，夫人

嘉　那麼我就穿着這雙鞋吧（對葛）去罷，你可以請了！牠若裂口子我就不給錢，明白嗎？

葛　大將軍夫人！

（葛很恭維地施禮，退出）

嘉　哼，眞的，我不給錢！

（她脫下她的睡袍只餘襯衵赤着膀子）

第五場

同上少一葛布雷和瓦與侍嬪給她試穿騎馬裙

雷　我想大將軍夫人定會滿意的，這騎馬裙我完全是按照皇后所裁定的樣式做成的，可是這斯賓塞爾式短褂比娘娘那一件還合式，因爲我沒能彀親自比着她底上身試樣子。

嘉　（在短褂裏掙扎）因爲？

雷　萬歲爺不許侍嬪以外的人給皇后試衣裳。

嘉　這才是醋罎子，不許人看見他底太太穿襯裙！他那樣顚倒在她底石榴裙下呵！

雷　（後退一步來鑒賞他底手藝）好極了！下垂的很調和曲線也很高雅。

嘉　（侍嬪給她一頂行獵的便帽）這是爲戴在頭上的麽　，這一大塊糖醬烙餅？

（她歪戴在頭上）

雷　（急忙地）呵！不是！對不住……要像這樣（他扶正那帽子，旣而向後退兩步）這才是再雅麗的沒有了！

嘉　最累贅的，便是這拖的長長的鬼尾巴。

雷　可是爲着騎馬……

嘉　我從前騎馬彀了還是光着馬屁股騎啊……那時我並用不着這長掃箒，呀！（對戴）喂！專作腰腿生意的那位先生！現在可以試演鞠躬的大禮了。

戴　遵命，公夫人，我們來瞧瞧怎樣行禮（嘉作鞠躬式）不算壞，可是不够柔綿輭，……我請你瞧着；我彎下腰去……像這樣……温文爾雅地，將我身體底後部安置在左腿上……我於是往下沉！……很柔和地，您瞧！請您往下沉！……對了……還要……往下沉……再往下沉……

嘉　（幾乎跌倒）啊！不慣，不慣，照你這樣往下沉我要沉的四足朝天了……

戴　不會，不會，像這樣好極了！

嘉　還有一層，這些把戲倒不會繞住我，只是穿上朝服便將我兩腿擾糊塗了

戴　大將軍夫人如若肯用騎馬服試演，那是和朝服一模一樣……只消用小腿踢一下，極其簡單地，您瞧一，二，三，……踢！（他用足一踢像是踢開

裙尾似的復鞠躬）這多麼自然呵，

嘉　這才乖巧呢，敢情你沒穿長裙了，……

戴　請您屈尊握着我底手聽着口號，照我一樣動作，用左脚，勞駕！

（他握住嘉手，同着她邁步轉過身來每逢他喊一聲「踢！」便用腿一踢。她竭力模仿着）

嘉　對了！

戴　不對！這是右脚。

嘉　哦！眞的！

戴　一……二……三……別心慌……左脚，永遠左脚……踢！一、二、三、踢！可是，這眞好極了！公夫人！像是您一生除了這個以外沒有作過別事一樣！

（在座的人，有贊成的表示）

嘉　（滿意的）那末，眞的嗎？我不太像一隻傻野鷄嗎？……要給我說實話咧。

戴　我請雷和瓦先生與這幾位太太同作證人。

大家　呵！眞的不……

嘉　那就給我脫下來吧！

（她將帽子扔在桌上，侍女開始給她脫去騎馬服）

戴　公夫人，再沒別事和我商量麼？

嘉　沒有，就是這，謝謝你，戴先兒……替我問候你底太太。

戴　（行禮）公夫人太抬舉我們了。（他退出）

嘉　這種款式未免赤身露體太過火了。

雷　公夫人，再好沒有的，是太太們着古裝……

嘉　而並非古人，晚安，雷和瓦先生。

雷　（行禮走開）公主人！

（侍僕復來，李飛爾繼至）

嘉　哈！大將軍來了！（對侍嬪放下她的睡衣）這個，拿到我臥房裏去……

（侍嬪拿着帽，騎馬服，等等走出，李飛爾進房侍僕復關門）

第六場　嘉德林李飛爾

嘉德林　（一面穿衣）你猜那可憐的雷和瓦不能給皇后試衣服……眞新鮮，你聽了會好笑……

李飛爾　（氣憤憤的擲帽子案上）那才奇怪呢？

嘉　（出乎意外，注視他）呵呵你這股神氣！你有什麼了？……你從那兒來？

李　我剛才同萬歲一起吃晚飯？在她書齋，同着她一個人。

嘉　是因爲這，你就現出這副哭喪的臉子來麼？

李　（在爐台前）先說，這位先生吃飯的方式眞特別……簡直是人所萬想不到的！他隨意地瞎吃，瞧見什麼便吃什麼，剛吃了湯就是果子醬，巧克力奶油凍，跟炸麵魚一起吃吉士跟燴綠豆一起吃！而且吃這些個，只限十分鐘吃完，唏哩嘩啦，像跑馬似的！害的我吃湯燙了嘴，吃魚梗了一根魚刺而我還是餓得頭昏眼光……（擲下他的手套）這便是我的一頓晚飯；（嘉吃吃地笑）你覺得這好笑嗎？

嘉　（在茶几前坐下）可不是嗎！

李　還有下文，你也許覺得牠不那樣好玩罷，因爲他邀我同席吃飯，並非給我做牙祭。乃是爲對我談你底事……

嘉　談我底事？

李　自始至終地，

嘉　這太於我有光彩了……為的是？

李　爲的是你底行止舉動萬歲爺看不上眼。

嘉　那些行止舉動？

李　就是這些呀，他媽的，見活鬼？我一回家就碰見你穿着襯裓，襯裙在客廳裏同着你底交買賣的商人們一起渾着！那像什麼樣子！

嘉　我正在試衣裳……

李　光着膀子？光着肩膀？

嘉　等一會兒我穿好了晚宴服之後，還光的厲害些咧；

李　在社交場中，倒不會有礙觀瞻呀；總而言之，那班東西出門之後一定會譏笑你！

嘉　我才管他三七廿一咧。

李　可是我，我却不能不管；我們有我們的地位，有我們的排場像萬歲爺所說的；應當顧全着，還有你底談吐呵；你究竟是不是一位公夫人？他媽底巴子；你硬不會說他們的官話嗎？

嘉　（笑着）等你全會了之後，萬一剩下的再給我罷！

李　我，我是一個軍人，一個軍人若不粗言粗語便不算軍人……就是萬歲也禁不住粗言粗語呀，他剛才連兕帶罵地拿脚直踢火爐裏的柴爿；

嘉　他究竟對你說了些什麼？

李　他說：「你太太底言語太下流了；不能永遠就這樣下去……眞地讓人側目；無人不引爲笑談。放着腰間有大將軍的權柄，而却在當軍曹的時候便結了她。所以有這樣的結果！幸而有一補救的方法在這裏……離婚！」

嘉　（失驚）你說什麼？

李　（繼續着）「不用說我們自然會將李飛爾夫人安置妥貼。你的龔博德的地產歸她享用，還加上一筆豐富的年俸。你却須立刻去和她開談判，十五天之內將這事辦妥。」

嘉　啊？他這樣給你說？

李　如同給我說：「上馬快動身去！」

嘉　（懸着心觀察他）啊！而你怎樣答覆了他呢？

李　若是你呢？

嘉　我麼？

李　（走近她）是呀！假如他，對你談起這離婚事件，許你一所大府第，許多錢財之類……你會怎樣答覆他呢？

嘉　（起立，很受震動的）我會怎樣答覆他？我……這樣答覆他，我說你底府第你底錢財我全不愛我有我底李飛爾我要保存他！愛上了一個男人，在貧窮的時代因着他辛苦了多少年，在他身旁冒過了多少險，見了他初次受傷而哭，見了他初次戰勝而歌，不是這樣隨便可以拆散的！這種過去的歷史，將我們倆牢釘在一起；讓我們倆的心血和肉全部合而爲一，你便將牠截作兩段，牠自會重粘在一起」！你瞧我便是這樣答覆他！假如你稍有良心你也應當這樣答覆他，

李　（還是氣憤憤地）正因爲我稍有良心，所以我恰恰是這樣答覆他。

嘉　（喜不自勝）眞是這樣嗎？你說？你這壞東西讓你底嘉德林嚇了一跳（她抱着李頸）

李　（摟着他）傻東西，還以爲我有別樣的答覆嗎？

嘉　（加緊地摟着他）啊！你是這樣對他說？啊！你這才做得眞對！你簡直是一個小天使！那末，於是怎麼樣呢

？你通通告訴我，于是怎麼樣呢？

李　（坐在茶几前）于是乎他很不高興你想一想……

嘉　呵！呵！我想也一定是這樣……于是乎呢？

李　于是乎，他既執意要我對你說這件事……于是我便說：「說一句老實話，陛下，請陛下豁免我這項差事，否則，嘉德林定會挖我底眼珠。」

嘉　那一定，我正預備這麼辦！

李　他便回答我，一面將他底煙荷包往桌上一擲「那讓我來對嘉德林說，並且，事不宜遲，應在今日晚上！我，她該不會挖我底眼珠罷？」

嘉　那也保不定！

李　他說完這話便命我退出于是我便回家來了。你可以斷定他今晚或明天，會找你去，談這離婚的事。

嘉　哼！就請他那樣辦罷！好傢伙，他自己離婚得了多好的結果！眞是異想天開，要娶一位凱撒的女兒，像他說的！這位奧國婆娘底心尖上才記住了他和我們大家呢！她因爲她底姑母馬麗安多尼的慘死才認識了法國，因她底老太爺曾被我們皇帝打的落花流水，才認識了我們皇帝。

李　也許就是她攛掇他來反對你呢！

嘉　呵！那却不是！八九成是皇上底兩位妹妹巴克學基氏和穆拉氏。兩個不成器的東西，向來便容我不下，因爲我盡忠于那可憐的約瑟芬而他們却與她百般過不去！心眼兒壞極了，而且彼此互相嫉妒，各人儘量地爭權奪利，爲自己，爲她底丈夫，或情夫。兩個傻丫頭，假若沒有皇帝，她們至今還不是在她們底海島上，補她們底襪子，吃她們底豆子湯，喝她們底清水嗎！她們自以爲是天上掉下來的星星，壓倒你，冷不防地！……你相信那巴克學基氏會和羅維葛氏談起我來，竟大胆地告訴她說：皇帝不該讓我作公夫人，因爲我出身微賤，大家會看見過我給人洗襯衫？我對羅維葛氏說：『襯衫我倒洗過，可是我沒有洗過她底，現成的理由，就是她那時還沒有襯衫！』

李　你對羅維葛夫人說過這話麼？

嘉　怎麼不，我還用什麼客氣！

李　她自然急忙將這話傳給兩位公主。

嘉　我要她這樣做！

李　既是那樣，可以不必再研究了，……火是從那裏放出來的。

嘉　我給你說是她們要報復我嗎！而她們以爲這事已經成功了，這離婚離定了！……

李　可不是嗎！萬歲爺已經替我找着一位夫人了。

嘉　我的替身嗎？

李　（笑着）是。

嘉　呵！誰呢？告訴我是誰呢？

（她移坐近他）

李　不，你定會當衆侮辱她。

嘉　不會！……我敢發誓！

李　呵！我知道你底脾氣！

嘉　不會，不會，我決不惹她！呵！我底小約瑟，我求你！你乖！你告訴我是誰！

李　你猜！

嘉　我認識她嗎？

李　自從你來這裏之後。

嘉　美麼？

李　呵！不他媽的眞不美！而且瘦呵！

嘉 （笑着）像一顆大洋釘！……呵！那好極了！你這賊骨頭！這可以給你一個教訓！……可是一頂大帽子？

李 呵！那倒是！一位公主！

嘉 眞不錯！不是法國人，那麼？

李 不是，是沙克遜人。

嘉 她瘦？那是沙克遜的德盛呵！

李 正是！

嘉 那隻羊腿袖！（她大笑）啊！我可憐的寶貝！不吧！你想，那樣一隻高蹻踩在你的心上，你，你向來所愛的是鼓蓬蓬的！

李 是呀，對不對？

嘉 我定會在你洞房花燭之夕和你開一個大玩笑！

李 （扭着心）喂，別胡鬧罷，現在我已經統統告訴你了……

嘉 （笑着）我定會預告她……實在說起來，不吧！她沒有我也會自已看出來的。

李 什麼？

嘉 （笑嘻嘻地仿着他的語調）什麼？什麼？這隻膀子上寫的是什麼？『誅盡暴君污吏』

李 自然嚕！一定！

嘉 那隻膀子寫的是『無忌到老！』唵！你看她那副面孔，那公主。你呢，你那副面孔！哈，哈，我的好伙計！我抓住了你，以你那兩隻膀子，並且一直『到老』爲止（緊摟李頭）你聽見嗎，混賬東西『到老』爲止……

李 （被閉住氣）請你略微鬆鬆手，何如……

嘉 （挺起腰幹）快說你愛我愛你底「無忌」快快地！否則我掐死你。

李 我……

嘉 （放下他）快說你愛我，愛的就是像這樣的我，和我的粗鄙的言語舉止……

李 呵！關于那些個！……

嘉 並且我露出來腰帶的時候，和穿襯裙的時候！……

李 你就是不穿這些個我也愛你！

嘉 （一古魯兒坐在李膝上）轂了！好了！我饒你！你底那些公主，滾他媽的蛋！（她雙手捧李頭而吻之。……佘士明進來，出其不意地，瞧見他們這種態度，作出一副鄙視的神氣，旣而故意咳嗽，在門檻前停步）

嘉 （起立）好傢伙！拿出架子來罷！

佘士明 （極嚴的）賴伯爾伯爵請示公夫人，肯不肯接見他。

嘉 他？那還用問！

佘 （走出，憤然）就這樣，穿着小襯衫！

嘉 他和我用不着客氣。

李 這時候了！他爲什麼事來？

（佘引進賴，即退出）

第七場

同上賴伯爾穿着奧國大將的服裝。

李 請進，請進，親愛的賴伯爾

賴 親愛的大將軍！……

嘉 （伸手給他）你肯原諒我嗎？我們彼此用不着拘守禮節。

賴 （吻她底手）我知道我是到了我底朋友家中，並且是最誠懇的朋友，而且正爲這個緣故，所以我在這晚的時候，不約而來，和你們告別。

嘉 （對賴）你來告別？

賴 唉！是！我迫于不得已，須今晚動身，頃刻之後。

李 （對嘉）迫于不得已？

賴　迫于不得已！……我臨行之時，不勝悲傷，因爲我平素受慣了你們甜蜜的友誼，而現在要失掉牠了。你們家裏那樣優待我！我在你們家，猶如在我自己家裏一般。現在到了我們永遠分離的時候了。

嘉　永遠？

賴　我不再回法國來了。

李　爲什麼呢？

賴　羅維葛公爵剛對我表示，說奉皇上底諭旨，命我于今夜以前，離開行宮，沿着最短的路程，越過法國的疆界，一出法國，不許再來了。

嘉　然而，爲什麼呢，究竟爲什麼？

李　他有什麼不滿意于你的地方，我們皇上？

賴　（坐近茶几，同着嘉和李）天知道呢！我底錯處，都在我底二字箴言裏頭：『忠實』。自從我荷劍從軍以來，我無一時一刻不忠于我底家和我底國，外交家也好，軍人也好，我只是嘗盡了失敗的痛苦。在阿爾苛橋上，我和波拿巴爾德，面對面相逢，他差一點落到了我們手中。在康坡佛爾蘭議和的那一天，我又遇着他，同葛奔澤和聖尤連一起，我和他爭持不下，甚至于我國政府，也不以我爲然。我因此不快意，又和那不幸的恩簡公爵結爲朋友，我引此以爲榮。就爲這件事，所以拿破崙不肯饒我！他屢次顯露出來過。他和大公夫人定婚的那一天，我國政府，給他一張馬撮路易士的侍從武官的名單，他憤憤地，很粗暴地拿筆將我底名字勾消，如同餉我耳光；後來他又看見我當了梅特涅底隨員，可以藉這職銜出入宮禁，他又顯然不愜于心。一言以蔽之，他恨我這種怨恨，再加上他底密探的報告，說我在宮闈裏，有了某種曖昧情事，所以他更有所藉口。

嘉　呵！原來如此！……

賴　而且我對這事不贊一詞，自然地。

李　啊！親愛的伯爵，你知道皇上對于這種問題是多麼嚴厲呵！

嘉　尤其是自從他再婚之後。

李　甚至于將他的妹妹保林逐出國外，將她底情人，那荒唐鬼甘奴衞，流竄在西班牙，還不彀平他底氣！

賴　爲一個不相干的人，並且未曾說出她底名姓，我想該不至于……

嘉　假如他只是尋覓一個口實！

賴　這個口實，也須在情在理呀！

李　唉！親愛的伯爵，不管在情理不在情理，你知道便是梅特涅出來干涉……

賴　（起立，拿出一皮夾）我沒請他干涉，我甘心忍受流竄的處分。這是我的護照，我請你，親愛的大將軍，給我簽字，因爲據說現在你是宮內總管大臣（他遞給他那文件）

李　正是。

賴　請你卽刻辦理，勞駕！我不能就延一分鐘。

李　那我便上阿德內那裏去給你蓋印，卽刻回來（他走出）

第八場　嘉德林，賴伯爾

嘉　怎麼啦！怎麼啦！我們倆快快談一談，像兩個親密的朋友談話一般，你願意嗎？

賴　和你談一談，我無有不願意的。

嘉　你底故事，是一部簡單的小戀愛史

吧？

賴　（顧而之他）可不是嗎。

嘉　請你別說謊，看你底眼神，知道你受的痛苦太深，決非那樣不嚴重。

賴　然而……

嘉　（急忙地）我不打聽你的秘密，和那一位底姓名。我才管他呢！……然而我不願意你做出一樁荒唐事來，我猜你正在醞釀一樁荒唐事，並且特別荒唐。

賴　你何其想入非非？

嘉　你要啓程？眞的嗎？

賴　一刻鐘之後。我底旅行車，已經在門外了。

嘉　你就這樣走開，一直地？不想同那一位再見一面。得了罷，我是你底一位老朋友，你儘可通通對我說。

賴　（放低嗓音）那末就是罷，不，我不啓程。

嘉　我原敢和你打賭末！

賴　但是這話出我口，入你耳，不足爲外人道，是嗎？……我現在將這秘密告訴你，適足使大將軍爲難。你待我的友誼，是那樣坦白，所以我若不老老實實答覆你底問話，那便對不住這種友誼了。

嘉　這才好呢！

賴　你猜的對，這問題，不是一種泛常的男女關係，毫無感情之可言的，乃是我畢生的一部傷心史。人家逼着我和她分離，這是第二次了。我從她小時就認識她，我一見便傾心於她，至今還記得。我和她兩人的家庭，地位的高下懸殊，而發生親密的關係，已有許多年了。兩家彼此素來互相扶助，互相聯結，互相掬誠以待，彼對此盡保護之責，此對彼抒感激之忱，這些原因使我們抱着一種永矢偕老的希望，一直到這種甜夢很殘忍地陷我們于失望之日爲止。

嘉　因爲她和一個別人結婚了。

賴　（無氣力的）是。

嘉　她跟着他來到法國？

賴　來到法國！

嘉　（暱近他，放低聲音）是梅特涅夫人？

賴　（忙不迭地）呵！不是！你眞異想天開！

嘉　（同上動作）是葉士特爾哈齊夫人，羅多維士加夫人？

賴　（在傷心的微笑之下）你不是不願意知道她底姓名嗎！

嘉　這是眞的！你底話有理！然而我若一方面不願意你說出她底姓名來，一方面不極力地想知道牠，那我便不算一個女人了。簡括地說來，你後來到巴黎，你們彼此重得會面……

賴　很少，並且從沒單獨會面過！……人家很嚴密地監視她，一月以來，我差不多只好私下地和她交換過三言兩語！

嘉　好傢伙！那位丈夫底疑心，可謂重極了！……不能說他沒有道理。現在是他要你離開此地？……

賴　今日下午，他和她拌了嘴之後。

嘉　你知道有這事？

賴　她親自告訴過我，在音樂會的時間，她面色灰白，顫聲地對我說：『因你底緣故，我們大吵了一頓。……你動身之時，千萬來和我見一面！』

嘉　（担着心）但是在那裏和她見面呢？……在她房中麼？

賴　萬不可能，尤其在這晚的時候！不，我預備這樣辦，我故意當着大衆動身，往蘇窪松大道而去，在離行宮半里的地方，我下馬車，讓車停在那廂候我，我順着森林花園步行回宮，寄生在她手下的一位女人那裏，那女人跟着她多年了，對她很盡忠。

嘉　于是你們三人便被人當場拿獲，那位盡忠的女人，你和她！

賴　因為什麼？若是我們謹愼從事？

嘉　可是你們並不謹愼哪！這種念頭，可謂瘋狂極了！

賴　我能不赴她底約會嗎？

嘉　你們約會，才是一種好熱鬧的把戲咧！而且，並沒有約會呀！……（賴作勢）並沒有呀。……她並不會叫你今晚來到宮內遊廊間溜達溜達！……她不過知道你要動身，這就够了；可是她以為你動身的時間是在明天，所以或者還能和你在白天裏毫無危險地說幾句話！進一層說，就使她今晚等候你，最好是讓她白白等候着一通宵，不比你在她房間裏被人拿獲的强些嗎？

賴　親愛的公夫人，你這話是為一個愛她到極點，而且也許今生今世和她再見一面的那人而發哪！

嘉　我這話，是為一個多情仗義的男子而發。他有權利為她而犧牲自已，却沒有權利使她為他而犧牲哪！……好朋友，我請你別那樣做，那於你沒有什麼好處；並且毫無益處，不合情理，而又不光明正大！……我給你賭誓說，那是不光明正大的！………

賴　（片刻之後，似乎有所決定）好罷，我最好的朋友，我看出你是有些不放心！

嘉　是！呵！是！

賴　非常使你心地不踏實。

嘉　是！

賴　非對你保證我拋棄那種你所謂瘋狂的舉動！

嘉　保證而且實行。

賴　（起立）而且實行！

嘉　就這樣決定吧？是吧！就這樣決定吧？

賴　就這樣決定！

嘉　你決定啓程，不回來了？

賴　我不回來了。

嘉　這才好呢！啊，我終能使你回心轉意，我多麼高興呵！否則我今晚定會睡不着！

第九場　同上，李飛爾出現，繼而加入余士明

李　親愛的賴伯爾，一切的手續都辦妥了。然而誰料到我今日有此傷心之事，來替你辦護照呢？（他將護照交給賴）

賴　（將護照放入皮夾）多承你，親愛的大將軍。

李　不消說，我們祝你一路福星，盼望你一到維也納，便給我們寫信。至名你如果寫信給你所惦記的人們，那你便須謹愼一點，……因為沙伐理手下的人，最會折開信上的封漆，而又重新地封上。

賴　我知道這個。

余士明　（從裏層）阿儻得公爵到了！

嘉德林　傳審來了！對他，千萬別提一字！

第十場　同上傳審

李　親愛的公爵！

傅耆　親愛的大將軍！公夫人！

嘉德林　（指着她底妝束）您原諒嗎？

傅　（很漂亮地）我倒要請您原諒我來的鹵莽。……咦！賴伯爾先生？我以為您動身了？

賴　您知道這事麼？

傅　呵！通通知道，這是我的習慣。

賴　（担着心）通通知道？！

傅　可是我一點也不說出來！這是我和我的後任者不同的地方。他一點也不知道，却什麼都說出來。

賴　好罷，告別罷，親愛的好朋友，……（對嘉德林）你許我嗎？

嘉　（伸出臉龐對他）啊！那一定！

（賴吻她）

李　（深受感動，和他握手）不對，別說告別，說再見罷。

賴　啊！誰知道我們能在什麼地方，什麼時候再見呢！

（對傅行禮）公爵大人。

傅　祝您一路平安，伯爵大人……背語介）並且早早回來！（走出）

嘉　（拭着眼淚）可憐的賴伯爾！他是那樣愛我們！他不會再回來了！

傅　（笑嘻嘻地）哼！誰知道呢？……自從一七八九年以來，什麼事不會發生！我們自己，便是一個證據。每逢我見着你，便想起你從前的預言：「等着我作了公夫人，你便作部長了！」你是作了公夫人，我却已不是部長了，可是我又快作部長了！（背語）我便是為這事而來。

李　（對嘉）好罷，夫人，時間不早了！快一點妝束罷，

傅　並且我來報告幾位公主到了！

李　你聆見嗎？

嘉　哼！那些傢伙，我多麼高興招待她們呵！

李　親愛的，我請你趕快一點（他領她至她的房門口）

嘉　嗐！又是這一樁苦差事！

（她走出。李取手套帶上，奈士明已出門了）

第十一場　傅耆，李飛爾

傅　這字眼太粗暴，可是很確當。我今日之所以先期而到的，是為籌劃怎樣應付某種陰謀……

李　關係誰的？

傅　關係公夫人的！皇上的姊妹們，恨她恨的頭痛，她們發誓要報復那一句譏笑話……

李　那襯衫的問題？

傅　正是。她們今晚是專為挖苦她而來，讓她無地自容，並且引誘她說出幾句不堪入耳的粗話，貽笑大家，逼促她離開宮闈。請大將軍夫人愼防着，尤其是若有人請她講述那清道夫的故事，據說那廝偷了她一粒金剛鑽石，她曾命人搜他全身，叫他脫的一絲不掛。

李　多承你。我一定注意這事。可是你想她們在我家敢於？……

傅　（坐茶几前）她們無所不敢，恃著有皇帝贊成她們，因為他的目的，在使你們離婚……

李　（坐傅左首）他為這事，對我談了半天。

傅　今晚，在他飯桌上有什麼辦法呢，親愛的李飛爾，這是那位偉人的毛病，要强迫別人結婚或離婚，不管他

們願意與否。在他家庭裏，不是曾用命令取消葉羅母和密司柏德孫的婚姻麼？現在不是又准備停妥，要魯美離婚麼？强迫了保琳和李格勒，荷爾當士和魯意結婚，逼着柏爾節達武拉法勒德結婚，幸虧他們拚命拒絕；對於葛蘭古康巴色勒杜若克也是一樣情形；强迫拉蒲和拉內拋棄他們的原配，强迫達勒郎和那傻婆子格郎夫人匹偶，末了，自己作個榜樣，離了婚，娶一個繼室，遠不如他的前妻！

李　的確，親愛的朋友，縱然您當時極力反對他與奧國聯姻。

傅　（拿出煙荷包）因此，我被撤職了，新皇后爲這事，不肯饒我。

李　我所不明白的，便是你怎樣知道那樣淸楚；皇帝和我在吃飯之時所談的話，那時只有陛下和我兩人在座呀。

傅　那已經很穀了！宮裏滿布着『視察專家』

李　在皇帝身邊也有麼？

傅　到處皆有。

李　至少我家裏該沒有吧！

傅　你這老實人！停一忽兒，至少有兩位，一位在小客廳一位在這裏。

李　你認識他們麼？

傅　啊！有許久了！

李　勞駕，請你指給我看，我要拿鞭子趕他們出去！

傅　不成，我不能指給你看！否則那怎麼叫做職業的祕密呢？

李　（微笑着）然則沙伐理通通知道了？尤其是，他奪去了你的部長，你却在嬌滴滴的沙伐理夫人那裏，纂了他的位？

傅　世間上什麼怪事都有，親愛的朋友，憑你說，他對這事，一點也不知道！

李　那麼他的特務人員作些什麼？

傅　他們全是我手下的！

李　眞正豈有此理！

（門開了，有賓客出現）

傅　（起立）你底客人們來了！

李　（亦起立）已經有客人！大將軍夫人還沒有下樓來！

第十一場

同上，甘奴衞，穿着騎兵士官服裝；一宮監，一傳衞軍官，葛爾所騎士，旣而陸續同來或獨來者有羅維葛，余挪，杜若克馮丹（穿上議員制服）阿爾挪與葉奴阿（二人着文學院博士制服）羅維葛夫人，巴沙挪夫人，柏呂內夫人，摩德麻夫人，萬地美夫人，達魯埃夫人，畢虐勒夫人，阿多潘的尼夫人，加尼西夫人等，穿着華美的朝服。大家均從裏層走入，來往如織，由李飛爾接待，彼此互相爲禮，隨意團聚，有移步者，有坐者，有立者，此場自始至終，但聞笑語喧嘩之聲不絕。

李飛爾　（迎着首先來到的甘奴衞）噢！甘奴衞！眞夢想不到！見了你，我眞快活。

甘奴衞　大將軍大人眞厚待我了。（對傅奢）公爵大人！

傅奢　人說你正在西班牙呢？

甘　我剛從西班牙來（李飛爾四面招待來賓。剩甘與傅二人獨留）以身作信使，行裝甫卸，得知……

傅　波爾格司公主，奉旨往瓜士打拉，

甘　於是我飛馳了一百五十里，前去見

她！……勞駕，公爵大人，請你告訴我幾項消息，免使我臨時失於檢點，請問，拿破里皇后還是和余挪要好麼？

傅　還是他！而巴克學基公主，現在則和馮丹先生要好。

甘　就是那教育部……

傅　部長

甘　可憐的葉力差，她底肚皮裏，該呑下多少演講詞呵！（他走向裏層，同新來的客握手寒暄）

傅奢　（領着葛爾所騎士走近李飛爾）親愛的公爵，這是葛爾所騎士，他要我對你介紹他。

李　（毫不在意地）我很高興！

葛爾所　（滿口的意大利人口音）埃克色倫差！

（李拋下他們）

傅　（低聲的）怎麼樣　賴伯爾呢？

葛爾所　（小聲底全無外國人口音）他走了。

傅　（低聲的）他回來的時候，你須監視他。

葛　（同上）好，公爵大人。

（他鞠躬，走入人叢中）

余挪　咦！公爵，你又來了？

傅奢　（和他握手）是！阿布郎司公夫人呢？

余挪　在皇后那裏。

傅奢　（挽余臂）有一事奉勸！你的馬車，常在拿破里皇后門前停住。請你將馬夫的服裝，採用鷄冠花色的，和她家的一樣，從遠處望見，人家以爲是她自己的馬車，在等候她，蜚語就比較少了。

余挪　哦！可不是嗎！謝謝你。

（他們分手，來賓紛至不已）

李　（失色）公夫人還不出來！……余士明，叫人告訴公夫人，請她趕快些！大家全來了。她若還不出來，恐怕兩位公主要先到了！

余士明　是，公爵大人（他走出）

李飛爾　（見羅維葛公爵同其夫人來到，趕緊前去接待）啊！沙伐理！（行禮）公夫人！

沙伐理夫人　據情形看來，我們來早了？……

李飛爾　其實，大將軍夫人……

沙伐理　却還不及阿儻德公爵那樣早！

（李飛爾走向裏層之時，傅奢轉身來行禮）

傅奢　呵！我嗎，這是我的習慣。我總是居你之前。有時居前……（吻沙伐理夫人之手）有時繼後！人生便是這樣！

杜若克　（和甘奴衞及其他軍官們聚成一團）怎麼樣甘奴衞，你和西班牙講了和嗎？

甘奴衞　呵！絕對沒有，大將軍大人！那地方的女人，要和你親一個嘴，非先在各種神像面前敬了香不可！你試想……（他小聲地繼續說着，在聆衆笑聲之中）

加尼西夫人　（用扇擊傅奢之肩）啊！好容易，你，你來了……（小聲地）我底信件呢？

傅奢　（亦小聲地）我到手了。

加尼西夫人　全部的？

傅奢　全部的。

加尼西夫人　你眞是一個安琪兒！

傅奢　明天見罷。

（她走向後層）

茱奴阿　阿爾挪？

（阿爾挪與馮丹走近他，在爐台旁）

萬地美夫人　（伸手給傅奢）你好哇，你！

傅　呵，見着你我眞高興。（和她作私語）請你提防着，有人監視你，從早至晚！

萬　（傲然地）我不懂你這話是何用意！

傅　（同上動作，一面嗅着皮煙）在『寡婦路！』

萬　（失驚）哎呀！

傅　（同上動作）門牌十二號

萬　哦！是的！好！謝謝你！謝謝你！

傅奢　（對李飛爾）怎麼樣，公夫人呢？

李飛爾　別對我提起她來！眞教我急死了！（拉傅至一旁）請給我說，沙伐理手下的『觀察家』呢？在這客廳裏麼？……

傅　是的。

李　是不是那位南方人，在我們身後，指手劃脚的那人？

傅　（笑着）呵！不是！他從來什麼也不觀察，那東西！

李　不麼？

傅　不，你怎麼啦！那是茱奴阿，『聖堂騎士』的着者。

沙伐理　（在一羣婦女中）……他最好的路數是立刻動身。

達魯埃夫人　你說的是賴伯爾麼？

沙　是的，伯夫人。

巴沙挪夫人　人家知道他是爲什麼要動身麼？

沙伐理　（鄭重其事地）呵！嚴重極了！（說完之後，即走向余挪）

傅奢　（頗高聲地）若教他說出來，就難殺了。

摩德厐夫人　（起立）你知道麼，你。你是無所不知！

傅　（走向她）不敢，略知一二。

畢虛勤夫人　呵，那就請你說給我們聽。

衆婦人　（圍住他）請說！請說！

傅　（放低嗓音）我若一說出來，你們須如同忘了一般，你們答應嗎？

衆婦人　好！好！

傅　靠得住嗎？

阿多潘的尼夫人　我們可以發誓！

傅　（同上動作，很溫文爾雅地）好罷，那就當作我已經說了，你們已經忘了；還不是一樣嗎！

（他向她們行禮，走開，衆婦人大失所望）

摩德厐夫人　他促弄我們！

巴沙挪夫人　這傅奢眞壞透了！

傅士明　（從裏層朗聲通報）拿破里皇后陛下駕到！

（坐着的人們，一齊起立，華裝盛服，排着班。）

第十三場

同上，加樂琳登場，黃髮，容光煥發；有侍從騎士三人簇擁着。

傅達官　賓必挪公主殿下駕到！

（葉力差登場，髮作棕黑色。李飛爾趨近她們，倒退着，前導。）

加樂琳　大將軍大人，我沒看見但澤公夫人哪？

李飛爾　敢請陛下恕罪，公夫人身體有些不舒服。

加樂琳　（微帶挖苦地）哦！當眞！

李　（對兩公主）但是只微有些頭昏；

一忽兒的工夫，她就會前來請罪的。

加樂琳　（小聲對其姊）你覺得這位公夫人怎樣，她忽然稱起病來，而她底唯一義務，便是該在這裏接待我們？

葉力差　我們回去好不好？

加樂琳　那更不好！天字第一號的無禮。那我們是在一個無禮上，加上兩個無禮！（她們前進，在大衆熱烈敬禮之中）

第十四場

同上，嘉德林大踏步地來到，穿着朝服，劈面碰着李飛爾，他正在不耐煩地開了門等着她。

李飛爾　（半小聲地）眞糟極了！你何不早來三分鐘……

嘉德林　（同上）別提罷！我的鬼裙子在背上開了綫！……

李　（小聲的握手）你告罪罷，而且要字斟句酌！

嘉　唔！我知道，那些鬼把戲……她們是特意來尋我底岔子的。

（她同他走向二位公主，她們背朝着她，假裝不見她來）

李　陛下！大將軍夫人來了！

（衆賓騷動。加樂琳和葉力差轉過身來。嘉鞠躬爲禮，不越儀。除二位公主外，衆女賓對她還禮；男賓向她致敬）

加樂琳　（酸留留地）你讓人渴盼許久了，公夫人。

嘉　（出李前）我懇請陛下，殿下，和列位高親貴友多多原諒，關於我的遲到，可是也要我有工夫穿上我底新裳子呀！……（大家匿笑）我可以說，直急的我七竅冒煙哪。……（大家揮扇。嘉亦隨感而應，揮着扇，接着；自以爲擺出大家風範地說：）可是你們全在這裏空着兩手嗎？……不知道大將是怎麼一個想法，不請列位夫人喝一杯兒？（遠遠地，喚着膳夫頭目）喂！畢威兒！（她走向裏層，吩咐畢。公主左右衆賓客們，肆意批評嘉的言語）

阿爾挪　（抿着嘴）她要做東，敬大家一杯酒？

馮丹　（同上）像在她底櫃上一樣！

畢虐勒夫人　（對葉力差）唔！公主，我們到了什麼地方呵！

加尼西夫人　（對杜若克）她眞讓人目瞪口呆。

杜若克　（正色的）然而她是那樣好心眼兒，那樣好熱腸，那樣不酷婦道呵！

（大家七嘴八舌地續說着，低着頭，忍着笑。身穿大禮服的侍僕捧着杯盤，開始流動着。佘士明携來極華美之茶具，放在茶几上）

嘉　（小聲對傅奢）她們有什麼事，那樣暗暗地譏笑？是不是我的外褂又開了線？

傅　沒有，沒有。

嘉　（不自安的）我說了一句難聆的話嗎？

傅　一句也沒有。

嘉　我知道她們在伺我的隙！就還這，也可以使我言語顚倒。

傅　請你老瞧着我底眼色行事：但見我一聞鼻煙，你便馬上打住！

嘉　就是這麼辦罷！

傅　可憐的女人！她眞可憐！

嘉　（對加很和悅地）陛下該喝一杯茶吧？

加　不，謝謝你。

嘉　（對葉）殿下呢？

葉　謝謝你。

嘉　老實說，我也和你們一樣，不喜那些稀湯滾水！那末請用一些讓人興奮的東西吧？喝一杯夾香草的熱酒，好不好？

李飛爾　（半低聲）不用勉强她們！

嘉　（同上）要教她們知道我是懂得禮節的呀！

李　不用勉强，我給你說！

嘉　（一轉身，碰着甘奴衞，他正在大盤中，取一杯香檳酒）嗐！甘奴衞，你這傢伙回來了！

沙伐理夫人　（對達魯埃夫人）她稱他爲『你這傢伙』！

（譏笑之聲續作）

甘奴衞　而我第一次出門，便是來看望你，大將軍夫人。

嘉　（和他握手）這才逗人愛咧！（她取一杯酒，和甘奴衞碰杯）祝你健康！

巨沙挪夫人　（小聲的）她和人碰杯！

達魯埃夫人　（同上）這算全備了！

（當嘉舉起酒杯正待相碰之時，傅奢手撫煙荷包。但爲時已晚；嘉見其聞着鼻煙，心裏不大自在，而又莫明其所以然　，遂將酒杯重置盤中）

葉力差　（小聲對加樂琳）假若我們能彀教他講述『清道夫』的故事？……

大家　（一齊小聲附和）呵！是！好！

加樂琳　且試一試看。（喚着）公夫人？

嘉　（轉過身來，　殷勤地）陛下？（她的腿被長裙之尾裹住）我踹着了什麼？

（她試想掙脫，但是愈掙纏的緊，女賓們大笑）

羅維葛夫人　（笑的閉住了氣）呵！請看她呵！

嘉　我請陛下恕罪！這都是這鬼尾巴不好！……我費許多工夫來遶開牠。（她小聲對甘，他正幫着她掙脫）她們取笑我！

甘　（同樣的）那兒的話！

嘉　你說不！（她終于掙脫了，走向加樂琳）我來了，陛下。

加　我很想在近處瞧瞧那顆鑽石，晶亮晶亮的！諸位夫人，請看，多好的光色呵！

（她指着嘉的撇針，大衆一見，同聲贊美）

嘉　這是李飛爾送我的禮物。

（當大家發出『呵！當眞麼？好看極了』贊美之聲的時候，李飛爾走進傅奢，傅卽取出烟荷包）

加　這莫非就是被人偷去過的那一顆鑽石嗎？

李飛爾　（担心極了）嗐！要糟糕！

嘉　被一名清道夫偷去過！……你想……這得我……脫去他底外褂……（瞥見傅奢聞着鼻煙，立刻停住）可是這些話不能當着大衆說的。……

（大家大失所望）

葉力差　（很小聲地）眞可惜！

羅維葛夫人　她正說的有勁！

李　（對傅）好險呀！我從前攻但澤城，從缺口殺入的時候，還不曾流過這許多汗。

嘉　（對加呈上點心盤）陛下願意嘗嘗這小小的『到口酥』嗎？

加　（夾着笑聲）不，謝謝。這『到口

酥』于我無緣。

嘉　（對葉）殿下呢？

葉　我也一樣。

嘉　（嘉大爲不懌，空自捧着點心盤，莫知所可。）

加　（假裝贊詡之狀）諸位夫人，不覺着大將軍夫人底措辭很別致麽？

大家　呵！是！是！

加　比方『到口酥』這名詞的滋味多麽長呵。

（嘉德林皺了眉頭）

葉　牠帶着描寫！

嘉　（小聲對傅）我說她們取笑我不是！

傅　（試想使她鎭靜）沒有此事！

嘉　（半低聲）請她們別惹我哪，否則我爪子會抓人咧！

加　（對馮丹阿爾挪茱奴阿）諸位文學院博士，該當隨時記住了這些率直的字句，牠們是從下等社會的嘴裏，採取出來的。

嘉　（被激發小聲一吼）你聆見這話嗎！……呼……烏……烏……烏！……

李　（小聲的）務要鎭靜！

加　（始終溫文爾雅的）只是流行在賣茱媚口中，或是秦樓楚館裏……

嘉　（鼻息咻咻然）呵！這！呵！這！炸彈要爆發了！

加　而且公夫人，是不是在這一帶——這一椿美事，諸位夫人或許不知道呢——當八月十號那一天，你曾經救了賴伯爾先生底性命，夜間將他藏在你底牀上？

（大家忍俊不禁。李飛爾不能再忍，幾欲發作）

嘉　你別動！這是關於我的事！（很安靜地）陛下是說他受了傷，我在大白日裏，收留了他在我房間裏。說起牀上留客來，我讓那些比我尊貴的女人們，在她們牀上，接待一些沒有受傷的男人罷。

李　（半小聲地）好！

嘉　（揮着扇）上了當吧！

傅　（拿着鼻煙）太晚了！（拋棄鼻煙于地）

加　然則賴伯爾先生，那一天的主意不錯，逃到了你底……

嘉　（先發制人，微笑的）洗衣店裏，是的，陛下。

（洗衣店三字，遍傳在衆櫻桃口中）

葉力差　（進攻的）因爲，那時，你是……

嘉　（同上）洗衣娘，是的公主……（有驚呼聲『果有此事嗎？當眞！洗衣娘！』她却續說）而且我並不隱瞞，你瞧！『世上沒有傻職業，只有傻人！』我所以說下等社會的話，正因爲我原是下等社會的人，而且我還有許多好夥伴，我可以說：比方馬色挪，會作賣油郎，柏希葉會作假髮匠；內伊會箍桶，拉內當過染坊夥計，蕭魯內當過印刷工人，還有勇敢的穆拉，你那位當家的，他曾在他父親所開的鄉下小酒館裏，充過堂倌，所以今天稱他爲陛下的諸位裏頭，或許有幾位，從前曾高聲喚他（她拍桌）『喂！堂倌！給我換一個盤子呀！』

加　你這樣大胆？

嘉　唉！這沒有什麽可恥的呀！這適得其反，他們單靠他們底力量，他們底勇氣，他們的盡忠報國，能彀從最卑賤爬上最尊貴的地位，這正是他們可取的地方！……他們是大革命產出的子孫，牠使他們由窮光蛋，一躍而到現在的地位，這是他們所可引以爲榮的！而我們這宮裏，曾受過大革命之賜的人們，竟毫無心肝地引以爲恥，忘了自己的過去歷史，忘了母氏的養育深恩，可謂忘恩負義而且懦弱到極點了！

（軍官們唧唧噥噥地表示贊成，兩位公主色若死灰起立）

傅耆（小聲地）打住！

嘉（同上）藏起你的鼻烟罷！我抓住了她們不放鬆了！

加　儘管不忘却自己過去的歷史，至少也應該忘却過去的派頭才是，不能以堂堂公夫人而用魚行老板娘的語調，身爲大將軍夫人而有隨營酒大姐的態度呀！

嘉（發着脾氣）我也曾當過隨營的酒大姐！……對你不住！

加（對左右）洗衣店的教育，又加上行伍裏的教育。

（左右微笑）

葉力差（同上）在隨營的酒肆中，爲小兵小卒們侑酒（左右附和）

加　……在露天營帳裏，和他們一起睡，墊着草。

（笑聲越甚）

嘉　有草墊着，還算好的呢！不料責備我這種生活的，竟出自陛下！

加　你說？

嘉　我說，我高聲地說，我曾和這些小兵小卒們睡在硬地上，他們比陛下較爲尊重我底身份和我底姓名些！我曾由多瑙河輾轉到萊因河，冒着雨，冒着雪，冒着砲火，收拾受傷的，安慰垂死的，給死的閉上眼皮！我們底兵士，替你爭得一個王國，而我區區的酒大娘，我只爲他們斟幾杯酒來鼓勵他們底勇氣，就憑這一點，我爲你底王冠所出的力，比你還多，你却毫不費力地，從他們底血泊中檢起牠來！

加（憤極聲嘶）你這話太過火了！你會後悔哪，公夫人！

嘉　並不比別人後悔些！

加　咱們且看罷！諸位夫人，咱們走罷！這裏幾乎和菜市場一樣了！……

（她憤憤地向裏層走去，領着她底姊姊和諸貴婦，一面互相唧唧噥噥，不理嘉德林而出。杜若克余挪甘奴衞三四位軍官圍迎嘉！小聲地，匆匆地，讚詡她，既而各自退出）

杜若克　好哇，大將軍夫人！

余挪　好極了！

甘奴衞　萬歲！

李飛爾　來！我和你親一個吻！

嘉　管牠娘的！我撇不住了！

傅　可是，恐怕將來你因此會吃大虧呢！

嘉　嚯！將來愛怎樣便怎樣！當時總算彀她們受的了！

（有幾位軍官在裏層，逗留不去，評論適才經過的事件）

第十五場

嘉德林，李飛爾，傅耆，余士明，裴各得，葛爾所騎士。

余士明（通報着）御前侍衞官裴各得求見！

嘉　我們這裏有請！

（李飛爾走往裏層迎裴）

葛爾所（又露面了，走近傅耆小聲地）賴伯爾先生剛才私自回宮來了，這時候，他正在蒲魯夫人那裏。

傅奢　好！去罷！

裴各得　（和李飛爾交換敬禮之後）大將軍大人，我奉皇上諭旨，來請但澤公夫人，（他對她肅然爲理）立刻入朝覲見。

嘉　容我穿上皮大氅的工夫，　立刻就去！

（裴鞠躬，走向裏層和杜若克及余挪爲禮，卽走出）

李　（對嘉）她們趁你未到之前，定會通通告訴皇帝了。

傅　剛巧，他已經有氣沒出處。……

嘉　因爲？……

傅　因爲今天下午，和皇后大吵一陣。

嘉　（失驚）啊？

傅　皇后在音樂會場裏，還是心神不寧的。

嘉　（自言自語）天哪！那賴伯爾底女人，莫非是？……（對李）賴伯爾動身了是嗎？

李　動身許久了，爲什麼？

嘉　什麼也不爲！對傅）給你請晚安，公爵大人！

傅　（遠遠地鞠躬）你太賢慧了！……（自言自語）但是我相信今晚我們定會沒多工夫睡覺。

——第一幕完——

★　★　★

老教授的趣劇

意・L・皮藍荻洛著
徐　斐　譯

這三天來，矮司底拿，篤梯教授家中失去了平日慣有的平靜和快樂。

照這位教授的年紀和身材看起來，很少人會說他漂亮，他差不多七十歲了，除了他那肥大的禿顱外，傍的多顯得矮小，看不見頸子，兩根鳥足似的細腿，完全與身子不相稱。篤梯教授從來未注意過自己的尊容，他也從未思索過他那尙未滿廿七歲的年輕，美貌妻子瑪特麗娜是否無條件地愛上他。

當然，他娶的是一個貧家女兒，過門後她的身家是抬高了。她是高級學校門房的女兒，現在居然做了教授夫人，丈夫是自然科學教授，他終身担任這榮譽的職位，再過幾過月就有資格領全部養老金了。非但如此，他還很有錢，兩年前他忽然得了一筆意外的遺產——二十萬利爾彷彿從天上掉下來，他那獨身的哥哥，在羅馬尼亞住了多年，忽然身故了。

可是篤梯教授知道單有這一切「不能得到圓滿快樂的家庭」；他是一位哲學家，他明白年輕美貌的妻子還有別種要求。

假使他在娶她前已得到這筆巨款，他也許有權利請她那年輕的瑪特麗娜忍耐一點，因爲在不久的將來在他故世後，她就可得到嫁給一個老頭的酬報。可惜！那二十萬利爾來得太遲了——在他婚後數年——這時篤梯教授早已……早已抱着那哲學觀念，心下明白那區區養老金，不足報答她嫁他所下的犧牲了。

既然早已讓步，篤梯教授以爲在增加這一筆巨產後，更當維持家庭中的和平與樂趣，因爲他是一位聰明的好心人，他非但保護他妻子，並且還願意照樣地待另一個人！是的，待他那高級學校中的一位得意門生幾阿古米拿，那品行端正的青年人略帶一點妞妮，舉止文雅，風度翩翩，美麗的鬈髮很像畫片中的安琪兒。

眞的，矮古司底拿，篤梯教授想得很週到。當時幾阿古米拿，覃里西正遇失業，鬱鬱不得志；所以他——篤梯教授替那青年人在農業銀行中找到一個職位。他那二十萬利爾的遺產就存在這銀行裏。

現在家中添了一個孩子了——一個纔兩歲半的小寶貝

——教授把他愛得心肝似的。每天高級學校講堂的時間好像長得沒有盡頭，他急急盼望着下課，好趕回家去，儘量地逗引疼愛他那小暴君。他得了遺產後很可以放棄整部養老金，立刻辭職，可以一天到晚當心那孩子，可是他不肯這樣幹。當然他很討厭那乏味的教書生涯，可是既已接手，總得做到底。放棄全部養老金眞是一件罪過。他就是爲了這緣故纔結婚啊——把他一生辛苦的積蓄，讓別人得一點益處。

他既然抱了以上的宗旨纔結婚——做那可憐女孩的保護人——所以他對妻子的愛護是半帶着父性的。在孩子出世後他對她更像父親了，他寧可那孩子叫他「爺爺」——祖父——不叫他「爸爸」。那天眞無知的孩子的隨口呼喚使他暗中難過。他覺得這是對他愛孩子的眞誠加一種侮辱。可是他沒辦法：當那孩子妮妮叫她「爸爸」時，他祇能吻着他，雖則他知道旁人在不懷着好意譏笑他。那些不存好心的人永不會明白他怎樣疼愛他的小兒子，怎樣快樂地看着一個女人和一位有出息的青年人受他的恩遇厚待，還有最後一樣，他自己的福氣——他能快樂地度着餘年，有青年人作伴，還有膝下那小天使，伴他悠閒地度着風燭殘年。

讓他們去笑好了，那些陰險的外人……無理的譏笑總難免的。假使他們在他的地位，也許會明白的。他們祇能看到可笑的方面——比可笑更利害一點——醜惡的一方面，因爲他們不能設身處地替他想一想。算了，幹麼同他們計較，祇要他自己快樂……

可是，不幸的很，過去三天中……到底爲了什麼？他的瑪特麗娜哭得兩眼紅腫；她推說頭痛的利害，不肯出房門一步。

「唉！年輕人！年輕人！……」篤梯教授歎息着說，帶着老於世故的眼光苦笑着。「大概是一陣烏雲……快會過去的暴風雨……」

他帶着妮妮，在屋內四處徊徘，心中煩悶不安，並且還很生氣——到底他們——他的妻子和幾阿古米拿——不應當這般對他。年輕人來日正長；不比老年人過一天算一天；可是這三天來，他的妻子把他害得走頭無路，有似一隻擒去頭的蒼蠅。三天來他沒聽到她宛轉的歌喉，曼聲唱着小曲——三天來他她沒像平日那麼小心看護他了。

妮妮也有點不起勁，他彷彿有點覺得媽媽沒心思照顧他。教授把他從這一間屋子牽到那間——因爲他自己很矮，用不着傴下身子去牽那孩子的手。他把他抱到鋼琴邊，按了幾個琴字，隨即打着呵欠，不耐煩地透口氣，離開琴邊：他坐下來將妮妮放在膝上，同他玩騎小馬，一下又站起來，心中苦悶得沒法想。五六次他設法想引他妻子告訴他她的心事。

「不舒服嗎？……你覺得很不舒服嗎？」

可是瑪特麗娜依舊不肯說。她啜泣着，求他把靠晒台的百葉窗關起來，把妮妮帶去——她要獨自一人躺在暗中。

「你頭痛嗎？」

可憐的孩子，她頭痛得那麼利害……他們一定大大的爭吵過一場。

篤梯教授走進廚房裏，想從那女傭口中探到一點事實。

可是他不能直爽地同她談話。他知道那女傭人不可靠的：她愛在外面搬弄舌頭，跟着別人，一起嘲笑他——那傻瓜應當懂事一點。

他在女傭口中既探不到什麼，於是下了一個勇敢的決心。他把妮妮帶到「媽媽」面前，請她把他打扮得齊齊整整。

「為什麼？」瑪特麗娜問。

「我帶他出去兜個圈子，」他回答說。「今天是假日…那可憐的孩子關在家裏悶死了。」

瑪特麗娜不贊成這樣做。她知道外人望着那老教授攙着那小孩的手在街上走，一定會加以嘲笑；她知道有時他們竟惡作劇地玩弄他——「教授，你的兒子和你一般模樣。他眞像你……」

可是篤梯教授堅持要出去。

「走一個圈子——解解悶。」

他帶着孩子到幾阿古米拿．覃里西家去。

那青年人同他底姊姊一起住，她比他大幾歲，她像母親般把他撫養成人。最初時愛葛泰小姐很感激篤梯教授對她弟弟的好心。那時她完全不知他的用意。她是一個虔誠的女子，後來當她探知事情的底細時，她把教授當作一個人形的惡魔，引誘幾阿古米拿犯罪。

按了門鈴之後，篤梯教授同那孩子在門外等了好久。愛葛泰小姐在門孔中窺了一下又急急跑回去。無疑是回去通知弟弟——隨即預備轉身回說幾阿古米拿不在家。

後來她出來了——一個形容憔悴的婦人，全身穿着黑衣服，臉白得像白蠟，眼睛四週起着青黑圈，她開出門來，就怒氣沖沖地責備他道：——

「對不起！…你這算什麼？…你現在竟上門來找他了？…還有，這是什麼…你把孩子也帶來了嗎？…你竟把孩子也帶來了！」

篤梯教授沒提防這意外的一場攻擊。他呆住了，先對那婦人望了，再望望那孩子，帶着微笑訥訥地說道。

「什麼…什…麼？到底什麼事？…難道我不能…我不能來嗎…？」

「他不在家，」她帶着枯燥，毫無同情的聲調回答說，「幾古阿米拿不在家。」

「不要緊，」篤梯教授微微鞠了一個躬。可是小姐，你——我希望你不會生氣——你這樣對待我…我一時形容不出…我想不起在何事上待虧了你或是你的弟弟，使你這樣對我……」

「你說的正好，先生，」愛葛泰小姐打斷他的話，她被他激惱了。「你可以相信，我們…是的，我們很感激你。可是你一定得明白…」

篤梯教授又帶着微笑，半合着眼皮，舉起手來將手指在胸前敲了幾下。講到明白這一層，她儘可放心。

「我是有年紀的人了，小姐，」他說，「我明白…我明白許多事。比方這一件事我就明白——當人們在生氣的時候，先得讓他們平心靜氣；遇到發生誤會的時候，最好澈底講清楚…澈底講清楚，小姐，坦白無私，平心靜氣地說，…你說對不對？」

「唔，當然應當這樣，」愛葛泰小姐不能不承認他這套話說得有理。

「好了，」篤梯教授上去說，「那末好好領我進去吧，去叫幾阿古米拿出來。」

「可是假使他不在家呢？」

「好了！好了！你不能對我說他不在家。幾阿古米拿在這屋子裏，你應當去叫他來。對他說我們可以靜心地談判一下。我年紀大了，一切事情都明白，因爲我從前也經過青年時期，小姐。靜心地談判，你去關照他。請你讓我進去。」

最後他得到允許走進那簡單的客廳，篤梯授坐下來，把妮妮放在兩腿中間。他安閒地坐着，知道在幾阿古米拿出來以前，還得等候許多時候。

「不要到那邊去，妮妮…乖點…做好孩子，」那孩子要走到那隻陳列着亮晶晶的便宜瓷器的桌子跟前去，他不斷的哄他。同時他絞盡腦汁在思索，怎麼自己家裏出了這樣大的事，他竟一點也不知道。瑪特麗娜是一個好女孩，她究竟做了什麼事值得這家人，連那姊姊也在內，這般堅決地，驟然地反抗着？

直到現在，篤梯教授纔開始明白這並不是照他所想像的那種暫時爭吵，他開始眞的擔心起來。

最後幾阿古米拿出來了。天呀！他那焦急的神氣，那副生氣的臉！還有——不行，那眞是豈有此理！——那孩子伸開小手，奔上去迎他，高與地叫着「幾阿米！幾阿米！」他竟冷冷的把孩子推開。

「幾阿古米拿！」篤梯教授厲聲喝着，那青年人的行爲使他傷心。

「教授，你有什麼話向我說？」那青年人急促地問，他說話時避免直接望着教授的臉。「我有點不舒服…我睡在牀上…我實在不能講話，連人也不想見！」

「可是那孩子呢？」

「讓我吻他一下吧，」幾阿古米拿彎下身去吻那孩子。

「你在不舒服嗎？」那一吻使篤梯教授的氣平了一點。「我想到這一層。所以特地來看你。你頭痛嗎？坐下來，坐下來讓我們談一談…妮妮，你聽見嗎？幾阿米痛…是的，他痛…可憐的幾阿米，所以你要乖一點，妮妮，我們一下就回家……我要問你一件事，」他轉過來對幾阿古米拿說，「農業銀行的經理對你提起過什麼事嗎？」

「沒有，你爲什麼問？」幾阿古米拿更着惱了。

「我昨天在他面前說起你，」篤梯教授微笑中帶點神秘。「孩子，你的月薪不很大。你要曉得，祇要我一句話……」

幾阿古米拿在椅子裏不安地移着身子，拳頭握得緊緊的，指甲深陷入手心裏。

「教授感謝你過去對我的好處，」他說，「可是請你注意我有一件請求——最大的請求——請你以後不要再干與我的事吧。」

「你當眞要這樣嗎？」篤梯教授脣邊依然帶着微笑。「

好勇敢！原來你不再需要別人帮忙了吧，是不是？…可是也許我爲了求我自己的快意——爲了自己的快樂要幫助你？，我的好孩子，假使我不關心你，我還關心誰呢？…我年紀大了，幾阿古米拿，年紀大的人——我不是說那些自私自利的老人——像我這樣勞碌了一世，很希望看見像你這般有出息的青年人向上努力發展你的前途，好得我有能力幫助你們。老年人最高興看年輕人有生氣，有希望，慢慢踏進社會裏做人。講到你自己這方面——你總明白我是當兒子待你吧？…天呀！什麼事？你不是在哭嗎？」

幾阿古米拿把手掩着面。他的身子抽動着，好像在遏住自己哭出聲來。

妮妮胆怯地望他，轉過來望着那教授：——

「幾阿米…痛！」

篤梯教授正打算把手按在幾阿古米拿肩上那年輕人忽地跳起來，仿佛教授的接觸給他一種心理上的恐怖。他臉上掙扎着一種强烈的决心，他瘋狂似的叫起來：——

「別靠近我，教授。走開吧——我求你——走開吧。你使我受那被詛咒者的痛苦。我不配蒙你憐惜，我也不願受：我告訴你吧，我不願受…求你帶着那孩子走吧，從此請你永遠忘了有我這個人。」

篤梯教授怔住了。

「你這是什麼用意？」他問。

「我老實對你說吧，」幾阿古米拿回答說。「先生，我已訂婚了。你明白嗎？我已訂過婚了。」

篤梯教授仿佛當頭受了重擊，搖搖欲墜。他忽地高舉兩手喃喃地說：——

「你？訂…訂…訂婚了？」

「是的，先生。因此一切已告結束……結束了也好……所以你要明白我不能…不能再在這屋子接見你了。」

「你要把我驅逐出去嗎？」篤梯教授的聲音輕得幾乎聽不出來。

「並不是，」幾阿古米拿帶着淒涼的語調急忙回答說。「可是你還是走…還是走了好，教授。」

「走」！篤梯教授倒身在椅子裏。他忽然覺得脚下軟到站不住。他把兩手捧着頭呻吟着。

「天啊！事情竟糟到這地步：…原來如此…唉，叫我怎麼辦——叫我怎麼辦：…可是這事幾時發生的？怎樣會弄到如此地步？竟把我瞞在鼓裏！你的未婚妻是誰？」

「不久之前…就在此地，她同我一樣——也是一個貧苦的孤兒——她是我姊姊的朋友。」

篤梯教授聽得目瞪口呆，半晌說不出話來，過了一會他斷斷續續地說：——

「原來……原來……一切都已定當……唔……唔……一點也不顧慮到……任何人……也不同任何人商量……」

幾阿古米拿覺到語氣中埋怨他忘恩負義，他氣憤填胸，反辯着說——

「我請你原諒，可是你希望我變成奴隸嗎？」

「我希望你變成奴隸？」篤梯教授越說越氣，聲音漸漸高起來。「我？我向來把你當我家的主人，你竟能問出這樣的話？嘿！這簡直是太忘恩負義了。你想我得了什麼好處？除了給那些蠢傢貨嘲笑之外， 我得了什麼？ 原來你也誤會——你也誤會我的意思？我是一位可憐的老人，在人世活不了多長，可是當我想到身後能剩下一家快樂的小家庭，衣食無慮，好好立下創家立業的根基，我心中就得到平安和滿足！我今年已七十歲了，幾阿古米拿，不久——也許幾天之後——我就要離開你們。孩子，什麼事使你糊塗到如此地步？我不久就將家產傳給你們三人……你還有什麼不滿足？我還未知道，未知道你那未婚妻是何等樣人。可是既是你選中了她，她一定是良家女孩，因為你是一個有出息的青年。可是你得考慮一下——幾阿古米拿，你想……在各種情形之下，你不能找到再適當的配偶了。我的意思不單是說物質方面你不用担憂；你已經立下了你自己的小家庭，我祗是一個局外人——無論如何我祗能暫時與你們一起……到底我有何事使你討厭我？我差不多是你的父親……假使為了你的幸福，我連……可是告訴我，告訴我到底為了什麼？究竟出了什麼事？什麼使你登時改變過來？孩子，好好的講給我聽，詳詳細細的告訴我……」

篤梯教授走上前去，又準備把手按在幾阿古米拿肩頭上，可是那年輕人吃驚似的向後縮，避免他的接觸。

「可是，教授，你明白嗎？你知道嗎，你那種好心……」他高聲叫着。

「怎麼？」

「唉！別管我吧。別逼着我說出……唉，我的天哪！為什麼你不明白有些事祗能在暗中行？現在你已完全知道，旁人多當笑話說，絕對不能再這樣做下去了。」

「旁人？那我一點也不在乎，」篤梯教授高聲說。「所以你……」

「啊！別管我吧，」幾阿古米拿重複着說，瘋狂似的搖着手臂。「你想， 先生，你想！ 有多少別的青年人需要幫助。」

末後這句話深深地傷了篤梯；他以為這是對她妻子意外的殘酷和侮辱。他臉上先變成蒼白色；隨又漲得通紅，怒不可遏地回答道：——

「瑪特麗娜是個年輕的女孩，可是感謝上帝她是那麼貞靜淑婉，你想來也很知道。這事會刺透她的心，這重大的打擊也許能致她的死命……你想她還有別條路嗎？你正刺透了她的心，你這沒良心的東西！現在你還汚辱她。你知道慚愧嗎？你能站在我面前不覺得懊悔嗎？幾阿古米拿，你竟能當着我的面說這種話嗎？你以為她可以當作玩意似的從這人換到那人嗎？你能對這孩子的母親說這種話？你在想什麼？竟敢說這種話！」

幾阿古米拿弄得莫名其妙，不知怎樣回答。

「我？可是……可是……這些問題應當請你自己答覆，教授，恕我這樣向你說，可是你怎能說這類的話？你不是認眞吧？」

篤梯教授舉起兩手緊掩着嘴，霎着眼皮，忽然搖頭大哭起來。妮妮也開始跟着哭。他聽着孩子哭，連忙跑過去抱住他嗚咽着：——

「唉！我的可憐的妮妮……可怕的打擊……糟透，糟到不可收拾，可憐的妮妮……你的可憐的媽媽怎麼辦呢？我的妮妮你會可憐到什麼地步？你的媽媽年輕無知，沒人照顧她……天哪，竟有這樣的惡棍！」

他抬起頭來，帶着眼淚偷看幾阿古米拿，接着說：——

「我痛哭流淚，痛責自己做錯了事；我把你撫養成人。請你住在我家裏，總是在她面前稱讚你——我除盡一切障礙，使她可以無阻地愛上你……可是……現在……現在她眞心愛你了，她已成了這寶貝孩子的母親……你……你」

他泣不成聲；忽然鼓起暴厲的決心，很很地說：——

「你當心着！幾阿古米拿！你當心着！我會帶着孩子，到你未婚妻家裏去。」

幾阿古米拿聽着篤梯教授的責罵，望着他那種悲憤的樣子，一直流着冷汗，覺得如坐在燒紅的炭火上。聽到最後的恐嚇，他走前幾步，高舉着緊合的手，裝出哀求的樣子。

「教授，教授，」他哀懇着說。「你不能讓你自己當作話柄——你不能讓自己被人嘲笑。」

「什麼嘲笑？」那老人高聲喝道。「你以爲我怕人嘲笑？眼望着一個可憐的女人，你自己和那無辜的孩子遭遇如此的不幸……來，妮妮我們走吧……我們非走不可。」

幾阿古米拿上前攔住他。

「教授，你不會眞的這樣做吧？」

「我會，我非得這樣做，」那教授堅決地說。「唔！還有——我能阻止你結婚，我能將你從銀行中開除。我給你三天功夫去想一下。」

他牽着孩子的手，在門口轉過身來又加上一句：

「你最好愼重考慮一下，幾阿古米拿！」

散文詩四首

黑齒

毛豆的筵席

少爺：姑娘呀，你打城外踏青回來，摘的毛豆，感謝吃着妳的踏青了。

姑娘：咿呀，水西門外的青草，就長得那們深了呵，爸爸的墳頭，嘎，媽媽。

媽媽：靠着女兒，我只要一碗飯吃就成啦，少爺，我來給女兒做個佣人，你不要白花錢再找娘姨，靠着女兒一碗飯，我就成啦！

嘜，毛豆的筵席，最初的，最後的。

小小的悲歌

請你攙緊我的手，在黃埭鄉下兩個月，上海的馬路，我就這們的胆怯，這們的生疏哟，攙緊些，我的手。

★　★　★

這孩子，怎地只是往地下蹭？我可抱不穩啦。嘎，你的娘，孩子一定聽了你的話，妳跟孩子說了什麼？要把我的耳朶關在蘇州閒話的大門外邊？妳瞧妳，不是正在關閉妳的微笑嗎？

是的，我說小媛，你看一個兆豐花園有多大，你看爸爸一頭是汗，拖着長袍走不動啦，乖小媛，媽愛妳，下地走，孩子就這們要蹭了。

好！妳管教着孩兒也排斥我，妳還有笑的，笑什麼？

來，四月的天，汗珠子這麼大顆大顆的，不笑你我笑誰？來，給你揩啦。自己瞧，經緯縐的前襟，縐得像個什麼樣子，回去我給你燙一燙；沒有抱慣孩子的記號，都在這些縐紋上呵！

我不同妳講。乖！來呀，妳在草坪前頭跑呀，爸爸來捉你呵，捉呵！

★　★　★

在四月暖風裏病倒了。幹什麼？妳提一隻女鞋盒，坐在我的牀頭，什麼花樣的女平鞋？小花園纔買的麼？妳知道，我是歡喜看妳穿繡花小朶的女平鞋。

含着眼淚做什麼？我不會死的。說鞋罷：笨脚的女人，大胆也不敢試一回，小花朶，女平鞋；刁鑽的男人，是專會看搪底的；潮濕的搪底一團一團的烏雲，不只證明她的脚汗證明她是粗而不潔的懶婆娘；還是老實些，打赤脚，去穿她的挖花漏孔的高跟鞋吧！

我瞧一瞧，是什麼樣子？哦，不是鞋，是？——你開玩笑，裝一只鞋盒全是米！哭着送我幹什麼？送我我就收，還不成嗎？哦，我倒不認得，這就是妳們蘇州的香粳米？病裏燒稀飯吃，燒稀飯我就吃，好了嗎？是你怕人家瞧見，這樣裝潢倒是怪遮眼的。摸呀，替我摸呀，枕頭下，我的襪子，你改小一點拿去穿吧；流淚做什麼？叫你擡起臉，我要看！孩子呢？乖麼？噯，孩子也病着，你不能領回你的家。我也正在想念你的孩子呵。天！我該怎麼辦？

齊門的墓草呵！……

★　★　★

糟糕

這個辦法自然有點滑稽。

我知道這半年我很凶的吐血　，比她知道我的病要凶得多。

去吧，我的窗口正看見她從那一排穀樹叢裏走了過來，去吧，跟他撞一個對面。

心比我的足走得更快，我跑不動，要吐嗎？對的！跑呵，她在對面看見我啦，咳嗽吧，她站住了，我就咳！怎麼？咳也咳不出一口血麼？眞倒霉，我說什麼呢？使勁咳呀！

走到她面前，我捺一捺胸膛，她問我病好些麼？我說：簡直比什麼都糟糕！

自己就給我滾回牀上去吧！爬上牀，可吐了，是多麼肥壯而可愛的幾口鮮血呵。吐吧，你要不了我的命，糟糕纔要我的命呵！

撲通

我並沒有下命令呀，我的胸脯就聯合了樓板，震盪一個雷響價似的撲通，沒頭沒臉的爬在地板上；自己一瞧，好嘛，還是坦白一點，把膝蓋骨從跪在樓板上的那個姿勢，拉直起來。

有什麼事？什麼事也沒有。是我知道她回來，而且今天她是第一次走來了！歡喜得要把我的心擺在什麼地方都不好，什麼地方好擺呢？還是擺進穿過大客廳的我的寢室罷；鎖好了那顆跳而且蹦不守規則的心，換一付比較正直麻木的心肝，再走出來，陪君子們規規矩矩的開個什麼會；因爲，我也謬列君子之一。

他們都受驚了，而又都持重的不好哄笑；我還是——刷刷灰罷，並且，洗個臉罷！

他們又都瞧見了我；似乎又都在回味那一記剛纔雷響價似的撲通。

其實，仔仔細細的做人，莫說毛脚毛手的學不會；說不定，跳進棺材的那天，毛病犯了，還得借光勞駕的在聖母手臂上，連翻三記觔斗，纔肯乖乖的睡平咧！

★　★　★　★　★　★

杜美路上

蘭尼

在幻美而帶森林味之
DOMUR 路上，
我低着頭——
撞見了你那吐着
霧的步伐，
那許多灰塵和泥土在
你底脚下漂渺地擁着你
行去的影子，
多少落葉在你足下，
吟着秋之歌，
然而人行道上的梧桐
遇見了你時也就嗦嗦地笑起來了，
啊，但你聽那煙雨味的風啊，
天要下雨了！

在抒情的杜美路上
我撞見你正徬徨地行去，
「喂，那兒去？」
「…………」
「你驚呆了嗎？」
「唔，我當是强人！」
「我不是强人該也是緣你心的
尋覓啊！」
「魂歸離恨」，我再不想去看了，
因爲綠草見了你也枯掉了！
你看，野花也在爲你含羞哩，
但是，那十字路邊；
那樹繁地曠的園牆中，
屋宇依然，
祗恐是人去樓已空了！

電車在遠處
爲我疾馳而來，
「噹噹，噹噹噹……」
你聽呵，那美妙底聲音，
那是我心的教堂裏底鐘聲，
我在祈禱呵，
我的靈魂在敲着心的鐘！
我暗地裏說；「你當心去吧，
路上再不會有歹人了！」
我揚一揚手，再見在我的耳邊
兀自飛去了！
但我看見你那回首的一瞬時，
祗那麼一瞬啊，
我就覺察到我的心掉落了！
於是，我急忙在車廂中，
挨步找尋，
但是沒有啊，找見的
却是些陌生的脚
陌生人的臉孔，
和許多陌生而凝視着我的眼睛，
我的心已自不聽我的指揮了，
我的心已跟着你去了！
好了，捉蟹人反被蟹吞了去，
我忍心啊！

在落葉蕭蕭的
DOMUR 路上，
夜夜，我惦記着你，
圓的，當我聽了那賽波薩人的歌聲時，
我兀自呆了，
當我細聽着他
THE DREAMS I DREAM
HAVE YET TO COM TRUE.
THE DREAMS AND I ARE HERE,
BUT MHERE ARE YOU?時，
我已沒有任何別的思念了！
那些神祕而不可思議
——熱情的歌聲，
是它束縛了我
和那些在路邊不斷地
絮絮輕訴着的戀語時，
啊，我的心啊，你那兒去了喲！

天上有了太陽纔會有月亮的，
河中，有了水纔會有魚的，
所以，杜美路上有你在，我怎可不在？
可是你忍心，你忍心，
你把我的心盜去了，
在車箱中，我望着每個人
帶了歸心回去的臉，
祇我啊，手掩着胸口空洞的心穴，
「屋宇依然，
祇只是人去樓已空了。」
我的心和我心上的人呢？
你忍心啊！
啊，天要下雨了。

白天的亮光，
和夜來的黑暗，
一開一閉地——
像你微笑時的眼睛，
神祕得有點使我茫然了！
然而人行道上的梧桐，
仍在路邊嗦嗦地響着
聽哪，那煙雨味的風啊。
天，要下雨了！
我再不敢想像了。

那如水的年華，
它把我從辛未載來
又把我向乙酉年送去
又將十幾年了！
如今，電車已褪了綠，
它把我從杜美路載來——
向外灘送去，
何處是我的歸宿啊，
又那兒是我的歇足地？
但電車的疾馳，
都是我的人生！
它把我從北方面載來，
轉彎又將我送到東面去了！
「從冥地來，
還向泥土去！」

★ ★ ★

拜倫詩選

何幹譯

一切爲愛
All For Love

請別對我訴說歷史上的偉大的人物罷，
我們的青年時代便是我們光榮的時代，
甜蜜的念二年華的番石榴與長春籐呀，
比你們所有的許多的桂冠還要可貴！
滿是皺紋的額上的花冠有什麼用呢？
只不過像枯萎的花朵上淋着些五月的朝露，
那麼，請從斑白的頭上除去了一切吧，
我還要對那僅僅給與榮譽的花圈紮念些什麼？

名譽啊！——如果我曾喜悅你的讚美，
那我並不因爲你的悅耳的辭句
只爲着瞧見情人的秋波啓示，
她想我並不是不值得去愛她。
那是全因爲我瞧着你，
而且僅只因爲我找見你，
她的一瞥是圍在你四周的最好的光芒，
當他普照了一切時，
便是我一生光榮的事，
我知道這是愛了，
而且我覺得這是尊榮了。

Song From Corsair

我靈魂深處埋藏着一個秘密，
寂寞的，冷落的，更不露痕跡，
只有時我的心常無端的怦擊，
回憶着舊時情，在惆悵中哭泣。
在那墓宮的中心有一盞油燈，
點着弱火一星——不滅的情燄，
任憑絕望的慘酷也不能塡堙
這孱弱的光稜，無盡的緜延。
記着我——啊，不要走過我的墳墓，
忘却了這一抔土中埋着的殘骨，
我不怕——因爲嘗遍了人生的痛苦，
但是更受不住你冷漠的箭鏃。
請聽着我最後的凄楚的聲訴，
爲墓中人悱惻，是慈悲不是羞，
我惴惴的祈求——只是眼淚一顆，
算是我戀愛最初，最後的報酬。

給一個女人
To a Lady

倘若一個人已經被摒在樂園以外，
獨自傍門牆瞻顧徘徊，
總不免要觸景回憶前情，
感覺未來的生涯如何忍耐？
只有在遠方邁步，

纔能够知道沉沉憂思怎樣捱度；
索性把往事前塵付之慨歎，
借紛來的景物排遣胸懷，
怎樣安排？女人啊！我將怎樣安排？
要親炙你的芳容已經難再；
爲的是我如若再依傍你的薌澤不散，
當不得一重重影事都兜上心來。
我自覺除了一走以外更無上策
只有這樣，纔可以逍遙於情羅愛網以外；
我如今已經無意居住於樂園，
叫我徒然對着樂園，怎生忍耐？

別雅典女郎

雅典女郎呵！
在我們離別之前，
哈，給回我的心！
要不然，既然心已離開我胸的，
請你收藏起來，
並將我所有的都拿去！
在我走以前，
請聽我的誓語，
「我的命呵！我愛你！」

愛琴海求愛於你的散髮，
你的散髮便是我誓語的證人，
你的玫瑰受你的眼簾親吻，
你的眼簾便是我誓語的證人，
我發誓了，
「我的命呵！我愛你！」

在你那引我親吻的唇前，
在你那束帶的腰前，
在一切你那贈我的香花，
不論什麼語言都形容不出那樣好的花前，
在愛的轉變的快樂和企求前，
我發誓了，
「我的命呵！我愛你！」

雅典女郎呵！
我走了：
我的甜心，
你要想念我喲！
當你寂寞的時候。
雖然我飛到伊斯坦堡，
雅典人仍是抓住了我的心和靈魂，
我能够變了心不愛你嗎？
不！
「我的命呵！我愛你！」

我看見你哭泣

我看見你哭泣——
大而晶瑩的淚珠，
從你碧藍的眼睛墮下，
我當做下墜的是紫羅蘭色的甘露。
我看見你微笑——
那近傍的碧玉，
都失掉了牠的光輝，
因爲牠不能與你
充滿在一瞬間的，
活的光豔相比。
正如雲霞由那邊的太陽，
染受深而均勻的彩色，
牠將傍晚的模糊的陰影
從天際放逐出。

那些微笑，
灌注他們純潔的愉快，
到憂傷的心腔裏
他們的榮光所遺留下來的紅豔，
將這寸心照得燦爛。

煩憂
There's not a Joy

當熱烈的少年思想隨着情感灰滅時，
世界總不能給我們像牠拿去了的快樂，
這不但是綺頰上的紅暈謝去得很快，
就是那心房柔嫩之花也跟着年華一切跑去了。
在「幸福」破船裏浮着的人們，
終於被趕到罪惡的灘，縱恣的海，
他道上的羅針已失，
或者白白的指着渴望彼岸，
再也不會伸長。
靈魂上利害的冷酷，
竟如同死一般的下降，
牠不能感覺人的愁苦
也不敢想像自己的：
嚴寒凍結了我們的淚泉，
眼睛雖能閃着，
但見到的東西都成冰了。
流利的口舌，
雖可以胡謅些故智
憂鬱的心胸，
雖可以牽扯着嬉笑，
不過過了半夜的時間，
總沒有從前那種希望的休息了，
正如那纏在破塔上的籐蘿，
只剩下枯乾的樣子，
沒有一些的清新。
唉！我能够覓得從前，
做得像從前嗎？
我聽够對着過去的光景，
像從前的一哭嗎？
沙漠裏的水泉雖好，
却總帶些鹹味，
我那枯燥的生涯，
怎不叫人流淚！

唉當爲他們流涕！
Oh! Weep for The

唉！我們當爲那些巴比倫水濱啜泣的人民流涕，
他們的神龕已經頹廢，
他們的國土已經變成夢幻；
我們當爲猶太的破碎的瑩篌的殼流涕，
哀悼那曾爲上帝所居住的已無上帝居住了。
以色列人將在何處洗他流血的脚？
郇山的歌何時再將甜醉？
猶太的音調，
怎能重樂在天聲前跳動的心靈？
流浪轉徙而心懷疲悴的民族呵，
你們將怎樣竄避而求安靖？
野鴿有他的巢，
狡狐有他的窟，
人類有他們的家國——
而以色列只剩下荒凉的墓土！

秦娜的煩悶

胡金人

空氣中發散着溫馨的五月的黃昏。

高聳在 Bubbling Well Road 旁邊的那座大飯店十四層樓的宴舞廳裏，剛完成了一個婚禮儀式，這時候，穿着各種各式服裝的男女賓客，正在舞池週圍的座位上享用着精美的茶點。年青的女客們好像對誰盡了一次什麼義務，她們感到吃力和疲倦，似乎需要利用這個進茶點的時間作一番休息，於是她們懶懶地停在軟靠墊子的彈璜座位上，輕輕地吁了一口氣，然後才從容不迫地端起了升騰着熱氣的咖啡杯子。

那些漂亮的女賓靜靜地坐在那裏，她們的呼吸似乎還沒有調勻，那樂台上的音樂聲又起了，四絃琴上的華爾斯旋律又迴盪在溫暖的橙色光波裏——在習慣於藍色的華爾斯的人們，驚識到這是婚禮跳舞會的節目開始了。

於是，年青的男賓已無心享用那精美的蛋糕，黑漆皮鞋不自覺的在厚地氈上磨擦着，大家都有了應聲起舞的準備；年青的太太和小姐們，雖然大都莊嚴而矜持的在喝咖啡，但誰也沒有忘記這個時候正是她們炫耀姿色及競賽服飾的好機會。因此她們的脚也在鋪着白檯布的小桌子下面跳躍着。

現在，那些美麗的眼睛裏都充滿了帶有誘惑性的光輝。

起初新郎新婦和男女儐相隨着抑揚的琴聲走進舞池，接着有現成舞伴的男賓，即刻很文雅的挽了他們的舞伴旋舞了起來。

那些對對的舞侶，差不多都是結過婚的夫婦或未婚夫婦，有的是比較接近的親戚如表兄妹之類。秦娜小姐的表兄也有幾個在座，如果她的表兄要求她伴舞，她就有應接不暇之勢；可是第二隻曲子已經開始了，秦娜的表兄却沒有一個走到她面前來，就是那一個過去曾經追求過她好幾年的表兄楊傑士，當他挽着他底未婚妻從舞池裏出來經過秦娜面前時，祗對她做了一個很謙恭的微笑。

接着是第三隻舞曲起奏了，秦娜知道她的表兄楊傑士爲了對她表示禮貌的關係，將要走過來邀請她伴舞，她連忙找了一個什麼話題，同隣近的一個女客似乎很認眞地在講述着，坐在她斜對角的楊傑士早已留心了她的舉動，並看穿了這是對他「擋駕」的表示，他的臉上滑過了一個幾乎看不見的笑容，只得挽着他底未婚妻又旋進了舞池。

當他們從人叢中跳到舞池邊緣的時候，秦娜看到楊傑士對她送過一個狡黠的微笑。她以一種冷峻而尖銳的目光很迅速地釘了他一眼，同時她的嘴角微微地往下灣了灣便把頭撇開了，同時她的心上却卽刻湧起了强烈的怨恨。

不過，慣會掩飾感情的秦娜小姐，她裝着毫不在意的樣子呷了一口咖啡，從手袋裏拿出了一隻精巧的粉盒子，然後慢慢地對着小鏡子在整理口紅；她從鏡子裏看到她自己那智慧的嘴角上掛上了輕蔑的笑紋。

隨後她收了粉盒子，抬起眼瞼，用靈活的眼珠子朝舞池裏一轉，心裏便在罵着：「笑話，你以爲你們這樣地一對也會值得人家嫉妬嗎？」於是她的眼光像閃電似的通過紛沓的舞侶叢中向楊傑士的未婚妻狠狠地一瞥，她覺得她那略嫌肥胖的身肢，身上着的那件印度紅的綢衫，以及塗得過紅的口脂和指頭上塗的與衣裳色調不相稱的「寇丹」，都是非常俗氣的。她想：「那一點是值得驕傲的呢……」

這一天，秦娜小姐的服裝，在那些漂亮的女賓當中確也算得出色，她自信她自己彷彿是一個美麗的公主出現在這個禮廳上，而她覺得自己的蒞臨是足以使這個婚禮增加光輝的。這天她沒有到大學裏去聽課，一個上午的時間全用在修飾上。她穿了爲參加這個婚禮而特製的一件淡綠色閃耀着銀光底子的紗衫，同樣料子的高跟鞋，她那嬌豔的圓臉孔配着這樣鮮明色調的衣裳，在這個禮廳上確也引動了許多年青人羨慕的眼光；但當她發現這些眼光向她身上集中時，她所回答他們的：是把自己的靈活的眸子藏在長而黑的睫毛底下，做出對誰都不屑一顧的樣子。

其實近幾年來，秦娜並沒有不注意年青而漂亮的男人，有些年青人在她少女的心上也不是全然無動於中的。不過那些值得她私心愛慕的人，往往是倨傲地不肯隨便來趨奉她；有些過分奉承她的人，她卻不屑同他們接近。因此她雖然常常同一班年青人交遊，但她自己總覺得同別人之間好像隔着一種什麼東西，這種東西會使她同任何人不能發生懇切的友情，因而使她常常陷在孤獨的苦悶當中，她知道爲了她的青春和美麗，不願意把自己孤獨地躲在一角，遇到相當的機會總高興把自己炫耀在人前。像這樣盛大的婚禮，以及其它豪華的交際場中，如果她有機會參加，自然不會吝嗇她的蹤跡，每次出席，她好像都爲了要同誰競賽似的，對於修飾方面一點也不肯隨便，再加以她那特有的嫻雅風度，與有着相當訓練的高貴姿態，總使見到她的人非常傾倒。她的母親也以爲自己的女兒秦娜美麗出衆而感到滿足和驕傲，她常常在說：「將來不知誰有福氣配上我們底娜娜，娜娜是不能隨便就出嫁的。」她從不會忘記她爲她的女兒秦娜選擇配偶所擬訂的條件：她要男家的財產够得上稱爲鉅富，未來的女壻要在外國得過學位，自然也要生得漂亮，而且，最好還是獨生子……

這些條件秦娜的爸爸自然也是首肯的，在秦娜自己看來更有其重要性，不過她常常覺得除了這些似乎還缺少什麼……

秦娜小姐素來是養尊處優的，即在她的弟妹當中，她也是最佔强的一個，她是在驕傲與任性中長成的，所以週旋在她左右的男朋友都是百般柔順地服從她，但卻沒有一個算是合她理想的人；她爲了需要男朋友的「侍奉」，卻並不拒絕和那些不算合意但尙不失的漂亮的年青人來往，可是她們如果要向她求愛或談到婚姻問題，她便會無情地把他們摔得很遠。

於是便有許多年青人常常一個一個地從她的手上滑下來。

現在，她已經是二十四歲的人了。

那些與她年齡相等的女朋友，或是親戚家的表姊妹們，都先後有了相當的對像，有些早就結了婚，她看到這種「太容易」的結合，常常都給它一個輕蔑的微笑；有時又覺得這種「太容易」的結合也並沒有什麼不好，太嚴格的挑選也許不一定就會滿意，不過這種想法祗像閃電一樣在她的腦膜中一掠而過，對於她的選擇對像並不發生一點影響。

她的自視過高以及她的驕傲一天一天地傳開了，因此她的表兄弟們也同她漸漸地疏遠起來。楊傑士過去曾以一種勇敢而小心的態度追求過她，後來知道毫無希望，遂自動的從她身邊溜開了，其他表兄弟雖然也有喜歡她的，看到她這樣的脾氣，便也不願多和她接近了……

音樂不停地演奏下去，那一對一對的舞侶歡愉而興奮地伴着琴聲跳着各種舞步。

秦娜默默地坐在那裏似乎很感興趣的在傾聽着她的母親同一個老太太的溫和的談話；其實她的心裏一刻也不寗靜。現在她很希望有一個人來要求她伴舞，她自信只要對誰表示一點好顏色，馬上便有人來趨奉她，於是她試着對隣座上那正在注視她的一個年青的親戚做了一個有點頑皮的微笑。當她的笑紋還停留在臉上，她的心裏却有點吃驚，幾乎不相信她自己會隨便地先向人家笑，不過那個年青人並沒有注意到這些，他冷靜而大方地還了她有禮貌的一笑，便把視線移到那正跳着迴旋舞的圈子裏去了。

一班年青人好像早簽好了不要求秦娜伴舞的協定，她在禮廳裏一直被冷落在一角，她感到她的驕傲受了打擊，甚至認爲是受了一種難以容忍的侮辱，她頻頻掉頭向着窗外的天空，一顆焦燥不安的心彷彿時時要從她那件淡綠色的紗衫子裏跳出去。

一隻快狐步的拍子剛剛開始，秦娜走到她爸爸面前孩子似的望着他說：

「爸爸，你同我跳一隻好嗎，是一隻很興奮的……」

「不，太快了，我不大喜歡。」爸爸溫和地回答着。

秦娜很失望，她底臉上掛着不自然的微笑，勉强地坐在爸爸身邊的椅子上，替她爸爸整理襟袋裏揷的手帕。

五月的夜幕已經降落下來了，天空中呈現着醉人的紫灰色，秦娜平眺着那無盡的天際。在這個十四層樓的高處，視野中看不見遠處的地平線，她現在彷彿置身在茫茫無限的大海上，這個宴舞廳好像是什麼郵船上的餐廳，而秦娜覺得她自己好像孤獨地坐在船上正對着模糊而蒼茫的大海。

她是這樣空虛而漂渺的過了一個相當長久的時間，隨後她，看到跳舞的人差不多老是同樣的舞伴在一塊兒跳，大家的興緻已經顯然有點減少了。而她自己也感到了疲倦了，不禁用手帕掩住嘴打了一個呵欠。

結婚的新夫婦不知什麼時候已經躲起來休息去，有些人正嚷着要找新娘子出來招待賓客。白衣黑褲的侍者們正忙着佈置餐具，大約不久那盛大的婚宴就要舉行了。

秦娜覺得非常無聊，她掛着滿臉的倦容告訴她爸爸說要先走。於是乘着那彷彿成了尾聲的音樂又奏了起來，有幾對舞侶好像敷衍故事似的又走下舞池的時候，秦娜便悄悄地獨個兒從電梯上降落下去。

……………………

晚上，秦娜的父母等宴會散了回到家裏的時候，秦娜還沒有回家。

「她是不是去看電影呢？不過，這個時候電影院裏早該散場了……」爸爸用焦慮的眼光向着正落在大沙法裏的太太這樣說。

「她不會到什麼朋友家去玩嗎。」母親雖然用着替女兒解釋的口吻，但她的心裏也想到今天似乎很煩悶的樣子。

爸爸燃了一支煙，默坐在雪亮的燈光下面，拿起一張晚報在消遣。母親看了看壁上的時鐘，便自管走到樓上去了。

不久，電鈴響了，一會兒秦娜便在爸爸面前出現，爸爸看到她的臉上依稀留着淚痕，關心地問道：

「你不舒服嗎？從那裏來？」他從沙法裏站起來望着女兒疲倦的臉。

「沒有什麼。」女兒沒精打采的坐進沙法又補充道：「從電影院裏出來的時候看到今夜月色很好，一個人又到公園裏去坐了一回。」

爸爸把煙蒂子塞在煙缸裏，打了一個呵欠對女兒說：

「不早了，你該去睡了，明天還要上學呢。」

秦娜上樓走進她自己的臥室，床上的棉被已經鋪好了，淡藍色的窗帘拉得密密的，她覺得房裏的空氣好像不夠她呼吸，心裏很悶，却懶得打開窗子。她還不想睡覺，坐到書桌面前，一眼便看見那每天幾乎照例放在她書桌上的幾封來信；她隨手拿起一封，看到那白色的信封上寫着「M. demoisele Ching LA」那幾個字，卽刻那一個滿身染着敎徒色彩，臉上帶着一副深度近視眼鏡的××大學的學生莫希酉便浮現在她的眼前了。

莫希酉對秦娜仰慕的程度，一如他對宗敎信仰那樣的虔誠，可是他所用以表示他的愛慕的，除了常常用文字表達以外，他是不大敢來訪問秦娜的，偶然有機會見到她，他雖然盡了很大的努力，也說不出一句可以使秦娜高興聽的話。秦娜最初接到他的信，還耐着性子用一種嘲笑的態度讀完了他精心撰就的中文或者洋文詞句——他是常常喜歡賣弄洋文的。後來簡直很不客氣的原封丟進了字紙簏；但是這種沒有人看的信，還是經常的送了來，現在並且第一個跳進了秦娜的眼簾，於是她毫不遲疑的給撕成了兩斷被拋在地板上。

然後她蹙了眉頭又拿起第二封信，那信封上的字跡早告訴她這是大學裏的同學那個頂愛說話的小許的信，他的信上照例寫得很簡單，在這封信裏除了告訴秦娜他明天因爲有事不去學校，另外寫的是：「下午在××舞廳裏等你，務請早臨。」

「小許倒是一個比較懂事的孩子。」秦娜又記起了母親的話，「你同他做朋友是可以的。」有一天小許在秦娜家裏陪她母親打了幾圈牌以後，母親居然很慷慨地對小許下了這樣的批評。

兩年來，小許在秦娜面前除了十分慇懃，還有爲其他靑年所沒有的乖覺與懂事，秦娜所以能同他的友誼保持得這樣長久，自然得歸功於他手段的高明；而秦娜却也需要有這樣一個喜伺人意的人伺候的。

秦娜把小許的信丟在一邊，又撕開另一個淡綠色的信封，她抽出那厚厚地一叠看來至少有五六頁之多的信箋，她早知道又是楊傑士的朋友那個姓王的什麼學士寄來的。他懶得看那樣長的信，無意識的從筆架上抽出一支鋼筆，在那潔白的信箋背面劃着許多毫無規則的線條。

「眞虧他們好精神，常常會寫出這許多廢話來。」於是一個驕傲的微笑爬上她疲倦的臉，她低聲說道：「唉，這些聰明的傻子，爲什麼不想到白費時間呢。」然後她又嘆了一口氣在想：「無聊無聊，爲什麼人要這樣麻煩呢，像白天那個婚禮呀，跳舞會呀，紛紛亂亂地鬧了一天，想起來眞有點滑稽可笑，而且聽說那個做新娘的本不願嫁那個新郎，但新娘的父母因爲男的是什麼紗廠的小主人……」

秦娜走到房門邊揿了一下電鈴，然後把身子埋在一張淡藍色的軟靠背椅子裏，對着壁上那新近放大的一張半身照片在出神。

侍女阿香輕輕地推開門走進來，告訴她浴缸裏已經放好了水，替她換了拖鞋。又送了一杯開水在她面前。她低垂着眼瞼吩付阿香道：「你去吧，不要你伺候了。」

於是阿香的白色背影在乳白色的房門邊消失了。

秦娜仍舊坐在椅子裏，姿態一點也不曾移動，她的身子彷彿在寂靜的夜空中凝固了。她無力抗拒這沉重而悠長的夜的壓迫，現在她的心性被一種莫名的煩燥和鬱悶苦惱着。隨後她帶着歇斯的里的狀態走到書桌前面隨手拿了一本書，無目的地翻了兩頁便丢開了。

整個的屋子早寂靜下來了，她聽到樓下客堂裏的鐘正敲了一點，她想：「這個時候自己也應當同弟弟妹妹他們一樣地去尋快樂的夢境了，可是睡在床上也不容易入睡，而且連夢境也是寂寞的……」她很想去找爸爸談一會，或者投到母親的懷裏大哭一次。

「不，爲什麼要哭呢？」她即刻又覺醒了，她想：「如果眞地這樣無故的哭起來……」於是她記起了有一次夜晚，獨自彈完了一支曲子，不自覺的坐在鋼琴面前淚流，後來爸爸同媽在背地裏說她大約是陷在情的煩悶當中了……想到這裏，她覺得面孔上有點熱烘烘地。

她想爸爸同媽是不能瞭解她的，她需要一個同情她的人，她也需要一個異性的適當的慰藉，她又不願意平平凡凡地去戀愛，然而爲了生活上有點生氣，她也願意平凡一點。於是她想起英國詩人布郎寧所說的「愛情至上」，「是的」她想。「沒有戀愛生活是不完全的，過去自己爲什麼要玩弄戀愛呢！」

幾年來她的父母同她自己所訂的擇壻條件，一直在無形的支配着她的意志，因此那些條件不及格的年青人，縱使如何誠懇的追求她，她都是很殘忍的作踐了他們的誠意，現在她帶着稍稍自責的心情在想：「這是很不應該的，爲什麼要把婚姻戀愛的問題建築在這些件條之上呢？什麼享受，什麼榮譽……並不是愛情的支柱吧？其實就像不許那樣的人，兩年來一直在追求自己……」

她癡癡地坐在書桌前面的椅子上，覺得房間裏有點冷，那淡白色的電燈光照耀着整個的房間，更使她感到空虛和寂寞。

落在這樣紛亂的夢想中的秦娜，開始覺得頭腦子有點暈，兩隻手肘擱在書桌上，把她的頭埋在手掌裏，她微微闔上眼皮，又想到表兄楊傑士。她同楊傑士從「兩小無猜」便在一快兒玩，一直到她十八九歲的時候，他們表兄妹還保持着相當的友愛，楊傑士並不失爲一個英俊的青年，但母親因爲他沒有財產，沒有出國留學，竭力反對把女兒嫁給他，他同秦娜便漸漸地疏遠了。

白天在跳舞會上楊傑士投給秦娜那狡黠的微笑，當時她對他非常怨恨，現在她是以一種温柔自責的心情對他寬恕了。她淒然地想：「他已經是有了未婚妻的人，也許不久又是一個婚禮序幕要在自己面前揭開了。」

夜深了。

秦娜的心上湧起了青春遲暮的傷感。

……………

第二天傍晚，秦娜同她的朋友小許從舞廳的旋門裏溜出來，兩個人的臉上都挂着異樣的表情，小許在舞廳門口停住脚對秦娜說道：

「該是晚飯的時候了，還是一同去吃飯吧。」

「我想，不必了。」她不自然的微笑着。

「何必這樣呢！」小許覺得很難說話，停頓了一下又說：「這個，我是偶然想到，就隨便的向你提起，你目前既然不願意談到婚姻問題，以後不再提這個得啦。」他偷眼看了看秦娜的臉。秦娜的臉上很平靜，不像剛才在舞場裏顯得不愉快的樣子了。

從舞廳的門口吐出許多年青的男女，正是散場的時候了。秦娜同小許不便逗留在那個人跡雜沓的門口，便夾在人羣裏走上人行道。

五月的温暖的晚風吹拂着那些從舞廳裏鑽出來的年青人的飄逸的衣裙，夕陽照在秦娜那凝脂般光潔的臉上，微紅的兩頰呈着半透明的感覺。乳白的單衫裏着她婷勻的身肢，走在人叢中，她的全身好像發着鮮豔而明亮的光輝，以致引起許多年青人頻頻回過頭來對她注視。

小許落在秦娜後面走了幾步，然後搶前同她併了肩，沉着聲音說道：

「而且，而且我三兩年內也不打算考慮婚姻問題，暑假後說不定要到內地去看看，如果那邊有事可做，暫時我便留在那邊了。」

「對了，我也應當考慮畢業後的問題了。」她給身邊的小許一瞥，像自語般的說着：「還有兩個月……」

「不」小許連忙截住她的話。「我們先別談這些吧。我想，我們同學已經幾年了，剛才在舞廳裏談的話，就是因爲想到不久我們便要結束了同學的階段，所以……」小許咳嗽了一聲又接着說：「現在，我明白你的意思了，不過，以後我們總還是好朋友，是不是？」他側轉臉含着微笑緊逼住她的眼睛，似乎要看她有無反響。

秦娜把她的白手袋挾在腋下，微昂着頭向前走，她的眼光茫然地射在前面一片時裝公司的霓虹燈上。那發着魅力的紅色燈光彷彿正同那醉人的夕陽在鬥豔；但落日是毫不在意的慢慢地降落到前那些紫色的建築物後面去了。

隨後，兩個人默默地又走了一程，在一個十字路的轉角，秦娜停了步子對小許說道：

「現在我要回去了，再會吧。」同時她看了看手表，

「那末，大概你還不致於拒絕我送你回去的要求吧？」小許望着她做了一個頑皮的笑臉。

……………

秦娜同小許分了手，終於獨個兒僱了一輛街車回家。一路她想了許多心思：

「又是一個年青人的夢想給自己打碎了……」一個異樣的微笑在秦娜底臉上一閃，她似乎感到獲得某一種勝利的驕傲。她在車子上把小許和別的環繞在她身邊的那些年青人作了一回比較。她覺得像那幾個舉止顯得輕佻的，其實並不迷戀她而慣會在她面前獻慇懃的漂亮青年同小許比較起來，小許總算較强，不過如果眞地嫁了他，總不免有點委屈自己。忽然她笑了笑，「爲什麼要委屈自己呢？」

她現在給小許碰了壁，不無感到一些抱歉，她又想到如果小許從此同她冷淡下來，目前却沒有一個人像小許那樣的同她接近，她不免將被孤獨和寂寞所揶揄了。

她沒有想到小許今天會對她說出這些話；不過他在她面前有過這些暗示已不止一次了，每次她總是裝着漫不經心的樣子。今天，這個聰明倜儻的年青人，竟然很直率的向她提出了這重大的要求，他大概沒有想到會得着這樣結果的。

近幾年來，在秦娜面前碰了壁的人已經不少了，在她心上並沒有留下什麼痕跡，但今天，她的心上似乎有點懊惱，雖則她並沒有想嫁小許的意思，但兩年來他們之間原也有相當的友情，「而且」她想。「像小許那樣的人也不是完全沒有資格對自己說出這樣話的……」

她到家的時候，天色完全黑了，家裏是靜悄悄的，爸爸同母親都不在家。她走上樓，聽到妹妹在溫習功課，她也不想去理她。

她彷彿一個失落了心愛的東西的孩子似的，在空虛和失望的夢想當中慢慢地走進自己的臥室。

臥室裏還沒有開燈，黑暗與寂寞包圍了她，她感到一種不堪忍受的壓迫。

突然她很忿怒地把手袋摔在床上，同時自己也投身在床上，於是把臉孔埋在柔軟的枕頭裏像孩子般的哭了起來。

變

周楞伽

（一）

在掛着「姑蘇金老薦頭」的招牌的那一家薦頭店裏，幾乎一年三百六十五天天天都是一個樣子，當門的幾條長櫈上，坐滿了從不同的地方前來却抱着同一的目的在等候尋找她們的主顧的婦女，也就是薦頭店裏終年常備的貨物。這些婦女的年齡大小不一，從五十多歲的老太婆起，到十七八的妙齡少女止，應有盡有。門裏面斜放着一張八仙桌，四個穿短衣的人分據桌子的四角，不分晝夜的在劈劈拍拍的打牌，不知道是長日間無事悶得發慌不得不藉打牌爲消遣呢，還是因爲有幾個薦頭錢在手裏發癢一定要輸掉了才痛快，總之劈劈，拍拍的牌聲，和坐在長櫈上的婦女的談話聲，把金老薦頭店裏的空氣一年四季都造成得非常熱鬧。

金老薦頭店裏的情形雖然終年都是一樣，可是坐在長櫈上等候主顧的婦女却天天都在那裏變動，一個人被主顧看中召了去做娘姨或者大姐了，又有一個新來的塡補上去，也有被主人辭歇或者自己自動辭工回到薦頭店裏來繼續坐長櫈的。就因爲坐長櫈的人每天不同，所以談話資科始終不會缺乏，初從鄉下來的人會報告鄉間現在的情形，歇工回來的人會發表她的揩油經驗談，以及主人家裏的新鮮笑話，鴉飛雀噪的，說一個無休無歇， 直到有人光顧薦頭店裏爲止。

有一天早上，金老薦頭店裏的長櫈上又坐上了一個新來的陌生少婦，年紀約摸只有二十出頭，瓜子臉，水汪汪的眼睛，瘦怯怯的身材，看上去倒也頗有幾分姿色，不過頭始終低垂着，眼睛也怯生生地不敢向人看。顯見她還是從鄉下初出道，一些繁華都市裏的經驗都沒有的。看着她那模樣，一部份人在心裏譏笑她，一部份帮慣了人有豐富經驗的人又止不住喉嚨癢癢的想教導她，把幫人家的經驗告訴她，甚至把自己的衣鉢傳給她。終於有一個老太婆熬不住向她開口了。

「你叫什麼名字？」

「阿金！」回答的聲音低到幾乎聽不出。

「你還是剛從鄉下出來吧？」

「正是！」

老太婆笑了笑，便裝出一面孔老前輩神氣，倚老賣老的教導她道，

「你初次出來帮人家，應該明白的人家要分幾等，有錢人家對小錢不在乎，

油水多，外快多，是第一等的好人家，就怕你沒有這種天官賜，幫不上。中等人家比較推扳一些，不過只要主人家氣量大，不計較小錢，有揩油的機會，也勉强可以幫幫。最要不得的是那些低三下四的小戶人家，精明刻薄，一個小錢看得像磨盤樣大，不要說沒有揩油撈外快的機會，說不定連叉麻將抽下來的頭錢也要自己上腰包，要是不留心幫上了這種人家，那眞是晦氣星照命，必須趕快準備拔脚。我告訴你一個門檻：薦頭店裏的規矩，無論到那一家去幫傭必須先試工三天，你可以在這三天內留心看一看主人家的苗頭，要是看出苗頭不對，那麼趁早回身走路。現在生活這樣高，我們辛辛苦苦的到外邊來幫人家，總希望能够從中撈摸一些油水，誰希罕他一個月幾個啃大餅都啃不飽的工錢？」

阿金一面聽，一面不住的點頭，老太婆似乎覺得「孺子可教」，非常高興，又補充說道：

「最好還是去幫外國人家，他們用的票子比起中國鈔票來要値價得多，所以外國人都很闊氣，從來不算小，揩油的機會更加多。老實說，在外國人家裏幫一個月，勝過在中國人家裏幫一年，你相信不相信？」

阿金好像聽了山海經似的，目瞪口呆。作聲不得，可是在後面櫈上，一個也有幾分幫人家經驗的中年婦人，見老太婆這樣倚老賣老，似乎有些看不過去了，忍不住冷笑了一聲道：

「你這只老蟹，你也不撒一泡尿去照照你這副醜臉，有那一個外國人家裏要你這種老蟹去幫傭？」

老太婆見別人駡她做老蟹，而且平白無故的被人搶白了一頓，怎肯干休，不禁氣得哇呀呀的怪叫着站起身來，指着那中年婦女道：

「你不要看不起人，老娘活了這一大把年紀，什麼人家沒有幫過？外國人家裏，少說些也已幫過兩三家了，都是替他們做保姆，領小孩。外國人才眞闊氣哩！銅錢銀子不當銅錢銀子用，一出手就是幾百元。不信你不妨去打聽一下，老娘要是說了半句假話，天老爺罰我舌頭上長一個大大的疔瘡。」

老太婆雖然自稱老娘，可是那中年婦人却不買賬，仍舊稱她做老蟹。

「老蟹，不要誇海口，你既然在外國人家裏幫了兩三次，外國人又是那樣闊氣，揩油的機會又多，現在應該可以在家裏享福了，爲什麼還要跑到這薦頭店裏來？這裏可沒有外國人會上門的請教你呀！」

老蟹被她頂得啞口無言，又不肯嚥下這口氣，只好開始動蠻了，她趁那中年婦人說完了話正在得意揚揚的當口，冷不防的賞了她一記重重的耳光。

「怎麼？你打人！好！好！阿拉同你到警察局裏去，到新衙門裏去評理。」中年婦人聲勢洶洶的一把揪住了老蟹的胸脯，一面騰出一隻手來，不住摸着臉上被老蟹打紅了的地方。

「去就去，那個怕你！怕了你不是……不是……」老蟹接連說了幾個「不是」，却沒有說出不是什麼，也許她要說「怕了你不是老蟹」，又不肯自己承認是老蟹。所以無法說下去。她表面上雖然顯得很强硬，可是嘴硬骨頭酥，已經有些感覺無法下台。

牌桌上的人都站起來勸解了，薦頭

店老板冷言冷語的似乎怪她們不該無事尋事。阿金覺得這場禍都是從她身上引起來的，分外嚇得面無人色，做好做歹的竭力想拉開她們兩人。

眞正結束了這場紛爭的倒不是阿金，也不是薦頭店老板，而是上門來找用人的主顧，來人是一位穿海虎絨大衣的女太太，她走進薦頭店裏來，大家便都鴉雀無聲的坐下去聽候她挑選，挑來挑去，却是阿金幸運，被挑中了，那位女太太和薦頭店老板談好了試工三天，便帶着阿金去了。她們走後，大家似乎都已經忘記了方才的那一場紛爭，只是七嘴八舌的批評着：

『這年頭，到底還是年青人走運，像我們這種老太婆，不中用了！沒有人肯要了！』老蟹歎息了一聲，充分透露出「人老殊黃不值錢」的感慨。

『哼！這算什麼好人家，我看她至多去做了三天就要回來。』中年婦人冷笑着披了披嘴說，一面又恨恨的下死勁地瞪了老蟹一眼。

二

事實却並沒有如中年婦所料，阿金居然在那份人家幫下去了，這因爲她還是從鄉下初出來，只要有一份人家可幫，在她已經心滿意足了。不像在都市裏做慣了娘姨大姐的人那樣有刁鑽心思，會輕嘴簿舌的批評主人，看不起主人，不肯長幫下去。就因爲她是這樣的老實。在試工的三天內，很博得那家主婦的歡心，試工期滿後，就叫薦頭店老板來寫了紙，阿金的飯碗算從此拿定了。

然而人是會變的，尤其是聰明靈巧的婦女，變起來非常快。俗話說得好：『黃毛丫頭十八變，臨時上轎變三變！』一個鄉下姑娘，跑到繁華都市裏來，耳濡目染，也能變得非常摩登，何况阿金的爲人並不怎樣愚蠢，她雖然不想變，環境却時刻都在促使着她變，東鄰西舍的娘姨大姐們閒下來聚在一起，所談論的無非是怎樣揩油，怎樣撈外快，並且很得意的發表她們的種種揩油法門，在這樣的環境裏，阿金又怎麼能不羨慕而想做做呢？

阿金不久就探淸楚了她所幫的那份人家的底細，知道主人是在洋行裏辦事的，月入尙豐，主婦也很能勤儉持家，人又精明，要揩油頗少下手的機會，而且主婦日常待她也很好，每次請人在家打牌抽下的頭錢是全數給她，有時在外邊打牌贏了錢也常常三百二百的賞她，她實在有些不忍揩他們的油。不過眼見別人揩油揩得那樣多。又不禁有些眼熱。她覺得這年頭做人不能專講良心，講良心是要沒有飯吃的，於是便也準備下手來揩油了。

揩油的機會雖然並不多，但一個人爲若存心想揩油，畢竟是無法可以防止的。阿金知道她主婦人雖然精明，監督却並不很嚴。儘可由她做手脚，譬如淘米時多舀半碗米，燒菜時倒一些油在小碗裏另外藏到別的地方去，這些都是她主婦所稽查不出的，至於買小菜時以少報多，尅扣買菜錢。更是容易了，不要說每天所揩的油數量不多，在這米賣十萬元一石，油賣一千多元一斤的時候，積少成多，一個月積下來的數目倒也着實可觀，何况她除了揩油收入外，還有每月應得的工錢和主婦的賞賜以及打牌的頭錢呢？這在剛從鄉下出來眼孔並不怎樣大的她，委實可說是心滿意足了。

可是俗話說得好：『若要人不知，除非已莫爲。』無論什麼自以爲做得很秘密的事情，結果總沒有不敗露的一天的。阿金只顧揩油揩得順手，却從沒有想到如何防備這一層上去。有一天下午，她趁主婦在家請客打牌的機會，跑到灶下去，把藏在碗橱角落的一滿碗豆油，偷偷的倒進一隻玻璃瓶裏去，準備攜到油店裏去換幾個錢，不料剛倒進一半，主婦忽然跑進來叫她買點心，見了她那模樣，不禁很詫異的問道：

『你在作什麼？』

阿金做賊心虛，嚇得滿面通紅，作聲不得，主婦看了她那模樣，更覺疑心，一迭連聲的催問着，阿金沒法，勉强支吾地答道：

『油瓶裏油沒有了，我在倒進去呢？』

主婦看了看那玻璃瓶，並不是常用的油瓶，並且他們用的油，都是從前整箱買的，平時要用，就從油箱裏倒進油瓶裏去，決沒有從小碗裏倒進小玻璃瓶去的道理，於是便根據這一點向阿金詰問，問得阿金啞口無言。主婦忍不住發話、道：

『好！你揩油！我這樣待你，你還要揩我的油！我這裏不要你做了，你給我走！』

聲音稍微高了一些，引得打牌的客人都出來探視了，問淸了緣由，大家都勸主婦說，犯不着爲這一些小事生氣，誰家的娘姨不揩油，馬馬虎虎的算了。阿金天良發現，覺得自己的行爲不對，也在主婦的面前表示懺悔，說以後决不再揩油。可是主婦却執意不答應，一定要叫阿金走，她也有她的理由，她說：『我素來待用人不薄，常常有得賞賜，打牌抽下來的頭錢也都給她，她一個月工錢連外快有十多元，却還貪心不足，要揩油，這種人眞可說沒有良心到極點，再用下去更不是事，還不如早點打發她走的好。』主婦的决心既是這樣無可挽回，阿金就想戀棧也不可能的了，只好在主婦的監視下把自己的包裹提出來，主婦要她當衆打開檢查有沒有偷了主人家的東西，這一查又發見了一樣贓物，是一塊白布包着一小包米，主婦更加發火，說：『現在米價這樣貴，她吃了貴米不算，還要偷，良心眞不知放在什麼地方，再不叫她走，恐怕我們這份人家都要被她偷光了。』大家也覺得阿金的行爲不對，沒有一個肯再幫她說話，於是阿金的飯碗便開始打碎了，只好重新回到薦頭店裏去坐長櫈，距離她出來幫人家的時間恰好兩足月。

三

阿金雖然被人家歇了工，重新回到薦頭店裏來坐長櫈，不過她的心裏並不發愁，她深知以上海之大，不怕沒有人請敎她，而她只要懂得揩油法門，便生財有道，可以終身吃着無憂了。

果然隔不了幾天，阿金便又有了主顧了，而且來頭很不小，是一家闊公館裏的太太，因爲終年生病，需要一個細做娘姨貼身服伺，閑下來做做針線。在薦頭店裏等機會的那些婦女，聽說是要服伺病人，個個都不大高興，不肯去，獨有阿金福至心靈，他想，在闊公館裏做事，生活一定很舒適，油水也一定很多，何况主婦終年生病，正是一個給自已揩油做手脚的機會呢？於是便自告奮勇的說願去。薦頭店老板把她引到那家公館裏，給主婦見過了，主婦見阿金相貌不差，也很滿意，談好了工錢，寫了契紙，阿金便留在那家公館裏做事了。

有錢人家的排場畢竟和平常小戶人家不同，在阿金所幫的那家公館裏，單是每天買小菜的錢就要用到二三千元一天，不過他們另外僱用着燒飯司務，這筆油是輪不到阿金揩的，而且因爲主婦終年都在生病，連麻將都沒有人來叉，所以阿金除了本分所應得的工錢外，幾乎一個錢的外快都賺不到，反而一天到晚被人呼來喚去，要這樣，要那樣，鬧得厭煩不堪。她這時才懊悔先前打錯了主意，原來有錢人家也不一定都是塊肥肉，不過木已成舟，也無法可想，她準備幫滿一個月，便辭工不做，仍舊回到薦頭店裏去。

誰知時運來時推都推不開，阿金在那家公館裏揩不到小油，却給她揩了更大的油。原來那家公館的主人正在壯年，不免有些醇酒婦人之好，因着太太終年都在生病，便常常出外尋花問柳，這時見阿金的姿色生得不惡，見獵心喜，便開始在她面前動手動脚起來。阿金最初很有些受寵若驚，又羨慕他的富足，忍不住就想滿足他的慾望，但她畢竟是個聰明人，平時常常聽得有經驗的同伴們說：男人們多半具有喜新厭舊的壞脾氣，要是輕易答應他們的要求，將來一定難免要遭他們遺棄，必須裝出一些身分，若即若離的不讓他們輕易上手，弄得他們心癢難搔，然後提出種種要求來，等他們一一答應了，方始滿足他們的慾望，這樣，將來縱使遭他們遺棄，自己也不是毫無所得。她這樣拿定了主意。因此，每當她的主人在她面前動手動脚時，她只是笑，只是若即若離的，不容他近身。

這無疑地是一個極大的誘惑，使得她的主人意馬心猿，擺脫她不下，由於情慾的驅使，他終於不顧一切的瞞着他太太的眼睛要對阿金用強了。阿金早就料到了這一着，而且知道這是功德圓滿的徵候，心裏暗暗歡喜，面子上却故意裝做不懂的問道：

「老爺，你這是做什麼？」

「我要……」主人氣咻咻的，眼睛裏射出慾餤，他顯然遏制不住內心的衝動了。

「使不得，太太知道了不是玩的」

「不要緊，太太在生病，管不着我們的事。」

阿金笑着擺脫了她主人的擁抱，走到一旁去，放低聲音說：

「我也未嘗沒有這個意思，不過我有一些怕……」

「怕什麼？怕太太知道嗎？」

「不是怕太太知道，倒是怕你老爺心思沒有定準，沒有答應你的要求以前，和人家要好得什麼似的，一經答應你的要求，就把人家看得一錢不值了，我決不上你的當。你如若要我服從你，一定要先答應我幾件事。」

「什麼事？你且說出來，只要是我能夠答應的，我一定答應你。」

阿金這才笑嘻嘻地說出了她心頭的願望。

「第一，你要正式承認我是你的姨太太。」

「可以。」

『第二，你要代我買一幢洋房，讓我和你太太分開居，這幢洋房的主權應該屬於我。』

『這也可以。』

『第三，你要給我一扣五十萬元的存摺，聽憑我隨時支用。』

『這也不難辦到，我並且還可以送你一部汽車。』主人滿不在乎地說，在他們這班暴發戶眼裏，阿金的這些要求都是算不得什麼的。

阿金見主人對她的要求件件都答應，並且還願意自動供給她汽車，不由得心花怒放，這時她再不需要裝腔作勢了，於是嫣然一笑，便倒在主人懷裏。

過了三天，正是阿金在那家公館幫滿了足月的時期，她託詞自己也有病，不慣服伺病人，向主婦辭了工，同時也就做了主人的姨太太，搬到新洋房裏去開始同住。

四

一天早晨，「姑蘇金老薦頭店裏仍舊像往常一樣，在長櫈擺滿了貨物，等候主顧們來選擇的時候，忽然，一陣「嗚嗚——」的汽車喇叭聲響，一輛最新式流線型汽車在他門前停下，車廂裏走下一位打扮得滿身珠光寶氣的雍容華貴的太太來，引得坐在長櫈上的婦女們都不自覺的站起了身，薦頭店老板更是屁滾尿流的忙不迭出來迎接，可是當他向那闊太太臉上望了一眼的時候，不由得哎喲了一聲，一個「阿」字不自覺的喊出了口，幸虧他還見機，慌忙把下面的一個「金」字咽住了。

『阿什麼？』那闊太太瞪了他一眼，大模大樣的向長櫈上的婦女們巡視了一周，問道：『有好的細做娘姨沒有？』

『有！有！』薦頭店老板沒口子的答應着，隨即便從長櫈上選出一個人來，叫她跟了那闊太太同去。

這時那在三月前被人罵爲老蟹的老太婆剛好被歇工出來，重又落在這薦頭店裏，等那闊太太去後，她不由得問道：

『這不是阿金嗎？』

『是呀，也不知她是怎樣交上的好運！』薦頭店老板豔羨地說。

『上海灘上的女人變得眞快，三個月前還是個鄉下大姑娘，三個月後就已經變成了坐汽車的闊太太？』老蟹說着，忍不住長長的歎了一口氣。

一歲的小鹿

羅琳(Marjorie Kinnan RawLings)著
聶　淼　譯

第一章

一縷輕煙，自一座矮屋的煙囪裏悠悠地上昇。煙離開紅色的泥土時是藍色的，等到上昇到蔚藍的四月天空時，不再是藍色而變成灰白色了。小孩嘉弟瞧着上昇的煙出神。廚房灶裏的火逐漸熄滅。嘉弟的媽正在收拾午飯後的杯盞鍋灶。這天是星期五。嘉弟媽也許會拿起掃帚掃地，掃過之後，如果嘉弟幸運好，他媽會親自拿着玉蜀黍皮做的拖布抹地，他就可乘機到山谷裏去玩耍。這時肩頭上荷着一把鋤頭，立在那兒出神。

他自忖，如果他前面這塊玉蜀黍地裏的野草還未鋤除的話，這塊園地倒很有樂趣。一羣野蜂找着了園門旁一棵棠果樹。它們鑽進樹上一球球的灰藍色的葩蕚，狠命向葩蕊裏鑽動，好像這地上除此之外別無花草；好像它們忘了三月裏黃色的茉莉花；不記得五月裏還有木蘭咧。他突然想到，如果追蹤在這羣迅疾飛動的金黃色的野蜂後面，也許會找着一棵滿溢着琥珀似的甘密的蜂樹。冬天的糖漿已經吃完，果子醬也去了一大半，能夠找着一棵蜂密樹，總比鋤草要有價值些，何況玉蜀黍地裏的野草延到明天去鋤也不算遲。午後的天氣，溢揚着柔和的生氣，像那羣野蜂噪聒棠果樹的葩蕊，噪聒得他煩燥不安，覺得非走過這地，穿出前面的松樹林，順着路跑到流動的溪水旁不可。也許那蜂密樹就在溪水左近也說不定咧。

他將鋤頭靠在籬笆牆邊，向玉蜀黍地走去，一直走到瞧不見矮屋。他雙手搭在籬笆頭上，一聳身，跳過籬笆。他家的一匹老獵犬若麗，這時跟他父親趕車上格雷汗鎮去了，但一匹獅犬利卜和新來的巴兒狗比克，瞧到人影越過籬笆頭，連忙向前衝去。利卜吠聲宏亮，小巴兒狗吠聲却高而尖銳。兩個等到瞧出是嘉弟，才懇求恕罪似地搖動它們短短的尾巴。嘉弟揮手命它們回至稻場，它們却似理不理地瞧着他。嘉弟想，它們是對可憐虫，只知道追逐，殺戮，其餘什麼好的特點都沒有。它們對於他，除了早晚要吃他端來的殘肴外，不發生什麼其他的關係。若麗雖是匹懂得人性的好狗可是它只效忠於他的父親白辨尼一人而已。他曾設法想得到若麗的歡心，但若麗對他老不表示好感。

他父親曾告訴他：「這是十年前的事了，那時你只兩歲，若麗還是匹小狗，你無意中打傷了它，從那時起，它老不信任你，獵狗都是這樣的」

他繞過穀倉和馬棚，向南穿過矮叢林。他邊走邊想，希望自己有一匹狗，像祖母胡脫的狗一樣。那是一匹混身長着白曲兒毛，會兒人玩笑的獅子狗。當祖母笑得混身抖動不能止笑時，那狗會跳在她的懷中，伸出舌頭舐她的臉，好像也隨着她大笑，搖動它那條多毛的尾巴。他很想自己有個什麼東西，能舐他的臉，能像老若麗跟他父親一樣地跟他跑。他走上細沙路，開始向東跑着。山谷雖只有兩哩路遠，但他覺得自己能一直地跑着，兩條腿不會像在玉蜀黍地裏鋤草時那樣酸痛。他跑了一陣，將步子慢下來，好藉此能在路上多跑些時候。他已跑過大松林，向前走着，兩旁的松柏，密密層層像道圍牆將路包圍着。每棵松柏都很細瘦，自嘉弟眼中看來，細得幾乎會自行燃燒起來似地。路向一座山頭蜿蜒而上。到了山頭，他停他下步子。四月的穹蒼，嵌在松柏林的上面，藍得像他身上一件用祖母胡脫的藍靛染過色的襯衫一樣的藍。一朵朵的碎雲，棉花球似地停在天空不動。他正瞧得出神的時候，太陽沒入雲層裏去了，雲變成灰白色。

他自忖道，「天黑以前，怕要下陣細雨。」

下山的路，誘使他開步跑着。來到銀谷路，路面細沙深厚，兩旁松脂花盛開。他慢下步子走着，好讓他將這些似熟悉而非熟悉的一樹一枝都瞧個明白。他走到一棵木蘭樹腳下，在這樹上他曾刻了個野猫的臉。有木蘭的地方，表明近處必有水源。他覺得奇怪，土地一樣，雨水一樣，但瘦骨燐燐的松柏却長在叢林裏，而每處的溪旁，湖畔，江邊，却長着木蘭。狗，牛，騾，馬，各處一樣，但樹木却各處有各處不同的種類。

他終於以爲是：「我想這是因爲樹木不能走動的緣故吧。」土地裏有什麼樣的滋養料，它們就吸收什麼樣的滋養料。

路的東岸傾斜下去，約二丈遠的地方有個泉源。岸旁長着許多木蘭，松脂樹，甜膠樹，和灰白色的槐樹。他踏着幽凉的樹蔭走到泉邊。一陣愉快，掠過他的心頭。這是個幽密可愛的所在。

從沙地裏，一股井水一樣清冽的泉水，汩汩地冒了出來。四周的泥岸像曲着碧綠的手心，承受着冒出來的泉水。水打沙地冒出來的地方，成了個漩渦，沙在漩渦中像煮沸的水在跳動着。岸的那邊是主泉所在的地方，水勢冒得更高，那水流過白色的石灰石，將石面沖洗出一條水漕，然後迅疾向山脚奔瀉，積成個小溪。溪水貫入喬治湖，湖是聖約翰江的旁支，那江向北流入大海。嘉弟很興奮，因爲他能瞧到海洋的起點。固然有旁的起點，不過這個起點是屬於他的。他希望除了自己和野獸足及了的飛禽外，沒有旁人來到這地。

他一路跑來，有點熱意，現在走進幽暗的山谷，頓覺陰涼。他捲起藍色短褲的邊緣，赤着一雙齷齪的脚，走入淺薄的泉水裏。脚趾浸入細沙，沙打脚趾間柔和地冒了出來。水冷得吃骨，但過了一會也就溫暖了。水潺潺響着，流過他的兩條瘦莖似的腿邊，起着漣漪，很是舒適。他在水裏走來走去，遇到滑潤的石子，就將大脚趾探到石子下面，摸索下面有什麼東西沒有。一羣小鰷魚在他脚前一晃，向下流迅疾泳走了。他在淺水中追逐，但一眨眼魚不見了。他蹲在一棵橫過水面的橡樹脚下，這兒水深，是個深潭。他蹲在那兒想等魚兒再出現，可是只有一隻青蛙打泥土裏蹦跚而出，驚驚惶惶瞪着雙大眼，瞧了他一下，連忙躍入樹脚下的水潭裏去了。

他瞧着青蛙的後影叫道，「我不是樹狸，不會捉你呀。」一陣微風，吹開覆在他頭頂上的樹枝，透進一線日光，射在他的頭和肩膀上。他覺得舒服，因爲頭上有陽光溫暖的照射，脚下有陰涼的泉水浸潤着。微風走了，陽光又被樹枝遮沒。他蹣跚地走到樹木稀疏的對岸。一根矮椰子樹枝拂了他一下，頓使他想起了口袋裏的小刀，使他想起遠在聖誕節的時候就想做一架小風車的事。

他一向沒有獨自做一架風車。祖母胡脫的兒子亞利，每當航海歸來，總要替他做一架風車。他卽刻動手做，皺起眉頭，追想車葉要有怎樣的角度才能轉動圓滑。他從樹上割下兩根枒枝，削成大小相同的兩根丫字形的叉兒。他記得亞利對於風車的橫檔特別注意，必須圓潤光滑。岸的半腰長着棵野櫻桃。他爬上那樹，割下一根像削過的鉛筆一樣圓滑的枝子。他又選中了一扇棕樹葉，割了兩條下來，每條長四吋寬一吋。他將每條葉的中間開了個洞眼，可以穿在櫻桃樹枝做的橫檔上。那葉必須與橫檔成個正角，像風車的葉子一樣。他小心翼翼將橫檔和葉子裝好，然後將兩根字形的樹叉照着橫檔的長短，一頭一根深深插入離泉源下面數碼遠的沙地裏。

水只數吋深，但流動甚急，水勢很强。風車的葉子必須剛拂着水面才好。他用心試了幾次，覺得滿意，才將橫檔放在叉兒上。橫檔呆着不轉動。他焦急地將橫檔重新裝置一下，使它和叉口適合。橫檔轉動了。水冲擊棕葉的尖端，將葉帶了起來，橫檔乘勢一轉，第二扇葉的尖端又拂着了水面。葉子上下繼續轉動。小風車成功了，它像林納鎭上那隻研米的大風車一樣有節奏地在轉動呵。

嘉弟深深吸了口氣，一歪身，躺在水旁的沙地上，瞧着轉動的風車出神。忽上忽下，一起一落，轉動的風車具有迷人的魔力。泉水永遠由沙地裏汩汩冒出來，薄薄的流水無底止地流動着。這泉是匯流於海洋的冰的策源地。除非葉落，或是松鼠踢落月桂樹的枝子，阻止車葉的旋轉，這風車會永遠轉個不休。當他老了，像他父親一樣的老，這風車未嘗不可像現在一樣的繼續旋轉下去咧。

有塊石子觸着他的肋骨生痛，他伸手將石子移開，將身朝沙地裏緊緊壓了壓，好讓肩膀和臀骨躺得舒服些。他伸出一條臂膀，將頭枕在上面。一道陽光，像條絨被溫暖地覆在他身上。他浸沈在沙地和陽光中，懶洋洋瞧着旋轉的風車。

風車的旋轉具有催眠的力量。他的眼皮跟着車葉跳動。葉子濺出銀色的水花，混合一片，像流星的尾巴。流水淙淙地響着，像頭小猫在那兒舐水。一隻雨蛙，咯咯叫了幾聲又停住了。在這一刹那間，他躺在軟綿綿的沙岸邊，好像已和雨蛙及風車濺出的水花的滴瀝聲，化合成了一片。藍色的天空覆在他上面，他不知不覺地睡着了。

當他一覺醒來時，以爲自已不是躺在流水之旁，而是在另一個世界裏，也許還在夢境中咧。太陽不見了，一切的陽光，陰影，青枝綠葉，打野櫻桃樹枝隙裏鑽進來的陽光，射在地面上所形成的金黃色的圖案，這一切的一切，全不見了。四周完全是一片灰白，他却躺在霧中。霧像瀑布濺出的雲煙，輕噓着他的皮膚，雖潮而不濕，溫而不暖。他翻了個身，仰面朝天躺着，瞧瞧天空，像隻鴿子的胸脯一樣，柔綿綿一片灰白。

他躺在那兒，像弱嫋的植物，吸收天空落下的雨滴，直到臉上和衣服快要濕透的時候才爬了起來。他突然停止不走。一隻鹿乘他睡熟時會到過泉水旁。鮮明的蹄跡，打東岸下來，到水邊而止。尖尖的蹄跡，是牝鹿的，深深印在沙地上，使他知道是個年齡不小的大鹿，也許牠還有身孕也說不定。牠來到水旁喝水，沒瞧到他在睡覺，後來嗅着了他，驚得連忙跑走，將沙地踢亂了一大塊。對岸的蹄跡，每個都有一條細細的長痕留在後面。也許牠一口水也沒喝就嗅着了他，於是掉轉身疾疾跑走了。他希望那鹿還會兒不致口渴，驚惶惶瞪着雙大眼睛躲在叢林裏。

他抬起頭，瞧瞧有沒有旁的蹤跡。松鼠會在岸邊跑上跑下，牠們老是這樣的大胆。一隻樹狸曾打那邊跑過，它的脚像尖指甲的手，但他拿不定它是什麼時候跑過去的，只有他的父親能知道任何野獸經過的確實時間。不過那牝鹿是一定來過，並且受驚跑走了。他轉過身瞧瞧風車，仍在那兒旋轉不休，像是一直就在那兒似的。棕樹葉的車葉雖有些不勝水力的樣兒，但它仍挑動流水，發出淙淙的響聲。風車經過細雨的洗禮，更顯得新鮮可愛。

嘉弟擡頭瞧瞧天空，一片灰白，說不出是什麼時候了，也不知道自己睡了多久。他跑上西岸，那兒草木低矮，一片空曠。他立着躊躇一會，不知還是再逗留片刻，還是立刻回去的好。這時雨像開始的時候一樣，又輕飄地停止了。一陣微風，打西南吹拂過來。日面出現了。雲像白色的巨浪湧起在一處，一條彩虹灣灣地橫掛在東方的天空，五色繽紛，喜得嘉弟幾乎狂呼起來。大地在沈在雨後的金色陽光中，草木經過雨水的洗刷，綠油油一片，份外顯得鮮明。

春之火像泉水一樣，不可抵抗地在他內心裏騰沸起來。他舉起雙手，像火鷄的翅膀，直舉過頭頂，兩脚開始旋轉，愈轉愈快，好像置身漩渦中，直轉得頭暈眼花，才閉上眼，倒在地上的紫蘇裏。他覺得地也在旋轉。睜開眼，瞧瞧四月蔚藍的天空，覺得天空和棉花似的雲朵也在旋轉。這時孩子，大地，草木，穹蒼，交織成爲一體了。旋轉停止，他的頭清醒了一點，於是立起身，雖仍有些頭重脚輕，但混身輕鬆得多，心中像有什麼東西發洩了似的，覺得陽春的天氣和平常一樣，可以忍受得住。

他掉轉身，向家中跑着。雨後的松柏，發出微香。他邊跑邊深深地吸收松柏的輕香。脚下的沙地比雨前堅實得多。歸程舒適安逸。當他瞧到自家園地四周的長葉松林時，日頭快要落山。松林映在西方夕照中，更顯得高大黝黑。他聽到鷄羣咯咯的噪鬧聲，知道它們已經哺飼。他走進園地瞧到那經過風霜而汎着灰暗色的籬笆，在新雨過後，比以前光彩。屋頂，樹枝和泥土做成的煙囱裏，正冒着一縷縷的黑煙。晚餐一定好了，烘爐裏也許正烘着滾熱的麵包咧。他希望父親還沒有自格雷汗鎮上回吃。他這時才覺得父親上鎮去之後，自己不應離開家園。要是母親需要木柴，家中一個人沒有，他定要生氣，就是父親知道，也要搖頭不以爲然道，「孩子——」。他聽到老凱徹的鳴聲，知道父親已先回來了。

園子裏充滿愉快的鬧聲。馬在園門旁嘶嘯，牛兒在欄裏嘪嘪地鳴叫，取奶的母牛聲聲應和着，鷄用脚爪抓地咯咯地叫着，狗知道晚飯和黃昏的來到，也吠個不住。飢後得食，滋味更佳，家畜更焦灼地等候它們的飲食。殘冬臘尾，草缺穀短，不能飽啖，但現在是陽春季節，草肥糧足，牧場上一片綠色，連鷄也可大吃一頓剛吐出地面的青芽。這天傍晚，狗找着了一羣小兎的巢穴，於是連主人桌上剩下的殘肴也只淡淡吃了幾口。嘉弟瞧到老若麗躺在牛車下面，白天的奔波，這時現着疲乏的樣兒。他推開園門，尋覓他的父親。

白辮尼正立在一堆木柴旁邊，身上穿的一套衣服，還是他結婚時穿的，現在只在上禮拜堂或是上鎮去做買賣時才穿一穿。衣服的袖口太短，這並不是他長長了的緣故，卻是因爲日子久了，經夏季潮濕的侵襲，熨斗屢次的壓熨，以致衣服的質料縮短。嘉弟瞧到他父親一雙大手，正拿柴堆上的木柴，知道他在替自己做事，雖然他身上穿的是他最好的一套衣服。嘉弟跑了過去。

「爸，讓我來拿。」

他希望藉此或者可彌補他的過失。他父親伸直腰，立了起來。

「孩子，你再不來，我也忍不住了。」

「我上山谷去了。」

辮尼道，「這樣好的天氣，上什麼地方去都好，你怎麼想跑到那麼遠的地方去呢？」

嘉弟一時倒想不起來爲什麼跑去玩，好像這是好久以前的事了。他回想到放下鋤頭的時候，才記起來了。

「我，我是想跟蜜蜂跑，想找蜜蜂樹。」

「找着了麼？」

嘉弟張目結舌，一時回答不出。

「我倒忘了，現在記起來了。」

他怪不好意思，偷偷瞟了他父親一眼。他父親淡藍色的眸子閃動了一下。

「嘉弟，說實話，不要撒謊。找蜜蜂樹，倒是游玩的好藉口罷？」

嘉弟笑道，「對了，沒想到蜜蜂樹之前我想去玩。」

「我也是這麼想來着。我趕車上格雷杆鎮的時候，心中這樣想，嘉弟那孩子，地裏的草一會兒的工夫就鋤完，這樣好的春天，我要是孩子的話，將怎麼辦呢？我於是想到，我一定去游玩什麼地方都好，只要是個地方就成。」

嘉弟心中充滿一陣溫暖，點點頭道，「我也是這麼想來着。」

「可是你媽，」辨尼將頭向屋子裏一歪，「却不喜歡人游玩。多數的女人一生都不明白，爲什麼男人們總喜歡游玩。我沒有讓她知道你不在這兒。她問我：嘉弟呢？我說：我想他總在這左近什麼地方吧。」

他說着將一隻眼睛眨了眨，嘉弟也向他眨了眨眼。

「男人們爲了免麻煩，應該團結一致。你現在快替媽拿柴去吧。」

嘉弟掮了大把柴，匆匆走進屋子。他媽正在灶旁燒飯。一陣肉香送了過來，他立刻覺得飢餓。

「媽，蕃薯餅是不是？」

是的。你們別走開遠了老不回，晚飯這就好了。」

嘉弟將木柴扔進柴桶，跑到院子。他父親正在擠牛奶。

「媽說晚飯好了，快去吃。我去餧老凱撒，好不好？」

「孩子，我給牠吃過了。」他說着從擠奶的三脚凳上立起來，繼續道，「奶拿進去，小心點，別像昨天潑了一地。吉格斯（牛的名稱），別忙——」

他撇下母牛，走進牛棚，棚裏繫着一條小牛。

「這兒來，吉格斯。嚕，啊——」

母牛灣下脖子，走近牛兒。

「慢慢的，別嚕着了，你和嘉弟一樣的貪吃。」

他拍拍牛和牛兒，然後跟嘉弟走進屋子。兩人走到洗臉架旁，輪流洗了臉，將掛在廚房門外的手巾拉下來擦乾臉和手。白媽已坐在餐桌上首，替他們分食物，放進各人面前的食盤裏。她身材很大，坐在長桌上首，遮沒了半個桌面。嘉弟和他父親坐在桌的兩旁。兩人都覺得，讓白媽坐主位，是很自然的坐法。

白媽問道，「今晚你們都餓了吧？」

嘉弟道，「餓極了，簡直可以吃一缸肉十斤餅。」

「你老是這樣，眼眶兒比肚子大。」

辨尼道，「要不是多懂點事，我也要這樣說。每次上格雷汙鎮去，總覺得肚子容易餓。」

白媽道，「在鎮上也許和人打架，所以胃口好。」

「今天來了次小打，對手是吉杜甫。」

「那麼說，你一定沒有受傷。」

嘉弟沒有聽到他們的談話，除了自己的食盤外，無心瞧旁的東西。他覺得一向沒有像今天這樣餓。冬季糧食旣缺，初春的食物還沒上市，人畜都感到食物的缺乏，但白媽這晚却弄了一頓豐富的夜飯，火腿青菜捲，蕃薯葱餅，昨天還在走動的黑鴨，今天也上了桌，還有酸橘餅干和白媽肘下的蕃薯餅。他想多吃幾塊餅干，又想再來葱油餅，但照經驗中得來的痛苦看來，知道多吃餅干和葱油餅，那麼决吃不下蕃薯餅。

「媽」，他問道「蕃薯餅可不可以這會兒就分給我吃？」

白媽正在吃着，聽了他的話，隨手切了一大塊蕃薯餅給他。他接過來，貪婪地吃着。

白媽道，「這餅花了我多少時候才做好，現在你一眨眼倒吃完了。」

嘉弟道，「我吃的雖快，可是我永遠忘不了它。」

晚飯吃好。嘉弟吃得飽飽的，連辨尼一向麻雀似的吃得少，這晚也吃了不少。他道，「肚子裏裝不下了。」

白媽噓了口氣道，「誰替我點隻蠟燭來，好皿着洗碗，也許有工夫我還可以坐下休息一會。」

嘉弟下桌去點亮了蠟燭。黃色的燭光閃動。他走到東窗，瞧窗外的天空，一輪明月正打東方昇起。

辨尼道，「月色很好，蠟燭顯得是多餘的了。」他說着走到窗口，和嘉弟一同賞月。

「孩子，你瞧着了月亮有什麼感想？記不記得我們會說過，四月月亮團圓時我們要做什麼嗎？」

「我不記得了。」

嘉弟對於季節的更換總漠不關心，只有像他父親那樣年紀的人，才將每月的朔望和歲月更迭牢記在心。

「嘉弟，你忘了我告訴你的話嗎？四月月亮團圓時，正是熊打冬季的巢穴裏出來的時候。」

「哦，你是說老蹺脚嗎？你說等它出來我們要捕捉它。」

「對了。」

「你說我們照着它的脚跡去尋它，也許還可以找着它的巢穴。」

「肥肥的，懶洋洋的，藏了一個冬天，它的肉準好吃。」

「它出洞不久，還沒十分清醒，捉來定不費力。」

「對了。」

「爸，我們什麼時候去捉它呢？」

把草鋤完就去，還要瞧着了熊的脚跡才成。」

「我們打哪條路先動手？」

「最好打山谷泉那兒走，可以瞧瞧它到過那兒喝水沒有。」

「今天有隻大鹿到過那兒，」嘉弟道，「我正睡着了。爸，我還做了個風車，轉得很好。」

白媽放下手中正在收拾的鍋，掉轉頭來道，「你這個游蕩神，我早就知道你會溜走，你簡直像雨後的泥路滑得可以。」

嘉弟哈哈大笑道，「媽，我騙了你了。媽，我只騙你這一次。」

「你騙我，好，我整天立在灶旁燒蕃薯餅……」

她其實並沒有怒意。

嘉弟撒嬌道，「媽，比如我是隻耗子，沒有吃的，只吃樹根和枯草。」

白媽道，「那麼我倒落個清靜，沒有人來麻煩我。」

她說時嘴角露着笑意，想忍住不笑，但已忍不住了。

「媽笑了！媽笑了！笑了當然沒有麻煩！」

嘉弟跑到他媽背後，順手一拉，將她的圍裙帶拉鬆了，圍裙立時卸到地上。她連忙轉過龐大的身軀，向他臉上摑了一掌，輕得像鵝毛一樣。嘉弟喜得直打磨磨旋，像下午在泉水旁的紫蘇上一樣，團團地旋轉着。

白媽道「要是把桌的盤子轉下地來，瞧誰麻煩誰吧。」

「我禁不住，我的頭暈了。」

白媽道，「你發昏了，簡直是發昏了。」

眞的，他被四月的天氣煩燥得發昏，他因春而昏迷了。像傳林在星期六夜喝得醉薰薰一樣，他被春天的太陽，空氣，和毛毛雨所陶醉了。還有他親手做的風車，鹿的出現，父親替他的遮蓋，母親替他做的蕃薯餅，與母親的打趣，這些都使他薰薰地陶醉了。淡淡的燭光，在安全舒適的屋子裏閃動，四周浸沉在銀似的月亮裏，他瞧着更增加他的醉意。他想起那頭缺了一隻脚趾的大黑熊老蹣脚，從冬天的洞穴裏出來，和他一樣，吸收春天的新鮮空氣，賞鑑銀似的月光。他帶着熱情上床，但輾轉不能入睡。白天的愉快，已在他內心留下深深的痕跡，以致在他一生之中，每當四月百物甦蘇的時候，這老的創痕重新跳動，在似覺非覺中對家鄉的生活鈎上心頭。一隻蚊母鳥，嘎地一聲在雪亮的月夜裏叫了一聲。他突地睡着了。

是非成敗一席譚

文載道

有朋自遠方來，承他的情，還在這寥闊的人海中想到了我，特地向親友處打聽了地址，蒞臨到寒齋。他帶來一些土產，和幾本「名貴」的書報，以及許多不容易讓我們平常聽到的消息。我「回敬」他的是幾支普通的捲煙，（雖則在他看來却是很上品了）一杯清淡的茶水。於是我們向來的海闊天空的長談開始了，等到分手，居然也留下這麼一大堆的「上下古今」。這里將它略略的剪裁一下，姑算充充我新近擬的「一席譚」的資料吧。

話是從這最不可解，最被認爲謎似的人類的生．死問題開始。起先還缺少「系統」；後來忽然聽到樓外報販狂喊的賣號外之聲，就叫傭人去買了一份，翻開一看，第一版上特號字印的一條標題，不由的使我們愕然呆住了：希特勒殉國！

於是談話也彷彿闢出豁然開朗的一境，將舌葉掃到橫過海面的那邊，不期然而然的齊聲嘆着：「固一世之雄也，而今安在哉！」

主：人類最難征服的，第一是他自己，其次是死。而亞道夫希特勒，就正是在這兩重的勁敵之前摔交下來！我們想起他早年的坎坷和挫折，想起他矢志「反共」，和政敵作殊死戰的斑斑戰蹟時，不禁又想起他在貢比臬森林中的躊躇滿志，在大軍直入巴黎時的驕矜激昂的神情來。……

客：提到這一點，我覺得他在凱旋柏林時受數十萬民衆夾道歡呼的情景，大概也足以氣吞全歐了吧？當他立在總理府大厦的陽臺前，屹然的傲睨着這雪浪似的羣衆，爭先恐後的要想一見元首的丰采，一面引吭高歌的唱着「我們進攻英倫之曲」的時節，以他的善於衝動的感情，不知道眞有怎樣的變幻起伏呢？據說，爲了羣衆太擁擠，而看到他丰采的人太少，無綫電揚聲筒爲此又答應了一次，好像劇場裏的歌舞者允許觀衆的要求一樣。

「大家注意，元首將再與諸君見一面，請大家稍待即散去。」

接着，他又偕着戈林出現了二三分鐘，方才揮走了這大批的民衆。以一個同樣是圓顱方趾的人類，而却受着多於萬千倍的人之渴望歡呼，人生到此，恐也不能更有什麼要求了吧？

主：你有沒有看到過畫報裏的這一張照片？我以爲這跟奧國陶爾斐斯被刺時，被記者於一剎那間攝進鏡頭的那一張，圖樣是世上最難得的照片之一了。

客：是不是希氏在聽到法國要求停戰時，不覺手舞足蹈的那一張？

主：不錯，正是那一張。你看他的往常陰沈緊蹙的面部，在這時却滿現着微笑了；而最妙的是他的左腿，活像戲臺上舞蹈時的姿態！可見不僅他心裏和感情，得到滿足解放，連他的肌肉，似乎也在鬆弛多了。

客：那末，這也可算作：自凡爾賽和約以來，日耳曼民族第一次「大解放」的象徵吧。

主：但可惜人類的慾望永遠沒有滿足。慕尼黑的「綏靖」，依然不能使他心氣平和一點，也許反而更助長了他的胆力，而法國對德的城下之盟，也無補於歐洲的和平；他擦擦掌心，轟隆的一聲，終至又跟他昨日之友翻臉，要搏一搏北極之大熊了！然而時間給他帶來了俄羅斯之冬，銳厲而凜冽的風雪終於冷進了納粹之魂。……

客：但在起先，誰不爲這匹大熊揑一把汗？你看自明斯克陷落以後，納粹的聲勢，幾乎也有席卷莫斯科的模樣，倘使換了荏弱一點的，也許希氏又可在克列姆宮中提着左腿起舞了。這樣，第二戰線之開闢，勢必又將增加許多的困難，歐洲的萬千人民，還要多受幾年炮火的痛苦了。

主：這也難說得很。德國自希氏執政後，雖其經軍整武不遺餘力，然在時間方面到底只是短短的幾年，而其資源和準備也到底有限。因此，他在外表上固然使大半部的歐洲版圖易幟，煊赫一時，但也正惟如此，他在這中間的消耗磨折却也「自己肚裏有數」，於是再碰到這匹强悍結實的大熊，益發疲於奔命了。這是說他卽使不是棋逢敵手向俄作戰，而歐局是否能由此戡定，還是一個大問題。

客：可是他放下英國，重新向東線樹敵，蹈前人的覆轍，總是一個大失算。

主：他難道連這一點都比不上你我？然而他對俄國，自有其不得不戰的苦衷，他明知是一着險棋，但時間逼着納粹要向東方去殺出血路。（而且這又何止德國如此）對英國，有其不能不慢一步的難題。你前面不是說，他們舉國上下高歌的「我們進攻英倫」之曲嗎？可見他們也如何在渴望有此一日呢？然而以德國海軍之力量看來，這盈盈一水，就不亞於插翅難飛的天塹了。我想，只要那時德國有日本的海軍的質量，那就要敢於一試了，記得蔣百里先生說過，從來的大陸作戰者，最後總敗北於這盈盈一水之前，而使大不列顚至今還維持其「日不沒」的豪概。

客：但無論如何，希氏總算是一世之雄了，日爾曼民族總算由希氏手裏，放過一次光采了。我們知人論世應該只問是非，不問成敗，尤其不應因他是失敗者，而特別吹毛求疵的將他弄得體無完膚。

主：我以爲這應從幾方面來說：德國過去所作的大手筆，到某種程度止，還可說是在「收復失地」題目以內，還能博得別人的諒解。超過了這限度的，那就非「弱大民族」的中國人所感興趣的了。而且就中國的所謂愛好和平的國情說來，對於法西斯蒂，尤其非所樂聞，因爲法西斯蒂之與戰爭，老實說，原是宿命地結了不解緣的。所以，就我們人民的立場言之，對於日爾曼民族的好感，還在其文化藝術及科學那一面，雖然中國人裏面崇拜希墨諸公作風的，可謂亦孔之多。

客：但心平氣和的說，凡爾賽條約對於德國人民的束縛，似乎自有其可以疵議之處。有人說，這次戰爭還是凡爾賽條約的產物，這話倒也值得體味。

主：那也不見得。事實上，第一次大戰發動第一聲炮者，還是奧國呀！如果是同盟軍方面勝利了，加諸於英德的，先生，怕也不比凡爾賽客氣多少吧？再說這一次的戰爭，德國要求「生存」，「自由」，也何止於非訴諸戰爭不可呢？因爲在事先，英法確也讓他幾步了……。

客：「善戰者服上刑」，中國的古話確有道理。試看窮兵黷武的結果，戰敗者的命運誠然悽慘之至，就在戰勝者方面，好處的只是少數的在上者，大多數的人民不但得不到好處，且其在炮火中所受之痛苦顛沛，還不是與戰敗者一樣。

主：但這不能用形式來做邏輯，而要看戰爭的本質。換言之，凡是眞正有關全民族生死存亡的「哀兵」之戰，不得已之戰，那就需要犧牲個人；反之，當然應該反戰，厭戰。說到這里我記起從前有一位W先生告訴我的個一故事——

上次的大戰，大家都知道是帝國主義的戰爭，也即是代表某些在上者的殘忍的搶奪而已。所以像這位W先生在歐洲所見的，在堂堂萬國瞻望所在的K京，還看得見一些憔悴沈鬱的老年乞丐，伸着手，向異國的遊子乞取幾枚錢以圖一飽。一問底細，才知道他們有些正是頭次大戰中的砲手。——然而炮火燬了他的一切，連肢能的健全也受到損害，於是由殘廢帶來的窮困，就使他們跌入落魄天涯的乞食生活中了……。

「有一次的晚上，」先生接下去，還舉出一個實例來。「我去參加一個演講會，因爲氣候已屆仲冬，風掃着人面頰，不禁使人微微起了一點寒噤，我抬頭看看斜掛在十八層樓的皓月，又鈎起我一縷鄉關之思來了，尤其對這急景凋年。當我正要走出一條冷僻的小巷時，忽然迎面來了一位老人，一枝拐杖夾在他的腋下，一望而知是一位跛者。他穿着墨色的破大衣，以卑謙的口吻向我求乞。我雖然給了他的錢，却也令我躑躅疑惑：這里不正是萬邦矚目的大京嗎？多的是孤老院慈善所一類機關，爲什麼任他們公然出現？於是我進一步的追問他的底細，以及行乞的經過，而所得到的回答，却使我默然愀然！他並不是自甘墮落的遊手者，却是當年如火如荼的替國家用命的戰士，而在凡爾登一役中，以他們這一隊的壯烈的犧牲，保障了英法軍的勝利；他雖然逃過了死神之掌握，但腿和手却殘廢至今了！」

客：照理說，國家對於戰後士兵的撫卹和褒揚，以及一切善後的處置？應該早有成竹了。何況，他們又是屬於「贏」的一羣。

主：然而你知道，當戰爭的血腥氣爲「外交」的香檳酒冲淡以後，當將軍長官們分到了他們的利潤以後，誰還有這閑暇去想到這一大羣的準炮灰？這里，你自然會想起我們的一句名詩……。

客：「一將功成萬骨枯」？

主：而這正是小民們在深感亂離顚沛苦痛之餘，所提出來的反戰的警句吧？所以，當我每次看見兩國的外交官，提着透明蕩漾的香檳杯互相祝賀的照片時，我要提醒他們：在這芬香甘冽的葡萄美酒夜光杯中，有多少無告無助之幽靈埋葬在這底下呢！

客：這又有什麼用處？試看古今中外的反戰厭戰之詩詞，著作，雖浩如煙海，但人與人之互相殘殺的大悲劇，還是層出不窮的連綿下去。而且以二十世紀科學之發達，於是一面成爲「矢人唯恐不傷人」，而一面却成爲「函人唯恐傷人」了！事實上，這般高高在上的野心家，還不是大賭客的化身，不過別人用金錢作資本，而他們却用人的生命來作籌碼，押注在最無把握的一張牌上！一翻手，活人變炮灰，而以炮灰來提高他們的資本：負的不必說，贏了，小兵變長官，流氓土匪化爲將軍元帥，因之，他們就唯恐天下不亂，像軍火商之於戰爭一樣。

主：不過你也不能過於强調人的力量。追本溯源，人類之所以有戰爭，還是由於人類社會的經濟機構之紊亂脆弱。譬如這次德國之有希特勒的崛起，復興德意志，以及他之對外用兵，遭受着挫敗，若論功論咎，他當然占着第一位，然而要是經濟制度沒有改變，則卽使沒有希特勒，「第二次世界大戰」，你能說可以避免嗎？這只要你看一看否斯脫·亨利著的「希特勒征服歐洲的計劃」一書，你就明瞭：所以構成「希特勒」，自有它的經濟背景，例如蒂森鋼鐵集團在希氏幕後的關係。不過也許在時間上顯出人的一點力量罷了。老實說，中國的經濟條件，如果發展到德國的那個階段，中國也一樣會向外找出路。

客：你又把問題扯得遠了。况且，我們對納粹的作風雖然不感到興趣，而對日爾曼民族的優越的一面，却也不能因他在今日地位的下降而一筆抹殺，而德國從頭次大戰以後，所以能於極迅速的時期內，一躍而與英法抗手，其優良的民族性，尤未嘗沒有幫助。這是說：成敗是成敗，是非是是非。

主：對的。但也只能承認一半。而這一半，還是繫於物質的條件。譬如說，中國人的勇於內戰，易於妥協，「犯上作亂」，似乎是被外人詬病的所在。然而我們來看優良的民族吧，何以頭一次大戰時，德國因不堪饑餓之壓迫而俯首於强敵之前呢？再說，這一次之有謀刺元首的大陰謀，雖然事情很快的敉平了，但總不能不認爲這是對外戰爭時一種不光榮的行動吧。反之，以愛自由平等之熱烈的美國人來說，如果不幸而戰敗，而使人民不堪飢寒迫虐之時，還不是一樣的要有種種不名譽的事情出來。……

客：我覺得你雖說得振振有詞，但有點「理論八股」的味道，——大約你太有點長自己人的志氣了。我看你還是少談理論，多看事實。

主：如此說來，你該是胡適博士的信徒了。其實，我倒是非常之看重事實的。再舉個例：日爾曼民族是自誇世上最優秀的民族之像中國那樣的民族，或者難免被輕視的。——自然，我也不否認，中國確乎有不爭氣的地方，倘是一個眞正的關心我們，期望我們的友邦，也難免有使牠嘆氣或不順眼的原由。這里的問題是：所謂民族的優秀與否我還是堅持我的說法，至少十之七八是決之於經濟的條件，正如一個人道德上的善惡邪正一樣，而並非架空的，自天而降的東西。你要事實看嗎？有，有，有：在公元一二三五年至一二四〇年時蒙古的拔都速不台等曾經攻克現在俄國中心莫斯科及其附近許多地方，迫近芬蘭灣，以及今希臘半島，又由波蘭而匈牙利而奧地利而威尼斯，直達地中海。這較之希特勒之氣吞全歐又如何呢？——自然，這不是我在拾過去「民族主義文學家」的牙慧，向歐洲人示歷史的威。而只說明，所謂民族性的優越，（這種武功上的顯赫尊榮總也可以算一筆代表吧）並非神祕的，絕對的，爲某種民族所獨占的。反過來一個民族在某種條件下之衰敗墮落，也並不能由此成宿命的，不變的。而這也正是我重是非而不重成敗的地方。總之，對於國家在某一時期的强或弱既無所用其驕傲自大，也無所要其「罪孽深重似」的哀毁逾恆。

客：但在今日的情形之下，是非又從何說起呢？譬如說，對於爲個人的功名利祿而爲虎作倀假刀殺人的，固然應該加以懲罰，但眞正能爲小至地方大至國家的元氣以入地獄的精神不計個人的毀譽在荆天棘地中盡其苦心孤詣的，又如何來分別？

主：如果世上眞有這樣的人，那當然值得我們的同情，甚至尊敬，「雖執鞭吾亦爲之。」然而天地雖大，這樣的傻子又那里去找？倒是有些人借着這些美名而實際幹着荼毒蒼生的勾當的却相反的多。……

客：又如甲說乙是如何如何的要不得，「爲世界和平之勁敵，」而等到乙勢力消滅以後，甲的所作所爲，是否都能一反乙的「要不得？」世界和平是否能從此得到徹底而永久的保障？譬如說，對於戰爭的始作俑者固然要加以戢制，誅伐，但對於那些無辜的平和的小民，是否能不加以奇刻酷虐的待遇而莫能「弔民伐罪」的從戰塵中將其解救出來？而此後是否眞能不再見刀光劍影於世界任何一角而一切較落後弱小的民族是否不再施以奴役，輕蔑和歧視呢？否則，這里的問題，依然是成敗而非是非，逃不出竊國竊鈎之譏！……

談到這里，主客二人看見天色已現曙光，而在蒼茫的悽清的朝氣之中，他們各以茫然的眼色迎視着窗外，一面聽到枝頭的小鳥啼奏的「黎明之曲。」

三十四年五月三日

北京師大與廠甸豆汁

張人路

自幼就好吃零食，此習至今未改。從小在那個學校讀書，最熟的就是附近賣物的小販，或小飯館。有許多小販是專在學校附近賣學生錢的，他們的東西價錢特別貴，可是也有好處，就是可以欠賬。往往到放假時，欠債過多，債權人在校門口等着，因而不敢拉行李回家。記得在保定上學的時候，校規是嚴的，平日絕對不許出校門，而學校也是在市外，雖然環境這樣不利於吃零食，可是大家會爬牆頭，上樹，向牆外的小販買零食，學校地方很大，可是無論你在那個角落喊一聲，外面準有小販答聲，問「先生您吃什麼？」你在牆內說明要買多少錢什麼東西，他就會用一個包袱包好，扔到牆裏來，裏邊再用那包袱皮把錢包好扔出去，於是和要好的同學到宿舍啦，校園啦，大嚼一頓，我們就是這樣的走私來解饞。

北京是用不着如此的，學生可以隨時到校外去吃。尤其是大學，更是隨便，有時還和教授一塊兒去晚酒小飯，喝上幾杯辛辣的白乾，或是在課後去吃吃日本料理……。

我們的師大是鄰近琉璃廠的，其實也就是昔日所謂宣宣南掌故正是北京的文化區，書鋪啦！文人啦！都特別多，唸書，買書，都是特別方便的，買書，唸書之外，吃吃「穆柯寨」，王致和臭豆腐，夏天到信遠齋喝碗酸梅湯，風致都是絕佳。

舊正廠甸很熱鬧，海王村公園附近有畫棚、書攤、古玩攤，足夠逛一陣子，吃的玩的有風車，大糖葫蘆，哈記風箏，小吃如愛窩窩，豌豆黃……也都是異常可口，尤其廠甸豆汁張、北京佬差不多很少沒有領略過的，大家爭傳廠甸豆汁張。說穿豆汁，未免令那些吃慣燕窩銀耳的闊老嘔心，因爲它是漏粉剩下來的東西，鄉下人都是用來喂豬，可是在北京却被各階層的人歡迎着，街上推車的、擔担的，吆喝着豆汁，酸酸的味道，佐以辣鹹菜，的確也別有風味，可是怎麼就能這樣受人歡迎呢？這原因之一，是經濟，貧苦同胞喝着不爲難，在從前的年頭，每碗不過一個大銅板，鹵菜還不另外花費；這樣的平民化自然不能不普遍嘍！此外，有人恭維豆汁含有大量維他命，這姑且不談，總之，牠是特別清淡，可以助消化的，有錢階級脂肪吃得太多了，喝點「淡於水」的豆汁幫助消化到是實情，這是豆汁所以特別普遍的原因吧？可是如果在旁的都市裏，恐也未必，只有這古老的北京，吃零食是太發達了！新鮮玩意兒自然多起來。

喝廠甸豆汁，我們師大可得算是近水樓臺，從萬字樓宿舍去喝豆汁，怕較比到飯所去吃飯路還要近，不知什麼時候，我也喝上癮來。下課十分鐘也去喝，吃完午飯，衣袋裏裝幾個饅頭也去喝——爲的是吃鹹菜。幾個人吃喝已畢，在前一二年所費不過三兩角小洋，於我們窮學生的確合適。然而實際說來，與其說愛喝豆汁，無寧說喜歡豆汁攤的和樂氣象。

張記豆汁攤，父子兩個人經營着，一年三百六十日——除去星期日照例休業外——是經常擺在海王村附近的，父子二人都是十足的京派，老豆汁張永遠做道家打扮，到了冬賑時，總要捐幾個錢給慈善團體，然而他們却不比那些進步的商人，藉此來宣傳，他們不過是同情貧苦同胞罷了。北京有許多古老的商店，着實可喜，他們不想賺意外的財，只求貨眞價實，覺得才對得住自已的良心，才不辜負主顧的好意，所以有時他們甯可賠錢，也不賣假貨，並且也絕不爲多賣向你兜售，甚至於勸顧客不可多食。廠甸豆汁張也是此輩中人，頗有古君子風，叫化子，與摩登女郎，是同樣招待法，絕沒一絲一毫嫌貧愛富的意思，老豆汁張見了多年的老主顧，還總要促膝談談，敬杯苦茶。師大以至於附中、附小，都與他是特別有緣，附小的小學生，也許哥哥，姐姐，甚至父親，都是豆汁張的老主顧，於是眞的成了世交，小學生喝豆汁還總要和老豆汁張開個玩笑，有時喝完豆汁，不給錢，臨走還要喊聲「老猴兒崽子！」老豆汁張一向也不計較。

北京的賣另食的小販！大多是如此的，誠樸，厚道，就像是多年的老酒，味道來得特別醇，那股說不出來的勁兒，着實可愛。紅樓夢裏劉姥姥說：「別的罷了，我只愛你們家這行事，怪道說「禮出大家。」北京，正是這樣的老大家。梅博士的琴師徐蘭沅也說得好：「海派永遠不如京派，就因爲京派有那點兒老規矩兒。」的確，北京是可喜的好地方，好就好在這多年來遺留下來的老規矩兒！

豆汁喝長了，不知什麼時候，我就起了一個遐想，而自已却覺得像是哥侖布發現了新大陸。我覺得豆汁最是以象徵文人，彷彿是文人的縮影，假如需要綽號的時候，藝術家最好叫做「臭豆腐」，文人不妨就叫做「豆汁」，文壇諸公莫怪，這話並沒有褻瀆諸公，事實如此嘍！我們不妨來比較一下：豆汁的灰白顏色，難道不像是文人營養不良，睡眠不足的慘淡面容？酸溜溜的味道，難道不像被譽爲窮酸的文人？尤其豆汁的廢物利用豈不更像是被看成「雞肋」的文人？一年一度的舊正廠甸又到了，坐在豆汁攤的長凳上，耳聽着刮啦刮啦的風車，看着孩子們嘻着的笑臉，春風吹來身上，我又止不住遐想了。

罪不容恕

（續第二期）

周子輝

第二幕

時——距第一幕發生後之翌日午後。

地——傅宅

人——傅維嘉（惠興父）傅太太（惠興母）翁財寶　趙探長（作義）　李霞芳　呂天霸　劉山

景——是間收拾得並不潔淨的二樓前房，房內沒有床榻之類，因為這是被派作了坐憩跟會客的緣故。正中有一張沖紅木的桌子，和几椅之類，都位置得很適宜，左側有一門，從那兒可以通到隔壁的樓裏去。房間的正中後壁，有一門，可以上通三樓的樓梯。靠左壁有一門，從這兒出去，可以下通底間。假使這門敞開的話，那觀衆是不難瞧得見通到下邊去的梯級。

房內的陳設很簡單，而且有些猥瑣，正好顯示出一個漸趨沒落的中等家庭的氣氛。從壁上懸掛着的褪了色澤的字畫對聯上作觀察，那可以推知這兒的主人是相當地愛好文墨之輩。而且從正中板壁上所懸的那幅「朱柏廬先生治家格言」的屏條上來窺測，那就更不難探悉這兒的主人，是個履止端方的人。

現在，正是初秋開始，秋雨連綿的時序，秋的涼氣時時在擴散着，右壁上部的兩扇短窗，開得很平直，不時有涼颼颼的風飄進來，致於使得那擱在左壁裏的一盆「老少年」，微微地抖動着。

幕啓的時候，傅維嘉這個快度盡中年時代的主人翁，正在房間內氣呵呵地踱着步子，而他的老妻却雙目炯炯地注視着丈夫的顏色，她的臉部顯示了不愉快的情緒，因為她在對於丈夫的談吐發生强烈的反感。

傅維嘉（以後簡稱維）太太！我問你，惠興有多少天沒有回家？

傅太太（以後簡稱太）最多也不過十多天。

維　我眞不明白，他在外邊幹些什麼事情？

太　他會幹什麼歹事！還不是為了生活這樣高，想法賺幾個錢？

維　虧你會迴護他，說得這末好聽！

太　他幹了什麼壞事，你老是不滿意他？我倒要問你。

維　我就不信他在外邊鬼混些什麼正經。

太　他明明在正正式式的當跑街。

維　跑街！（氣憤地）

太　他不是當着大亞煤球廠的跑街？

維　祗有你，才會相信他！

太　維嘉！你是他的爸爸，却左不信右不信的不肯相信你的兒子，難道他會在外邊爲非作歹不成？

維　嗯！

太　你竟會那末想？

維　一點也不差。

太　維嘉！我不明白你，年紀還不滿五十歲，腦筋却會這末糊塗？

維　我的太太！你才是糊塗，沒有老，就糊塗得可以。

太　（憤然站起）我糊塗？

維　女太太們有幾個是頭腦清楚的？

太　我瞧你唷，你才眞糊塗，你說惠與在外邊不守本分，你有什麼證據？

維　老實告訴你，近來我瞧他交的那些不三不四的朋友，我就疑心他，我就不敢相信他在外邊循規蹈矩的做什麼生意買賣。

太　那幾個是不三不四的？你說。

維　曾經來過的什麼呂天霸，就不是個好東西，滿臉孔浮滑凶惡，一對老鷹眼，一根歪鼻樑，就可以斷定他不是善良之輩。

太　照你這末說，臉生得壞，就戴了個壞人的照牌。

維　當然這不能一概而論，可是你別忙，我還有更重要的證據。

太　你說，維嘉，你的證據倒多得很。

維　我瞧惠與近來的形色很不正路，到家來吧，從沒有好好兒停過一回，你想：一個正正經經的生意人，他幹嗎整天整晚的盪在外邊？

太　那是生意太忙呀！

維　忙，嘿！忙的不是生意！（恨恨地，背轉身去）

太　不是生意是什麼？

維　老實告訴你，我正在探察他的行爲，有許多的疑點，我在搜集起來。

太　我也老實告訴你，維嘉！惠與的確是在做着生意，而且我有千眞萬確的眞憑實據。

維　（驚疑地）眞憑實據，你有？

太　自然！大概是早十天吧，惠與給過我一千塊錢。

維　（訝駭，又鎭定地）一千塊？他那兒來一千塊？

太　他在做跑街，賺萬把塊，幾千塊，有什麼希奇？

維　他既然賺了這末多的錢，他又不是不知道家裏近來的困難，借着一毛五、兩毛錢的債，過那種從來沒有過的苦日子，他應該竭力幫他的父親來支持這份家，現在他瞞着我，偷偷地給你錢，可見這種錢一定是來路不清！

太　你瞧，你多末的自私！

維　自私？

太　兒子沒有錢給你，就說他來路不清。

維　太太，你不告訴我這個，也許我的疑點還缺少有力的證據，可是現在？……

太　怎麼樣？

維　却給我發見了更可疑的證據。

太　（氣憤）那你是說，惠與不應該有本領去賺錢？

維　憑着正當的本領去賺錢，那我自然是謝天謝地的高興，要是他憑着不正當的行徑暗底裏用可怕的手段去弄到錢，那怕是幾十萬幾百萬幾千萬，（一字一頓地有力）我非但不希罕他，反而會加倍的憤怒，加倍的憎恨！

太　說來說去，你總是在懷疑你的兒子？

維　我不能夠讓淸淸白白的傅家門裏出敗壞門風的小輩，來壞了我們的家聲。

太　依你說，倒像是惠興眞的在外邊幹着什麼大逆不道的事情。（忽有所悟地）維嘉！我明白啦！

維　明白？（靠近太太跟前）

太　你在跟我發醋勁。

維　（氣惱地）這什麼話？

太　因爲惠興沒有錢給你，所以你會想入非非的猜到那條路上去。

維　呸！我早聲明過，如果兒子的錢的來路是不淸不白的，我決不要他一個子兒，而且我決不能夠讓他壞了傅家的名聲！

太　還有嗎？

維　我決不能夠讓這樣的兒子逍遙法外，活在這個社會上。

太　這樣說，你預備就糊糊塗塗的叫惠興去吃官司？

維　在沒有充分的證據證明之前，當然我不會那末胡塗。

太　得啦！（撥開話題，轉眼望望壁上的鐘）時候已經兩點多，你上寫字間去吧！

維　不忙，這幾天公司裏沒有什麼事，遲點兒去也不妨。

（傅惠英上，天眞得極的姿態）

傅惠英（以後簡稱英）爸爸！姓翁的那個山東佬又來了；還同着一個人。

維　（疑慮）同來的那一個，他來過這里嗎？

英　（搖頭）沒有。

維　你請他們上樓嗎？

英　沒有！我單說我到樓上去瞧爸爸可在家？

維　這爲什麼？

英　因爲姓翁的臉色很難看，我想他一定請了個不三不四的朋友來逼爸爸的債！

太　惠英！乖孩子，你很聰明，你去跟那個山東佬說，爸爸不在家，早出門去了。

維（阻止）不，惠英，你請他們上來。

太　維嘉！你讓他們神氣十足的來逼債？瞧他那隻滿生着橫肉的臉孔？

維　太太！天下沒有不還的債，來就讓他來，約個日子再作計較，總不見得還不出債，一下子就去坐監牢？再說，他又沒有起過訴，我又沒有接到什麼傳票，怕什麼？（向惠英）去！惠英！

英　請他們上樓來？爸爸！

維　是的！

太　不可不要瞧那個山東佬的好臉孔。

（傅太太站起身，走進左壁的廂樓裏去。）

（傅惠英下，稍停，翁財寶與趙作義上。）

維　（迎前一步）翁老板，這位是？（向趙迷惑地注視）

翁　倨傲不理，（向趙）趙探長！（維嘉一聽，臉色霎時蒼白色）他就是傅惠興的父親！只要帶他去，就不怕沒有下落！

維　（微顫）翁老板，這是什麼意思？我一點兒也不明白。

翁　哼！放着兒子在外邊無法無天，虧你還裝作胡塗！

（趙探長從一進樓房以後，他注視這房間內的一切，當翁財寶在說話的時候，他就深切地諦視着傅維嘉的面部，像一個審判者在諦視被鞫詢的罪犯者一般地密集着視線，當他迅速地深思迴想之下，忽地趨前一步，逼近傅維嘉的面前。）

（翁財寶傾注了全部的注意力，望着趙探長面部的表情。）

趙探長（以下簡稱趙）傅先生，你便是傅惠興的令尊大人？

維　是——的。探長，我不知道惠興犯的什麼罪？果眞他是犯了罪吧，我可一點兒不知道，我活了近五十歲的年紀，我就只懂得知書守法的老古訓。我生平最恨的，就是那種不守本分的混蛋。要是我的兒子眞正犯了什麼罪，我做父親的也不肯讓他壞了家聲，逍遙在這個世界上。

翁　傅老先生，你說得對，你的寶貝的兒子，正是犯了無法無天的罪！

維　啊！（失神地）翁老板，你不是跟我開玩笑？

翁　玩笑？誰有這許多閒功夫跟你開玩笑！

趙　傅先生，我們且別談這個，我想請問你先生的府上那兒？

維　（猶豫地）兄弟的原籍是零陵。

趙　陵零？

維　唔。

趙　那傅先生的學名是？……

維　（懷疑地）友孝。

趙　友孝？（走上一步，握住了維嘉的手，維嘉更顯得惶惑了）傅先生還記得三十多年之前，在零陵的祥鎮上，有一所趙家的私塾？

維　記得！（點頭）

趙　這私塾裏不是有一個時常拖着辮子的趙家麟？

維　（閉目苦思）趙……家……麟……（突向趙探長仔細注視）探長，你……

趙　（點頭，微笑）唔！

維　你就是當年跟我坐着一張桌子的趙家麟？

趙　一點也不錯！

維　虧你那末好記性，好眼力，還認得出三十多年前的老同學，坐，坐，請坐！（高聲）惠英！惠英！拿茶來！

（惠英應聲——是。）

趙　別忙，別忙！（坐到一張椅子上）

（惠英送茶上，驚奇地注視着來客的顏色，隨即轉入左壁廂樓裏）

維　家麟兄，不，探長！我們分別了那末多的年頭，想不到今天會碰面；想不到這兒的趙探長，會是我三十多年前的老同學。

翁　（不耐煩）探長！我們到這兒來爲的是緊要的公事！

趙　（高聲）我知道，別多開口！

（翁財無可奈何地退到右壁窗檻邊，注聽着他們的談話。）

維　探長！既然是你老兄當了探長，而且又來探查我兒子的案件，那好極了，我想我們且慢談這三十多年來的別後的情形，先談眼前的事情要緊！

趙　不錯，友孝兄，我也在這末想。

維　我想請問探長兄，惠興到底犯的什

麼罪？這不肖的敗家子，他近來儘是交着那些不三不四，不倫不類的朋友，我早就對他發生了懷疑，可是想不到他早在外邊犯了案子，而且這案子會跟翁老板有關係！

翁　（向維嘉）不跟咱有關係，咱去報告警察局幹嗎？咱又陪着趙探長到這兒來幹嗎？

維　（顫抖地）探長！我想我的那個不肖的兒子，一定犯了難逃法網的罪！

趙　（點頭）是的！

維　是詐欺？

趙　（搖頭）不！

維　（更發抖地）是行刼？

趙　不！

維　難道比這兩件更大的罪？

趙　是的！

維　探長……你……你……你告訴……我。

趙　友孝兄，你別駭怕，事實已經如此，我不能不直截爽快告訴你，令郎在綁人家的票，而且不止一回了！

維　（幾乎不成聲）綁……票……？

趙　是的！

維　這……這……這還了得……還了得！這混蛋！這逆種！……

趙　友孝兄，令郎的胆也眞不小，神通也眞大，昨天我要是先得到翁老板的報告到建興街十三號裏去，那他早已逃不過我的手掌，可是竟爲了一時的粗心，我受了他的騙。

維　啞！

趙　可是我想他總有一天逃不過法律的制裁。

維　唉！我那兒想得到……他……他竟會幹那種無法無天的勾當？

趙　友孝兄，你別着急，你的令郎雖然犯了罪，可是法律上決沒有要罪犯者的父親去代受法律的審判的條文，我今天來的意思，第一來探察他在不在家？第二，就是要你告訴我他的最近的行蹤，雖然這個請求對於一個犯罪的人的父親是不大可能的，可是我想你老兄爲了整個社會的安寧，也許不至於會拒絕我的要求。

維　憑着我的良心說，我的確不知道他的行蹤，我正在想探聽他近來的去落。

趙　（莞爾地）友孝兄眞的不知道？

維　單單爲了傳家的家聲，我也不能夠給人家說傳維嘉是個庇護罪犯兒子的老混蛋。

趙　我相信你，我相信我的老同學的話。

維　唉！（難過地）誰想得到這孩子竟會墮落到這種地步？這一定是環境引誘他！那種不倫不類，爲然作歹的朋友引誘他，使他甘心性願的，把潔白的靈魂？向萬惡的陷坑墮落下去！

趙　唔，我也覺得一個墮落的人，犯罪的人，決不會當他開頭走進社會裏去，就生出爲非作壞的念頭，這一定是他走錯了路，才掉到那個黑暗的地獄裏！

維　探長！（目視翁財寶，疑慮地）我有些兒不明白……

趙　那一點？

維　惠興犯了綁架罪，跟翁老板又有什麼關係？

趙　因爲……

翁　咱就是被他綁過的人。

維　(無限驚奇)你?

翁　不錯!化了五萬塊的錢,咱才贖用這條老命。可是傅先生,你挺知道咱的錢,那一個不是從汗血上來的?咱能够平白地讓一疊疊花花綠綠的鈔票,塞進別人的口袋裏就忍住口烏氣,當他沒有這回事兒了

趙　友孝兄,這位翁老板,大概跟你很熟悉吧?

維　唔!

趙　據他報告說,他不常到府上走動的。

維　是的,他是我的債主。

趙　你欠他債?

維　不差。

趙　多少?

維　四千多。

趙　(獰笑,向翁)你放過這末大的債?

翁　憑着汗血的錢,放那一些債,趙探長,年頭兒這末難,生意不會做,放些欠債,收點利,也不過混過一家子的口糧罷了,可是現在我借給他們四千塊,却給他的寶貝兒子敲了五萬塊去,這樣的混蛋不辦他,這世界還成個什麼世界?趙探長,你究竟預備怎麼辦?

趙　我自然有我的主張。

翁　方才你不是答應我把傅維嘉帶到局子裏去?

趙　財寶,你不必嚕囌!

翁　是!

趙　友孝兄,我們既然是老同鄉,又是老同學,自然我决不爲難你。

維　謝謝你的好意!

趙　不過我請求你答應我一件事。

維　你吩咐吧!探長!

趙　我先得告訴你,惠興雖然犯了重大的罪,可是我已經仔仔細細地調查過,他還沒有犯過可怕的血案,假使他能够去自首的話,那末,我想法院裏一定會寬恕他,不至於用可怕的刑罰來斷决他。只要他能够悔罪,能够改過自新,那他還年青,他將來還有光明的前途!

維　我明白你的善意。

趙　所以我希望你能够用父子的情分來感化他,叫他自首。

維　家麟兄,你的希望,正跟我的一樣,可是我恐怕找不到他的行蹤。

趙　我想他儘管有他們的同黨,可是總不至於會那末快,已經得到了我到府上來的消息,只要是他平常愛去的地方,你總可以打聽得他的線索。

維　但願如此,探長!

趙　那末,再見!友孝兄。

維　不!我們分別了卅多年,好容易今天會面,我們應該多談一回。

趙　可是,這樣反而對於我的工作,會發生許多不利;友孝兄,日子多的在後頭,我們以後會面的機會正多,現在,爲了執行我的工作,我不能不走!

維　(沉靜地點頭)唔!

趙　再見!

維　再見!

翁　傅先生,(昂然地)咱們再見!

(趙翁二人,推開通樓梯的門,下)

維　（維嘉目送趙翁去後，惱怒而又恐怖地後退着）
（抖瑟地）這混蛋，這不肖的逆種，他……他……竟會幹出那種喪天害理的不法的行爲！（傅太太與惠英，突自廂樓間出。）

太　維嘉！（聲微顫）方才來的是誰？

維　你沒有聽見？

太　全聽清楚。

維　你好！

太　是沒有出來拜見那個什麼探長先生吧？

維　廢話！你說惠興在做生意，在大亞煤球廠做跑街？

太　可是我想不相信惠興眞的幹那種可怕的事情，他的胆子，我一向知道不怎麼大的。

維　還說不相信？

太　也許那個山東老侉子故意咬他一口。

維　他憑什麼要咬他做綁匪？

太　我們付不出他的重利錢呀！

維　呸！他放債單止我們一家？他不咬別人偏咬我們？

太　就因爲我們有四個多月沒有付過他利錢。

維　你瞧，你胡塗到這樣，兒子幹了潑天大禍，你還是想盡方法庇護他，眞是沒有見過一點點世面的太太！

太　我沒有見過世面！自然我是婦道人家，懂不得世面的高低，我問你，維嘉！你眞的預備叫惠興給警察局裏捉進去坐監牢吃官司？

維　（頭微點）嗯。

太　（眼珠急的彈呀彈的）眞的？

維　我不能給人家說，傅維嘉沒有家教，不能給人家把傅家的名聲，看得一文錢都不値。

太　維嘉，你想一想……

維　想什麼？

太　你是近五十歲的人啦！你留得幾點親骨血？惠英吧，到底是女孩子家，再過幾年，還不是別人家的人？你要惠興去吃官司，坐監牢，砍頭，槍斃，那……那傅家不是成了絕子絕孫？

維　這……（呆瞧着太太）

太　維嘉！你怎麼可以這樣的胡塗？

維　這……（苦痛地）

太　你怎麼可以隨隨便便叫兒子去吃官司？

維　（感情與理知在內心交戰着）這……（頭俯了下去）

太　維嘉！惠興是你的親骨血親兒子，我們傅家就全靠他一個人傳宗接代，天下總沒有一個嫡親的爸爸，忍心下毒手把他的兒子砍了！

維　照你的說法是……？

太　想法叫他趕快離開這個地方，並且要他起個誓，以後永遠離開那些壞朋友，做一個循規滔矩的人。

維　（苦思）這……

太　維嘉！你一定這麼辦！

維　（搖頭）不！（堅決地）我不能！

太　（幾乎跳起來）不能，你不能？

維　（逼上前去）
我不能讓一個犯法的人，破壞了社會的安甯，却逍遙法外的溜之大吉。他雖然是我的兒子，可是現在他是公衆的仇人，是法律所不能容許的罪犯！

太　你一定要毀滅他？

維　你差了！

太　我差？

維　太太！你應該理智一點，我不是要他去死，爲了他年青，爲了他將來還有光明的前途，所以我要他去自首，去悔過。

太　好吧！你一定要千方百計的去害他，那我這條老命也不要了。

維　太太！你怎麽胡塗得這種地步？

英　媽！媽！哥哥到底犯了什麽案子？

維　他在做綁匪，你別再認他的哥哥！

英　綁匪？（思索）就是强盜？

維　比强盜更凶惡。

英　不！我不相信，惠與哥哥是很好的，他怎麽會做比强盜更利害的綁匪？

維　孩子，你不懂得。

（通樓梯的門上敲擊聲）

維　（側耳請聽）誰？

聲　我！

維　請進來！

（李霞芳上）

霞　（躬身行禮）伯父！伯母！

太　李小姐！

維　李小姐！想不到是你，請坐，請坐！

霞　（注視維嘉與太太）伯父跟伯母好像生過氣？

維　（勉强笑）不，沒有！

霞　（坐到一張椅子上，隨又走到維嘉面前憂鬱地）伯父，惠與這幾天不會回過家？

太　也不過近十天。

維　李小姐，你別提他吧！

霞　不，伯父！你老人家是知道我跟惠與的情誼的，唔，恕我說句直爽的話，我不能眼看我的頂愛的朋友墮落下去！

維　（驚奇地）李小姐！你也知道他掉進墮落的陷坑嗎？

霞　難道伯父也已經知道了？

維　（慘苦地）是的！唉！（嘆了口氣）李小姐，你說，你怎麽知道的？

霞　我會經到過他們的秘密地方。

維　（着急地）那兒？在那兒？

霞　建興街十三號，可是我相信，當我一離開之後，他們一定不會再登在那個地方了！

維　這……

霞　當然他們要防備別人也許也會打聽到那個地方了！

維　不差，李小姐，你料得一些兒也不差！他，他看見你的時候，他怎麽樣？

霞　我不怕他們的同黨會恨我，我憑着熱烈的愛他的心，苦苦地勸他立刻丟掉這種罪惡的行爲！

維　他接受你，還是拒絕你？

霞　我知道他的良心一定接受了我的勸告！

維　換句話說他在行動上是拒絕了你？

霞　我知道他的環境太惡劣了，他不容易跳出那個汚穢陷坑（傷感地）唉！眞想不到惠與會一下子墮落到這個地步！

維　李小姐！我知道你跟惠與的關係，你很愛她！

霞　（微羞）是的。

維　到現在，你還是愛着他？

霞　是——的！

維　你眞是位善良的小姐，我憑着良心不能不向你下一個忠告。

霞 伯父，你說吧！

維 你不可再保持那份對他的純潔的愛情。

霞 我知伯父的意思。

維 那你應該接受我的勸告。

霞 可是……

維 李小姐，你……

霞 雖然地幹了對不起社會，對不起大衆的罪過示是我找不出他對於我有一絲一毫罪惡的行爲！

維 所以你還捨不的丟棄他？

霞 我了解他的良心上决不會充滿了罪惡。

維 李小姐，你太多情了，我是多末的惋惜，你差愛了人。

霞 （搖頭，低聲）不！

維 你還堅持你的主張？唉！我的天，世界上有這末樣一個多情而且溫厚的姑娘，專誠一意的愛着她的朋友，而她的朋友是竟會不上進，甘心墮落到地獄裏去！啊！我愈加覺的惠興不是個人，是個禽獸，是個沒有良心的禽獸，我怎麼能够認他是我的兒子？

霞 可是我總希望……

維 希望他……

霞 能够悔過，能够自新，能够至新做一個人。

維 你眞的那末想？

霞 是的，我决不欺騙你老伯！

維 （沉思一回）那你無論如何可不肯對他發生絕望？

霞 是的！

維 你是專心一意的愛着他？

霞 是的！

維 永遠地愛着他？

霞 不錯。

維 那很好！

霞 這是什麼意思？

維 我的李小姐，那你就應該想法去找到他自首。

霞 自首？

維 接受法律的裁判。

霞 讓他去坐監牢？

維 是的。

霞 （倒退一步）啊！

維 這樣他可以懺悔他的罪過，他可以走上自新的路，可以得到光明的前途。

霞 這……

維 李小姐，你說你是眞愛着惠興的？

霞 （點頭，注視維嘉的面部）

維 那你……

霞 我？

維 就應該找他去，想法騙他回到家裏來。

霞 （顫抖地）這……

太 李小姐，他在發瘋，他在想親手毀滅他自已的兒子，你不能答應。

維 太太我請求你別多說話，我决不是要毀滅他，我希望他能够從新做一個人。

太 讓兒子跑到暗無天日的監牢裏去，還說不是毀滅他？

維 我請求你別再開口，（向霞芳）李小姐，你答應我。

霞 不，不！

維 那你並不是眞正愛着他。

霞 （痛苦地）伯父！

維 你應該考慮一下我說的話。

霞 我了解伯父的苦衷。

維 那你答應我了？你全部了解了我的

苦衷？

霞　(毅然，點頭)唔！

維　李小姐，我……(握住的她的手)我不知道應該用什麼樣的話來向你表示感謝？

太　李小姐，怎麼你那樣的胡塗？

霞　(避開傅太太的視線)不。

太　不，那不行。

霞　伯母，爲了惠興的前途。……

太　你們簡直在設計謀害他，你們要他悔過，自新，你們難道不好叫他離開這個地方？

維　法律可不容許他逃避。

太　我可要聽這種話。

維　(向霞芳)李小姐，就知道他時常上你那兒去，這件事就全權拜托你，要是能够騙他回來，那不單我向你表示無限的感謝，就是傅家的祖先，也會默默的感謝你，你去吧！

霞　是伯父！(艱難移步)再見！

維　再見！

霞　(向傅太太)伯母，再見！

太　(奔上前)好小姐！你不能够毀滅他，你，我的好小姐，你不能够！不能够！

霞　(點頭)是！

太　你答應我？

霞　(艱難地)唔！

維　(目視霞芳)李小姐，你去吧！

霞　是！

太　你不會去謀害惠興？

霞　(微弱地)唔！

(李霞芳下)

維　(看壁上的鐘)我應該上公司裏去了！

太　(走近他)不！

維　太太！我心裏亂得很，別攪擾我。

太　我再告訴你一遍，你眞要叫惠興去吃官司，我一定跟你拚！

維　(不睬向惠英)惠英，你到房間裏去做你的功課吧。

英　是，爸爸！(向通廂樓的門走進去。)

(維嘉走近通樓下的門時，門突然開了，呂天霸跟劉山上。)

呂　傅先生！

劉　老伯！

維　(注視呂)你……你是呂天霸？(臉色很難看，然而當他一轉念間，立刻又轉換了笑容。)

呂　老先生的記性眞不差！(流氓腔地)算來不過只回過一次，老先生就認得自。

維　(向劉)這一位是？……

劉　鄙姓劉。

呂　他就是劉老三，也叫劉山，跟咱一樣是傅大哥的把兄弟。

維　吓！兩位到這兒來找惠興的？

呂　不。

維　那末？

呂　咱想請老先生告訴咱們。

維　說吧！

呂　方才好像趙探長來過這兒？

維　趙探長？

呂　是的，警察局裏那個當探長的趙作義。

維　唔！(沉着地)你們的情報倒不差。

劉　這一點點情報都辦不來，還在這世界上幹鳥的事情！

呂　老三，說話客氣點兒，當着老先生的面，你也說得不乾不淨的，(笑吟吟地向維嘉)老先生，咱們到這兒來的意思，也許老先生還不明白。

維　(不耐煩地)請說吧！

呂　傳大哥怕局子裏的警探們會到這兒來抓人。

維　沒有的事，我又沒有犯過什麼法。唷！(佯作認眞而又關切他)呂天霸，你去跟惠與說一聲。

呂　老先生有什麼吩咐？

維　叫他馬上回家一次。

呂　這？……

劉　(目視呂)二哥！

維　你們以爲他會遭到危險了

呂　這倒並不是，老實說，咱們到這兒來是早佈防好了的。

維　啞！(驚視)那末，爲什麼又要害怕呢？

呂　咱不明白老先生要大哥回來的意思。

維　他犯了案子，警察局裏要抓他，要是他再執迷不悟，那他會碰到可怕的命運。

呂　那爲什麼又要他回來呢？

維　因爲我想指示他到一個安全的地方去，那里有我的老表兄跟老朋友，可以多多的照顧他。

太　(驚奇地請視着丈夫的面色)維嘉！

維　太太！你別分斷我的話。

呂　老先生，我們一定把你的話去告訴大哥！

維　你再跟他說，方才來的趙探長，是老同鄉，而且又是我以前在趙家私塾裏的老同學，所以他跑到這兒來，一點也沒有爲難我，他說他是上命差遣，身不由已，要是惠興再在這兒厮混下去，那他就顧不得那份交情了。

劉　傅老先生，你不會騙他來上圈套吧？

維　(微惱地)這是什麼意思？

劉　因爲大哥一向說起你老先生是一位絕端方正的人，最恨無法無天，不守本分的壞蛋！

維　可是他是我的唯一的兒子，我是他的親生的爸爸！我能够眼睜睜瞧着兒子坐監牢？

呂　對！老先生的話是入情入理的。

維　那費心兩位，無論如何，叫他愈快回來愈好！

呂　是。

劉　咱一定去告訴大哥！

維　謝謝你！

呂　好說，好說！

呂劉　再見，老先生！

維　再見！

(呂　劉二人下)

太　(急奔上前)維嘉！維嘉！你方才不是說的歎心話？你已經改變了方才的主張？

維　(矜持地)是呀！

太　眞的？

維　方才你不是聽得清清楚楚嗎？

太　我，我可不能相信你！

維　那隨你便，我應該出去了！現在快四鐘啦！

(維嘉拂着袖下。)

太　(敏感地)不，不！他一定騙我他們！他是那樣固執的人，怎麼會一下子改變了主意？

(高聲)惠英！惠英！惠英！

(傅惠英自廂樓間出，手裏提着一

（本敎科書）

英　媽！爸爸呢？

太　別管他，你，你馬上退出去，關照那方才來的一個姓呂，一個姓劉的客人，叫他的千萬別讓你哥哥回來！

英　爲什麼你這樣着急呀？媽！

太　你別多問，停回兒媽告訴你。

英　可是媽，我退出去沒有用的。

太　爲什麼？

英　我並不認得兩個客人呀！我方才不是在房間裏唸書？

太　（唔）啊！那我自己去，自己去！（急奔到樓門口，下。）

——幕——

閉門讀書，與開門接客，不可偏廢。

婦女問題的論爭

——談談「蘇青張愛玲對談記」所引起的婦女，家庭，婚姻諸問題——

伊林

三月號『雜誌』登有蘇青張愛玲的『對談記』因爲沒有去翻閱，所以不知談些什麼。四月號雜誌中登起『關於婦女，家庭，婚姻諸問題』的『特輯』來了，這倒拿來翻了一翻，於是知道『特輯』中這些文章乃是對於蘇張對談的反應，而蘇張對談的內容原來是關於婦女，家庭，婚姻的。但是手頭既沒有三月號的『雜誌』，也不想特地再去找來看了，反正在那反應的『特輯』中已經很可以看到兩位女士的見解了。

這些文章以及所引蘇張兩位的談話中 ，最使我引爲詫異的一點就是它們不是估在男子方面說話，就是站在女于方面說話，而所說的又都是怎樣對付對方，怎樣給自己『便宜』，怎樣解决自己的『性問題』及『保障』。却沒有一個站在男女一體的立場上以『愛』爲大前提立論的。雖然也有人說着『沒有愛情的結合，好像喫沒有成熟的菓子，有時比不吃還難受』這樣的話，但那位作者也是拿『平等』來作爲『愛情』的前提的。其實在戀愛的立場上說，男女兩方是不必爭取平等，而平等自然存在於這一對男女間的。至於說着『人不是爲了愛才活的』的人，是乾脆沒有資格來參加家庭問題之討論的。因爲人固然不是『爲了愛』才活的，可是沒有愛的人生還有什麼意義，而沒有愛的家庭更是不成立的。

拿『解决性慾』來作爲結婚的解釋，那是捨本取末的看法。人到了青春期自然有一種需要異性的本能的衝動，但在沒有性經驗的男女若眞不到青春期垂末的時期是並沒有强烈的歇斯底里式的性慾狂的。所以他們——男與女——所需要的無寧說是愛，至多也只能說是性愛，却不能說是『解决性慾』。舉個例說，到了靠念歲的少男少女，若不是生理上有什麼病態，或者是心理上有一種可憐，Interiority Complex或者受着舊德觀念的束縛，是總想找一個所謂『異性朋友』的。在沒有對象前，往往有一種苦悶，但那不是『性慾的苦悶』，却是『性愛的苦悶』。待到了找到了對象，如果眞正有愛情存在着的話，他們的生活也頓覺豐富了，有色彩了。但是憑良心，他們——男女任何一方——都不想和對方睡一覺。充量是擁抱着接一個吻，無論怎樣熱烈地。然而這畢竟不是出於『解决性慾』的動機。

即使結婚也不是爲了要『解决性慾』才結婚的。祇是男女兩方都覺得不生活起居在一起，不作以滿足他們的愛的企求，於是結婚。性是人的本能，結婚後男女睡在一隻床上當然免不了有性的衝動，也就是性慾，也就以夫婦的關係而解決了。但那是結果不是原因。

若單爲『解決性慾』而否定了『愛情』，那末乾脆回到原始亂交的狀態去，不亦方便乎？婚姻制度不需要，不必說；家庭制度更無由成立。

旣要家庭，就要愛情。而且須以愛情爲首要的，甚至唯一的基礎。

宛青講述自己的故事，很悲慘，讀了確使人非常之同情。可是同情歸同情，却不能指摘她自己對於婚姻的看法根本上的謬誤。她說與其勇敢地追求，不如『婚前旣沒有熱烈的戀愛，婚後也沒有過分的爭吵』的中庸主義地過『太平年』。也許是這位女士受了過分的刺激，沒有勇氣敢抬起頭來，才說出這樣的消極話來。不過在討論一個重大的社會問題時是不該有牢騷的或自暴自棄的話來發洩自己或否定所討論的問題的核心的。

婚後『過分的爭吵』其根原還是愛情的不足够。有足够的愛情，就是有不過分的爭吵也沒有了。男以爲女的錯了，不問確是錯或是其實並不錯，男的因爲愛也就原諒她了。女對於男也然。有時男要向東，女要向西。似乎免不了要吵，但在愛情確甚濃厚的男女間一定能尋出一條在東與西之間的路子，大家携手同行，如果男的放棄他的主張，或者女的放棄她的主張，那自然更好。至於各不相讓，十之八九倒並非眞有什麼見解不同，主義（？）不同，却是由於所謂『平等』的心理。似乎誰讓誰，誰就是奴隸，誰就是主子。其實在有愛的家庭裏，是沒有主奴之分的。在『沒有愛的家庭』（這樣的寫法簡直覺得有語病），才有主奴，自當別論。

就是拿職業來說。婦女走上社會，是應該的，因爲女人也是人，也是社會中的份子至於幫助丈夫掙幾個錢，共同負担起家庭的生活來，更是應該的事。然而說『婦女的職業，有時正是箝制丈夫的一種工具，一種威脅』，那才不是應取的態度，妻對夫而要箝制威脅，這簡直是『相視如仇』——以與古語『相敬如賓』作對。而女人有了職業，立足於社會上之後『發覺丈夫在外面有了對不起自己的舉動時，做妻子的隨時可以有「卽以其人之道，還治其人之身」的機會』，那更其把家庭看作爲兩國交兵的戰場了，枕戈以待，隨時發動反攻。切切要不得。

婦女的職業問題，我以爲是應該視需要而定其利弊。如果家庭負担重，尤其丈夫經濟能力薄弱，最好是也去找個事做做，掙些錢來，聊以貼補，在這種情形之下，本和衷同濟，夫婦合作之旨，也只好『一個人身兼內外兩職』，『自討』些『苦吃』了，『吃得住』也要幹，『吃不住』也要勉强幹。須知丈夫掙的一些錢不敷家用，支撑不住一份人家，坐家裏，似乎『吃得住』事實却只好等着餓死。猶之乎『體育家的副業應該『收集郵票』的話，一樣是風凉話。我丈夫有個朋友是滬上有名的運動家（與體育家似差不離多少）却以做體育教員爲正業而以跑單幫做着副業哩。做少奶奶，『同丈夫出去吃大菜，購飾物，跳茶舞，看電影』，誰不喜歡，不過若不是官太太，闊奶奶是只能望望的。周越然——或者該稱『越老』吧！大概在『模範讀本』上發了財，晚年老運又好，所以難想像窮人們的生活吧！

蘇青女士似乎以爲婦女走上社會就是『放棄家庭』的意思，這也不然，我說唯其愛護家庭才寧願『身兼內外兩職』咬緊了牙關走進社會裏去。而且我主張：如果生活很富裕的話，做妻子的確是在家庭裏面做一點事好，有了小孩當然更其忙了，就是沒有孩子一家人家也有一家人家的事。妻在家中安定了後方，丈夫才能安心在外面努力——如果把人生看作一場戰爭的話。有錢人家的女子最好是不要出來尋職業，因爲現在社會上供給女人的職位很少，有錢的婦女多佔去了一個，無錢的在生活線上死掙的婦女便少掉一個機會。若然有錢的婦女，在家庭實在覺得是『監獄』的話，那就有二言相勸：一、是把如『監獄』的家庭改造成一個樂園，這不是一樁很有意味的工作嗎？二、若然一定要『跳監』的話，那末開兩爿工廠，兩爿商店銀行，給窮苦的婦女們造成些活命的機會。

眞的，家庭成立的基礎是愛情，但使家庭的生命存續下去却是經濟。沒有錢確是很困難的，雖然有愛情的補償。所以張愛玲女士所謂『用丈夫的錢，如果是愛他的話，是一種快樂』，這話就很難以應用於現實了。若照她自己的下文，說吃着他，用着他，是女人『傳統的權利』，那末『便宜』心理又出現了，而且女人養成了一種奴性的寄生物，這是不相宜的。就實際情形而論，一個愛自己丈夫體貼自己丈夫的女人大概總不喜歡多用丈夫的錢吧。相反的妓女舞女跟闊老闆少出來，自己希望他愈多用錢愈好，一則自己受惠，再則狐假虎畏，也可以趾高氣揚假裝一下貴婦人。但，這不是因爲舞女或妓女愛闊少闊老之故。

張愛玲女士還有一句話，是使我百思不得其解的，她說『女人要崇拜才快樂,男人要被崇拜才快樂』。有人說女人往往說了再想，很少想了再說的。那末張女士若然想了一想再說大概總不會說出這樣沒有根據的話吧。祗有說女人的虛榮比男人大；張女士自己不是口口聲聲要及時成名。喜歡出風頭的嗎？這還不是希望大家崇拜她是什麼？女人最愛聽人家說她美麗，這不是『被崇拜』心理是什麼？張女士說這很自卑的話，諒來不是由衷的，但說出了也縮不回來，原來那是談話，不是著作，所以就由它去了，反正看也很像樣是個警句。

自卑心理的眞正的表現該在蘇青女士的『被屈抑的快活』一語中。『虐待狂』是並存在人性中的。有的人非委屈人家不爲快，有人非受些委屈也不痛快。在性生活中尤其明顯。但那畢竟是一種『變態』，所以把它作爲担憂『失嫁』的理由也很矛盾。她說，『過時不嫁有起生理上變態的危機』，『嫁了丈夫可以享受一種叫做「被屈抑的快活」，」這「被屈抑的快活』不也分明是『變態』的嗎？爲避免變態而嫁人；已是不大正當；嫁人而追求變態的享受，豈不更非正常之道乎？

末了是『二分之一』的問題了。沒有看過蘇張『對談記』或那婦女，家庭、婚姻特輯的人恐怕要莫名其妙吧。是這樣的：蘇青女士說一個女人如果嫁不到好丈夫是寧願找一個有婦之夫，雖然兩個女人合有一個男人，各得其半，但二分之一總聊勝於無的同床異夢的丈夫。殊不知在我得了二分之一的方面固然沾沾自得了，但失去二分之一的太太（如宛青女士）便要喊出『眞不知那位「而立小姐」怎麼會把他挑唆得這麼毒辣！』的慘痛的叫號來若說宛青是整個的丈夫給奪了嗎？那末被奪掉半個丈夫的爲妻者至少也有這一半的慘痛。而且『葷不葷，素不素，』姨太太不像姨太太，情人不像情人的關係往往會使那半姨太半情人的女人發生得很可怕的變態性慾來，這對於自己固然苦痛。對於那男人也苦痛不堪——除非那男人也有蘇青女士所謂的「被屈抑的快活」。當然這二分之一的關係如果能以强烈而正常的愛情作爲基礎，那末也許還能阻止變態性慾的發作，但是二分之一的關係旣是畸形的，他們的愛也一定畸形。畸形的愛何謂乎？蓋卽變態性慾也。

在這種不正常的關係下，男的不是逃避，就是澈底的和妻子離異。男的逃避，一則是因爲精神上的磨折，再則是生理上不支，那末對於辛辛苦苦找到一個二分之一的不葷不素的男人的女人方面說來，還是一場白辛苦，徒然受到許多苦惱（如意識着自己的男人是別的女人的丈夫，或者不能自由往來）或者竟害成了不治的歇斯底里。何苦呢？

至於離婚，雖然在現在已經非常普通，而且有時也確是好辦法，但因而以爲可以隨便娶嫁，隨便離異，離而再婚，婚而再離，且不論道德上如何——這個話已經是十八世紀以前的了——總非好事情。無論怎樣豁達的人，逢到離婚那樣的事精神上的打擊一定很大，而且越是存着橫豎可以離婚的心，往往對於戀愛和婚姻都看得很隨便了，結果依賴着離婚作爲還我自由的保障，便永遠在戀愛婚姻中胡鬧，也永久鬧不到好結果。因爲一切事是不能以胡鬧來美善地完成的。

夫婦離婚，如果已有孩子，那是更其成問題了。『拖油瓶』拖來拖去倒不是名份上爲難，實在是事實上的困難。

關於我的「傻」與「硬」幷以紀念L大哥

舶菩

L大哥（因為他比我們當時一般朋友的年齡都長，所以就叫他大哥。）是我的同鄉，民國初年留學法國，與共黨過去的紅人李立三，現在的中堅周恩來等同為勤工儉學會而去法者，同時都是共產黨員，後來回國脫離共黨，曾承黨國先進鄧演達先生之命負責四川黨務。他的主張建國必先建軍，强國更須有堅强的武力，因此為建軍工作而猶流下的血汗，不知多少。事變前幾年曾赴日考察，研究日本致强問題二三年，回國後為西康省創辦全省合作事業，成績卓著，至今有口皆碑。旋來甯任職，即參予此草莽英雄式之軍事工作，而竟因此遇害！L大哥博學多聞，言行信果，對於社會科學哲學佛學之造詣，無不精深獨到，尤對於國族之復興，更努力不遺餘力，他的死實在國家民族的損失，嗚呼！

★ ★ ★

記得是二十五年吧！我同左翼作家方之中辦了一個月刊，名字叫做「夜鶯」。只辦了四期就因某種原因而打烊了，如果喜歡文藝的朋友不善忘的話，或許還記得起來，這本刊物中間執筆的，都是當時文人一時之選，如魯迅先生，胡風，張天翼，歐陽山，陳子展，雷石榆，周文，聶紺弩，吳奚如，尹庚等都在夜鶯上寫文章，其實我自已既不傾左，更不是共產黨，為什麼同很多向左邊走的朋友那末接近？這其中實在大有緣故。

自民十八——廿二光景，中國共產黨的負責人是李立三，所謂立三路線，就是這個時期，立三路線的主張是用暴動來推動社會革命，所以在那時發生的大小暴動很有數次，而中央又是針對着這暴動採取積極的——清共工作，因此被犧牲的青年實在不少，我有幾個住勞動大學和復旦大學的朋友，也在那樣的情形之下不明不白地被犧牲了，我當時就有一種感覺，大約是為了同情和愛惜這些青年而發生的感覺吧！因為我也是青年，國家的前途有待於青年去努力建設是無疑議的，青年人的思想趨向，大都比較盲從，共產黨的煙幕和煽動，又是具有特殊神祕的誘惑，認識稍不清楚，意志稍不堅定的青年，很容易上當的走入歧途，如果一經上當，就很難有方法解脫的，因為他們組織的威脅和約束，實在不是這些幼稚而純潔的青年所能有此手段予以擺脫的，青年的本身，又有何罪？我們如果任意地以屠殺流血阻止這種事態之滋長，到反而促成共產黨以此藉口而煽收更多青年的痲醉，我以爲與其加以屠殺，毋寧拘而勸導，青年人的盲從，正是象徵他們的苦悶，只要有合理的方法解決了他們的苦悶，以偉大的目標構成的事實，代替了共產黨的引誘，那末國家的元氣旣可以保存 共產黨的發展也不致於如此擴大。我們都知道凡事的壓迫愈大，抗力就愈强，等於張競生的性史一書，愈見禁止得厲害，想看的人就愈多，而牠的銷路也愈廣，其實眞正看過了以後，到覺得十分無聊，十分淺薄得使人作嘔，共產黨之有今天的蔓延，難道不能說是拒之過激所以如此麼？結果犧牲的只是中國有思想有主張有學識有志向的青年，我同情這些青年，因而無意識的就同情了他們的黨，和這般與黨有關的文人，他們發現了我重感情，重友誼，也就藉利用我可以保險不出毛病的機會，同我合作辦一刊物，我也爲了更增加認識起見，就感情而興奮的予以掩護，有時我也去參加左翼的座談會，吳奚如，聶紺弩，尹庚等人，是常相過從的，事變後大約他們都離開上海了，前兩年在報上知道吳奚如作了陝北戰地服務團副團長，女作家丁玲是團長，至今想起來，這也是十足以表示我爲人的「傻」和「硬」，「傻」是受人利用而不疑，「硬」是替人承禍而不憚。

★ ★ ★

二十九年的暮春，曾經應了一位姓L的朋友的約到蘇州鄉下太湖之濱去做過一次軍事工作，我當時的名義，是司令部的祕密主任兼政訓處長，後來又兼了軍法處長，大約是他們覺得我能硬幹傻幹，才叫我兼道些名義吧：那個軍隊剛在草創之際，所以同草奔英雄的山塞情形差不多，整個司令部的官兵，至多不過五十人，至於槍桿也許沒有十根，不過這不算是恥辱，因爲建軍是要從「建」字上着手，剛在「建」的時候，自然說不到配備和人馬的。

這個軍隊經過我的朋友L大哥戮力苦心，慘淡經營，我還拉了一位姓C的朋友去幫忙，在三幾個月當中，公然像樣了，上峯也派員點驗了，一個軍隊的前途，就在乎這點驗的一刹那，L大哥爲了這在兩星期以前，就四面奔走，東借武器，西湊武裝，回到鄉下來，又整整幾個晚上沒有睡覺，佈置崗位哪：親寫標語哪，指揮整潔哪，安排招待哪！凡是應爲應作之點，毋論大小 都好像臨陣一樣的仔細研究工作着，這乃是想使點驗委員觸目就會感到滿意，還不是完全爲了我們努力的軍隊能夠得到上峯的委任和編制的希望。後來軍隊是成功了，上峯編制×師的番號已經頒下了，可是我們苦心的L大哥，却因一點小事而被這個萬惡不赦殘酷無情的軍閥扣留了。

我是L大哥介紹去的人，自然屬於同黨之列，也就被囚禁了二十多天，可是我的「傻」與「硬」，終不因被囚禁而減削，更不因怕有死的危險而畏縮，在那個時候，我還是不斷的用書面去解釋這一次事情我所知道的內容，去辯護我的朋友L大哥的寃曲，這樣舉動，在那種情形下面，是足以增加我個人的危險，和危害我個人生命的可能的，但我不能計到這些，因爲「士爲知己者死」 L大哥對我，實在是比自己的骨肉還好，我不能眼看到他輕輕的爲了一點小事情而受到傷害的，所以我要說，我要寫，我要辯，然而有什麼用？還不是…………。

在一個晴明的下午 軍閥叫人來要我去見他，

他說：「這一個次如果不是L君親自投案，我眞是對你不住了。」

我說：「那末現在怎樣？」

「可以放你出去了，你要錢嗎？」他說：

「謝謝你，我有錢，不要，」我回答着。

「你回去有事情幹嗎？我預備請你在這兒給我辦幹部訓練班。」他說：

「南京方面已經有了一個事情要我去做，本來早就應該去報到了，軍事上的事情再不想幹了。還有L君的事你預備怎樣？」我帶問的回答着。

「我一定保全他的生命，至多不過關一段時期，你些那文字我都看到了，我知道。」他說：

「L君對於這次事情，據我知道的確無過，我可以用生命担保，」我加强語氣的再說。

他說：「我知道」。

經過這個短短的對話，我就出來了。

在匆匆忙忙地趕上當天黃昏時候那班小火輪離開了可怕的地方到蘇州直到上海。

車輪轣轣，鐵笛嗚嗚，我無心去欣賞這具有詩意的行列，和江南暮秋的晚景，我所憧憬的，是L大哥的安全，是L大哥的危險，適才和軍閥的對話，靈感啓示了我，好像L大哥眞是有兇多吉少的可能。

曾記L大哥給予我們的訓示，是我們應該鍛鍊成爲一個洪鑪，使廢金毛鐵，小石碎磚，只要經過我們的陶冶，都可以成鋼。他寫了一副對聯送我：「是英雄還是弱者，問自己莫問他人。」又對我們說：作事要從「大處着眼，「小處着手，」要「不怕吃苦，不斷努力」，常常記着古人所謂「生於憂患，死於安樂，憂勞可以興國，逸豫可以亡身」的明訓，總之 L大哥靄然仁者的風度，堅苦卓絕的精神，爲國家爲民族的努力，他實在是我們的表率，是我們的導師，給予我的鼓勵和訓導，太剴切了，太深刻了。他說我性忠誠，有胆識，我說我太傻了太硬了，都不合乎如今的趨勢，他說你的「傻」與「硬」，正是你能担負起大使命的本能，我默然，我痛哭，我希望今生今世能長隨着這最使人尊敬的L大哥。

回上海的打算，是想找有力的去講情保釋，或者設法營救，可是在第三天蘇州有人帶來的消息，說是L大哥已被那殘酷的軍閥槍殺了！這不啻是一個晴天霹靂，世間上竟有這樣可悲的事情，萬惡的軍閥竟有這樣毒辣的手段，想起了L大哥，想起了中國的一切前途，我眞不知從何說起，爲他復仇嗎？我旣無力量，又乏機緣！同時也想到中國這樣的社會上如像L大哥的遭遇，恐怕還不知道有多少？就此緘默嗎？叫我怎樣平靜得下去，幾年來鬱鬱於中的恨事，不知何年何日纔得發洩出來。

我的一生，完全是靠朋友，精神上的寄托，事業上的仰仗，無不是在靠朋友，即使將來有所成就，也得需要朋友的幫忙，所以我以爲沒有朋友，就沒有事業，沒有朋友，就沒法生存，朋友的光榮，就是自己的光榮，朋友的困苦，即是自己的困苦，如果有人侵害到最能使人尊敬的朋的話，那我能表現的就是「傻」與「硬」了。

完了，便此紀念我親愛的朋友L大哥。

「寒風集」評述（乙篇）

稽　損

陳先生寒風集乙篇包括七個題目

在甲篇裏的文章都是有關陳先生生活奮鬥的史實，乙篇却全是抒情的散文了，看起來沒有甲篇那樣吃力，只感覺一種輕鬆的，或苦悶的愉快。

這裏我們就談談陳先生那篇「我的詩」罷。

一　關於詩

十八世紀英國文學家約翰生論詩，有這們一個逸話：

約翰生傳作者包斯威爾故意這們問：「什麼是詩」？

約翰生回答：「先生，若說什麼不是詩，就容易多了。我們都知道什麼是光；但是要說出什麼是光，却不容易哩。」

在別的地方他說過：「詩的領域，便是描寫人性與情感；」雖然說得很明瞭，但是沒有「什麼不是詩」，說得更有回味，耐人咀嚼；因爲「什麼不是詩」？這句話，正是代表着一句很好的詩。

摘句

峭勁

月黑衝寒渡峽門。（軍次樂昌）

奇偉

心在幽燕汴洛間。（過禺關）

悲壯

征馬長嘶却不前。（賀勝橋破）

飛動

獨立峯頭看亂流。（登黃鶴樓）

感慨

不知何處是神州。（同上）

引帶

萬樹柔枝盡向西。（即赴杭州）

飄逸

海風吹浪上襟頭。（離愁）

韵致

春色漸凋詩漸淡。（遊揚州）

警拔

深宵劍氣侵肌冷，始覺征袍盡着霜。（宿南湖）

閑適

重簾不捲還留住，春意由他自在生。（春柳）

自然

幾樹垂楊拂地春，倚風愁殺探春人。（暮春）

象外

危樓縮盡煙波意，欲破浮雲天外飛。（岳陽樓）

婉　約

金陵荒落西湖輭，憐殺詩人着筆難。（卽赴杭州）

閔　傷

酒杯澆盡牢愁在，也自隨班學禮儀。（元旦典禮）

激　楚

大江無語向東去，如此河山未忍看。（登燕子磯）

入　畫

最惜殘秋葉未紅，棲霞猶罨綠陰中。（游棲霞）

澄　淡

一抹淡煙輕掉急，初從雨裏認西湖。（遊西湖）

鬆　秀

嫩茶綠上村娃鬢，行盡長林帶雨歸。（同上）

諷　與

當年玉尺齊膺選，今爲憐才避尹邢。（詠史）

怨　誹

佯狂未掩心頭淚，漫把柔情託酒卮。（臨池偶感）

追　感

遙憶天涯初七月，不知今夕照誰家。（東渡歸期雨阻）

◈　◈　◈

選　詩

息兵軍令未曾頒，十萬征騎帶甲還，昨夜月明歸夢遠，雄心飛越秣陵關。（宿娘子關）

「唐人皆盡一生之業爲之」。

虎步龍行天日姿，中原爭霸盡凡兒，斜陽古柏殘碑在，碧山靑山弔晉祠。（游晉祠）

「回首叫虞舜，蒼梧雲正愁」。

海上淒淸百感生，頻年擾攘未休兵，獨留肝膽照明月，老去方知厭黨爭。（海上）

「文溫以麗，意悲而遠」。

怒濤無際日黃昏，極目中原隱淚痕，駐馬危崖獨惆悵，冷風吹雨入龍門。（遊龍門）

「學劍白猿，遂得風雲之志」。

數點微雲秋冷衣，風輕天際遠帆歸，荻花白上詞人髮，寥落江南一雁飛。（揚子渡頭）

「其辭葱蒨」。

王侯甲第望連雲，雨露春風盡主恩，朝罷玉階香未散，公卿爭拜虢夫人。（詠史）

半壁山河夕照殘，少年豪俊盡高官，朝臣懷表當墀立，仗馬庭前仔細看。（同上）

「兩詩不入二三家宮詞，應是霜猨集中物」。

別緒依稀憶往年，落花如雨夢如煙，夕陽紅似離人淚，宣武城頭春可憐。（無題）

「此詩與弔管青一首，同是吳興水嬉，沈園柳老之歎」。

無復豪情擫管絃，故將雄語傲人前，最難夜靜佳賓散，楊柳初長月正圓。（臨池偶感）

「劉越石既體良才，又離厄運，故善敘喪亂，多感恨之言」。

畫竹多於買竹錢，祗纔半丈價三千，窮官已苦炊無米，也破慳囊購白蓮。（購白蓮）

「李都尉之風霜，上蘭山而箭盡」。

◇　◇　◇

弔譚

陳先生二十一年至京，弔譚組安墓詩：

彥博一生唯豁度，謝安臨事故從容，百年循吏良臣傳，一字師承在執中。

上海永安公司天韻樓四樓大京班後面壁上，原有譚組安先生自寫絕句一詩，二十六年六京班隔去一半做彈子房，譚先生詩現在就懸在彈子房壁上，也無人去過問了。詩是：

畫竹一似眞松樹，且待尋思記得無，曾在天台山上見，石橋南畔第三株。

下署辛酉五月譚延闓，距今已是二十五年了。我爲着去重鈔這首詩，不免也來一個「負手經過，重尋遺墨，悵然成句」：

幾行玉署仙人句，記得沉吟過十年，今日危樓摩壞壁，再披風景畫山川。

◈論改詩◈

陳先生說：「十九年我在北平寫了一首詩，到了今日，心還在那裏忐忑」：詩是：

險阻艱辛不肯辭，輕生重諸寸心知，拚將肝膽酧朋友，珍重東城判袂時。

「……一首詩出了兩個「重」字，頭一個「重諸」的「重」是不可以換的，後一個「珍重」的「重」後來怎樣改法都不妥。改得太豪放，失了兒女之情，改得太淒涼，短了英雄之氣。

「還都那年請教龍榆生先生代我筆削筆削。龍先生是詩人，拿去了兩天還拿回來，說還是照原稿罷，實在不易改好。……

……一個字而至心懸十年，眞徒自苦耳……」

陳先生十年放不下心事的一個字，那正是陳先生席世貴，享盛名，而能與憔悴專一之士，較其毫釐分寸的意思，奈何憔悴專一之士只說還是照原稿呢？昔人有云：善駁不可有勝心，善詆不可有忌心，善譽不可有黨心；我們說萬載龍先生是懂得「校詞」，而不屑於「偷詩」。

這裏可要使用一個「偷詩法」來解決，就是使用那最笨的偷句法；——昔人論詩有三偷：偷句，偷意，偷勢，——在七言絕句四句當中的第三句頭上兩個字是眼目，第四句頭上兩個字也是眼目；要偷就偷古人兩隻眼睛來配合我們所做成的詩的身體。

譬如說，陳先生那首詩，要換去珍重的「重」字，這個重字是一隻眼睛，要換呢，就得連「珍」字那一隻眼睛也一齊換掉纔成，現在將原詩四句排成下面這個樣子：

險阻艱辛不肯辭
輕生重諸寸心知
拚將肝膽酧朋友
★★東城判袂時
「一角」東城判袂時
「此夜」東城判袂時
「被酒」東城判袂時

「馬上」東城判袂時
「日落」東城判袂時
「慷慨」東城判袂時
「飲罷」東城判袂時
「突兀」東城判袂時
「自說」東城判袂時
「一笑」東城判袂時

龍先生倘使這樣做，就可以讓陳先生在這十個眼目之中任隨挑取一對眼目好了。如其十個統不中意？那麼偷詩的向例——也許不全是向例——就有一個自己預備好的「手冊」，他把古人絕句中的虛字眼目，分平韵兩個字摘鈔數百例，分仄韵兩個字摘鈔數百例，分別彙排起來，全是兩個字一組相連的虛字眼目；遇上做詩迴轉不靈的時候，例如陳先生要更換的「珍重」兩個字是仄韵落聲，我們就在仄聲虛字的手册裏去揀了又揀，自然挑出，或者觸動出兩隻眼睛來。舊云：鴛鴦繡出從君看，原來詩家的針脚子，也是幹笨活笨出來的。說穿了，人家要好笑；老實說，努力這樣做去，也可以把天才們認爲靈感的東西，變成科學上的零感材料之集合底方法，而重現舊詩。

二　偏見

偏見一文陳先生談自己偏見有九種，先舉一個普遍青年男女戀愛的發問：

1.「你眞愛我嗎？」
2.「我眞愛你。」
1.「你愛我那一點」？
2.「我也不知道」。
1.「你既然不知道，爲什麼愛我」？
2.「如果我能够說出來，那也不算眞愛了。」

這樣以不解釋和難於解釋爲最圓滿和最高的解釋：偏見的實質總帶些這類糊裏糊塗的典範。（以上摘錄寒風集乙篇「偏見」。）

我們這裏所要申說的，大家都知道定見是好的，偏見是不好的。今天我們把他掉轉來說，偏見正是一種定見：

第一，我敢說，我自己就有偏見，你相信不相信？你自然相信。

第二，我說，除開你一個人沒有偏見，他們全都有偏見，你相信不相信？你也有些相信，是不是？

第三，我說，朋友，你這個人大概也靠不住沒有偏見吧？你有些懷疑我的話了，對不對？

第四，爲什麼我有偏見你相信，他有偏見你相信，獨於你有偏見你不相信？

第五，人全都是相信他人有偏見，就證明偏見長在你和我的心中，如像鼻子長在你和我的臉上，那們老實。

第六，每個人腫起一塊不像話說的肉葫蘆（鼻子）掛在各人臉龐上，別人指責我的葫蘆長得不像話說，我會以很自己尊貴的定見來對付他。對付過去之後，難免我又咕嚕他的肉葫蘆長得不像話說的時候，他們也會把很尊貴的定見來解釋一切。但是彼此心裏咕嚕彼此那個肉葫蘆的偏見，依然普遍的彼此存在着。

第七，偏見有如是極大的普遍性，正足以說明偏見那東西，是所有人類使用爛熟了的自認爲正確的東西，如像自認爲定見的東西，一班那們明白。

第八，所以人類偏見的普遍性恰相等於人類定見的正確性；不然的話，世上最正確的道理，決不怕會讓人家剖做兩半截，或剖做多方面來解釋的機會，可是，什麼道理辦得到不讓任何人加以剖斷呢？

第九，最正確的東西，不需要證明。要證明的道理，必需要解釋。待解釋的東西，難免拿出各人的偏見。有了不同的偏見解釋，要符合到原來的定見底正確本身，就很難回得轉去。

第十，所以要沒有偏見，最好連定見也不要。

第十一，這事很顯明，耶蘇的左臉吃人家一記耳光，他趕忙偏着右臉請人家再來一記，這傢伙倒有點够弄聰明，因爲他會把你弄得有點糊裏糊塗，你說他存心挨打，是屬於他的偏見，還是屬於他的定見呢？叫你永遠撈不着他的上文，也永遠摸不着他的下文。

三　第一流人和第二流人

陳先生在了解那篇散文裏頭說：

「我常常批評我是中國的第二流人，怎麼說？第一流和第二流是難得定標準的，我的標準是自己選定的，我以爲一個人能夠做到知行合一是第一流，其次能夠做到言行合一是第二流。」（以上摘錄寒風集乙篇「了解」。）

◈　◈　◈

人物品流這件事，誠如陳先生所說難得定標準。

我這裏選定的標準，却很平凡，只是拿人物作比較；這個比較法也很簡陋，就是我們人類生長的身材來做例子，人類雖有若干萬萬個人，但其中必定有一個最高，同時必定又有一個最低的身材；說是最高身材也很有限制，因爲最高的人從有史到明天，絕無一個比電線桿高出一頭的人。同時也絕無一位比自來水筆短了二分的人。高人比高人，高只差一分；矮人比矮人，矮只差一分；如其有閒工夫，集合全世界的人在地球廣場上，不妨試量一量，那就會知道，全世界第一個高人，原來比全世界第二個高人，只差頭髮絲那們一點點兒，拉開了也看不出他就算第一個，比較起也就斷不能否認他還高出一根頭髮絲的地位。所以他只好算做第一高人，這就叫「人比人，比死人」的笨辦法。

在中國東周以下，齊桓公是第一流人物，秦始皇帝是第一流人物，楚漢之際陳涉是第一流人物，唐太宗是第一流人物，元世祖是第一流人物，項羽是第二流人物，漢高是第三流人物。在闇淡的一方面，西漢太史公是第一流人物，東漢鄭康成是第一流人物，晉宋之際陶潛，僧肇是第一流人物，三唐杜子美是第一流人物，玄奘是第二流人物之高者。（因爲有僧肇的敍著在前，）

世說温太眞（嶠）聞人數一流將盡，每爲失色，實則魏晉之際嵇中散是第一流人物，阮嗣宗尙是第二流，何論東晉殷浩劉尹諸公，太眞何故而失色？

開啓近代德國的精神，歌德是第一流人物，康德是第二流人物，費希特是第三流人物，俾斯麥是第四流人物。

歐洲近一世紀半，當然，拿破崙是第一流人物，惠靈吞是第四流人物。

環繞於英國的庸俗主義，政治上只能產生陰謀家，永遠產生不出偉人，近百五十年來英國只有拜倫是第一流人物，他最初對文人的估價比政治家行動家的估價低得多，後來却自己不能不成爲詩人，這是醒覺於英國庸俗主義者的一個反抗。

一次世界大戰那位失敗的教授和平論者，選擇代表共商和約諸條款時，他斷然提出一個條件說：我祇須大學教授。他的屬員浩司上校爭論的結果，他仍然是那一句老話：我祇須教授。只有這位利害不明的失敗者，遭一世輕視的書生，可稱爲一次世界大戰唯一的第二流人物之高者。

我們看，二次歐戰以來，歐洲庸俗主義（不管是民主，是納粹，是資本主義，是社會主義。）的「各色庸俗者」底猛烈鬥爭，場面的酷烈凶猛遠過於第一次；但是，我們再怎樣虛心去評量，搜索不出半個第三流以上的人物。雖然大砲的火力是煙硝瀰漫，在煙硝瀰漫的世界裏掏得出來的最多也只掏了個把個第四流人物末流的個性火花，就够給他們以光彩了。

祖國在日英美宣戰的擋口，大有「西進問英」收復兩藏底千載一時的良機，而國民參政會諸君，目光只注射在奪取或分取或偷安或等待國內政權的一席鬥爭，忽視了一擊揚威世界，爭取第一流的偉業，何致五百萬大軍無所用武，徒增對延安之防，困東南之兵，以坐待舊金山會議，先意承旨於艾登，斯蒂汀留斯，而仰聞莫洛托夫鼻息呼呼之聲，歸而誇嚇鄉井小兒，引此爲畢身之榮。良時易逝，又須浪費國家三五十年之筋力，祖國人物的不幸，正是祖國國家的不幸，可爲浩歎。

時代的悲劇，算不了什麼悲劇，指不出第一流人物的時代，才是我們時代的悲劇。

一個人貫通世界性，人類性的醜和美，壞和好，擺在活人眼睛裏，並無絲毫躲閃，那就是第一流；理由是：不能把躲閃者造成功一條好漢。二次歐戰有什麼了不起的理由？難道說集合了一批不躲避砲彈的無賴漢，就說他縱使躲閃了責任，也姑且算他們是幾條好漢子麼？那嗎倒不如請你去看看賽足球還好受一點，因爲誰也不會疑心你是爲了分贓的緣故，才挺身跑出去啊。

雖然是捆載了贓物，把贓物高壓在民族的嘴脣，那些贓物的飛灰也眯亂了民族自己的眼睛。可是歷史的進程上，公平的歷史家，斷沒有把只會偷贓，藏贓，奪贓，分贓的躲閃者的這些過脚標榜他不躲閃砲彈而正流着血，就賜賞他一個第一流人物的時代徽章，那除非歷史家也是偷贓的歷史家！

由於近代思想混亂的結果，「科學的嚴厲」應用到「社會的組織」，充滿了清晰的，透明的和高等電化的空氣，便是「有丈夫氣」，而「無主人氣」的時代空氣。

也就是說：現代科學精神已經充分表現他的丈夫氣，而現代人類精神則隸屬於這位丈夫！

人類全都是懦弱，無能，馴伏，哀號，宛轉於「科學丈夫」的鐵蹄脚底下，充滿了人類老太婆氣，人類大姑娘氣，人類小丫頭氣的我們時代空氣之中，誰也不打算驅使那科學精神已有的丈夫氣，而人類精神作爲所有科學野漢子的唯一主人！——就是需要統制科學時代，駕馭科學時代，鞭撻科學時代的科學時代的人類主人！

二十世紀的上半世紀，是沒有主人氣的世紀。

這個樣子，這個情況之下，你說歐洲科學文明所發動的現代戰爭，怎麼會產生第三流以上的人物呢？還是讓歐洲老太婆，大姑娘，小丫頭混住一團賣妖嬈吧。對於他命定似的科學的丈夫底鞭影之下，鬧出二次世界大戰的若干黃色新聞，你肯爲這些新聞而動心嗎？

接近人生的正確思想，號稱蛛網式的中古經院哲學，比較現代人的思想他們還較我們的時代更多的「接近人生」一些。

人類需要偉大，偉大是人生精力的標幟，就以我們祖國爲例罷，三十年來的一幕喜劇，有什麼可以原諒呢？「無主人氣的思想」（世界主人氣）產生不出「不計利害」的天才。從今天起，對於「不計利害」上，作爲開場生，作爲班底子，作爲絕對不要自由，作爲有筋力的奴才，甘爲祖國奴才的人們呵！世界是用了絕望的題材，纔造了希望。

「目的不在動，而在我們」。這是中世紀勇敢的發見。

絕望的世紀，正在製造着他有希望的第一流。

四　海　異

寒風集乙篇裏陳先生的「上海的市長」和「海異」兩篇散文，可以混合來作一個上海性格的批評。

「現在的上海：從面積說，比任何世界大都市都大，從人口說比著名的世界大都市也不算少。祇是有一件事是特別的，世界大都市的罪惡上海全有，而世界大都市的好處上海却不見得具備」。

「在上海我們找不到東洋的眞正文化，也找不到西洋的眞正文化。」

「因此，上海在貿易上是極繁榮的市場，而在思想上倒是極慘淡的沙漠。」（以上摘錄寒風集乙篇，「上海的市長」）

「人們往往拿一個「海」字就代表上海，我現在命名海異兩個字，還是胎于海派兩個字而來」。

「自從海派兩個字成立，上海無論何事凡與衆不同的都名爲海派，…我不知海派兩字是不是挖苦之嫌，抑含有標新之意，我既難於找一個簡單題目，就順手取這海異兩個字」。

「不過據我細心觀察，上海人還是「山人自有道理」，不至於像一般人所想毫無尺寸與規矩的。…但究竟沒有人敢於發明儒釋道三教同源的至理，請一班教書先生雜於僧道之羣，沿途大念其大學中庸，以補亡者平日讀書之不多，及在生前見理之未到。照這樣看來，上海畢竟皮內還有陽秋，而心中自有繩墨的」。

「我也見過許多人，天子不得而臣，諸侯不得而友，而對於一個階級最低，地位最下的外國人，則心甘情願爲廝僕而不辭。」

「一個人在別的地方不受嗟來之食，而到了上海，反可以痛飲盜泉…一個人在別的地方反對官僚和軍閥，而到了上海倒樂於爲豪門淸客和廝養之徒，以爲上海是另一個世界，淸高一事，暫可置而不論。…我祇有一個解釋，那就因爲上海是上海！」

「有人說，上海本來沒有異事，有儉樸的老太太，有謹愿的鄉下人，所以有異事，就因爲四面八方的英雄豪傑都聞風而來，集異事之大成，更變本而加厲。我想這個解釋，或者有相當理由，姑且就認這個理由爲對罷……」（以上摘錄寒風集乙篇，「海異」。）

◇ ◇ ◇

是的，「上海找不到東洋的眞正文化，也找不到西洋的眞正文化」，誠如陳先生所說那個樣子。我們看：

上海沒有倫敦那樣的「巴力門」的傳統。

上海沒有羅馬那樣通貫中古的「藝術」生涯。

上海沒有巴黎那樣香噴世界的「文學」香水

上海沒有維也納那樣吸引人類心靈的「音樂」。

上海沒有柏林那樣孩子也怕的「警察」。

上海沒有華盛頓那樣憑「金圓」收買盡世界文化的氣魄。

上海也沒有北京那樣古槐高柳，黃瓦紅牆，金碧輝煌的古老「文獻」。

我們說，上海是動盪的所以那們糟；如果說，上海是單一的，——如像目前這個樣子——不敢說更糟，只敢說更能表現中國全套的精神文明來；是什麼呢？是：人糞，豬圈，尿痰，垃圾，乞丐，野鷄，大小癟三，馬路死人，告地狀，金沙攤，爛街破巷，關帝靈籤，大相士哲學家，舞女文學，銅鈿沒箇鈔票有箇，生意眼，撥款單，搶帽子，調寸頭，跑擠撞礁忙吆喝，你不要走，再來一個，上海人不吃，二房東，過房爺，過房娘，閒人，大亨，票房，咖啡茶座，剪綵，義賣，義演，祠堂落成，千年冥壽，二十大慶，出帖子，大出喪，自家人，嘸啥道理，篤定，噱頭，交交關關，苗頭弗是一眼眼。

上海人眼睛裏沒有凱撒，只有大亨，這一脚荒灘，他擺得下許多大亨，擺不下一個凱撒，原因呢？是凱撒你就該去征服世界，是大亨你就來上海篤定泰山。

說上海人撑不開眼在此，說上海人撑得住氣也在此。

上海人總多少帶幾分少年維特的氣分，要改換他的性格，除非你是浮士德先生，話可說回來，誰倒霉願做浮士德呢？那嗎還是篤定做一個大亨，或者篤定做一個癟三最省事。

中國其他任何都市擺進去放不下，擱不平，坐不牢，總就心有些打眼的人，一擺進上海，也就沒啥打眼了，季布爲奴他應該爲上海之奴，梁鴻廡下他應站在上海的廡下。淸人說：「不知猶有張公子，日暮入間借姓名」，失路公子，亡命公孫，要借姓名他應該在上海的日暮人間來借他人的姓，來借他人的名。

上海撐得住氣在此，上海的可喜也在此。在昏天黑地裏，能使你「如釋重負」的，拿一攤人海的籐條給你編成一隻搖藍，叫你啼罷叫你睡罷，那就是上海。自然，上海是四方豪傑帶來許多「空氣的黴菌」，傳染成這個樣子，雖說空氣的黴菌可以傳染人，可是空氣的黴菌經過外科醫生的手術，這些空氣黴菌也可以治療傷口。誰是硏究空氣黴菌的外科醫生呢？

一個習慣，一個風俗的缺乏獨立性，正是依於經濟的缺乏獨立性，依於政治的缺乏獨立性，也就是依於民族的缺乏獨立性，上海習慣風俗之有極大動盪性，正是縮寫中國一切結構是否有其健全獨立性的最顯明底人證和供詞。

所謂上海的動盪性是指什麼？指他有極廣泛的「低級性」同時也有極大的「彈力性」，合攏這兩樁不同的性格——低級性與彈力性——就成爲如此上海的動盪性。

陳先生指示我們的「海異」，我們不必向上海寬廣的馬路上去亂鑽亂找，上海的海異並不在高樓廣厦，上海的海異大半發着霉，堆在小屋子，擱樓，亭子間的鳩形鵠面者的身上。

例如說吧，上海有極堅實的機械工業的奇才，上海有極怪異而淸苦的特工人物，上海有極眞淳老實的天主教徒，這些都够稱一聲海異而非海派的，正不知有幾多種類，全都在不能擴人眼界的地方，鬧些煊赫無實的存在。

上海的動盪性，正是四方豪傑（？）匯合成爲上海人的衝動性，要指揮這個衝動，要支配這個衝動，就要明白：「支配民衆的不是理性，乃是情緒」。

理性不是直接擔任慾望的指揮者，理性他是衆多慾望中一種適切的關係者；許多衝動被經驗所鎚鍊，到達協調的程度，纔發生此種關係。衝動的情緒，情慾，本身原是一幅混亂觀念織成的曖昧事物底圖畫。人們在經驗的秩序中確定了衝動便是理性，人們在紊亂中的彈性思想便表示成一個衝動。使彈性與秩序的互相調和，就可知道理智與衝動並非兩個不同的心理程序。

發舒「彈性與秩序」的交融，是指揮「海異」的樞紐。

蕭伯納說：「我的命運，是來教育倫敦」。那末上海的四方豪傑，不見得全都命中注定，是來受上海的傳染，纔一直安穩活到今天。

沉浸自己的痛苦於一般人的痛苦之中，乃是必要的。

我對於陳先生海異的見解，只能發抒這一點點。

◇ ◇ ◇

陳先生在「了解」和「貧賤交與富貴交」兩篇散文裏，三致歎於朋友之難。我認爲中國三十年來橫截面的組織是進步的，那就是黨團生活的進步；可是三十年來縱體的結構，到今天乃是破碎無餘。那就是：氣類感召的朋友生活，被橫截面的東西所橫壓，壓成粉虀了。講這個，愛這個，痛念這個者，只有付之他們所姗笑的空想家或者耶蘇基督。

耶蘇一生希望有一天，「人」都變成「朋友」，說這正是人生唯一的希望。但是這個希望，在目前，急於把人類編制成爲商品號碼的世紀，朋友之道，交把誰呢？只要够料子够貨色，拿來打裝幾個蔴袋，或打裝幾隻鐵箱，這個擋口，朋友又何嘗不是一件好東西？

五四的時代，那們蓬勃。今天想起來，那個時候非常有彈性的組織，由於大家都了解朋友不必强求一致，而贊助各人竭力發揮所有特長；集合成爲一個運動的勢力；所以那們蓬勃，那們高興，也就那們顯示其有劃時代的異彩哩。

各自「歸鏢」以後，你領率你的一鏢人馬，他領率他的一鏢人馬，組織是一天比一天嚴密，彈性是一天比一天低下，朋友是一天比一天認不得，你爲什麼不歸鏢呢？

民國十三年以後，組織長成了，五四死了！

朋友！……………—完—

廣告刊例

地位	面積	刊費
後封面	全頁（7"×4½）	$22400.00
封裏	全頁（7"×4½）	20800.00
底裏	全頁（7"×4½）	19200.00
目錄前	全頁（7"×4½）	16000.00
目錄後	全頁（7"×4½）	14400.00
目錄特等	一方（7"×3"）	11200.00
文字欄插頁	全頁（7"×4½）	16000.00
普通	全頁（7"×4¼）	12800.00
普通	半直橫（3½×4½）	6400.00
普通	三分之一（2¼×4½）	4800.00
普通	四分之一（3½×2¼）	3840.00

（一）本刊廣告概用白底黑字倘需彩色紙套色價目另議

（二）本刊廣告底稿所用銅鋅版均須由登戶依照規定尺寸自行設計製備如需本社代辦設計及製版費用照市另加

（三）本刊每月一期準期出版所有廣告收稿限期每次於出版前二十日截止登戶如有來稿請於截止期前登記預留地位

（四）廣告費於出版日憑本社正式收據收款惟以本市通用貨幣爲限

光化月刊廣告部謹訂

光化月刊

第一卷第四期

宣傳部登記證滬誌二一九二號

三十四年五月二十五日出版

編輯者　光化出版社

發行者　光化出版社　上海霍山路五九九至六〇五號

印刷者　建東印刷公司　電話五〇七二七號

經售處　街燈書報社及全國各大書局

本期售價每冊國幣六百圓

社址．上海雲南路二六五弄B字八號

電話　九〇二〇八

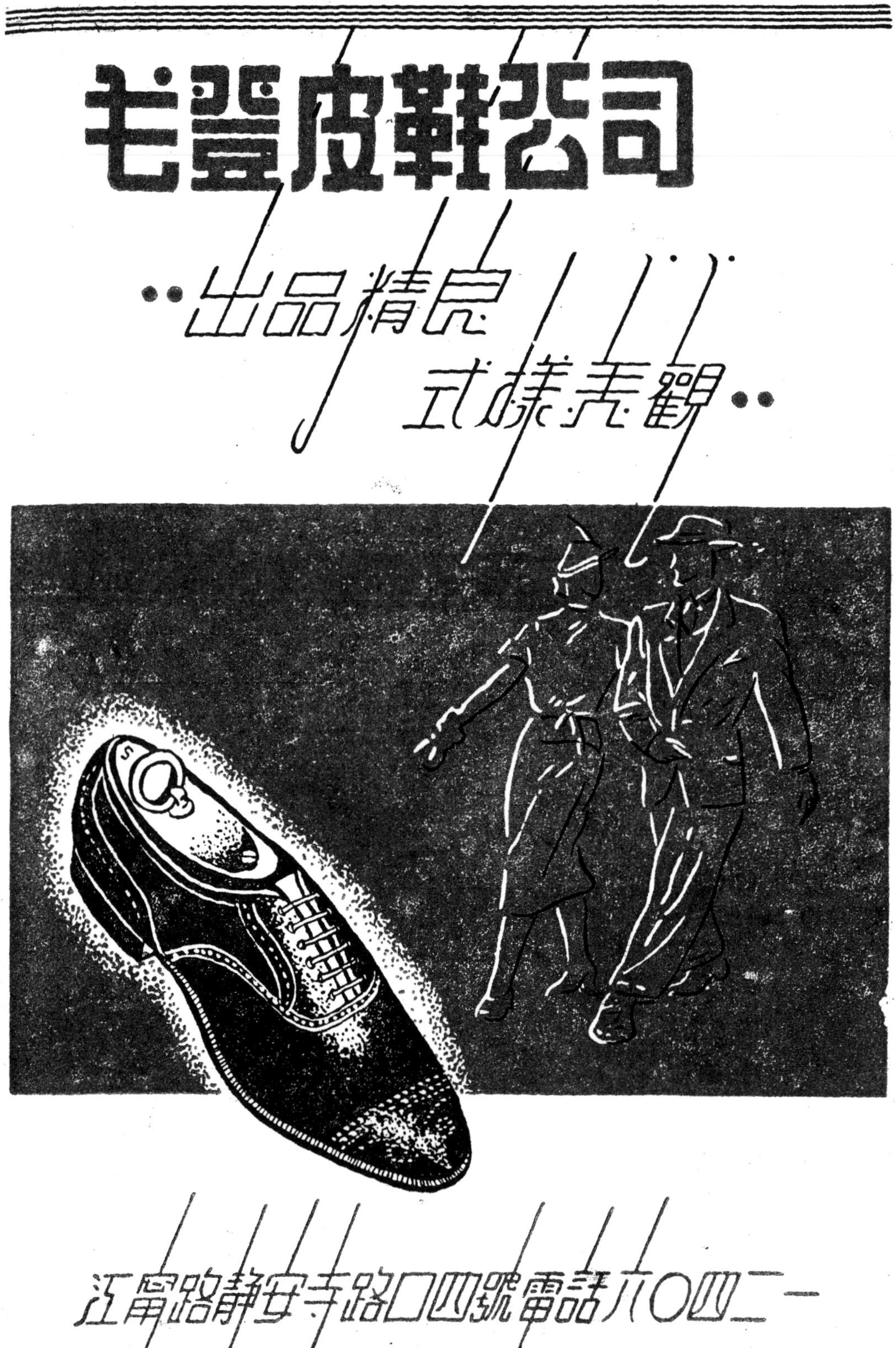
毛豐皮鞋公司
出品精良
式樣美觀
江甯路靜安寺路口四號電話六〇四二一

原書原樣

光化

第五期

目次

民國三十四年七月十五日出版

先化

第四期

目錄

實價六百元各大書局報攤均售

民國三十四年五月二十日出版

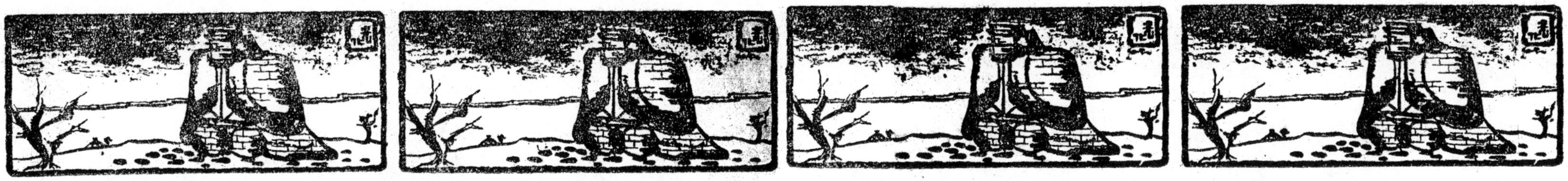

光化 月刊 目次

第一卷 第五期

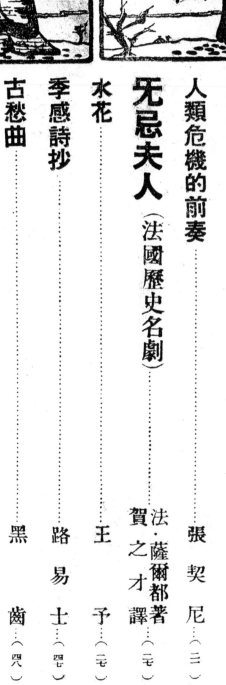

穆格爾湖畔的印第安人

(Bei den miiggel *See* Indianern)

德國・H・柴靈作

(Heinrich Zille 1858——1929)

工　人　之　家

(ArbeiterFamilie)

德國•凱蒂•柯爾穗茲作

(Kathe Kollwitz 1867—)

關於果果爾的新文獻

——E、依拉更娜給雅茲可娃的信——

蘇聯，AL，依凡辛柯。註釋
范紀美譯

1850年3月35日於莫斯科

我底親愛的拉達爾雅，亞歷克謝芙娜，與荷麥可夫：

我請你們在最近這幾天到我這裏來！

我現在有一個很珍貴的消息告訴你們，就是現在西伯利斯克(Simbirsk)旅行的果果爾於下禮拜五就要到我這裏來，我把這個消息卽刻寫來告訴你們，我揣想在你們那邊無論誰聽到這消息，都會非常的驚訝，非常的高興！而且很急切的盼望他快些到來，至於我呢，很直爽的說吧，一種盼望他快些到這裏來的心情，幾乎是一點兒也不能忍耐了。

當我們彼此聽聞到這個消息之後，尤其是靠近西伯利斯克的你們，比我不知是更要如何的快樂啊，而你們那種快樂的心情，我想簡直可以把康斯坦丁娜，亞克莎可娃(Konstantina Aksakova)在聽到依凡雷帝時所感受那種恐怖戰慄的情緒，完全掃除，此時我更幻想到你們那邊所有那些女孩子和婦人們坐在木屋窗檐下互相談論着果果爾那一種會心微笑的愉快。

可是果果爾他自己一定還沒有想到在這次旅行之中，會給你們以多大的興奮和快樂，也許他會把死魂靈(Mertych Dusch)第二部送給你們，這本書我還沒有讀過呢，有時候我曾經聽朋友講過這小說的內容，那些故事的片斷，最近我從鄉村裏遷居，在清理家什非常忙碌的時候，忽然發見這本書，當時我快樂得跳起來了，簡直就像小孩們在最健康的時期，那一種歡樂的跳躍，所發出那種充滿了快樂的聲音。

我底年長的瑪麗亞，我向你行尊敬的禮，因爲你是一位很有學問的人，還告訴你我現是更勤憤的在學習，我是希望我自己在現在在將來都有着很好的成就，

在莫斯科，那些年長的學者們，有許多我都認識，如有名的莎克里夫斯基(Sakrevskij)等，他們在斯拉夫統一主義團體中，常常談到亞歷克山大，奧斯特洛夫斯基(Alekxandra Ostrovskij)新的喜劇和一般新進作家們底作品，這些老年人常常

尼可拉依　華西麗葉維區　果果爾
(Nikoloi Vasselevitch Gogol)
(1809——1852)
俄國寫實主義文學的開創者

向神祈禱給他們以創作的靈感，創作的經驗，和上進的幸運，一聽到青年們在研究俄國古代的學術，就好像獲得了充分的安慰似的，可是千萬請不要談到H，B，果果爾，我把以上這些事情寫來告訴你們，他——莎克里夫斯基——常常囑我多寫信來語誡你們，他并且還說如果你們聽從他底語誡，他準備向你們表示他最大的感謝；因爲他認爲我們彼此常常在通信研究共他的問題，

關於他們這一類的逸話，非常之多，我打算以後盡量的完全寫來告訴你們，

我敬愛的比德，亞歷克山大諾維區，白什圖銳夫 (Petru Ieksandrovitschu Bestuzhev) 聽泊拉斯可芙雅，米哈以洛夫娜(Praskovjj Michajlovna)在今天晚上要離開你那裏——這消息是眞的嗎？荷麥可夫，我非常歡迎你來，請把你底寫作暫時停一吓。

我親愛的拉達爾雅，亞歷克謝芙娜，我盼望你們快點到我這裏來！我們好一同歡迎果果爾，用最大的熱情去歡迎他停足在我們這裏。

你誠懇的，E，依拉更娜

E，依拉更娜這封信，是從很著名的『依拉更娜慈善箱』(Elaginskogo Krusha) 中所發現，這是她寫給亞歷克山大，米哈依洛夫維區(Aleksandra Michajlovitscha)底妻子拉達爾雅，亞歷克謝芙娜雅茲可娃 (Natalje, Alekseevne, Jasykovoj) 和她底哥哥荷麥可夫(Khomjkov)在當時他們也是很有名的詩人，信的原稿，是用複寫紙寫的。

這封信現藏在，莫斯科國家歷史博物館歷史書信部此信的發現，在俄國文學史的文獻，是有着極大的價值，我想一般研究文學史的人，一定很感興趣，因爲可以在此更多一點資料明瞭荷麥可夫選集中記述果果爾的部分。

同時這封信本質很高的價值——則在於論到果果爾處在那十九世紀五十年代時期內，所受反動的教會及頑固的斯拉夫統一主義等團體所謂那些上流人物對他的鄙視和種種壓迫，於此也可明瞭果果爾底作品，在當時不易出版的原因，

劇作家A，N，奧斯特洛夫斯基於一八五〇年在莫斯科人(Moskwitjnina)雜誌六月號中以依拉更娜爲題材所寫劇本自家人的計較(Svoi Ljudi Sotschtemsi)在當時獲得莫斯科廣大讀者的推崇，并且在極短的時期內卽已風行於俄國各地，那時候莫斯科最負盛名的演員卜洛娃，薩多夫斯基(Prova Sadovskij)常常在家中練習這劇本的封白，可是這個劇本在當時的莫斯科是禁止上演的。

附註：1.本文原文刊在一九三九年七月十日文藝新聞(Literaturnaja gazeta)No. 38.

2.果果爾(Nikolai Vasselevitch Gogol 1809-1852)俄國寫實主義文學的開創者。

一九三九·七·廿·八·譯於維也納

世間最快樂的人，就是在生活各方面都能去嘗試的人，世間最苦惱的人，就是平生祗有一種嗜好，不幸失去了這一件慰藉，他就感到痛苦了。

——羅斯福語——

黑色的靜坐

傅彥長

下午，又在黑色的空氣之中靜坐了下來。在俗語之中所說及的話，不一定完全沒有過失。可是不去用它，又似乎是無話可談。用一句編過了的俗語吧。不一定在前世作過孽的人，在這一世也要吃苦。不爲下一代去着想的人，其實他們一舉一動，那一樣不是承上接下的？就在這一個時間，我所自知自覺的這一次靜坐，想一下之後，可以自鳴得意的這一個空間佔有，我又何嘗有過它的二分？

每下愈況的後莊生活，據傳聞所示，前人並沒有做過什麼不好的什麼。而且往往相反，上一代過得不十分高明的，下一代子孫的排場竟是很好。在這承上接下之中的因果，不是沒有，但是決不能够以俗語之中的成見來解釋。正如在前世沒有作過孽的人，到了這一世也有吃苦節目的話，我們就能想到在俗話之中所交下的話，一定有許多是完全不合的了。在成見之中一天天活下去的節目，似乎沒有算計，又不必去思想的吧。而且大家在成見之中承上接下，當然又都是爲了下一代去着想的。說到這裏，請原諒我的一個突然停頓吧，因爲我竟想到了這一次既不承上，又不接下的靜坐。

在寂寞裏的靜坐，何必想到下代的話？所以，是一次靜坐，而又在黑色的空氣之中，那末隨它寂寞去吧。承上接下，正是爲人之道無法擺脫的一種束縛，這是可以自鳴得意的，同時却也不必把這種種束縛作爲無價之寶，如果承上接下的一句句話，只是些與自己生存並無關係的外來訓令，那末與自己的靜坐是更加各歸各地可以隔開。兒孫時代，自有他們自己的福氣。在俗語之中所說及的話，我以爲或者一部分是一無過失的，像把福氣歸予兒孫自己的這一個看法，就比所謂爲下一代去着想的話要高明得多。七拚八湊的生活，是時間的也罷，是空間的也罷，如果一一都把它查出來由，那末一定有許多決不是古人所遺下的聖跡。

紅光滿地面的時，我只想不在黑色的空氣之中散步。到這時候，在這一世之前的每一個古人，就連一個也沒有什麼過失了，他們在前世都是沒有把光陰虛度過的好人，似乎也都遺下了一些什麼給我。讓我就在這裏總說一句謝謝他們的話吧。

義不容辭

意，L，皮藍荻洛
徐　斐　譯

意大利小說劇作家L.皮藍荻洛（Luigi Pirandello）（1867-1939）肖像木炭畫H.S,凱蒂絲作（Herbert S.Kates）本畫係1935年紐約格羅塞杜拉卜書店（Grosset& Dunlap）出版之戲劇小史（Minuted istoryof tde Drama）中摘出，該書係凱蒂絲與A.B.浮特（Alice B.Fort）合編記述世界各國著名劇作家小史及

續於本文末

皮藍荻洛　Lwipi Pirandello

巴力諾，羅維各疲乏地攢在瑪里那廣場一家藥室門前的板凳上。他掏出一方手帕，揩着從頭髮根直淌下紫漲臉上的汗水。向櫃台裏邊望了望，向藥劑師沙魯，比華邱道：「他又出門去了嗎？」

奇奇嗎？沒有。他一會兒就來了。你有什麼事？」

什麼事？我有事找他。什麼事？……你太愛管閒事了！」

他將手帕蓋住頭頂，雙肘撐在膝上，兩手捧着臉，愁眉苦臉注視着地下。

瑪里那廣場上每個人都認識他。不多時，一位熟人走過他面前。

「喂，巴力！」

羅維各舉目望了一望，又垂下眼皮，喃喃地說道：——

「別來吵我！」

另一位熟人又喊道：——

「巴力，你怎麼會事？」

這一下羅維各抓去頂上的手帕，轉身連板凳一起旋過來

，差不多面着牆壁。

「巴力，你不舒服嗎？」沙魯，比華邱在櫃台裏邊問他。

「呸，見你的鬼！」巴力諾，羅維各大聲叫着，衝進店裏面去。「我對你說，這與你毫不相干。我又不問你什麼事舒服不舒服或是生病不生病。別同我纏不清！」

「算了，算了，」沙魯回答說。「你一定被毒蜘蛛咬了一口。因爲你找奇奇，所以我想……」

「難道地面上祇有我一個人嗎？」羅維各咆哮着，目光如電，怒沖沖地裝着手勢。「難道我不能有一隻狗生病——或是一隻火鷄咳嗽嗎？奉着一切至善至聖者的名，請你管你自己的事吧！」

「喂！奇奇來了！」沙魯大笑着說。

奇奇紫邱急急地走進來，一直到牆邊的信箱旁邊，探望他那鴿房中有無重要的信件。

「喂巴力。」

「你忙嗎」巴力諾，羅維各問道，並不回答他的招呼。

「忙得不得了，」比華邱歎着氣說，他將帽子向腦後一推，用手帕扇着額角。「朋友，這些日子總有許許多多的事等着要幹完。」

「我早知道這一層，」巴力諾，羅維各惡很很地帶着冷笑說。他握緊雙拳，裝着恐嚇的姿勢叫道：——

「那傳染病是什麼？虎列拉？瘟疫？你的病人都得到壞症快死了嗎？請你注意！你非得聽從我。我在這地方，死活照樣有理，我聲明我的優先權。……喂，沙魯，你現在藥室裏有事嗎？

「沒有，你有什麼事？」

「再好沒有，我們到外邊去，」羅維各抓住奇奇，比華邱的臂膀，拖他向外走。「我不能在裏面告訴你。」

「這故事很長嗎？」當他們走到街上時，醫生這樣問着。

「長得很！」

「朋友，對不起，我實在沒功夫——」

你沒功夫！你可知道我打算怎樣幹？我要跳進電車軌下，軋斷我的腿，讓你化上半天看護我……你現在到那處出診？」

「第一處就在近邊蒲脫拉邨內。」

「我陪你一起走，」羅維各說。「你進去探望病人，我在下面等你。你出來時我們可以繼續談話。」

「可是——我倒要請敎！——你究竟怎麼會事？」醫生問時站停了，凝視着他的友人。

在那醫生的盤問之下，巴力諾，羅維各裝出一副懊喪的神氣。彎曲着膝蓋，兩條臂膀無力地張開着，他垂頭喪氣地回答道：——

我的好奇奇，我糟了。」

他的眼睛裏滿含着淚水。

「你好好的講給我聽，」醫生催着他。「讓我們繼續向前走。究竟你遭遇了什麼不幸的事？」

走了幾步之後，巴力諸忽然站住，捉住醫生的花袖，帶着神祕的聲調對他說：——

「說着，我當親兄弟似的信托你，要不然我絕對不會提起一個字。醫生同聽懺悔的神父一樣，你說是不是？」

「當然；我們在職務上代人嚴守祕密。」

「很好，那末我要講的像對神父背懺悔一樣絲毫不會洩漏給旁人知道了。」

他一隻手按在腹上，會意地望了一眼，愼重地再加上一句：——

「要墳墓似的緘默呀，知道嗎？」

他睜大着眼珠，大拇指和食指緊捏在一起，慢慢地一個個字說，表示每個字都有牠的重要性：——

「潑台拉有兩房家眷。」

「潑台拉？」奇奇，比華邱一時摸不着頭腦。「誰是潑台拉？」

「老天爺！就是潑台拉船主！」羅維各叫道。「就是全國輪船公司的潑台拉……」

「我不認識這人，」比華邱醫生說。

「怎麼！你不認識他！不要緊，這樣更好。可是照樣墳墓似的緘默，知道嗎？……兩房家眷，」他還是用那懊喪的聲調重複着，「一房在這塊—還有一房在拿不耳斯。」

「唔？」

「嘿！你以爲這不算一會事嗎？」巴力諸問時怒形於色。「一個有妻室的男人，用卑鄙的手腕，借着在外面度水手生活，在外省另外成小公館，你還當不算一會事！老天爺！要知道這是土耳其野蠻人的行爲啊！」

「不錯，完全土耳其行爲，我很認承。可是這事與你有何相干？怎會弄到你頭上來？」

「與我有何相干！怎麼會到我頭上來！」

「是——恕我這樣問你——你是潑台拉妻子那方面的親族嗎？」

「不是！」巴力諸，羅維各大聲喝着，突出了血紅的眼球，「那可憐的女人太痛苦了！她是一個有身分的女人—你懂不懂？她受了被自己男人遺棄的羞辱—你懂不懂？難道一定要是她的親屬纔能抱不平嗎？」

「可是—對不起得很—叫我有什麼辦法呢？」奇奇比華邱聳着肩膀說。

「豈有此理，你不讓我說完！」羅維各咆哮着說。「可惡的蠢傢貨！可惡的天氣！熱死人！我混身要爆裂了！……好吧，你想想！我們的朋友潑台拉—我們的好朋友潑台拉—他撇下了妻子在拿不耳斯租小公館還不够，他還同那女人生下了三四個孩子，可是他同妻却祗生了一個。他不讓她再有孩子了！講到那邊的孩子們，要知道他們是法律上不承認的。所以再生幾個他也不用担心—他不高興時儘可撇下他們不管。可是在這兒事情就大不同了—假使他底妻再生一個，那是法律上承認的，他沒法丢棄。你猜那隻猪怎麼幹？—告訴你吧，他近兩年來一直這樣幹—他每次在本地上岸後，他故意借着一點小事情，同妻口角，到了晚上他就獨自關在房裏一個人睡。第二天就什麼也不管地上船去了。近兩年來沒有一次不這樣做。」

「可憐的女人！」奇奇比華邱同情地答應着，却忍不住要笑出來。「對不起—我實在還有點不明白……—

「聽我說，我的好奇奇，」羅維各說時拉着他朋友的手臂聲調忽然變得和平了。「最近四個月來我在替那孩子—潑台拉的兒子—補拉丁文。那孩子今年十歲了。」

「嗅！」醫生說。

「你不知道我爲了這位不幸的女人心中是多麼難受！」羅維各接下去說。「可憐她流了多少的眼淚！她眞是太好了！你想，她長得也漂亮。我的意思說，假使她人長得醜的話那倒不用說…可是她眞美！眼看着她受虐待被人遺棄，輕看，垃圾似的拋在一角！請問誰能忍受這種非人待遇！那個女人肯不起來反抗呢？誰能說她的不是？她眞是一位有身分的好婦人無論如何要救她的，好奇奇，你懂得我的意思是不是？她眼前遇見這般糟的事……她到了失望的地步。」

奇奇，比華邱站住了，正色注視着羅維各。

「不行！不行！我的老友，」他說。「有些事我不做的。我不願觸犯刑法。」

「你這獃老頭！」羅維各叫道，「你腦子裏在想些什麼？你以爲我要你幹什麼勾當？你當我什麼樣人？你以爲我道德喪亡是個惡棍嗎？你以爲我要你幫我……唉！一想起這事就叫我頭痛！」

「那末你到底要我做什麼鬼事？我實在不懂！」比華邱醫生耐不住了，大聲叫着。

「我祇要你做合理的事！」巴力諾，羅維各也叫着回答道。「我所要顧全的是：道德，我要潑台拉做一個合理的丈夫，在他上岸回到家裏時不把妻子關出在房門外。」

奇奇，比華邱開懷大笑起來。

「什…什麼…你要…你要我…哈！哈！哈！哈！你要我叫潑…潑台拉…哈！哈！哈！哈！將馬頭按在水桶裏叫他喝嗎？…哈！哈！哈！」

「對了！笑個暢快，你這沒理性的畜牲，」羅維各咆哮着不斷地揮着一雙拳頭。「慘劇臨頭，你居然能笑！那惡棍不盡本分，你還好笑！一個女人的生命與名譽到了生死關頭，你還好笑！至於我自己倒是小事。我不如死了好，假使你不肯替我出力，我就跳海自盡去我同你講好。」

「但是叫我怎樣替你出力呢？」比華邱問時，依舊笑個不停。

巴力諾忽然在大街中間站住，一本正經的樣子將醫生的手膀用力揑住。

「你知道眼前發生了什麼事？」他帶着陰黯的神氣說道。「潑台拉今天晚上上岸，明天就得動身到地中海東岸士每那去，這一去要一個月總能回來。時機不能再失掉！要幹得馬上動手，要不然就太遲了，好奇奇，做做好事，救救我罷！救救那受摧殘的可憐女人！你一定能想法子，找一條出路…上帝在上，請你別笑！再笑我要叉住你喉嚨了！不我的意思並非如此笑吧，笑個痛快，祇要你肯幫我一下祇要你肯替我想個法子，找條出路，弄點藥……」

奇奇，比華邱已走到蒲脫拉郁那家病人的屋子門前。他極力忍着笑對羅維各說道：

「總之，你是否要我設法使那船長今天晚上不同他妻子口角？」

「對了！」

「爲着道德起見是不是？」

「爲着道德起見你還在尋開心嗎？」

「沒有！沒有！我在說正經話。聽着！我現在要上樓去；你回到藥劑師沙魯那邊等我。我一下子就來的。」

「可是你打算用什麼法子？」

「你且別管，」醫生叫他放心。到沙魯那邊等着我。」

「那末快點回呀，」羅維各高舉着兩手，追在後面大聲呼求着。

△　△　△

傍晚時巴力諾羅維各到司加綠碼頭上等潑台拉的船茜吉士太傍岸。他自己也說不出爲了什麼，祗想要見那人一面在遠處望一下也好他要瞧瞧他的神色，暗中向那邊指着賭咒。他滿心以爲得到比華邱醫生替他出力後，那樁使他一早上坐立不安的心事可以輕鬆了；那知事情竟大不然！他把那神秘的乳酪鬆餅送給潑台拉太太後那船主最喜歡糕餅一類的東西他從她屋子裏出來，四處徬徨着，他的緊張的神經，愈過愈尖銳化了。

晚上的時候，他想把睡覺這件事儘量延下去，可是在城中亂跑了一陣子後，他不久就覺得很疲乏，他開始担憂會遇見一些不知趣的熟人，他也許會向他們挑釁。最可恨的，他天生就這副無隱藏的脾氣，別人反拿他不斷的開玩笑那些人都是藏在虛詐長袍下的僞君子。一切無隱藏的，暴露的其情卽使是最哀傷的，最痛苦的在他們看來祇是笑話：他們或許從未親身經歷過，要不然就是他們太慣於掩飾，無從了解富有眞摯情感的人就像他自己，一個不能掩飾或是抑止自己情感的人。

他回家後，衣服也不脫，倒身在林上。

當他將乳酪餅遞給她時，她的臉色多麼悴憔，可憐的愛人，她是多麼憔悴啊！臉那麼白，憂鬱無神的眼睛，她那時實在不能說是美麗……

「最親愛的，裝作開心的樣子吧，」他梗咽着說。「在每件事上好好的！穿那件最適合你身段的日本綢衫……最要緊的，我求你，別讓他看出你這副憂愁的臉……勇敢些，親愛的，勇敢些！什麼事都行了嗎？記着，別讓他捉出一絲可埋怨的地方！努力，親愛的！再會了，明天再見吧。希望各事都能順利……還有，千萬別忘了將手帕掛出來，掛在你臥室外窗前的那條線上。我明天清早第一件事就到這兒來望……千萬給我這記號，親愛的，給我吧！」

在離開她家之前，他用藍鉛筆在孩子的拉丁文練習本反打了許多最優等的分數：那孩子平日成績並不好，這一來上使他心下着慌。

「諸諸，等會兒給爸爸瞧這個……他看了一定會喜歡你！孩子，祇要以後一直這樣做，不多幾時你的拉丁文就會比京城裏的那些笨鵝還好你大概聽得過，就是那些把高盧人趕走的笨鵝。巴比列斯萬歲！你應當高興些！今天晚上誰也應當高興，諾諾爸爸要回來啦！你一定要乖乖的！洗得乾乾淨淨，做個好孩子！讓我瞧瞧你的指甲……乾淨不乾淨？很好。當心別再弄髒了。巴比列斯萬歲，諾諾，願他萬歲！」

那乳酪餅靠得住嗎？比華邱那隻笨驢總不會作弄自己吧？不會，不會，絕對不會！他已經清楚地把這件事的重要性向醫生申說過：他的朋友要是欺騙他的話，那是太無恥了。可是……可是……可是……萬一那藥並不像醫生所說那麼靈呢？

那蠢傢伙對妻子的漠視，眞使他覺得自己被辱似的，憤不可遏。事實上確是如此！要知道一個被巴力諾羅維各所認爲滿意的女人——不祇是認爲滿意，並且是覺得十全十美的——豬反看不入眼：看來倒像巴力諾羅維各祇配拾人殘餘，要另一個男人看來，不値一文的女人……笑話！難道那尼阿波力婆娘比他妻子更好——更纖緻嗎？他恨不能見見她，將兩個女人拉在一邊，指着那船主的面大聲向他說：「你寧可要那一個！那是因爲你祇是一隻瞎了眼的野獸倒像你的妻子不比那個女人好上千萬倍！祇要你眼睛睜開！仔細對她看一會！你怎能忍心離開她？你簡直沒看出她的動人處……你不知道賞識她的柔美，她那憔悴的風姿！你是畜生，你是隻豬，你不懂得這些事；所以你輕看她。並且，別的且不說，一個下流的姘婦怎能拿來比有身份的太太呢？

這一夜他眞够受——一刻未曾入夢！……等到東方天際漸漸發白時，他在牀上翻着身子，再不能耐心躺着：他想起那位太太的牀，並不放在她丈夫臥室中，她爲了早些解除他心中的焦慮，也許在天未亮時就將手帕在窗外。她一定知道他一夜未闔眼，天一亮就會來行聽的。想到這裏，他抱着滿懷熱烈的希望，急急向潑台拉的屋子走，彷彿已確知他一定會看到窗前的記號。啊，沒有！沒有！沒有！那屋子黑漆漆地，百葉窗一齊緊緊地關着，陰沈沈像死了人似的……

忽然有一種可怕的念頭向他進襲——他要上樓去，衝進潑台拉的臥室，跳上牀去扼死他。頓時他覺得全身癱瘓，像一隻無力的空蔴袋似的要倒下去——彷彿他已發覺自己行了兇。他開始用種種念頭安慰自己，也許來得太早了，也許白己奮望太甚——盼她在半夜起身將記號掛出來讓他天亮時可以看到；要不然就是有什麼不便的地方，使她不能照他話做。

不打緊，不打緊！還未到失望的時候；他想等……等在那裏，可是他不能等：每分鐘像是永遠沒有盡頭的時候。可是他的腿……怎麼會事？……他那兩條腿好像失去了效用。

確實事有湊巧，他在他轉到第一條街時，就找到一家咖啡館，每天清早這簡陋的食堂是被近處碼頭小工佔有的。他走進去坐倒在一條板櫈上。

店內闃無一人，連店主人也不見，可是他聽得後面那間漆屋子裏，有人在講話——大概他們纔動手生火。

不多時，一個穿着短袖襯衫，面目粗俗的人往後面走出來，向他要什麼。巴力諾·羅維各驚異地瞪着那人，說道：——

「一條手……不是！我的意思是……一杯咖啡。濃咖啡，頂濃的。」

一會兒咖啡已送到面前；他用力呷了一口——一半從喉間灌下去了，還有一半在他從櫈上跳起來時，一齊從口裏噴出來。天曉得！那東西是沸滾的！

「先生，什麼事？」

「喔……喔喔！」羅維各呻吟着，眼睛和嘴都張開到最大的限度了。

「喝口水吧，」店主人在旁邊勸着說。「來，喝點水吧。」

「我的袴子！」巴力諾望着自己的袴子，帶着哭聲說。

他抽出袋裏的手帕，將一角放在杯中浸潮，開始出勁地擦那塊汙漬。好在那濕淋淋的觸着他燙痛的皮膚倒也給他一種舒適的感覺。

他將那條濕手帕鋪開，可是一見手帕他的臉色立刻變白，他將兩個銅幣向盤子裏一丟，急急走出店去。可是還未走到街口轉角處，他發覺自己正與潑台拉船長劈面相逢。

「喂！你也在這兒？」

「唔，我……我……」巴力諾·羅維各支吾着說，他覺到他已失去體內最後的一滴血，「我……我……起身得早……所以……」

「在涼爽的晨光中散散步，是不是？」潑台拉代他講完。「好個幸福的人！無憂無慮……多自在！一個獨身男子！」

羅維各留心注視着那人的眼睛想要探個究竟……唔……看來很有點像……那畜生這般早就在屋外，還有那陰黯，暴燥的神色……看來他昨夜一定又同女人吵過了。我要殺死他！」羅維各心中想。「一言爲定，我非殺死他不可」但是在回答的時候，他卻恭敬地帶着微笑：——

「可是你自己也很……」

「我？」潑台拉咆哮着。「什麼？」

「你也……起身得很早……」

「噢！原來你不懂我爲什麼起身這麼早？我一夜沒好好的，教授。也許天太熱……我不知道——」

「咦，你沒有……沒有……睡得好嗎？」

「我一夜沒睡，」潑台拉惱聲叫道。「要知道，我一夜不睡，連一睡也不得，我就要發怒。」

可是……對不起……這難道是……」羅維各說時抖戰得利害，可是臉上依然帶着微笑。「這難道是別人的錯，假使你不見怪我這樣問……」

「別人？」潑台拉驚異地問。「怎麼拉到別人頭上去？

「咦，你說你要發怒啊。同誰發怒？天熱的時候，你同誰吵架？

我同天氣，同我自己，同每個人都要發脾氣，」潑台拉說。」我要空氣……我在海上過慣了。至於在岸上時，特別在夏季，我討厭這些屋子……圍牆……煩惱……和女人。」

「我要殺死他——，我非殺死他不可！」羅維各默默自語道。可是面上依然帶着微笑：——

「你也討厭女人嗎？」

「喔！女人……實際上說來，從我個人方面講，女人……你想，我一開船就多時不能接近她們。當然並不是說眼前，現在我已是老人了；可是在我年輕時候——是的，她們的確合我的胃口。可是，有一件事我可以自誇——我一向能管制自己；我要的時候，追着她們，不要時候就不去。」

「一向這樣嗎？」（我要殺死他！）

「一向這樣，假使我要的話～～你是明白我的意思的。可是在你就不同了吧？你是不是很容易入網？祗消她們一顰一笑，或是含羞地向你望一眼對不對？來，來，老實對我說。」

羅維各站定了望着船主的臉說道：——

「要我說實話嗎？告訴你，假使我有一位妻子……」

可是我們現在並不說妻子。這與妻子有何關係呢？我說的是「女人」「女人」！

「難道妻子不是「女人」嗎？那末她們是什麼呢？」

「啊，當然是！有時候……她們也同旁的女人一樣！可是我的教授，你現在還未娶妻，我希望你爲你自身打算，永不娶妻。你要知道，妻……」

他挽着同伴的手臂，不斷地邊走邊說。羅維各注視着船主的臉，微腫的眼皮上兩道青圈，心想這是爲了失眠的緣故……也許……可是有時聽他的口氣……彷彿……彷彿那憐的女人得救了。一下他又滿腹疑懼。他的憂急有如永無盡頭的日子，那傢伙却拉着他沿着海邊一直一直向前走去。好容易後來他轉身向回家的路上了。

「我不放鬆他，」羅維各心想。「我要跟他到家去，假使他沒有盡他的責任，「我們三人的末日到了」

他懷着殺人的意念，心頭充溢着憤怒，毒恨，彷彿全身的骨節失去了支持力，一齊瓦解了。正在這時他到了轉角處，抬頭向潑台拉屋子窗口一望——掛在綫上，哎喲，天啊一一條……兩條……三條……四條……五條手帕！

他的鼻子翕動着，嘴睜得大大的，頭裏祗是旋轉，過度的快樂使他氣也透不過來。

「什麼事啊？」潑台拉叫時忙扶住他。

「親愛的船主！」羅維各說。「親愛的船主！謝謝你，眞是感激你！你給我無限的快樂，這……這……愉快的散步……可是我累了……疲乏極了……我要倒下來，倒下來。謝謝你，我不知怎樣謝你，親愛的船主。再會！祝你一帆風順！再會！謝謝你！謝謝你！」

潑台拉纔從門內進去時，羅維各興奮地向街的另一頭奔過來，發出快樂的呼聲；春風滿面，眉開目笑地，他伸着五指給每個路人。

其代表作之大要，每一劇作家皆有凱帶絲所作之肖像，每一代表作之舞台裝置亦由凱作設計圖略，均係以木炭畫作成，其車觸之純熟老練，及其對於人像頭部解剖學研究之深刻，均爲近代畫壇不可多得之作。

至於他的身世，現世尙無從知悉，即詳查德英法美各國百科全書，亦無記載。

憶中國文藝社

陳天

我是一個文藝門外漢，曾經參加了一個文藝社——中國文藝社，做了文藝社社員以後，到今日還是一個文藝的門外漢。

中國文藝社總社設在南京，當時我在南京新民報任副刊編輯，兼採訪又兼主筆。參加「中藝」却是被動的，本報對於一切重要而有政治背景的社團，都要派人參加的，第一是採訪普通消息，第二是採訪特別消息。其所以得以消息靈通見重讀者即在此。

本報社長與我有同鄉同學之誼，他以爲「中藝」是極關重要的文藝團體，並非我參加不可，我本來不歡喜做文藝團體的社員，同他們一窩風去鬧什麼「路線」，可是經不住社長再三的責以大義，我只得委曲求全，做了第一次文藝團體的社員。

二　中國文藝社的前期

國民黨暗中御用到中日事變初期爲止的最後的大規模的文藝團體，就是中國文藝社，據有人後來批評道：「這社團，即使不遇阻礙——中日事變，也不會有多大的出息。」我則說：「照理應該有了這個阻礙而始發展它的效能，」然而眞的沒有效能發展，到了南京失陷之後，即隨之而消滅了。

這算是國民黨文藝（不是文化）政策的失敗麼？

但是「中藝」在當時，却承受了國民黨文藝政策所指出的「民族主義文學」的重大使命，而與轟動全國左翼作家聯盟所提倡的「國防文學」相對抗，驟視之下，它眞是冠冕堂皇的「文壇正宗」。

記中國文藝社，當分爲前期與後期，筆者所知道的前期情形極少，大略當時規模不大，無所作爲，經常只出版「中國文藝」月刊，以及會員們著作的單行本，算爲「中藝」叢書，很少公開活動，連與南京的文化界也沒有多大關係，實際上乃一領津貼做報銷的團體，社中工作人員很少，至多有二十幾個掛名社員，寫點稿子領稿費而已。

北伐完成以後的兩二年，中央剿共軍興，頗無暇注意於文化事業，因此「中藝」僅聊備一格；得政府撥給一點經費，幫助幾個與中央有關係而無出息的文人，黨部與政府皆不以「中藝」爲需要的組織，不但「中藝」不能給國內文藝界有何影響，連在南京的文化人亦有尙不知其爲什麼團體的。但，該社早已成立了，悠閑的存在着，地點在黃泥坡傅厚崗九號，主幹人是中央大學的幾個教授，外加王平陵與華林，有一個時期。上海作家潘子農也在內中工作。

三　中國文藝社的後期大小事

A 改組成立大會

民國二十四年，上海左翼作家聯盟成立了，「國防文學」的口號，鬧得天昏地暗，引起中央黨部注意「左聯」的文藝動向。迫使「中藝」改組，擴大徵求會員，負起提倡「民族主義文學」的使命而對抗「左聯」的「國防文學」。新社址在中山路司法行政部隔壁，改組大會的舉行是在那年的秋天，官方主持人則有葉楚傖，張道藩，方治，褚民誼，此外還是以中央大學的文學系，藝術系的教授爲核心，至今尙能憶及者，計有汪東，汪辟疆，徐悲鴻，羅家倫，呂思伯，吳瞿安，徐仲年，陳之佛，孫福熙。

還有一些與政府有關或是公務人員的，則爲吳稚暉，謝壽康，華林，王平陵，楊縵華，許士騏，鄭靑士，陳樹人，王祺，王陸一，黃賓虹，蔣碧微，曾仲鳴，張默君，其餘便是在京中而非左翼的文藝份子，共計兩百餘人。

× × ×

改組成立大會之日，由葉楚傖先生主席，他宣佈是以其私人資格參加，並且一不收買，二不操縱，在大衆面前宣誓的說：我若存心利用這個體團，便是烏龜忘八蛋，」引得全場的人都大笑。

會員自由演說之際，就有吳瞿安先生乘着酒意，大唱反調，先是引申中央之輕視文人，繼言中央之摧殘文化。說得義正詞嚴，聲色俱厲，全場的人都屏息靜氣，似乎有什麼「事變」快要到來，幸而有張道藩先生出而婉勸，吳氏始默然就坐。

張先生待吳氏坐下以後，便向大衆聲明：「吳先生今天是酒醉了，各位不要誤會，」吳氏復起而聲明：「我是喝過酒的，但沒有醉，我的話是實在的，中央對於文化事業簡直遺忘了，所以才有別人出來領導，使眞正的文人走投無路，……」這時又有徐悲鴻，汪辟疆們硬拉吳氏坐下，他也不再說什麼了。

以後發言人也有幾位，叫他們演說的聲音頗不自然，都是受了吳氏唱反調的影響，最後將內定的理事名單和職員表公開宣讀一通，就草草終會了。直到中日事變興起至於「中藝」解體，都沒有再開過一次全體社員大會。

B 工作種種

中國文藝社的工作，除了出版月刊與叢書以外，還有一個吸收會員到會的組織，定名「交際夜」每週四舉行一次，冬春之時在社內，夏秋之時多在社外，也有時到玄武湖中船上舉行，無論會員非會員，都可以參加，不取分文，且備有茶點招待，節目跳舞，唱歌，講演，以及各種餘興，倒算是在南京唯一的高尙「沙龍」了。

偶然一次，則有華林親手煮的咖啡以享來賓，那時他便發表咖啡改譯爲「佳妃」的理論，多少人爲了飲一杯意大利式的咖啡，便也歡喜出席「中藝」的「交際夜」了。

在交際夜中還有兩個女職員，担任基本招待，便是中大畢業生畫家張蒨英（高方的夫人）與詩人沈紫曼，（那時未結婚）頗有吸引力，尤以沈女士麗質天生，斌媚可人，浪漫的文藝家們，有很多傾倒她的，其他如蔣碧微女士和羅家倫的小姨，也是每次必到的社員，因而中大的同學就多有在「交際夜」中出現了。

還有一門工作，是負責招待中外各地到京的文化界名人。（不名者恕不招待）或演講，或隨說也是時常都有的，社中備有幾間空房，專門供給這些遊歷者住宿的。

有一位從上海去的文藝家（暫不說出名字）其名不大，又非左翼，但也受了寄宿的招待，總幹事華林，對他素無好感，一天恰碰見他順口吐痰到粉壁牆上，用了不重衞生的「罪名」，立刻大吵一架，驅逐出社，後來回到上海的那個文藝家大大的駡了華林幾次。然而華林却笑說：「我因公事，他挾私仇，勝負早已判了，所以決不回駡他。」

當時多少人都批評中國文藝社是「養閑院」，所謂華林王平陵之流，都是「閑人」，其他的理事之流，完全不管事的，只有張道藩與方治是注意「中藝」行政的，葉楚傖先生一年至多到社一兩次。他乃是理事長。

「中藝」除了表面上是提倡民族主義文學以外，暗地則爲拉攏左翼文化人並收買無黨無派的文化人，當時在南京的左翼作家如田漢，華漢（陽翰笙）丁玲之類先扣留後保釋了。就是加以收買，按月津貼，多方優待，僅要求他們不與國民黨爲敵。在文字上不駡現政府，所以田漢們就在南京大唱其新劇，成立了中國戲劇協會，出演「洪水」，結合了全國南北的男女藝人而演出，成爲空前的盛會，這一次大功，便給「中藝」的負責人獲得，而對於極峯作報銷。

但，田漢等人始終沒有到中國文藝社內一次的，不過他們天天却與「中藝」的社員往還，私交上到有些是極相好的，爲了限制田漢離京，所以他才在那兒以演劇爲職業，出名的小鳥王熙春便因此得到田漢的榆揚而轟動了京滬，飲盛名直到現在。間接的提拔者，還是中國文藝社。我與王平陵是受社命負責聯絡田等的專員，因此也就時常同他們往來。爲了華漢是我的同鄉，他倒反而要拉我與田漢合作。可是我對于戲劇不大感覺興趣，所以不能合夥。在內心我也不贊成他們走的文藝路線。因這個原故，後來田漢竟從我手中，奪去了新民報的副刊地位，由他與華漢合編，使新民報開始左傾了，也出了一點風頭。

C春季旅行團

這個春季旅行團，是限於中國文藝社的社員，旅行的目的原是聯絡滬寗滬杭一帶的文化界，算是宣揚中央的德意，事先派員到各地聯絡契合了，這才選人出發，新聞記者的社員，只決定我一人，後却有卜少夫自費參加，一行約十五六人。方治爲領隊，因爲他是中央黨部宣傳部的副部長，代表葉楚傖先生，其他則有汪東（中央文學院長）汪辟疆，徐悲鴻，徐仲年，陳之佛，孫福熙，華林，王平陵，張蒨英，沈紫曼，杭淑鵑，盛成。

鎮江當時是江蘇的省會，所以也下車去逛了一次，只是由教育廳派人招待吃了一頓點心，嘗嘗最著名的醋與餚肉滋味就離開了。也因在那兒還沒有文藝界的團體。

到蘇州住了一天一夜，記得汪東在東吳大學演說「文人的文德」罵盡當時海上那些不講文德的人。此外還在滄浪亭開了一次歡迎大會，除了分派各地講演之外，就是參觀名勝古蹟。

在上海住了三天，大約是聯絡得很好，報上一致「捧場」，頗有勸人觀「大馬戲團」之概，最大的讌會是市政府招待，除了顯然CP之外，左傾文化人亦有不少出席，共計有四五百人，可謂盛極一時了，其次各文化團體分別招待，其次也是參觀，演講而已。因爲下榻在滄洲飯店，我們臨行的天，舉行茶會，算是還禮。據說自有上海以來，文藝界之接連三日的如此熱鬧，是沒有過的。

旅行的終點是杭州，大家都住西湖館店，僅有二日一夜，節目大致與上海相同，唯一的特點，是那晚上在湖邊文化教育館（？）夜晏，盛成演說，說到他的父親革命殉國，母親慈範可矜，遂大大痛哭流涕，惹得賓主人人嘆息，無惻隱之心者反而斥其不應「大煞風景」，幾乎由口角而至拳擊。幸而第二天就是回京之期，或留或去聽自由，團體便解散。

那次旅行，由我担任日記，後來在「中國文藝」月刊發表，只有盛成演「哭」（不是演說）一事未記。我常聽人們說：「這是民族主義文學的旅行，除了社員開支之外，還有一筆贈品，就是分給各地貧困的文人，雖有收買之嫌，倒底也表示中央注意文人的生活環境。又據華林向我說，那次的用費達十萬元。（合今日二十萬萬元）僅僅是七天的功夫。但是已經做到「文藝使節」的「安撫」任務。

D 其他

中國文藝社自那次春季旅行以後，聲勢頗大，中央也覺有此需要，於是密令各地黨部先後成立中國文藝社分社，記得清楚的有武漢分社，其他似乎也有成立的。

大致關於主催歌唱，音樂，書畫展覽……等會。「中藝」至少每月有一次兩次的。

四　中國文藝社主幹人

葉楚傖理事長，其事跡知者甚多，在此無庸詳述。當時他是中央宣傳部長，所以由他主持，改組開成立大會之日，除了他發誓之外在演說詞中也有一段頗爲妙趣。他說：今天在座的各位先生，都是卓然成家的，無論小說散文，詩歌，音樂，圖畫，書法，雕塑，一切我皆比不上，實在我沒有資格參加這個會，不過我也想到可以幫諸位一點小忙，就如金魚缸樣，我既不是金魚，又不是水藻，在其中本來不類，我只願做蝌蚪（？）專門吃金魚拉出的矢，算是做了一點清節工作，可以保持金魚缸的美麗——沒有金魚矢，有的就是蝌蚪。」這一段話引起全場人的大拍手。

張道藩副理事長，他是英國留學生都討的法國太太，原籍貴州人，却能講一口北平話，專寫戲劇，已出版的有「自救」，又編了一部電影脚本「密電碼」，他本人也上鏡頭，據他說「密電碼」便是他的革命「史實」，還寫成一部「最後關頭」話劇，惜乎未會上演，但經他在文藝社的「交際夜」中朗讀了兩個鐘頭。聽者都有一致好的批評。當時有人說

：「政府兩大員，民誼（褚）與道藩，舊戲與新劇，各佔半片天，」這便說他與褚民誼先生各有所好。因爲褚先生是歡喜舊戲的，張氏對於新的文人，非常愛護與提拔，當時有些文人得中央投一官半職者，多是他的保薦，還有一些在他私人名下領到津貼而生活，得以埋頭從事文藝，所以一般的文人都是稱道他的。

當時首都士大夫階級，頗有洋氣十足茶會的排場，張公館幾乎每週有一次。也是窮文人們所最歡迎的，何況還有外國太太分送糖菓蛋糕的殷勤招待呢。

褚民誼理事，他却對於「中藝」不大感覺興趣，所以特別來一個「票房式」的組織，叫做公餘聯歡社，地點在香鋪營，模範相當宏大，每天都有票友在那兒吊嗓，也曾有過幾次彩排。褚氏本人粉墨登場，空城計的司馬懿是他的「絕活」此外便是大家所已知打太極拳，踢毽子，放風箏，國術運動，他最熱心了，然而他却兼任中國美術會的會長。張道藩是對於文人客氣，褚氏則對一般平民都客氣，尤以新聞記者他愛爲優容，所以在報紙上褚是比張要活躍得多，因爲他的行動，都是有趣味的消息，政府要人中，他是唯一的樂觀派，眞有「國家大事管他娘」的作風。

方治常務理事，他是中央黨部宣傳部副部長，「中藝」實際上由他代葉楚傖氏主持，用流行的話說是少壯派，敢作而有爲，對於「中藝」是非常負責的。據華林說；多少繁難的事都由他解決，不必請示葉先生。他幾乎每日要到「中藝」一次，不去的時候也在電話中問問有無重要事件，他對王陵極好，尤對中大的一批教授客氣，爲人天眞而誠摯，記得平有一次梅蘭芳到南京爲賑災義演，各方舉行歡迎大會，在首都飯店的廣場上開會，行禮如儀以後，衆人隨便談話，他走到梅蘭芳面前笑道：「我這是第二次歡迎梅先生了，第一次是在東京，那時我還是學生，也是歡迎梅先生登台，」梅蘭芳也微笑的說：「時間久了學生界的朋友很多，實在記不清了。」這樣的對話，引起了好多人的暗笑。

他對於「中藝」曾有不少的革新計劃，以期推動文藝政策，然而都沒有實行一件，因爲「中藝」實質上太散漫，也很脆弱，除了領津貼做報銷而外，是說不上實際工作的。方公見旣不可爲也就無所爲了。自然他本身不是一個作家，所以眞要出而領導也不可能，正所謂心有餘而力不足也。

華林總幹事，若要從私的方面，中國文藝社大半是爲華林而設立的，講資格他原是法國留學生的前輩，與吳稚暉們同時，還有些中央要人留法國者，是他的後輩，可惜此公一副詩人氣質，除了當教授以外，做官都不大在行，一輩同學與朋友都已顯赫了，他於中央政府簡直沒有關係，所以吳老頭子便挑他來幹這中國文藝社的總幹事，算是半官工作，又合乎他的個性，每月的薪水旣優厚，還加上一筆極可觀的活動費，在當時統計一月收入，也可以抵得一個簡任大員。華氏爲人誠實熱情，辦事也極認眞，本來會中事務極少，其他的幹事們已可包辦，他則總其成而已。只是每星期四的「交際夜」是由他出而主持的。爲了閑時較多，也爲各報寫了副刊的文稿，散文多於詩歌，所以有人稱他爲不做詩的詩人。他的散文都是含有哲理，讀一二遍尙不知所云。

爲了我愛捧他主持的「交際夜」之場，每次擧行，必用「特寫」在新民報登出，他是很感激我的，因爲其他各報，連「交際夜」的消息，都不登載。其實我却以會員資格爲本會宣傳初無標新立異之心，後來八一三事變起了，「中國文藝」月刊改爲戰時版，化整爲零成了週刊，實際上便由他與我兩人負責編輯，成了同事與同志之後，我更對他了解是純粹的一個學者，可惜在中國是不容這樣的人自由存在的。

王平陵出版部主任，他是以寫小說出名的，雖然沒有入過大學也沒有留洋，却頗看不起大學生與留洋生，他認爲學問不必在學堂內研究，只要自修，也是能夠成功的，中國文藝月刊，他是四位編輯委員之一，每期必寫稿幾篇，志在多分稿費，又愛在上海各雜誌投稿，一經刊出，則買以贈給同文，藉資宣傳，對於文藝問題，確實潛心研究，能翻譯英文法文的文藝書籍，眞是一苦學者，志氣之豪，吹牛之力，在「中藝」的職員（幹事類）是無出其右者，因此與華林成「兩雄不併立」之勢。時生暗潮，「中藝」之所以無大出息者，王華的鬥爭也是原因之一。

他在中央宣傳部掛了一名「特約撰述」的頭銜。頗不成其爲官，是以常思一過官癮，有時竟入了迷，多方周旋，惟限于資格，都不成功，後來有國民大會代表之選擧機會來了，他公然回家賣了祖田，借了債去收買羣衆要當溧陽的國民代表，結果書生戰不過鄉愚及土劣，他失敗了，因此幾乎傾家，他便向人宣誓，「今後決不再幹這種傻事了。」

除了上述六人之外，其他職務並不重要而却知名，如汪東，謝壽康，徐悲鴻，邵華，蔣碧薇，曾仲鳴，孫福熙，讀者亦有所知，在這兒從略了。

中國文藝社前後兩期共有八年歷史，照說應該對於中國文藝多少有所貢獻，尤其是在後期還負起了提倡「民族主義文學的使命，可是在「左聯」的作家們看來，實在不足輕重焉能與之對抗。就是參加的份子，初心也並非對中國文藝有如何的主張，不過既已供職中央，而又是文人少有不參者，不參加則有反對之嫌，即參加也只是參加而已，誰也沒有對於「中藝」如其他的文藝團體——創造社，文學研究會，語絲社之類，眞的是爲文藝動運動而努力，所以有人說：「即使沒有中日事變的阻礙，也不會有多大的出息。」

凡是一個團體，在中國只要是成了御用的，受到官方支援的就不會有較好的成績，這三十多年來皆是如此，近年以來，似乎也有類似「中藝」這種組織，其內容的實際，簡直連「中藝」尙不及，因爲主幹人都是「名不見經傳，」更無所謂成績了。不是尸位，便是分贓，政府的文藝政策，何從而得實現呢！我們要求政府，對於這樣的御用團體，最好還是解散，將那一筆龐大的經費，移作別的正當需要的用途較爲妥貼。文藝團體是國家需要的，然却不需要像中國文藝社那種團體。幹文藝的人，參加了那種團體，都是無聊。我不是幹文藝的，又是奉命去參加，更是無聊的無聊，至今在我的記憶中，中國文藝社，還是一個無聊的組織，雖然那組織中也有不少眞正文藝家。

廢話

問天

一、腦筋不健全的人，似乎還不如神經病患者。

二、離婚後而懷念前夫好處的人，似乎是忠厚的，有情的，不過，也更顯得她沒有用。

三、在父母喪中，或弔唁朋友時，懷念死者的好處的人，是人性的，正直的，想受敎訓的。如果只是悲哀或只是看熱鬧，就不够味了，前者是無用，後者是該死

四、在大廈將傾，天地將塌陷時，見面只談生意經的人，實在令人難過！只是乾着急嘴裏嚷嚷着急，也令人不舒服；能逃避卽逃避，不能逃避卽正襟危坐，坐以待斃，或慨慷就義的人，還有些可取。第一種人，是市場中人，第二種是百無一用的書生，第三種是有出息，可以不死的人！

五、中國之壞，壞在自命爲政治家的人太多理財家也不少。

六、世界之壞，壞在英雄死不完。沒有他們，歷史家就要束手，或者會使歷史改變寫法。

七、現在中國，似乎是流氓，小吏，都作了官。

八、要使中國，將來有辦法，似乎廿歲以上，特別是受到戰時社會敎育的人，都要一齊殺光。

九、將來中國只有老年人，與幼年人是好的。前者受過過去的「人」的敎育，後者將受些「人」的敎育。中間這一階層受的不是人的敎育！

十、反省的機會愈多，愈感到自己無用。冥想的機會愈多，愈覺得自己了不起！

十一、不承認失敗的人，會在敗中取勝，但是不認識失敗的人，總要失敗。時時注意到失敗的根由與可能的人，常會取勝。

十二、個人可以死，國家與民族不會死。英雄明白了這一點，就要不想作英雄。政治家明白這一點，就要更勇敢的作政治家。

十三、固執堅定，一方會使你成功，也會使你一敗塗地。

十四、如果可以用金錢與地位來衡量你，你是不值錢的！

十五、「吾之大患，在好爲人師」，是千眞萬確的。

十六、聽那些利用職位濫施敲詐的人講經過，或聽那些利用色相壓詐男子金錢的女人講門檻，都有些汗毛凛凛。

十七、國家的命運，給予人民的面目表情的變化，實在殘酷得可怕。國家命運的決定關頭，在人民中可產生出兩種

態度：一種是寧死不屈，一種是二十年後再說。前者是慷慨的勇敢，後者是沉着的，忍耐的勇敢。

十八、民族的憎惡與仇恨，可以解消，和解。私人間的憎惡與仇恨，永不能解除，和解。前者是由政治的，經濟的，民族的立場出發，後者由利益，感情，態度出發。

十九、得意，使你驕傲，順利使你忘掉奮鬥。兩者使你過份的估量自己，溫柔鄉，使你鬥志沮喪。失意使你自卑，逆境使你失掉奮鬥的勇氣。兩者不使你看不起自己，就使你有些狂妄。艱苦境，使你想掙扎，但也易於使你絕望。執其中、確當的估量自己，決定態度，不是件容易事。

二十、「其愚不可及」，「其智不可及」，是一般人不能瞭解，體認，躬行的「智」與「愚」。自覺其「愚」者不愚，善用其「智」者方謂之智，能善用其「愚」者，不爲大善，即爲大惡，能隱蔽其「智」者亦然。只有不知其「愚」，過於其「智」的人，方是大愚。

二十一、待人尖刻，不如渾厚，但在上海，於渾厚之中，你應使人曉得你也懂得別人的尖刻，自己也會尖刻，或者比對方還高明一些。

廿二、覺得自己看不見別人，或者別人都遠離開自己，還是入世的，只有終日與人混，而不自覺到有人者，方是出世的。

廿三沉默比講話有效一些，用面目表情，似比用語言更深刻一些，語言是後起的東西是人與人之間的作僞的作品。

廿四、迅速的處理許多事體，有一點秋風掃落葉的快感。仔細的處理一件麻煩事情，也有一種刺繡的創作意趣。無事作有時使你感到過度的無聊。不過，如果你能到一方面發展你的冥想，玄想，或者，你學一點禪定的工夫，使思想不要發動，或有一條理路，也各有其風趣。

廿五、領帶着一羣絕對信任你，絕對聽你支配指揮的兵士，走向絕對絕望的路上的將領，心境應是十分難過的。對於朋友，也是一樣，如果毫不憐憫的，自私的去使用，或應付這一批人，你就是世界上的罪人。

廿六、在逆境中，應付離叛忘恩負義的朋友，夥伴，是容易的，應付絕對信任，同情你，並且準備與你共命運的人，是十分難的。拒絕別人的同情與信任，非大勇大智者不能爲。因如此辦，多半是希望別人可以走上較好的道路上。可是，這種希望要能表現出來，必須先戰勝那些對於同情，信任你的喜悅與留戀的反應。

廿七、兩個多注意對方利益，而準備自己犧牲的人，如果共事起來，或許與兩個只知私利而不顧別人的人，同樣不易於成事。前者由於太客氣而距離遠起來，後者由於相爭而遠起來。比較易於成事的還是一個自私得有限度，與一個讓步沒有限度。

廿八、想得過多，過於周密，就沒有實行的勇氣與可能，此之謂書呆子。想得不周密的人，勇氣反足一些，結果有成功有失敗。但是，不實行的人，就連失敗的機會都沒有。

人類危機的前奏

張契尼

時至今日，人類世界已遭逢文明毀滅之重大危機，有智之士率無不思挽救之道，然吾人所當及所能爲力者，非在直接去治理世界，乃在直接整頓自己所屬之「鄉土」。（予特迴避「國家」一辭，此「鄉土」爲謝魯先生所用。）蓋吾人雖思拯救世界而只能從此可能之範圍着手，此顯然之理也。予曾於「再建旬刊」發表論中國究竟要成爲怎樣底中國一文，斷言「中國可興」，（此所謂「可興」，非僅關富强之意。）之確信，並言明中國將成爲「世界之特徵」。世界諸種「文化類型」雖終將走其各自之路，必與中國文化之眞正精神相融溶吻合，然後始能救此世界於「自己毀滅」之危機。予爲該文至今歷時已久，殊覺有意未盡，且此重大問題，亦須要常常提出，引人注意，然後大家討論始能奏效，非一人理想所能盡，大部問題則尙有待於明達也。予今再度申言此旨，所論或與前者有異，孰是孰非，亦請諸君以己意判斷，作者固不敢盡負其責。

予更聲言，事實之必然趨勢，演變至此，將來亦必相當延長，目前解决乃爲事實上不可能之事，故吾人實不得不堅决信念努力奮鬥。即此次世界戰禍之起因亦非一端，然其根本原因則爲人人所了然，不過「文化崩潰」之現象耳。此崩潰現象自科學昌明，實業發達以來，既已萌芽，至前次歐戰實爲一具體表現，學者多有所覺悟，惜人力太微，未能奏效。無論政治經濟等均不得其正常發展，「喜動之人類」亦無正當之活動範圍，尤以知識靑年，滿胸悃忱無由宣洩，遂標新之異，挺而走險，實社會之一大問題。於此矛盾多端滿目皆非的時代，最容易發生兩極的念頭或則時代如此，非一人之力所能改造隨俗浮沉，不求上進，過重現實，流於卑污。或則以爲人世醜惡傷心慘痛，不知善用思索以圖改善反終日空談怨天尤人，這是必然現象，實不足怪，爲挽此弊則吾已言之，惟有抱定希望堅持信念之法，即「凡事盼望凡事謝恩」之謂。故謝魯先生論「走出現代」，「否定國家」，便有一位我很敬重的先生來問我說，「現在談救中國是否要着先從建立中國國家着手？」我便答道着手自然只好先從這裏着手，而這位先生雖則原本贊成這個說法，却以爲謝魯先生是我很推崇的人，便問謝魯先生何以竟全然否定『現代國家』，我則只好回答說：謝魯先生因未做中國的主席或總裁故作如是言耳，倘身當國計，則恐未必如此宣言政治主張」，蓋理論，信念與實際實行的手段當不能完全一致，甚且相反，固執不得。比如你想解决性慾或生養兒女，則無論你若何反對現行之婚姻制度，除你肯去犯罪而外，惟有結婚之一法。「先學養子而後嫁人」乃爲撈苦之言。「欲達必自邇登高必自卑」始爲至理。第因「追趕進化」，「改造國家」 已久爲前人所喋喋不已者，均因缺乏信念所適從，以致全無效果，故今日吾人第一事即須堅决信念，謝魯先生之文，亦正爲此而作，不知先生以爲然否？予以爲讀文章須先看作文人立意在何處，專在字面上下功夫，或專門挑剔作者讀書多少遺誤何在，全無用處，且實負作文章者，愛人類，愛同胞之苦心。

今日正當中國危急存亡之秋，到處戰禍，民不聊生，血流盈壑，臥屍遍野，哀號之聲，塞於霄壤，而仍衆見紛紜，無救亡之策，蓋此時代乃苦悶之時代黑暗之時代也。國際間明爭暗鬥無計不施，即政府與人民之間，亦無不掩掩遮遮撞騙哄騙，舉世如此，何獨吾中國爲然哉。

是故予爲是文非所以爲掌國政者求致富圖强之策，亦非完全捨棄愛國熱心，專務空談，由論之點，只在於人類世界之前途如何，亦中國或存或亡有關世界者何在，其他問題，非所計也。

今日國人持「中國將亡」或「中國必亡」之論者必甚少，此亦國民精神較前振作之徵驗，偉大國度之氣魄也。然則中國何以不致於亡之理，諸君必不能斷言。即或小有理由，亦必不能中肯。此予敢於確說者也。然予自身亦殊無具體理由說出，國富乎？力强乎？地利乎？人和乎？皆未然也。但予仍深信諸君之信念，實爲可貴，要在見與不見之中，知與不知之間，至理在此，何必躭心。

然諸君請勿過於自信，以吾中華大國有文化歷史四千餘年，安能亡國。倘諸君當眞以此爲理由，必遭失望。蓋此次世界戰爭，實數千年來人類歷史未有之變局，戰區之龐大，財力生命之損失，毀滅文明之魔力，均爲空前未有者。過去歷史實不足恃。偶一失愼「國破家亡」，殊爲易事。故個人實無「中國國家必不可亡」之確信。國家既亡，尙有何者不亡，爲多數學者爭論之點，下文當述及。予僅於此處聲言樂觀者，亦請勿看輕世變不竭全力以奮鬥，悲觀者亦勿失意，頹唐喪了志氣。蓋中國亡，世界得其救，亦頗堪自慰。況如若只須中國一亡，世界必然得救，捨此別無他道，則吾中華國民必不惜爲人類犧牲自己之福利「自請亡國」。第恐事實非如是之簡單耳。故吾人實不得不暫擱置此念不題，以下則當論世界趨勢所歸何在。

與未來世界約言

歐洲文明獨霸世界已有長久歷史，中國元代雖武功甚盛，乃爲異族，是亡國不是强盛，且其威力亦未及歐洲本部，而截至此次大戰，歐洲文明之破滅已呈現顯然之象徵。所以說，這是人類文明以來未有之大變局，實非過分之言。世界各國都不能自保其固有文化，同時崩潰混淆，陷於自己矛盾之中，且此潰滅現象必將稍爲延長自己不能解決自己之問題，人想出的辦法均不見實行，學高識廣之人，亦皆無所措置。英國威爾斯氏（H. J. wells.）曩者擬有使世界聯合長久和平之具體辦法，吾人則甚不敢存若何希冀也。前次大戰僅限歐洲各國多爲實利而爭，於文化之根本影響尙小，故當時德國政府曉諭國人謂，「英國之獸性國民利已心太重，我德國爲維持一文明之大理想起見，不能不起而宣戰。」英國政府亦聲稱，「德國之殘酷的軍國主義與打張威權之野心太凶，我英國爲保護條約神聖及弱小國之利權起見，斷不能坐視」。言之有故，持之成理，倘均大言不慚，故當時可憐之美國大總統，威爾遜氏（woodrow wilson）振臂高呼，鼓吹正義提倡民族自决，而英德等列强則胸有成竹冷淡對之，故威氏之志，未見實行。時至今日，吾人正希望有此等保護正義者出，且時候已至，則反獨無其人，何上本薄待世人，既生英雄，何不擇時。威爾遜總統空倡正義，而美國已大受金錢損失爲大英帝國之犧牲，今日美人深知此弊，唯利是圖，大量金錢飛回美國，既撈回以前所吃之虧復取得海車根據地，英法之殖民地等，大佔便宜，美國此舉實足以延長世界之戰局，與蘇聯遙遙相映，兩大奸雄，將霸世界，對峙之局，非一時可解。

然今日之世界戰爭，雖非如「意識戰爭」等誇大宣傳，而其間之眞正戰禍起因，亦有不能具體言之者，即過去英德兩政府雖天天講演聲明作戰决心，而究竟爲何而戰，則無明言之能力。只因憎惡，只因恐懼，又怯懦不敢用和平方法解逡，以其好流血之獸性訴諸戰爭。交戰國雙方亦且不知所爲惟以恐怕亡國。不敢反對政府，雖反對戰爭，亦不知徑從何處反對。只有忍痛犧牲，盲從作戰而已。戰爭之無謂，有人心者莫不覺之，然則何以戰爭仍能延長？則因無法停戰之故。至今日戰爭自己去戰已非人力所可左右！爲萬物之靈之人類！自己之事竟不能自己管理，其恥孰甚。即中日戰亦何嘗不然，是以今日雖有主持正義者亦皆不敢出且無出易之機，而確信正義之應保護者，亦甚少！此事遽變竟至於是！

次論世界混亂之原因

欲知世變之將來，須先知混亂之原因，倘詳加考查，則致亂之因必多至無法計數，然究其根本則甚簡單，即人類之智慧不足，不能與物質世界共同發展之故。英哲羅素曾爲此論，予初則以爲人爲萬物之靈何至能如此，嘗斥之，誰知事實具在，臉面實難顧得也。然考予所以反對之因，則具吾中國大智者歷史以來多在精神而輕物質之故耳。（今之國人，崇拜物質者固多，皆崇拜其學說耳，根本精神固未嘗變也，）羅素氏以科學之分析法則考察一切問題，均甚周到得當，惟限於過去或現在可以推論之事實，將來及非科學方法所能盡者，則非其所確知。予爲此說必有明智之士斥予爲夾知，竟以中國之精神文明爲至寶，不知在西洋古已有之，特中國之未進步耳。予爲維持公道，亦必力辯此誣。蓋「精神文明」一詞，是否可通，自可多方考慮，然此係大體言之，爲簡單聲瞭之用，必求其疵，則東方文明豈無物質之論哉。予亦不敢以東方文明爲天下至寶，國可亡，此寶永存。亦何知東西人類大略相同，豈能有所軒輊之分，特「鄉土性」之不同故也。此點予曾於他處論之，後論世界新文化之產生時當再及西洋中世紀時之基督敎，不求此生幸福，專講苦修，亦豈非「精神的」哉。其精神之當否姑且不論，其爲西洋文化淵藪，古代文明賴以延續則爲事實也。吾人當確信，基督敎之信仰維繫社會兩千年來，益大而弊小，實西洋文化之光彩也。惜後來宗敎變爲功利之傀儡，維繫人心之力日減，西人之短處畢現，責在人心，不在敎義。即將宗敎勢力之衰頽，亦爲必然之現象也。吾人不爲敎會或敎主惜，特爲敎義惜耳！人之治學當能於同處求其異，異處求其同，始能貫通，有所心得。豈能因一二學說，即忘其大體之異同所在哉。況人種文明之表現在多方面，非一二學說所能盡者，今之智士，當明此理。

至物質世界畸形發展之主要原因，在於因科學進步而起之實業發達。實業制度興盛之結果，遂產生多數資本家操縱世界經濟，金錢流入少數人之手，貧者愈貧，富者愈富，共產主義亦即應此懸殊而起者，惟未能實行於實業發達之國，反爲實業落後之蘇聯所採用。資本主義者徒知視若蛇蝎，不知自覺，力求致善，蘇聯遂得以乘隙而入，搧動世界戰爭，造成人類文明之絕大危機，其陰謀險略，實令人寒心。其實，蘇聯之國際陰謀，無非爲自利之目的，豈有絲毫爲人類謀福利之徵，所謂共產主義實不過其挑撥階級鬥爭之工具耳。常人失察，不知揭破其僞面具，反只顧作反對共產主義之空談，並使共產黨人以凡有共產主義之學說思想皆爲其私有，旗幟益明，騙人益甚。反對之者，實即助紂爲虐之人於社會根本問題毫不知求適當解決，更多不通經濟學，共產主義之要領不能抓住，何由而反對之哉。宜乎共產主義機遇之佳也。

原來近世以還，政治經濟的混亂爲一切的混亂原因，西洋社會因實業發達之結果，人民生活漸趨機械化，一切皆爲政治經濟所左右。故政治經濟一混亂，遂全體動搖。中國因爲科學落後。又是靠農業生活，多半人民可以自食其力，不如實業發達的國家，貧民都要倚仗資本家吃飯，一人可以左右若干萬人之生活，故政治經濟在中國實無具體勢力，不致一變而影響全局。這是中國佔了落後的便宜。雖然正當這個岌岌覆亡的時候，多數人尙能穩住心神，不會彷徨失措，倘諸君不嘲予爲腐敗，則予將又云，此爲中國文化的遺傳下來的眞正氣力。

參考：

張君勱先生曾表列當代政治思想之混亂情形，茲錄之如下，以供第一表：一，國族主義——國際主義。
二，全民族——階級。
三，個人——社會。
四，民主——專政。
五，立法行政對立——立法行政混合。
六，資本主義——社會主義，共產主義。
七，自由競爭——統治。
八，自由經濟——計劃經濟。
九，對於史觀不標主張——唯物史觀，精神史觀。
十，自由——權力。

以上所列乃概念上之對立，並非謂在上者成一系統在下者又自成一系統，如意大利雖注意國族主義，然其政治則爲專政，如美國之政治雖屬民主，然其最近之經濟則帶有統制性，此所望兩層中參任錯綜之關係也。

第二表：若以各別之國爲背景，英美立於一方，蘇俄與意德立於他方，則其對立之情況如下：

一，民主——專政。
二，行政立法分立——行政立法混合。
三，議會與內閣——執行委員會。
四，多黨政治——一黨獨裁。
五，自由——權力。

以上對立中倘有應聲言者蘇俄與意德雖同立於一方然蘇俄提高無產階級而意德則否，蘇俄信唯物史觀之說而意德則否，此又所提錯綜關係之一種也。

第三表：若以同屬於專政之國家，而細分之其中，又略有特殊之點：

一，蘇俄奉唯物史觀——意德則否。
二，蘇俄之選舉以階級爲本位——意德則否。
三，蘇俄之政體爲「盤香制」愈上層之統治者其人權愈少。——意德至今猶許國會存在。
四，蘇俄行共產主義——意德則否。

觀以上各國政治之混亂，安有不爭之理，至於今日非但無改善之模樣，反益趨混亂，反覆無常，自相矛盾，即自己本身亦無一定之大政方針，一國之政治既無定局，執政之人，又皆三心二意，是故今日之混亂，乃爲「全盤混亂」。天下亂，國亂，家亂，人亦亂。實愧對亞里士多德「人類爲政治動物」之言。更有甚於政治混亂之經濟混亂。此爲人之皆明知者。這個問題不解決，道義必將永不足以維繫社會秩序，人類之自相殘殺，殆無已時，現在和將來科學進步，不足以制止資源之消耗，見其進步之路途不知檢點，精力多用於無用之地，將來人類食動即不免發生問題，觀歐洲今日之貧困即可預料，即在今日，倘無殖民地及中國等地供給其原料，其飢荒問題恐不免隨之而起。諸君，科學家既相信人力而制勝天然，蓋於此問題多多注意，反從事意氣之爭，使人類之罪惡，大顯淫威，其重量雖地球不能覆載。無論諸君爲講究正義，或專務實利之人，均當自知警惕，豈人類之些須美德，亦必蕩盡不存乎。可憐之威爾遜總統，於前次大戰之後，即竭力提倡國際間之正義，並倡導國際聯盟，維持世界和平，實由政治家之楷範。誰知人心腐敗如此，有非少數人所能挽回者。國人爲萬物之靈，竟至自己事亦不能自己作主張，悉皆委之於「時代」，以爲時勢若此，非人力所及，豈不愧哉。近人大明乎此，乃更變本加厲以正義爲傀儡，以爲民族要即非向外發展，侵略他人不可，自相殘殺，正義泯矣，人之異於禽獸者亦幾希矣，豈達爾文創生存競爭之進化論，力言人原爲猿類，競爭而進化者，本意即在於打破人獸之界限乎。嗚呼，予非故作憤慨之言，以觸君等之怒。實今之世人，於人天至理則勇於否定，勇於背叛，而於此具在之事實，則不得不俯首帖耳，惟命是從。何諸君勇氣之不足若是耶。吾人固知於此時空言人類正義，雖粉身碎骨，亦徒爲人笑爲瘋狂無謂，（實則爲此言者，已有十之八九爲瘋送入狂犬病研究院者，——聞此病於毒發之後，頗難治愈，故姑名曰研究院），必與事實無補，然雖明知無益而猶喋喋不休者，亦有其說，蓋吾人雖無使世人盡善之奢望，亦尙欲退三步想，勿使未盡敗壞之人，再被誘惑，復墜迷津。

文化之「發生法則」變化萬端，絕非機械之方法所能盡，亦非執人之思想範圍所能解釋，（予自知一作此說必遭受聰明者之重大譏諷，然諸君自命明智，竟不能予「人」之一辭以正確定義，尙有何理由諷予忽略人性哉。）故不論昔日威爾遜怎麽倡導國際聯盟，消弭世界戰爭，不論各國怎麽贊助設立法庭，正如蕭伯納在名劇日內瓦中所嘲弄者一般可笑無用予曾屢次聲言社會混亂之主要緣故，乃在因科學倡明而進步之實業制度，畸形發展之故。此雖爲人人皆知之事實，企圖改造者却甚少，予所設改造者並非專指負改造社會之責的社會學家而言，乃指社會中之個個分子而言。各人只知苟且因循，眼看人類個人之自由日漸減少——即因科學之進步，人類對自然之自由有所增進，今人之所能達到者，亦不足以償其所失，——竟置若無睹，更不許人興「人心不古」之嘆，予實不知今之人，果存何心？

亞里士多德以人類爲政治動物，觀今日之政治現象，予直欲否認此說，復思今日之政治，亦今人之政治也。蓋仍爲一體也就罷了。亞氏又以倫理道德學爲政治學立支，觀夫今日政治敗壞卑下之情形，予又將反對此語，復思今日社會之倫理道德爲何乎？除俯首於環境下之一時秩序而外，予實不能附添任何高尙解釋，凡此種種罪過，倘非如進化論所言爲理所當然者，將歸咎何人乎？人類乎？上帝乎？科學家乎？資本家乎？予則以爲皆不必也。蓋吾人當只知改善不知歸咎，遇有改善之障礙，則不惜除之，亦仍是改善不是歸咎，即所謂「非黨派的精神，」（政黨政治斷言要走末）故吾人斷不須歸咎科學，或歸咎資本，這都是無生機的東西，何嘗會造罪？且因科學進步，已成必然趨勢，則吾人只須研究其將來之趨勢如何？怎樣改善？實業制度之發展，亦甚顯明，即實業落後的國家，如同中國將來，亦必走上此路，且非走此路不可。現代之民主，經濟，政治，莫不由此而發生，結果便造成專制的，假的自由精神，向下的唯物的經濟傾向，人類漸漸不辨是非，愈趨下流，蓋「認識自己」（KRow Myself）實一大難事，蘇格拉底獨到此說「超越自己」，（self-transeerdent）則艱難而重要十倍，予將力倡此道，以使此人勇於自拔，道在「超越」，非言辭可盡，予所以敢予提出中國以欲盡世界之義務者，亦正在此。

予素怪人之思想何皆偏狹固執，不敢放開心胸，孟子曰：「學問之道無他，求其放心而已矣。」「放」者發揚光大之謂也。常人之情多喜自私自偃，求自足於狹小，略不敢，亦不知求其一貫通達，譬如今日爲「國家主義」時代，各國均爲自己之利益而奮鬥侵略他人，是故今日欲有所言，即當言功利，言強暴，否則必遭不識時務或空言無用之譏。其實予豈不識時務不顧實際哉，皆因欲知時務實際之所以然，故不得不開大眼光耳，最使予氣悶則爲他人之言論，予一一受之，以爲恰當有理，且與予言不悖，而人之予我，則每每以爲不合己意。竟不假思索，從而否認，略不知其胸襟狹窄得可憐也。譬如論「國家」這種組織之前途如何，則不能不與以上所談之實業制度連帶言之，是爲今日世界之當前具體根本問題，斷非空談理想所能盡者，豈可不作實際之觀察哉，蓋談理想是一事，談實際又是一事，兩者不可偏廢，其間錯綜複雜關係，亦待有心人去認識理會。

予前曾言將來「國家」一辭，或如現今之「國家組織」，是否仍繼續存在，或將如何存在，均屬問題，第因問題與實際之處理者有關，實難預先判明將來之形狀爲如何，有所能言者，則不過其大體趨勢耳。

今日國家主義顯然爲實業主義所養成，而此種爲實業主義孕育而生之「國家主義」，恰與其本意不合。於無意中造成如此障害之强大勢力。因地理人種關係以及人性之本能團結而成之「國家組織」，除目前「經濟上之方便」爲國家現狀存在之一部分理由而外，當仍有人類天賦愛國之感情，爲其存在之絕大理由。亦因此而阻撓實業主義之自由發展。以致矛盾衝突不止，致使人無正路可尋，且此可憐之人類感情，至今所餘者，僅爲無力之嘆息耳。人人深信生存競爭之理，以爲稍顧人道卽難以維持自己之生存，待至人類之「人性」喪失（須知人亦可以喪失人性，成爲「非人之人」或經爲「非人」；）僅爲自私自利而競爭，則由於人類愛生存之天性，其戰爭亦尤爲殘酷，毀壞人類文明之勢力亦愈强大，無論何人，凡不接受此「新興之暴虐主義者」必遭受最嚴重的壓迫，理智視作廢物，自由成爲贅累，西洋文明之德謨克拉西必出乎爾反乎爾，被自己恐嚇，以至消亡！實業制度所產生之資本家爲自已利益，以國家爲傀儡，以自由民治爲武器，壓迫其競爭者。故其於國內實行資本主義，在國際間則不惜挑撥戰爭，將來資本家爲使利益不爲別人所得，人類爲滿足貪婪無厭之物質享受，所有地球上之資源被過度開採不知節省，人類未來之貧乏問題，卽將發生，如今日之歐洲倘不至力求人類和平從長計劃根本問題，必將遭受異常貧乏之苦，現代人類高唱的「意識鬥爭」，全與實際無補，其自相矛盾，與「愛流血」殘忍之惡根性，實令人不可索解，而此惡根性竟復爲全人類所公有，尤爲憾事。人之不明，只知耳聞目睹者爲實在事，眞正切要實際之根本問題，反以爲空談。人之理智，成爲只隨外在環境轉移之機械物， 自命爲最進化之人類， 其無能亦實可嘆也。

將來國家之存在與組織，必重行規定，然此種規定，決不能消弭戰爭，使世界和平。反之其戰爭於未至蒙受多數人之反對，認爲應該並可能避免之前，恐將更烈。犧牲性命毀滅文明之力亦愈大。將來再有戰爭，必是專爲生存食糧而戰：「意識戰鬥」「民族精神」等今日之時行辭句，儘成空談，爲人所擯棄，惟有「果腹戰鬥」，「禦寒精神」等標語，始能聳動彼一時人之聽聞。正如經上所云「時候近了」，現在只是「災難的起頭」大苦難尙在來日也。故値此人類重大危機時期，目下之戰爭適足爲來日大飢荒，大暴亂，大流血之前奏曲耳。舊日之人類文明，已入必死之期。新文明則而未見產生。若此衆寰人類之中，寗無智者，深明此理，而努力要求新文化之產生乎？以預防來日之毀滅於未然乎？蓋誠如 Xenophanrse 言，「錯誤佈滿全事」（Erros are sprcad over all Things）人世矛盾錯綜，凡無信念之人，必遭蒙蔽。惟吾人確信人類眞正安寗縱距今尙遠，戰後世界之前途，不容樂觀，人類至善之鵠則，爲千古不變者。凡我智士，惟有堅固信念。

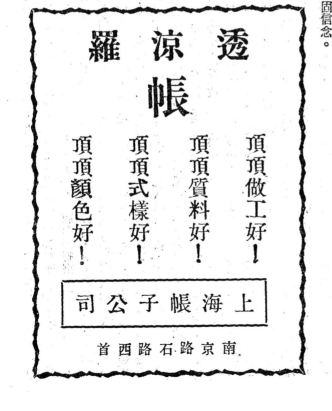

無忌夫人（歷史名劇）

（續）

法，薩爾都著
賀之才譯

第二幕 在拿皇的書房

在拿皇的書房紫色的幔帳，上繡蜜蜂及帶皇冕的N字。柚木的傢具，裝着鍍金的銅飾。在右部，爐中火光熊熊爐台之前有紫銅腿之御書案，滿堆着文件及報紙。在左部有高背之沙法椅及一茶几。許多躺椅及折疊小凳。左部前層之門通內室，中層之雙扇大門，通拿皇臥室。此二門之間，有小書案，其蓋作圓柱形。在裏層，兩書櫃之間，有雙扇大門，向走廊開着，但見燈光明亮而不見燈。更遠，在同一軸心上，爲皇后之臥室門。右部由爐台更進，有雙扇大門，向侍衛室開着，內有軍官數人。在案上，有四燭大臘台，藏着金屬之光罩，照着一幅展開的地圖，二墨水壺，一大一小，紫羅蘭花一束，拿皇慣用之寫字台，並一茶杯一糖缸。寶劍置爐台上。茶几上有大燈點着。

第一場 拿皇，沙伐理，孔士當，聖馬桑，沈而裴各得

拿皇着輕騎士官制服，絲襪，坐於書案，瀏覽報紙；他的侍僕孔士當立其身後。著名之麻麥魯侍衛魯司湯在左部中層之門前。摩德麻羅力當聖馬桑著炫赫之軍服，在沙法背後，屹立不動。

拿皇　幾點鐘了，孔士當？

孔士　當十一點了，萬歲。

（靜默）

拿皇　拿咖啡來。

（孔向左部之門而出）

拿皇　（對聖馬桑）瞧瞧你底報告，隊長。

（聖以手加冠，呈上報告，拿皇瀏覽之，既而：）今晚和你值宿的是那幾位軍官？

聖馬桑　萬歲，是摩德麻和羅力當！

（沙伐理來到）

皇　啊！羅維葛。（半低聲地）怎麼樣？（沙走近）賴伯爾先生動了身麼？

沙　我敢向陛下保證，賴伯爾先生離恭別尼已很遠了，明天便會出法國邊界了。

皇　好！……（他重嗅着鼻烟，緩緩地。沙正待走開）等一等！怎麼我這裏沒有最近的泰晤士報和賴德新聞？

沙　其中有謗語，陛下，不堪入耳的謗語。

皇　不管謗語不謗語，我曾吩咐你，我通通要過目，永遠爲例！這些報在那裏？

沙　在這裏，陛下（他從衣袋取出報紙置書案上）所有誹謗的文字均劃着紅鉛筆道。

（裴各得走入）

皇　啊！裴各得先生，你通知了但澤公夫人麼？

（他一面說，一面展開報紙）

裴　是，陛下。

皇　（忽忽地閱報）這樣談論我底姊妹們！……該死的東西！——明天圍獵的命令發下去了麼？

裴　發了，陛下。

皇　（一面寫着）我要在正午回宮。

裴　那須當於早八點動身，至遲。

皇　我們動身——聽着這個，魯司湯，——定爲早七點半鐘。諸位太太們只消早早起床。好在皇后向來是很早起的。孔士當！

孔　萬歲！

皇　在那邊，侍衛室裏，和衆位軍官一起的，有一位御馬廐的校官麽？

孔　有，萬歲。

皇　（對裴，他走向游廊）你從那邊經過，便中告訴他。皇后接見客人還沒完畢麽？

裴　快完畢了，陛下；諸位夫人正在告別。（他開了中門，從走廊的那邊，遙見皇后的臥室，一律用藍色裝飾着，果有公主們，後隨着諸貴婦，從裏走出，來到皇帝這邊。）

皇　（起立）我即通知她們，並向皇后道晚安。

（大衆排班，向拿皇敬禮）

第二場

拿皇　（乾脆地）請等一等我，諸位夫人勞駕。

（裴各得通報：『皇帝駕到』拿皇走入皇后臥室，從半開着的門口，望見后床。魯司湯仍在左部中層的門首，屹立不動。拿皇甫入后室，大衆即開始唧唧咕咕）

加東琳　（對葉力差）呵！呵！皇帝的氣很大！難道他已經知道那婆娘的放肆麽？

（對羅維葛夫人）公夫人！

羅維葛夫人　陛下？

加　羅維葛公爵在這裏麽？

羅夫人　在這裏，陛下。（喚着）公爵！

葉力差　（對沙伐理）公爵！

沙伐理　（近前）公主？

葉力差　（坐御案前）你曾將在但澤公夫人家所經過的事件稟告皇上麽？

沙　沒有，公主，我還來不及稟告他。

加　皇上爲什麽那樣怒氣冲冲呢？

沙　我一點也不知道爲什麽。

加　（她喚着）蒲魯夫人？

蒲夫人　（前進一步）陛下？

加　你知道皇上爲什麽那樣不高興麽？

蒲夫人　我所能敎稟知陛下的，便是皇上從今天早晨起便是這樣。

加　他若知道但澤公夫人剛才那樣侮辱我們，又將如何呢！

裴　陛下知道皇上命人傳喚但澤公夫人麽？

加　啊！

裴　他和大將軍談了半天話之後。

加　大將軍現任宮內大臣，或許是爲關於明日歡迎會的事情！

葉　（放低嗓音）說到這裏，公爵，據芮模差對我說，皇上不許格拉西尼和覺緇小姐回來，是眞的麽？

沙　確實，公主。皇上曾下諭旨，從今以後，不許覺緇小姐進宮，凡可以引起皇后疑心的女人，全在禁止之列。

葉　（譏誚的）他可算一位善於伺候太太的丈夫，而且迷她迷到了極點！

加　（同上）他務要保存嫉妒的權利。

葉　他不是嫉妒麽！假使人家的傳說是眞的。然而沙伐理定會不贊成此說。

沙　人家傳說一些什麽，公主？

葉　據說皇后所有寄往維也納的信，沒有一封，不經拆開，先讓皇上過目的。

沙　這事即或是眞的，也不過表示一種政治上的措施，他想知道皇后對於帝國，私下裏有什麽感想。

加　和對於皇上有什麽感想。

沙　那我却不知道（他走向裏層）

葉　自然哪！

加　（同上，對羅維葛夫人）公夫人？公爵也拆你底書信麽？

羅維葛夫人　哼！我希望他不至於此罷！

第三場

裴各得在裏層，遠遠地通報着：『皇帝駕到』拿皇果從皇后臥室走出，隨手關門，復登舞台。

拿皇　明晨七點半鐘，開始舉行圍獵。大家均須於七點一刻，准備停妥，諸位夫人，我勸你們學皇后一樣，學我一樣，前去安息。（大家鞠躬——對其姊妹）你們且留此，我有話和你們說（對蒲魯夫人，她正走向裏層）啊！蒲魯夫人，皇后請你於回臥室之前，前去請旨（蒲行禮，走開）明天見，諸位先生！

（蒲魯夫人走入皇后臥室。孔士當將茶几上之燈，拿進拿皇臥室。羅維葛與摩德厥從裏層走出，諸貴婦亦然；聖馬桑，裴各得，和羅力當從右部走出。拿皇示意魯司湯，使之退出。他來到爐台旁，取出烟荷包，轉身向其姊妹）

第四場

拿皇加東琳葉力差

拿皇　皇后告訴我什麼話？你們和但澤公夫人吵了嘴了？

葉　呵！陛下，她眞不應該！

加　那女人多麼侮辱人呵！

葉　這樣侮辱你底姊妹，便是冒犯皇上！

加　眞地，人家不知道皇上還等什麼？……

皇　皇上等着你們讓他說話，他關心你們底尊嚴，比你們還關心些，用不着你們提醒他！

加　呵！究竟……

皇　但澤公夫人或其餘的人，所以不尊重你們的……

葉　還有其餘的人？

皇　正因爲你們與人以隙。

葉　我們

皇　你們！你們試聆賴德新聞底這段話……（他從書案取報在手，正待遞給她們，忽然出其不意地看見一段文字，他唸着：）『厥麥魯兵魯司湯，野蠻帝國之悲劇』唵！這又是說些什麼？（半低聲音地唸着）『此一悍卒，自埃及挈歸，其終夜執戟於拿氏之門首也，匪徒爲主人盡保護之職；一遇機緣，則兼充劊子，以實行其慘無人道之賤役，此種慘劇，倘有同謀者，伺於暗隙，設有緩急，則應聲而至』。（聳肩）混賬！……我記錯了，我給你說的那一段文字，乃是出自泰唔士報。請你們自己讀一遍！

加　不必了，陛下，陛下尚且逃不了別人的誹謗，何況我們呢？

葉　針尖大的事件，他們常是鋪張成碗口大

加　有些人見了賴伯爾先生常出入宮庭，便造出種種中傷人的流言。

皇　（急忙地）賴伯爾先生？你在那裏聽見？怎樣的流言？誰這樣大胆？

加　那些報館的記者，誰知道他們的姓名？

皇　那些記者說了些什麼呢？

加　據說皇上在恭別尼以宮裏，容留一個男子——你看多麼陰險——而那男子，恰是皇后給他講特別交情的人。

皇　（極力自制）你所說的記者，乃是一位儉夫！而你乃是一位愚婦，竟傳述這種讕言！賴伯爾先生被逐，與皇后絲毫無關，這裏頭完全是一個政治問題。賴伯爾是我們國家的敵人，是我底仇人們的黨羽。舉一以概其餘，他和布羅方斯伯爵深相結納。每逢有人攻擊我，他或是充專使，或是入亂黨，手執寶劍，或筆桿，或匕首，來參加。他來到這裏，我看在奧國皇帝底面子，收留了他，而他還是鬼鬼祟祟地和我爲難。將他擯出宮庭，逐去法國，太便宜他了，他可以深自慶幸了！現在我給你們請晚安！以後請你們好生檢點，別拿好材料，供給嫉妒我們或痛恨我們底人們。（他說完這話，揮手令她們退出，伸足在爐旁取煖）

葉　陛下，我還有一事求你……

皇　粗暴的）什麼？你還要我怎樣？……倘若是又拉了虧空，那我可以明告你……

葉　並非虧空的問題。我所求陛下的恩典，我想你決不會拒絕。

皇　那末，是什麼事呢？說罷，快快地！

葉力差　（怪爲難地）這個……，陛下……

加　是我在這裏於你有礙麼？

葉　決不是，我請你，陛下，許我明天不參

加晚宴，和接着的游藝會。

皇 那是爲什麽呢，勞駕，請說？

葉 起床那樣早，我相信我定會整天不舒服，陛下既已決定在七點半鐘起身前往圍獵………

皇 你開玩笑吧？你圍獵之後，好好地休息，再來參加晚宴和游藝會。

葉 陛下，請你顧全我底面子！……

皇 什麽？

加 請你寬容，陛下！別勉强實必挪公主出城門在我後面，坐席在我下首，在戲園的御用包廂裏坐我背後！我以皇后的身分，到處都占她底上風，她心裏難受極了。

葉 而爲什麽該是你，不是我咧？因爲皇上高興給了穆拉一頂王冠！

加 不應該也給巴克學基一頂嗎？

葉 無論怎樣，我總是姊姐。……

（加正待答辯）

皇 （正坐在爐旁弄火，轉身向她，手轉火筷）彀了！你的居長的權利，算是好理由呢！這樣說來，作皇上的不該是我？該是約瑟了，他連作一個國王尙且辦不了！……老實的話，你們眞令人好笑，又爭輩分的太小咧，又爭位置的先後咧……簡直像是分折先皇——我父親——底遺產一樣。給你什麽，你就受着吧，你已經可以自認爲僥幸了，——全靠有我——除了我底意志而外別無所爲頭銜。

加 我們底母親正是這麼說。

皇 這可見你母親底見解不錯！……不過他有時太從反面着想，每逢有人略一誇耀帝國的興旺氣象，她便有那種怪脾氣，長嘆道：『但願牠能長久呵！』

加 關於這一點，我們底母親錯了，可是當她提起我們底姐姐的時候，她說：『啊，武啊死得拉，葉力差姐姐，薩力亞，拉魯拿，加拉，武阿勒伯，埃色勒，盧梭拉！』

葉 夕尼非加、頡基、格、魯、梭拉、寫的武呵衣？

皇 你們又要吵起來？

加 （怒極）寫得烏拉，因伯爾的南得！生的得？

皇 巴斯打！

葉 （同上）不謝奴拉，的必勿，格魯差格衛！

加 法尼多差！法尼多差！法尼多差！

皇 （立起憤怒）巴斯打！巴斯打！呵勒得力門的衛力鑾多，愛武阿死得力，馬力的！（前層左門忽開。他立時住口）別作聲了！

第五場

拿皇，加東琳，葉力差，裴各得既而嘉德林，

裴各得 （登場）陛下，但澤公夫人前來候旨。

拿皇 叫她進來！（裴側身讓路，嘉拔着皮鞋走入，向拿皇深深鞠躬，兩位公主欲退而又遲疑着，對她們）去吧，夫人們，明天，請二位，均於所定時間準備停妥。

加 （小聲自語）這場暴風雨，讓她來碰着吧！

（她們走出佯爲不見嘉來。裴亦隨出）

第六場

拿皇，嘉德林

拿皇 （硬生生的）請坐夫人！（嘉毫不怯，坐沙法上。拿皇背着手，在書房裏來渡去，邊說着，有時突然停步，既而後行）這樣說來，你是成心的？我所知道你的那些故事還不彀？你還定要添上今晚的那場惡劇。我曾經愼重考慮，封你的丈夫爲公爵，及帝國大將軍，早沒想到跟着他帶這頭銜的你，丟盡了他底面子。過些時，爲你底緣故，我的宮廷，將貽全歐洲以笑柄，而泰晤士河流的報館記者會說我底左右，滿是一些廚娘和魚販子！這種情況，歷時太久了。現在應該終止了。教我革去李飛爾底爵銜麽？我不能彀，而且不願意。一個人帶上了這頭銜，被一個舊貴族底紈袴子弟所嘲笑，他用這句話來還報他：『你不過是貴族的子孫，我却是貴族底祖宗

』，這個人，永遠爲他底地位增光！所以在乎你明不明白這個道理！你不是傻子，據說？現在該你來證明牠了。而且，我已打定了主意……李飛爾對你談過是麼？

嘉　李飛爾對我說：『皇上要我們離婚』。

皇　怎麽樣！這是很明顯的！你怎樣答覆他？

嘉　我，陛下？我挨近他底鼻子，付之一笑！

皇　當眞！他呢？

嘉　他？他挨近我的鼻子，付之一笑！因爲他沒有和我分離的意思，沒有和我和他分離的意思一樣。

皇　（走近她，注視她，使她震慴）還有我，我底意思啊？你們便不提麼？

嘉　（安然地）呵！你，陛下，你是主人，並且是自有世界以來有一無二的主人！你可以一眨眼間發出五十萬大兵，向多瑙河或萊因河流域一擲，專爲證明你便是雷公閃母；然而有一樁事，用盡你底才略，你也做不到的，便是教我不愛我底李飛爾不愛我！……陛下倘若發動這類的戰爭……靠得住要打敗仗！

皇　而你，你敢於相信這個！李飛爾不曾對你說到盡頭！

嘉　呵！他沒有那樣傻，將一個比狗還盡忠的妻子，去交換一位不拘什麽東西的公主，他儘管是一位大英雄，一位公爵，一位大將軍，比起她來，總不過是一位磨坊底少老闆，一個走鴻運的小卒，一個暴發戶。

皇　光榮的暴發戶！

嘉　總是暴發戶呀，自那些舊日的貴族底眼光看來！……就憑你，陛下，你以爲所有前朝的貴族，將你放在心坎裏呢！他們對你低首下心，因爲你是最强者！愛你的，不是那班人，却是街上和鄉下的老百姓！他們忠於你，像我忠於我底李飛爾一樣，這種忠心，無論是出自老百姓！或是出自一位女子，你得着了牠，就應該保存牠，因爲牠是再尋不着的……

皇　（色霽）你這話倒不是沒有道理……只可惜所用的字句太粗野些，加之你剛才還肆言無忌，招出了一場惡風波……

嘉　呵！這個字眼很確當！眞是一場惡風波！

皇　你承認！

嘉　因爲我眼見陛下底姊妹，侮蔑了軍隊底名譽！

皇　軍隊？……

嘉　從我身上！因爲我，我也在麾下効力過。……（她起立）

皇　你？

嘉　腰間掛着酒壺！

皇　隨營的酒保？

嘉　公主們就爲這事羞辱我！

皇　那眞大不該。

嘉　這不是我說的吧！

皇　可是，隨營酒保，在什麽地方，什麽時候，怎樣一回事？

嘉　跟着李飛爾，在輕兵第十五隊裏。

皇　（感覺興趣）佛時之役？

嘉　佛時之役，桑伯耳茂司河之役，萊因河之役！從了三十六個月的軍！見過十二仗：曼赫姆，飛孟，夫勒柔司！

皇　你會參預夫勒柔司之役？

嘉　在那廂，我底驢子死在我底褲下！後來在巴赫，在郎巴赫，在薩此巴赫，在阿伯耳的分司巴赫，那時我們底傷兵是那樣多，綳布是那樣少，我用完我的小掛，又饒上我一件整襯衫！並且，我們底主帥阿視若，那大傻瓜，還記了我一大功，當着滿營兵士親我一吻！……

皇　他本應該這樣作！那何消說！……怎麽！還記了一大功？那好極了！那好極了！

嘉　我膀子的肥肉上，挨了一刺刀，還不算！……

皇　還受過傷！那更好了！……這眞個是曾爲國家出力，大將軍夫人！這才好咧！

嘉　因此，每逢我挽着李飛爾底手走過，遇着一個崗兵舉槍行禮，我也受着我的一小部分！

皇 那是應該呀！李飛爾怎麽全沒向我提過？

嘉 他或者以為陛下知道這事！

皇 我全不知道！……好！好！你是該保衛你底光榮的短裙，抵抗朝服底侵略！我要恰如其分地申飭兩位公主，以後再不會有同樣的事情發生了。再說，我們來調處這一切事。你保留你那當之無愧的爵銜，你還是當你底李飛爾大將軍夫人，但澤公夫人；却有一層，請你避免在宮廷裏露面。何況你在那裏頭不習慣，並且不自在。

嘉 （歡歡喜喜地）呵！關於這一層，我可以說我並不稀罕。就憑我在你宮廷裏所找着的快樂！

皇 可不是麽？我正是這樣說。

嘉 那一派的矜持態度，直挺挺的！嘻！嘻！用的漿粉太多了！……男人一個個的頸子枷在硬領裏頭，看着像是吞下了他們底火筷子一般！女人們將她們底動令處陳列出來，像是舉着槍參加閱兵典禮一般！

皇 （也帶着笑）自然不及大柵欄底小跳舞場那樣好玩嘔！

嘉 的確，我從前當洗衣娘的時候，在『百衲』舞場，好玩多了！

皇 （復變為嚴厲）呵！這一節，我知道，加東琳對我講過。這很可笑！然則你什麽都幹過？

嘉 （呆視片時）通共只幹過兩行呀！

皇 這已經太多了！當過隨營酒保，還沒什麽！因為軍旗之下，雖賤亦榮！然而洗衣娘就不同了！在什麽地方，什麽時候？

嘉 在巴黎，從一七九一年到一七九二年！後來我關門大吉，是為收賬收不齊的緣故！貴族們逃走，軍人們戰死了。……其他的人，走了鴻運，却忘了還賬！……就說，在這宮裏，你肯相信，有一位軍人，簡直可說是一步登天了，他那時却還欠我六七十佛郎，而我從來沒敢向他討過債！

皇 （責備語氣）嘻！我勸你別向他討債！那還成什麽樣子！

嘉 （搜索她底外褂）我不揣冒昧，給你呈上他底賬單！

皇 你以為皇上會替他還你底洗衣賬麽？

嘉 哦！陛下若是知道他底姓名！

皇 （聳肩）你異想天開！得了罷！現在是夜半了，了結這件事罷，顧各人都學你的債主一般，忘却他底債務和你底舊職業罷。

嘉 呵！我有這封書信，幫助我底記性，拖要求我記賬……（拿皇作不耐狀。……她若有意若無意地唸着：）『以鄙人薪餉之微薄……尚須……』寫的多麽壞呵！……『尚須接濟家母及舍妹等渠輩行將逃之馬賽……』

皇 （失驚）你說？……

嘉 （讀唸着）『……蓋不能立足於苛細卡也……』

皇 （奪過信去）苛細卡？（他等不及地急瞧下款）布阿拿巴爾德！

嘉 這便是我底一個壞欠戶。

皇 倒是真的！……你等一等！……是不是在聖阿內街？

嘉 藥瓶街拐角！

皇 可不是嗎，真的，我記起來了！……然而我所尋思的是你底名字。

嘉 嘉德林，胡不涉……

皇 不是這名字！一個別的！那混號？

嘉 哦！是的……『無』……

皇 等一等！『無忌夫人』

嘉 這就是了！

皇 （笑着）這名字很合你底式！……怎麽，那位好姑娘，那樣款式？……

嘉 就是我！

皇 （歡喜地）我底芳鄰！我那時住在聖樂施王街

嘉 荷蘭愛國黨旅館

皇 正是！苦悶的住所！……加上艱難的年月呵！為了我在苛細苛逗留逾期，得了革職的處分，固然，不久，我底姑丈便給我復了職！

嘉 （驚訝）你底姑丈？

皇 路易十六吧，是的！馬嚴安多尼是馬嚴路易士底姑母呀！……

嘉 哦是這樣推算出來的！你看看天下的事，有的是爲人所想不到的！

皇 可憐他在八月十日的前幾天，簽發了最後∴張隊長底任命狀，那便是給我的。他指定他底後任了！我未復職的時候，在巴黎踏破鐵鞋，謀一行職業，想做販賣傢具的商人。

嘉 （笑着）你現在做的事情，利息比較大些！

皇 （同上）不是嗎？——唉！這一團爛紙！牠引起多少回憶呵！我恍惚還看見我正在寫這信，伏在一張黑漆破桌上面，在我底四層樓上……

嘉 五層樓！

皇 不對！四層樓！

嘉 不對！不對！是五層樓！挨着房頂！

皇 可是眞的麼！……你底記性眞好！……

嘉 在這裏回憶當初，總算一椿樂事！

皇 是呀！有昔日之苦，愈見今日之樂！……現在我們來查查賬目罷！僅補衣費一項，就開了四十佛郞！這却不在情理。我的衣裳不見得就那樣破爛！

嘉 嗐！還破爛的很些！

皇 （起立）算了！不必還價了！你說布阿拿巴爾德欠你？……

嘉 （伸出手來）三個拿破崙！

皇 （搜索衣袋）咦！親愛的，眞是無巧不成書！我身邊沒帶着！

嘉 那有什麼關係！我可以許你廿四小時的限期。

皇 （在微笑中）謝謝！你眞刁狡，無忌夫人！……（他揪她底耳朵，親熱地搖動着）你底耳朶眞漂亮，而且（扭轉她底面孔）面孔也很可愛！……

嘉 眞是的！陛下費了這許久的時間，才發覺出來！

皇 是麼？

嘉 （還是笑着）現在過了這許多年代，我可以通通說了！我那時還不認識李飛爾，我覺着你很合我底意！

皇 （坐下）當眞？

嘉 儘管是一位規規矩矩的姑娘，我總覺得爲自已一人而美，有何用處，所以我很願意爲你而美！……那時別人覺着你醜，我却不然！我心想：『呵！這個男子！才眞算一個男子呢！他若是向我要求什麼，那我的全身都可以給他！』

皇 怎麼？怎麼？……那是只在乎我……

嘉 那何用說！……尤其是有一次，早晨，將近十一點，我送你底衣裳來！……我加意地梳裝打扮，穿上我最整潔的衣服，滿飾着蜂窩的波蘭式的外褂，濃艷的披巾，小漆皮鞋，帽上綴着飄帶。呵！我那小模樣兒很招人呢！我爬上你底五層樓，我心說：『我到天堂去定了！』到了你底走廊，我底心直跳，像搖鈴一般，因爲上樓累了，又因爲是一位沒見過仗的青年，有些胆怯。我敲你底門……梆，梆！——我聽見你說『請進來！』我心想：『呵！我底天哪！會發生什麼變故啊？』我進到陛下底房中，你坐在「張小桌邊，鼻子摩着一幅地圖，——我說：『是我啊，我底軍爵。我給你送衣裳來了——你頭也不抬地說：好放在床上罷！』——我說：『放在床上？不，不能放在床上。寧可放在五桶櫃裏』于是我一件一件地從衣筐裏拿出，走來走去，我的小鞋跟，在地板上咯吱咯吱地響，每次均挨近你底身旁走過。可是，枉費心機！……就使我變作蒼蠅，你還是不動彈！我心說：『他若不將火鐮再敲重些，一定不會點燃火繩！』于是我裝着怕熱，噓一明氣，脫下我底披巾，心想：『他或許放下他桌上的地圖，來研究我身上的地理罷！』嗐！還是不成！你仍舊伏在地圖上，鼻子粘住了牠，粘的更結實些！我有氣了，一古魯兒重擊上我底披巾，檢起我底衣筐，拔腿便走，帶着我底貞操回去，牠來時興高采烈，去時垂頭喪氣，因爲你那樣尊重牠，可謂失禮極了！

皇　那何消說！親愛的，那一天，你那樣溫存地將一雙美手送上門來，我竟辜負美意，眞是傻子！……

嘉（譏笑的）你罷，征服之主，便是這樣！

皇　那隻膀子呢？我們說的那永垂不朽的傷痕在那裏？……

嘉　在這裏！

皇　對不住（他吻她底膀子）

嘉　對于傷者致敬，向例如此。（他正待繼續動作，她急起立）不必尋找了，萬歲，沒有別的傷痛了。

皇（漸大胆的）管他呢！我既然淸償隊長底舊債！

嘉（躲開他深深地鞠躬）隊長現在作了皇帝，我也就媽虎一點算了！……

皇（恢復莊重態度）你說的對，公夫人！還有李飛爾一定覺着覲見的時間太長了！宮裏的人全睡了。我教人送你到那荒寂的走廊裏！明天你務必參加圍獵，我自會特別給你顏色，讓大家以後誰也不敢怠慢你！……（他喚着）魯司湯！

第七場

同上，魯司湯登場，嘉德林從沙法椅上拿起皮氅來

拿皇　去到守衛室，喚一值宿的軍官來。（魯奉命，穿過舞台，拿皇復走近嘉德林，助她披上皮氅。魯甫到裏層的門前，突然停步，傾耳細聽，旣而輕輕推開此門右扇底一半以便探聆。拿皇轉過頭來）怎麼？有什麼事？

魯司湯（半低聲的）有人在樓下，打開了特備樓梯底門！

皇　在這時候？拿着這盞燈，去瞧瞧！（魯放下門扇，僅留一隙，前來拿取案上底大燈。拿皇忽然有了主意）不！等一等！（聆着）是的，有人從這邊來了！

嘉德林（背語）天哪！該不會是！……

皇　將這大燈拿到我底臥室去！……關上門，聆着傳喚便來！

（魯奉命攜燈從拿皇臥室門走出。室中昏黑，僅餘燈火微光）

嘉　陛下意欲？……

（拿皇重來她身邊，握她手）

皇　坐在那裏別作聲！……

（他領她至沙法旁之矮凳坐下，自己坐于沙法上，有高大的椅背遮住他們，他在暗中，監視正門底入口）

第八場

同上，蒲魯夫人，賴伯爾

裏層門底左扇開了，蒲魯夫人首先出現，放輕脚步行走。她一起跨門檻，停步，窺視昏暗的書房，覺着寂無一人，冒昧走，向拿皇臥室那邊傾聆，又向右部守衛室的門邊傾聆；不聞動靜，不見燈光，大解厥心，她轉身回到正門口，經過門檻時，隨手推開正門底右扇，面朝左邊招手。賴伯爾出現，裹着外大衣，脫帽在手，嘉德林爲之一動，急被拿皇制止，他起立，繞着沙法，走向裏層，同時蒲魯夫人推開了正門底左扇，向皇后臥室的門邊走去，賴伯爾背朝觀衆，未過門檻，隨蒲西行。當蒲以抵馬麗路易士門首之時，拿皇卽走近賴，抓住他底肩膀，阻其去路，一面高聲喚着）

拿皇　魯司湯！

蒲魯夫人（駭極）皇上！

（魯急走入，手持大燈，照賴面）

皇　賴伯爾！

嘉德林（背語）呵！倒霉鬼！

皇（嘶啞地，忍着怒）你？在這時候？來到這裏！你！（對魯指着蒲）將這女人帶到我房裏去！

（魯啓拿皇室門。蒲作哀求狀，拿皇禁止之）

賴伯爾（小聲的，時蒲方退出）我敢證明這位夫人……

皇　你替她說情很合式！……

（蒲走入拿皇臥室，魯隨後關門，復往關上正門，當門而立，專心致志，以備緩急）

第九場

拿皇，嘉德林，賴伯爾魯司湯，旣而加入其部屬二人

拿皇 （始終放低嗓音惟恐聲聞于外）先說你自己的罷！對我講明白，你爲什麼在夜間進這門裏來！……

賴伯爾 （小聲地）我不願意對于皇后不別而行！

皇 當眞？……在半夜裏！

賴 陛下未曾給我留下工夫，來向敝主母請命。

皇 皇后有什麼命令，要你接受呢？

賴 這祗有她自己一人，才有權力命令我。

皇 你說什麼？

賴 我並非陛下底臣民，也非你的奴僕。我是奧國聖天子法蘭司娃陛下的將軍，我是以這名義，來盡忠于大公主馬麗路易士一人的。

皇 你也是假這名義，來行使在這晚的時間，偷偷摸摸地闖入她底臥室的權利麼？好罷，我，我旣在她的門口，當場拿住了你，我底義務，是在乎將你當作强盜看待，不聲不響地消滅你，同時可以遮蓋所有的醜史！

賴 你有這權力。

皇 而且我行使牠！魯司湯，喚你手下的人們來！

嘉德林 （駭極）呵！陛下！不！別這樣！（魯走向前層左部門邊，聆了嘉底呼聲，停步）

皇 去！……

（魯開門，招手，旣而回到沙法背後，雙手叉胸前）

嘉 （拖住拿皇不放手）陛下！陛下！我是要保全你底名譽！……請你可憐可憐愛你的人們！……別這樣！別這樣！……

（有兩名厮麥魯衞士，着小制服，走入）

皇 彀了！……（對魯）將這位先生帶下去

嘉 他們若上前一步，我便叫喊！……

（他們止步）

皇 （怒不可遏）你們敢？……

嘉 我叫喊！……我呼喚！我驚醒皇后，和宮內的衆人，我對他們說：『你們能容忍麼，你們底皇上，你們底天主，要弄死一個無自衞能力的人！而他底光榮歷史中的敵人，會對全世界宣佈說：瓦格蘭的戰勝者，只是一名謀殺的凶犯！……』

皇 閉住那婦人底嘴！了結這件事！

嘉 （閉住氣，咽嗚着）陛下！陛下！開恩（那兩名厮麥魯衞士走向賴，賴作手式止之，轉身向拿皇）

賴 至少，請你將我當作軍人看待！旣是預定要謀死我，請你叫人鎗斃我，像對待恩簡公爵的那種卑劣手段！

皇 那于你太光彩了，你這下賤東西，目無長上，辱沒了你底軍人身份，配得上摘下你底標章（他撕下賴底緒章，）來打你底耳光！……

（他作勢打他耳光，賴一躍退後，拔出佩劍）

賴 請你打罷！

嘉 來救人呀！救命呀！

（魯率二衞士撲賴，未防及嘉衝至拿皇身旁，捉住他臂。厮麥魯衞士們將賴掀倒賴在地下輾轉和他們掙扎，以膝抵地，伸拳向拿皇示威，皇亦掙脫嘉手）

賴 （喘着氣，被解除武裝）一位眞正的苛細卡島人，會拿出他底刀子來！……下賤貨！

第十場

同上，聖馬桑趨入，魯司湯取賴佩劍付之

拿皇 （持賴之緒章在手，招展着）我本當用這緒章縊殺你，然而看在你底主公面上，我放棄這種辦法！（他拋棄緒章在遠處。對聖馬桑）這位先生拔劍對我。快請沙伐理和李飛爾來！趁着天未明亮，須將此事辦理完畢！……

（嘉失望至極，倒在椅上。侍衞們走出，同時，厮麥魯兩衞士，雙膝着地，按住賴身）幕閉

水花

王予

一

——你今天到我這裏來，梁惠，就爲了在我的書房裏，這樣來來回回走給我看看？

——不，現在，我要開口了，怡靑，這兩個月來，你看我的生活是？

——給元綺緊緊釘住，就像一個不留神，你就會被別人從她那裏偷去，或者搶走；你是，服服貼貼地，做你的少爺。

——這只是你從小心眼裏看出來的我，你總是這樣小氣。

——我小氣？快要吃中飯的時候到你府上來，你還和你的太太在床上，一張床是你的全世界，誰也不高興踏進你們的綉房吧？

——不說這個，此外？

——此外，沈默一點，定是又在思索什麼了？

——一個問題。——我覺得、我們說君子獨善其身，獨善其身的君子是個個人主義者，我的嘴上的個人主義者你知道是怎樣一種人，這地方，這時候，只有個人主義者還能成爲一個較好的人，這樣的人，我們就稱他做君子也好，他原想把自已以外的人，事，物，照他的觀念來處理，至少希望他們受一點影響，終於失敗，至少一時裏失望了，他又明明看到，旣不够和外界對立，又不能投身到那個外界去！他只好單單來處理他自已，使他不同流，不合汚，他發現一條路：離開鷄羣，走進鶴的世界，也就是走進孤獨的人的世界去。他用獨去善其身。只要善獨其身，在他這一面，就可以自以爲是君子了。

——你是對的，如果不單是想想，如果你能這樣做，你至少不把你自已浪費得太多了。我也常常感到，我浪費着現在的生活，現在的生活更浪費着我。

——可怕的浪費！你知道，突然沈默下去，好像心平氣和，實在是心氣最不平和的時候，接着，我會在幾分鐘當中，忽地改變我的生活。每一回生活方式的改變，在我都這樣。我一直活在波折裏。

——你原是一個僞裝的頹廢者，滿口隨遇而安，一臉得過且過，心裏却全不是那末回事。

——倒不如說我是一個意志遊移的人。

——遊移是好的，因爲它至少在動，誰還眞能服服貼貼地滿足於現實，不過你有時說一動不如一靜，有時說一靜不如一動，使人捉不定，不知道你的念頭怎樣在轉，究竟還是還要靜一些時候，還是快要動了，你這人，難對付到敵人生氣也就在這里。

——靜極思動，但這動必須經過靜極時期的思慮，要這樣，這動纔會是進一面的動。不動不進，不進則退，動物是永遠不會靜，也不能靜的，卽如此刻的我，想走進孤獨的人的世界，以爲那是君子的路，好像做到那樣就可以永遠那樣了，其實還不會在那裏就此靜下去吧，我們對自以爲是的眞理，卽使沒有看錯，也不過比較接近它一點，它本身離我們仍舊很遠，而且它也在向前走，我們做得最壞和它背道而馳，做得最好也不過不斷追趕它，永不會有和它並肩的一地，除非我們和眞理一起完結了。

——你完全說得對，我說不出。

——我所說的君子，個人主義者，的確可以說是一種敗北主義者，說得寬恕一點，也不過是一個躲到暗角去休息，去培養自已的人，但現在，我寧願做敗北主義者，別人以爲我可以掙扎得到的勝利，只是別人心目中代爲安排的勝利，而且這世俗的小勝利是屬於別人的大勝利的，旣然不能是我自己的勝利，終極的勝利，我還是且先到我自己的驛站上去。跳出不愉快的圈子，不受阻攔地落荒，從別人手裏要回自己，把自己放在自己的脚上，頭腦所支配的脚上，我有這一種自由使我很高興，怡青，我已經想得夠了，我決定了。

——你決定？

——這是一個在我個人暫時有一點必要的小小的秘密，我不告訴任何人，只告訴你，我決定離開蘇州。

——離開蘇州？

——獨自一個。

——元綺呢？

——暫時留在這里。

——她一定不放你走。

——在蘇州，假使我和這里的外界別扭別定了，我們又活不下去，她雖說寧願她做事養我，我還不想表示願意，她不放我走又怎樣呢？

——她一定要跟你走？

——所以，我對她說，我是回鄉下老家去。

——她不會去嗎？

——她暫時決不會去，直到不得已，我告訴她等我去一次回來，看能不能一同回去，那時再決定。

——她能相信？

——這樣做是爲了她，她爲什麼不信？

——而事實上你騙她，你不回到鄉下去？

——不回到鄉下去。我實在不能就回鄉下，你知道，半路上我會送命，到了那里也是朝不保夕；即不然，風聲鶴唳的生活，我怎樣過？對付官吏的壓榨，對付游勇的勒索，對付大家庭的瑣碎，我只有把我自己完全毀了，小地主生活放棄了七八年，我還要放棄下去，一天還能夠做浪子，我就一天不回家。

——你想到杭州，離家鄉近一點？

——不，杭州和杭州人我有直覺的不喜歡，雖是自己就生在杭州。

——你？

——這是火車票。

——火車票也買了，你！北京！

——北京。

——實在是一個誘惑人的地方，沒有去過的人終想去一次，去過的人終想再去，終想在那里住下來。

——我已經嚮往許多年了，自從我知道它是怎樣一個地方。它太吸引我，吸引我的不是它的歷史的光榮，不是它的富麗的陳蹟，是它的寬大，它的閒靜，它的儉樸，北京是易於生活的，我打聽得很仔細。一個圖書館，只要一個圖書館，我就可以交託五年，十年，交託我的後半生。一個中國人是應該在北京老去，死在北京的。

——你的計劃是？

——謀簡單的生活，決不再捐藝術者的招牌，決不再靠破筆，我斷然在那里做一個販賣香烟的人，做一個酒飯舖的堂官，做一個舊書店的伙計，此外的辰光，我讀歷史，我想，如果以後還要給別人一點影響，給後一代一點好處，我只有增加本身的學力，這種學力，因爲我已經不能再把心力另起爐灶地轉到科學，再學醫學，遂只有歷史還能夠給我，我預備先用三年，笨拙地把二十五史讀一遍再說，我會讀出一點東西來也未可知。

——你是對的，但是那里你沒有多少關係，我擔心。

——僅有的一點關係我也不去找，找一

般人，一切將如過去和現在一樣；找藝術者，只能在精神上不寂寞一點，但是我們所能互相給予的温情於我們都沒有多少好處。我本來追求孤獨，我想我一定能忍受寂寞，從此做阿狗阿貓，再也不是小有名的作者梁惠了。

——換了一個陌生地方，只要自已肯那樣做，想沒有什麽困難，我相信你能做得到，相信你的生命力强，受得了苦，何況，在情緒上，你不一定苦，你一定能够好好活下去。

——活是很難活，要我覺得活不下去，我想，却也的確更難。

——你是對的。

——你贊成我去？

——我不知道在蘇州過下去你將怎樣，雖然，起初以爲不妨不管怎樣且先做一個大俗物，到有了一點物質上的力量再實現你的理想，那樣穩全一點。

——我原這樣想過，但這是傷害自已的，而且，未必做得好，本質限制了我，即使可能有這樣的才幹也沒有用，沒有準備倒好，有了較多的物質上的條件，有了錢，即使到了北京，我又會被錢所誤，至少因循一個時候，倒是就這樣去，迫得我不能不立刻開始新的生活，我太想立刻開始新的生活了，我想像不出，當我看到我的脚踏在北京的地上，一個從沒有到過的地方，我所看見的盡是些從沒有看見過的人，呼吸到北京的空氣，儘管是一嘴一鼻風砂，我將怎樣快活，我會跳起來的。

——但也不要預先想得太多，太多了到實現那時怕反會麻痺，或者又覺得已經很熟悉了。

——所以我不能再等什麽，賣去一點衣物，買了車票，還够到那里一兩個月的生活費，我就不等了。

——給元綺留下的？

——一點點安家糧。

——能够多少時？

——如果不要她來接濟我，她可以苦苦過半年。我放在你這里五令半白報紙，原想自己印小說集子的，不得已時，你就同她賣了。

——半年以後？

——我自有我的安排，我不能顧慮得太多了，人反正是在嘗試着生活。別人明明也不過是在嘗試着生活，但他們不能想像去冒像我去冒的這種險，這里的熟人對我也許要有許多猜測，免得費太多的唇舌，我一聲不響地走，讓他們猜測去，有了錢去做寓公了，南方沒有辦法到北方去活動了，受了什麽人的秘密使命了，都好，我如果告訴他們我的眞話，他們死也不相信的。

——你就是這樣一個人，你看透別人，別人看不到你的底，成了是你在精神上操縱了一切。

——這是寂寞的，但也沒有法子，我算得坦坦白白生活了，別人總是只用自已的模型來套一個人，用自已的尺寸來量一個人，他們在這一方面只好算是失敗了，到如今爲止，看見得我較多的，實在只有你。

——嗯。

——要說你已經看見我的底了，却也還差得多，雖然，已有的一點相知已經不易。

——永不能看見你的底吧？

——那也不見得，不過這一別，也許三年，五年，也許更多的日子，從此不見面，在這種人的生命好像一根掛在半空裏的遊絲的時候，也說不定，不過我們並沒有因此擔心，因此悲哀的理由和必要，人生總是這樣的。我們都不能彼此過得太吃力。

——你說得又豁達，又辟脫。

——我還有幾句話，我先告訴你，我是用鄭重的字眼說出來的。

——我鄭重地聽着。

——我走了以後，你不要爲我負擔什麽，精神上的，肉體上的，都不要，好好顧自已生活。

——就是這幾句？

——自然，你不能不想一些時候，在精

神上我多少給你留下一點負擔，但人生就只有此一時彼一時一句話，讓時間來對付一切。這樣說，不是我的豁達，辟脫，我總勸別人不要活得吃力，尤其不要爲我活得吃力。一知道你吃力，我也吃力了。

——但有些事是致命地只好吃力吧？

——只好吃力一時，那自然是無可如何的，就不要忘了一時，這一時，或者，有一個法子過，你想到我就給我寄信，每天想到就每天寫我也會一路寫給你的，以前的文件，零零碎碎的，你全不必珍視了，看以後我給你的，因爲從明天踏上火車起，我的思緒和情緒都從新開了個頭。

——我的生活是一致的，不會有什麼變化，我仍舊每天寫我的日記，從日記上拔萃，抄了寄給你。我不會憂傷的，你可以放心，我也告訴你一個秘密，只告訴你一個人，這幾個月，我將盡力思法子做到以前想做過的事，老實就壞壞良心，弄一筆錢。

——也不必如此做，憑你，就壞了良心也不見得有多少錢可弄。

——却也會很可觀，別人都這樣。

——有錢沒有錢，在我們這樣的人，又有什麼大分別？我對於錢的看法你早知道了，你也認爲對的。

——對的，但現在，我有我的想頭，我要錢，你不懂，你不用管我。

——自然也由你。

——明天幾點鐘的車子？

——下午五點一刻。

——元綺送你？

——送我她就知道我上那裏了，我要到了路上才告訴她，我不回鄉下，我上那裏。我向來不願意別人送我，我也最不願意別人的行，拋帽子，揮手帕，是二十歲的人纔還做得出的事，飛吻，我們不是西洋人，正像我們相見的時候不能擁抱一樣，我們的情感不表現，因此也不形式化，大家默默藏在心裏，這樣好一點。

——不吃力？我也不一定來送你！但你總要去得早一點，你是在車站對面的茶室裏候車？

——一定是的，五點正，我進月台，你要來就在四點以後五點以前來，再見一次面也好，但我也不等你，來了，你也不用看我上火車。現在的火車站，更加不適宜於迎送，看了那種擠軋就不愉快，最好是不知他怎樣來了，怎樣去了。現在，我走了。

——唔，回府去？

——到蘇苑，元綺在那裏等我。

——我原想到蘇苑去吃茶去找你的，就怕有許多人和你在一起，她是一定夫唱夫隨地，也在那裏，我眞不願意去蘇苑。

——今天沒有什麼熟人，只有衛央。

——那個面白唇紅的大孩子？

——他現在着了軍裝，很英俊，像個美國的海軍少將。

——元綺也說他好看。

——他實在好看，頭腦也在成熟起來，寫敏文學豪田很有希望，他是蘇州的難得的青年之一，我鄭重告訴你。

——很有資格給姨太太做面首而已。

——他近來對你很不差。

——我只覺得可笑。

——沒有理由。

——你的太太很賞識他。

——他原是值得賞識的。

——哼。

——明天見，或者將來再見。

二

——媽，你一直在書房隔壁？

——唔。

——聽我和梁惠說話？

——你不高興嗎？

——不。

——怡青，我一直不放心你和梁惠在一起，我是關心你。

——是的，媽，但以後，你不用爲你的女兒吃力關心了，梁惠明天離開蘇州。

——我聽到他說的。

——他是走得對的。

——我不完全懂他說的話，我只留心他說到你，我覺得他說得不錯，到底是有學問的人，到底是三十來歲的人，有妻兒的人了，我就不懂，他爲什麼不告訴他的妻子他到那裏去？

——他怕她要跟他去。

——嫁鷄隨鷄，她不跟他去又怎樣？

——但是他這回去是爲了求孤獨，媽，你不懂，一個思想者，一個藝術者，是只有過孤獨生活的。

——那末他自始就不該和女人結婚。

——你應該說，他自始不該和元綺結婚。他和元綺結婚本來就是聰明一世，朦瞳一時。他怎末能和元綺在一起？這女人和他太不相配了。她不能有助於他的思想生活和藝術生活，只能妨害他，使他成爲一個沒有長進的人，一個庸俗的人。他們能够一同過這許多日子，已經太多了。

——元綺很愛他。

——那自然，因爲梁惠是一個——一塊吸鐵石。

——但是梁惠也很愛元綺。

——嗯，他自有使他歡喜的地方。我說這是歡喜，不是愛。歡喜只有一時。一個女人靠風情，靠妖媚，我不相信就能永久吸住男人，一個有頭腦的男人。現在，他終於厭倦了，他終於要離開她了。

——但是，怡青，你不要以爲他是拋開她。

——爲什麼不是？

——不會的。

——爲什麼不會？

——不可能。

——太不可能了。

——這是你自己的看法，怡青，不用瞞我，我知道他是一個很好的男子，他這塊吸鐵石也吸引了你，但是這不能够。他已經有了元綺，他們已經有了孩子。你萬不能有這樣的想頭，旣然你來不及在他和元綺以前抓住他。你不要立刻沉下臉，不要難過，怡青，媽愛你，媽知道你。

——媽！

——好像你比元綺先認得梁惠？

——唔。他到蘇州的第二天我就看見他，在一個文藝者的座談會上，別人捧他，說了一大篇介紹他的話，說他是一個最忠實於藝術的作者，要他起來演講。他說了一句話就坐下打他的瞌睡。他那時着一身墨黑的西裝，靜默，莊重，像一塊石頭。後來他還到大學裏來敎書，一臉看不起目前的大學生的神氣，懶吞吞地敎他的杜撰的文學概論。我也看不起他。我不相信一個二十幾歲的人能敎大學。我根本不聽他的課，直到弟弟告訴我，現在有一個名字出現在當地的報紙副刊上，寫的文章很像魯迅，看了才知道就是他。因爲寫出來的文章很像魯迅，他更加見得不可侵犯了。他那時就在學校的圖書館裏認識了當小敎職員的元綺。元綺不懂得他，她不感覺到他的莊重，開始進攻他了，儘管梁惠說她並沒有那樣做。一個孤獨寂寞了好久的人，是容易接受女人的溫情的。什麼溫情！賣弄風騷吧了！但梁惠從此實然顯得年青起來，實在是回到他應有的年齡上去了。

——如果當時——

——媽，你至少不能不承認，如果當時不是元綺，是你的女兒怡青，你也不會反對我和梁惠結合？

——是的，他和你的脾氣相投，你們都是歡喜文學的人

——一年以後，他要我替他找一個房子。我想法子找到了。進屋的那天，我才知道他不是一個人住，他和一個女人同住了。這女人竟是元綺。她跳躍着從她母親家裏搬來一房傢具。她快活地笑着，沒有一個動作不表示她是一個幸福的人了。是的，她眞是幸福的。梁惠用感激的眼光看着她。他激動地說：女人眞是偉大的。他也不想一想使女人偉大的是他自己。媽，我當時實在想到的，這個女人本來會得是我。

——婚姻要有緣分的，眞是前世的事。

——但是從那一刻起我就覺得他們的結合只由於一時的衝動。元綺能够和梁惠結合就全靠緣分，全靠機會。她怎末能愛梁惠？她憑什麼愛梁惠？她是一個賣弄風情的女子，不知愛過多少男人，不知被多少男人愛過了。所以，當她又去搬東西的時候，新房裏只有梁惠和我，我和梁惠說了這樣一句話，我說：茶花女是的確最可愛的。

——你這小鬼！

——我承認我不懷好意，雖然那時梁惠還並不會對我怎樣好，只不過把我當作一個最得意的學生，最可以聽他說一點關於思想，關於藝術，關於情緒上的話的學生，他什麼話都告訴我，他說他愛元綺，元綺使他看到他還是年青的，因爲他還會那樣瘋狂地愛，我不能不妒忌，即使我不是那樣欽佩他我也不能不妒忌的，當我知道一個男人會愛得那樣熱烈，那樣眞摯。是這暗暗的妒忌，使我說了這句話，我相信這句話，即使當時不發生作用，它終給梁惠聽了進去，它總要在他們的生活之間存在着，總要發生力量的。

——你不該這樣。

——爲什麼不該？這是事實，元綺至多像茶花女，她的靈魂不用說，她有什麼靈魂？她的肉體就不純潔，梁惠還相信她是處女，天知道，她還淸白得了？她憑什麼値得梁惠那樣去愛？就憑她的迷人的眼睛，迷人的腰肢嗎？我裝得毫沒有存心地播下了破壞的種子。

——梁惠聽了你的話怎樣說？

——他以爲我是好意的正面的說法，他點點頭，說不錯，只有他懂得茶花女，只有他能愛茶花女，還說，也只有茶花女懂得他，能愛他。他那時眞是自卑得可以。他一直是自卑的。他從來不知道有人更懂得他，更能愛他，那時我簡直覺得他可憐，後來他們過得很好，孩子也養了，我又覺得他可恨。他好像並不要思想上的同志，藝術上的伴侶，他只要肉體，一副强健的肉體，他成爲一個專心追求官能的刺激的人，我眞怕他沉淪，眞怕他墮落，但是又相信他不會的，他的蟄伏的靈魂一定有一天要抬頭。媽，我扳他的下巴，我把他的頭抬起來。

——你不應該的。

——我不管，媽，當他們的孩子生下來的時候，她住在醫院裏，我不是晚上到醫院去給他管孩子，就像一個特別看護一樣嗎？白天我就到他們家去，服侍梁惠。梁惠終於對我說了這樣的話！如果當時我要抓住他，這個孩子的母親可能不是元綺，可能是我了。

——這是他的不該，事情已經不是那樣了，他還對你說多餘的廢話：

——然而是實在的感覺，他爲什麼不要說出來？

——於是你有一點懊悔？

——我悔的，媽！

——你還不肯在那時和他們的家庭疏淡，反而一直和他們厮混在一起，你這小鬼！

——有時我也想，看別人幸福也是好的，但再想到那個得到幸福的女子是元綺，我就生氣。梁惠不是不知道我有着元綺沒有的智識和文才，也不是不知道我對他的超師生的欽仰，我對他的超友誼的愛慕，只要他知道就好了，一個人的情感永不會白費的。他自始待我好，以後也時時很微妙地不得不表示我是他的生活中一個不可少的人。只要他對一個女人關心，他就處處散發不可推拒的誘力。媽，你看得出來的，好些時我有一點神魂顚倒，我給一種思念纏擾着。這思念，終於漸漸引起了一個曖昧的希望，雖是那樣渺茫，那樣容易失望，新的希望却一直在失望中生出來。媽，我不是一個輕佻的女兒，你知道，我向來是那樣靜，那樣莊重。我不是不愛過，不是不被愛過，媽總還記得那個姓許的。

——我記得，怡青，在中學裏敎國文的。

——他第一個愛我，也是我的第一個愛人。那時我太年輕，幾乎還不知道愛，只是一種新奇的驚惶似的。父親嫌他寒酸，不許我再和他交往，我也聽話，想不到他會爲我棄了家，不顧性命地走了。

——總是到內地去了吧？

——還不是！也不知生死了。

——現在的男人愛起女人來也眞怪。

——有什麼可怪？在父母的身上潛伏着的愛都由他們的兒女發出來了，媽，你看得出來嗎，梁惠有一點像姓許的？

——有一點。

——還有小宋。

——那個死鬼？怡青，他眞是爲了你跳樓自殺的嗎？小宋的家境也不好，身體又太壞，患肺病的人，我怎樣把你嫁給他？想不到他會這樣執迷不悟，他……

——不要再說下去了，媽，我提起他們兩個人，是要告訴你，他們那樣愛我，但是他們給我的力量却遠不及現在的梁惠。

——梁惠梁惠，還說他做什麼呢，還想他做什麼呢。

——他明天就走了。

——走得那樣遠，他說得很對，一時裏你不能忘了他，你就想想，和他通通信，過一些時候，你就把他忘却吧。

——不可能的，媽，

——你想他一世嗎？

——也好，但不會只是想，我覺得，他這一走：和我倒是接近了。

——你又生出了曖昧的希望？怡青，爲了元綺和她的孩子，你不應該，爲你自己，你也不值得，你同他又沒有什麼更多的關係，一個冰清玉潔的女孩子就怕將來沒有人愛嗎？情意相投的人也終還有的，也總還會碰見的。

——媽，你不懂。

——我不懂，是的，天下的母親都不懂她們的親生的女兒了，但她們是愛她們的女兒的，媽愛你，媽的愛你也不懂，也不要了嗎？

——媽，我本來想讓媽愛我一世的。

——現在可不這樣想了？

——媽也不要我這樣吧！

——自然，媽現在就是要你對梁惠斷念，他既然走了，最好，一向我也給你擔心得足夠了！

——看吧，我不知道時間和別離對我又有什麼用。梁惠是流浪慣了的，但到外面去不愁沒有飯吃，不過，現在的時候不同了，人地生疎，開頭終要吃一點苦，他身邊又只有一點點錢，沒有一個朋友肯帮助他，即使他告訴他們他到那樣遠的地方去，他們只會譏笑他，只會說他自己去尋苦吃。一個有頭腦的人，一個有天才的人，社會虐待得太甚了！他不該這樣窮，不該去把心力浪費在謀生上，他應該一到北京就有一間房子，容他安心讀書，安心寫作。

——你又沒有力量帮助他，

——我如果有錢都給他了，他在外面吃苦，就像我自己在吃苦一樣。

——明天你要去送他？

——要去的，

我這裏還有一點餘錢，明天你帶去給他，就說是我給他壯行色的。

——媽，謝謝你。

——要你謝！梁惠好是眞的，我不是不歡喜他，待你好也是眞的，能給他一點錢，只要他用得着這一點點，我很願意。

——讓我用我的舊手帕包了，讓我寫一張小紙條夾在裏面，

——你寫了些什麼？

——我唸給你聽，媽，等到，有一天，你說，怡青，你來，我就來。

——怡青，你！

——媽，不要阻止我，我的心裏像有一把火在燒。……哦，天下雨了。

三

——怡青！

——哦，衛央，我沒有看見你。

——雨下得不小，你走得這樣慢，就像

要充分誇示你的觀音髦似的雨衣。你却沒有戴上帽子。你的頭髮上全是水珠了。臉上也濕了，像正在哭。

——你不是也在直淋？

——我忽然想到梁惠的話：春天的雨淋在身上會使身子長起來似的。我今天的確有這種感覺，好像自己是一枝笋。

——你想長一點起來？

——我不是總被當作大孩子？現在我們這樣走着，別人眞要把我們當作兩個頑皮的孩子了。我們得躲一躲。你是到那裏去了來的？

——火車站。

——送人？

——嗯。

——女朋友嗎？

——不，

——男朋友？

——就是你剛才想到他說的話的——

——梁惠，他到那裏去？上海嗎？

——不，回鄉下。

——鄉下？他的家裏不是情况不明嗎？他從沒有說要回去，昨天說起，我以爲他又是隨便說說的。他說話常常說得很隨便，口非心是的。眞的去了？

——眞的去了。

——不一定眞是回鄉下吧？

——誰知道他。

——你也不知道？

——不管到那裏，知道一個人走了總比看見他老在一個地方好一點是嗎？

——你的意思是？

——如果你這時知道我走了，你會得比在這里看見我覺得我要偉大得多。

——也不一定，旣然到處都是這樣，到那裏你還是你。一動不如一靜，我希望你不要轉這種念頭。

——你說話有時像梁惠的一半，

——不見得。如果我是半個梁惠，你已經不會把我當作大孩子了。

——其實梁惠有時候還像小孩子。

——那是女人的感覺。你現在到那裏去？

——不到那裏去。我是，好像除了我的家再沒有去的地方了！

——不想就回家吧，我們還是躲一躲雨好嗎？

——也好。

——我請你喝一點酒。

——我不喝酒。

——隨你喝不喝，不過請你到喝酒的地方去。這樣的雨天，沒有比酒樓更可以坐一坐的地方了。同寶和，好嗎？

——好的。

——今地看你好像很憂鬱？

——你從沒有看對過。說我憂鬱，我一向這樣，不自今日始。今天，我想，我倒是眉開一點，至少我有這樣的感覺。

——你不見得高興和一個好朋友分別，雖然，天下沒有不散的筵席。

——誰說筵席散了？你總是只會說不吉話！我爲什麼不高興，又不是永別。

——梁惠就回來？

——誰知道，不過不見得就從此看不見他了。

——只要想看見，活着總看得見的。

——這就對了。

——不過你的眉宇實在不見得開展，我不相信我又看得不對，除非你的表情是特殊的，你從梁惠那裏學會了僞裝的喜怒。

——不，那是因爲我心裏有一點難過，看梁惠坐在車站對面的小茶店裏，那樣深靜，那樣寂寞；看他去的時候，只帶了一點點行李，就是一只皮包，一個小小的包袱。

——到家裏去有什麼關係？但擔心的人自然總要擔心的。譬如這時的我，看你不高興，也成了一種擔心。

——謝謝你。

——不是要你的謝。我只是覺得，人心眞是不可理喻的。同時，也不一定入情。……

……梁惠走了，他在蘇州已經擔了三年多，也眞該走了。他走了不免留下一點空虛，但是他不走，實在又給人一種無形的，說不出的，情緒上的威脅。

——同寶和到了。

——請，

——靠窗坐，我要看這樣綿綿的雨。

——好的，你的雨衣。

——謝謝。

——寶貴，花雕兩小，有什麼堂菜都來一點，

——來一小吃，我不喝。

——淋了一點雨，喝一點酒也好。

——你喝。

——你喝一杯。照你這時候的情緒，不是也可以喝酒？

——你又看錯了。

——算我看錯了。拚命想懂得一點情理，結果我越來越不懂。

——你有一些時可以發表你的高論，酒喝得慢一點，不要這樣一口一杯。

——我說，一個人爲什麼總是這樣：得不到的徧想得到？

——你最好不要說這種話，這更會使我不喝一滴酒。

——除了這種話，還有什麼可說的？

——那末你說吧。

——你回答我剛纔的問題。

——你是在譏諷你自己。

——不，絕對不，我指的是別一個，

——你指我？

——你想一想。

——你的意思是我得不到梁惠，徧想得到他。

——假定是這樣

——假定是這樣，我問你，得不到的是不是總比輕易得得到的要好得多？

——主觀上往往如此。

——主觀？客觀呢？你是男人，你也愛梁惠吧？假使你是女人，我斷定你也要想得到他的。

——但如果我已經明明白白看到他愛元綺，愛得那樣深，我就放棄了。一個人不能永遠使自己做一對半當中的半個。一個人不能永遠走在無望的路上。尤其是，當我發覺有別一個在一邊默默地思戀着我。只要這一個思戀是眞摯的，我爲什麼不接受它？我決不會被第一個愛情蒙住了眼睛看不見第二個。尤其是，這第二個也並不眞是輕易得得到的。即使如此，也像你所慣說的，是你本身的力量。一個自尊的人一定會得時地，適當地接受別人的眞摯的情感，不是去把自己的心白白放在別人的身上。

——你的話我懂的，你不必說得太吃力，你不說出口的我也懂了。

——你懂就是我的萬幸了。

——但是，天下自有這樣的人！在別人看來她不可以理喻，也不入情；她自己執迷不悟。她一定要走無望的路，自然在她看來，並不是永遠無望的。說得坦白一點，就是，當你發見，我還是寧願把自己的心白白放在別人的身上，我除了這個人決不接受別人的情感，不管這個別人的情感有多少豐富，有多少眞摯。這樣，你終可以放棄了。

——不。我還相信那是我的眞摯，沒有眞被別人完全懂得的原故。的確，我太不會表現！我不像梁惠，能夠把情感表現得事半功倍，我往往是事倍功半的。但是一個笨拙的稚氣的戀人的情感，你應該知道，實在比一個老練的聰明的人更有價值吧？我總懷疑梁惠的溫承已經成了一種像是習慣的東西，在他簡直是沒有什麼感覺地表現了出來的。好像一見都是甜情蜜意，其實他又不是一個蜜蜂，蜜蜂也是只採不給的，梁惠倒是更像一點黃蜂吧？

——你此刻要說梁惠的壞話，自然是太笨拙了，不管你說得怎樣好，也是白費的，你爲什麼要在我的面前說壞話呢！

——我不說。那末算我是一個大孩子，算我是你的弟弟，讓我問你 ，你眞的愛梁惠？

——唔，

——一定想得到他？

——一定，

——相信能成功嗎？

——非成功不可，

——我喝這一大杯爲你祝福，

——謝謝，衞央，你這時候纔還像個英國紳士。但你喝得太多了，你要醉的。

——醉比淸醒還好一點。

——你不要這樣。

——我覺得人生是一杯淡水 ，無味極了。

——而愛情是酒精？

——還是色，是香，是昧。

——沒有它？

——世界是灰撲撲的，黑壓壓的，重墜墜的，我活不下去！

——那末，衞央，我要告訴你，你是活得下去的。

——爲什麼？

——你的世界明明並不如你所說。

——何以見得？我是這樣一個被蔑視了眞摯的情感的人。成熟被當做幼稚！

——你只知到說別人，不知道看自己。用你自己的話，你的眼睛倒是眞被目下的一個愛情蒙住了。你竟至於沒有看到有人在一邊默默地賞識你，羨慕你，思戀你。衞央，你是在蔑視別人的眞摯的情感，而你一點也不。你眞是一個可憐的大孩子。

——我簡直一點也不懂你說的話，

——你想一想。

——你是說，我思戀着你，而我却同時在被別一個人思戀着？

——對，

——你說謊，你太會說謊了，你常常說謊說得過你自己也信以爲眞！

——不，我用良心擔保，不騙你。

——那末你說出來這人是誰？

——還問！常常同你在蘇苑，昨天下午也同你在蘇苑，滔滔不絕地談話，總是看着你的面孔的，那個女人，是誰？

——你是說，元綺？

——元綺。

——元綺！

——就是她！

——天哪，我那裏想得到！

——但現在你想一想，自從你出現在她的面前起，她對你不是很好嗎？

——很好，但是——

——你覺得不像是在愛你？

——不像。

——這是因爲你不敢相信。她呢，她現在總算是梁惠的妻子，她不好怎樣表示。何况，你又總是處處顯得辜負她的好意。

——天哪，你說得對，她的眼睛，她的眼睛總是那樣迷迷濛濛地對我看，對我看。當我看她時，低下頭，她笑了，她笑了。

——她笑得多有情？多嫵媚？她是迷人的，她不是實在可愛嗎？

——可愛的。

——她自從和梁惠在一起這些時，更可愛了，因爲她已經完全懂得怎樣去愛，也懂得怎樣被愛了。

——但是她愛梁惠。

——因爲梁惠是一個有了一點小小的聲名的文學家，因爲梁惠生得還漂亮，因爲梁惠的身體是外乾中强。你爲什麼自卑到如此？這幾點，你都可以同梁惠比，你都可以超出梁惠。尤其是你的面孔，你的青春！梁惠已經是三十歲的人了，他最近更加有衰老的自感你却還不過二十二！

——但是梁惠愛她

——你自卑到以爲你愛起一個女人來也不及梁惠眞摯，也不及梁惠有力量嗎？

——不，我相信我可以用整個的生命來

愛一個女人。

——你用半個小性命就够了。梁惠只要別人用生命來愛他，他自己却連吃一點力也不肯的。他實骨子是一個情感的猶太人。

——依你說？

——依我說，去愛元綺，去接受元綺的愛。

——是一個太好的夢嗎？

——不，是一個一手把握得到的現實。

——眞的？

——千眞萬確的，我一直和元綺在一起，我太知道她了，我可以看透她的心。

——元綺，元綺愛我？

——她愛你。你，你呢？

——我愛她的，誰能不愛她！她哩那樣——

——不要對我唱讚美歌，這裏，一杯酒祝你幸福。

——乾！

——你有一點醉了。

——沒有，有一點，我好像搖搖擧步臨幸福的家邊，我是不是能啜飲一半口幸福的甘泉呢？

——你能，

——我醉了，

——你不能回家去？

——家太遠，家裏空虛得可怕，我不願意回去，

——我送你上車，你到元綺那裏去。

——到元綺那裏去？

——她會留你的，

——哦，謝謝，

——當心，你只要由你自己醉去，不醉也要裝出醉來，

——我醉了，

——女人是歡喜醉漢的。

——噢，

——元綺是更歡喜醉漢的。

——哦！

——她的肉體實在是一個奇蹟呢！你會發見的，你會覺得你是到了一個偉大的新的世界，你會覺得你是步入了天堂的。

——哦，我去了。

季感詩抄

路易士

一、冬天的窗

單調地排疊着的
大理石的紋狀的雲，
流過瑟縮的窗
遲緩地。

人家的屋脊的
雪的地平線，
遮斷了遠方季節之
每一窈窕的消息。

二、春歌

又是春天來了
還使我連一聲
最輕微的嘆息
也不敢的季節啊！

少年人哼着
二月流行的小唄，
輕快的步子
像晚風
掠過我的窗的遲暮。

凝視着天邊
那流逝着的
朵朵馥郁的雲，
我乃有了一縷的懷念
如春歌，一片的憧憬
如萌芽的大地。

沉默呀，
唉，便是祝福。

詩後；右二首均係作於今年二月者，改來改去，一直無法改得更滿意些，因而一直沒有敢拿出來發表。昨天在一個集會上初次碰到謝魯先生，相談不多，卻很契合，承他向我索稿，我答應一定寫；回來又在小油盞下拜讀了他的『吹起我們的畫角』，覺得眞好。馬上便找出這兩首一冬一春的季感詩的草稿來，開始推敲，一直弄到深夜一兩點鐘光景才睡。今早起來看看，覺得就是這個樣子免强可以登出來了。如果還要改動一二字句的話，只好等到將來出單行本時再說了。一九四五年五月八日上午十一時，記於危樓之一角。

古愁曲（四首）

黑　齒

毒龍行

孺子！勿懼乎我身之有死！
我死，乃更無恐怖之餘死。
父死，我命已一死；母死，我命已再死；我死，我命乃熟於二死之餘死。
孺子！更無可死之餘死，天下烏能貽汝以可怖之我死？
孺子！汝有大死，已先汝之忘生存身而再死！孺子！汝有大生，乃後汝之忘死存身而更生！
孺子！汝身，入死而出生、於生命之縱橫！
孺子！誰能更震駭汝以生命之大生？
孺子！孤兒生，生死畢；孤兒生，生死一；孤兒之生生死齊！
生死齊，死生同！嗚呼，世則有空，孝乎無終；孤兒之生君我同！
今古孤兒齊誓墓，誓墓已，請屠龍！
君不見！龍部毒龍、飛從十萬星雲雲座，蜷鬚俯角羣聽公！

丁丑九月

丁丑九月前，丁丑九月後；
是則有母之兒，往耶？

是則無母之兒，今耶？

空如雲，時隨捲

空如雲，時隨捲；五萬萬年時非遠！
一萬萬年雲捲北，
　水生北雲天水色。
兩萬萬年雲捲東，
　當年荒古有恐龍。
一萬萬年雲捲西，
　大地石器生如薺。
一萬萬年雲捲南，
　嗚呼，生人！
生滅滅已，癡人無復說時間！

嗟　嗞　乎

嗟嗞乎！
　電笑難榮，瓊窩遂病；
嗟嗞乎！
　星辰有名，情人無姓；
嗟嗞乎！
　秋雲無命，生死有情；
嗟嗞乎！情人
　亂曰：
槿鱸兮漚花，明月生處兮美人之家！

海底永眠的人們

日·朝島雨之助著
徐振輝譯

某夜，我做了一個很奇怪的夢。

夢中我變成了一個銀色而銳利的秤錘，發出輝耀的光亮，一直線的沈到了海底，南洋的光亮底溫暖底海水漸次失去了他的光亮，並且減弱牠的溫度，忽然又變成像拂曉空氣樣的青白而寒冷，睜眼一開那裏是無限廣涯的海底沙漠，我赤着足降落到這沙漠的冷氣逼人的沙上，那是永遠靜悄悄地安眠着的海底，活的人類所尚未蒞臨過的地球之墳墓，日光雖未曾射來，然而那裏並不是伸手不見五指，也不像侵晨，也不像黃昏，透着奇怪的青白色底光，那裏遍地棲息着月力所不及的極細小的海底微生物，其肉體上所發出的光一直照到很遠的地方，然而無論朝那一面，我的影子總是照不到在砂原上，在任何那一個方角都不生根海草，在搖幌不定的燐光中，所見到的無非是冷人氣逼的海底砂漠，我的足底踏到在那寒冷的砂上開始步行起來，好像是熟諳途徑的高抬着頭，胸中只是起伏着奇怪的憧憬和悲哀，啊！你是往那裏去呢？

在不知不覺之間我成了一條發光的深海魚，無論在背部在胸尾都點着螢火虫那樣的青白色的燈，只是一心的往南洋游去，不久，在砂原的那方發現有一樣像小山那樣的東西橫臥着。

啊！

我全身震顫得很厲害，皮膚的發光更見眩眼，加速度的向前推進。

那是日本軍艦〇〇號，稍向左傾嚴肅靜寂地橫臥在砂原上，奮戰到底，死而後已，目下是永遠安眠在海底，完全顯出了悲狀激昂英雄死得其所的姿態。

我現在明白了，在這海底上面的海面，在那天實在是發生了一次淒慘狀絕的大海戰，軍艦〇〇號雖明知在不利形勢之中，仍是絕不退避，猛然的向大敵陣中突擊過去，在滿天蝗虫樣的美國空軍總攻擊之下，一一擊沈敵艦而自身終也壯烈的沈沒南海，而且司令長官和艦長在命令部下將兵全體退去後，二人並立在艦橋，從容地與艦船共其命運，那樣壯烈的日本武士精神，當我那天由新聞紙讀到後，頓時一若遭受雷擊似的，肉體猛烈地震慄起來，不知不覺正襟端坐垂頭沈思起來，因那天早晨的感動，使我在那夜夢成了一條發光的深海魚，遠遠地向南洋游去，去憑弔那永遠安眠於海底深處的那艘軍艦和二位武將，深海魚，反復地在軍艦巨體的四週游來游去，尾部曳着人們靈魂樣的光芒，嗚咽暗泣，在不知不覺之間，那艘軍艦就爲那條青色的光輪所包圍了，在傾墮的艦橋之中，二位武將靜悄悄地安眠着，一步也不願離開天皇所付託給他們的軍艦，其身體緊貼着艦橋，雙目緊閉，其面部露着微笑，雖死猶生，我伏在他倆的足跟，啊！將軍，不知不覺的淚如泉湧，大聲慟哭起來，其聲悽愴悲哀，分向四週海底平原擴展開去。

啊！諸君，諸君或許要嘲笑我的流淚，然而人類無論是誰，當失去他的父母，亡去他的愛人時怎能不哭呢？淚是愛情的流露，是熱情的結晶，我上次因愛兒的死亡曾痛哭流涕，而致體重減輕，我現在的痛哭二位武將正與那時的心境極爲相似，非用常理所可加以說明的，那不過是一種同樣的悲壯激昂的感情深刺入我的胸中所致罷了，又在古來歷次的海戰中，身殉軍艦的艦長想來亦決不在少數，然而那是在無法退避之際或受强力敵軍包圍卽或退避亦將爲俘虜的時候內心所發的一種祈願，以爲與其被俘毋寧以與艦船共命運氣節之爲佳，現在我來看看西洋軍人之精神本質如何？那是純粹爲一種小個人的英雄主義，眞能貫徹太無而產生大有的軍人激昂殉難的情形，我在西洋戰史上尙未發現過，這始終是東亞民族血中傳統而來的死之秘義，中國在特有的國家型態及歷史之中，儘多那樣悲壯的史實，日本在萬世系國體信仰之中，亦不斷產生那樣激昂的故事，讀到了那美麗偉大的一頁誰能不落淚呢？啊！諸君請過來，請到我的旁邊來，我將那夜海戰的情形像憑窗眺望那樣地很明晰的告訴諸位。

那夜月白如晝，風在大空像河水樣的滾滾流動，一忽兒團團的層雲圍着了明月，在黑暗的海面，拖曳着紅藍光的砲彈飛蹇不停，漫天飛舞的無數美軍轟炸機及雷擊機，戰鬥機等紛紛投下燐雨樣的照明彈，向日本軍艦〇〇號猛烈攻擊，月從雲中一露出臉來，滿天的照明彈光就減弱了許多，月光一隱蔽又只見銳利的燐光紛紛上昇燃燒極盛，美軍的轟炸機和雷擊機二翼在那鬼火樣的青色閃光之中左右躍動，戰鬥機羣敏捷地往復盤旋，機關砲火密如聯珠，日軍的戰鬥機在數量上顯然是少了許多，滿目火光各處都噴着熊熊的火燄，只見美國飛機和日本飛機都相繼的墮落，對面的海面噴着猛烈的火柱，那是美國戰艦遭擊沈了，在轟然巨響的爆炸音和熊熊火燄之中，龐大的艦身突然傾斜，一瞬之間，由左側開始逐漸下沈下去，那似乎是日本軍艦呼應空軍，同時射擊，擊中砲彈庫所致，從望遠鏡中看見舢舨開始下降，艦長和高級幕僚開始移乘上去，水兵們像花草種子飛彈開去那樣的紛紛躍入海中，日本的軍艦那時也已中了數發魚雷和大型炸彈，衛護的戰鬥機大部份都以犧牲精神來擊落數量超過數倍的敵機，終至自身也噴出滾滾火燄而墮入海中，軍艦巨體在火炎和黑烟包圍下徐徐開始傾斜，殘體的美國空軍業已撤離戰塲，那時天空的大塊黑雲早已飄散殆盡，一輪明月照徹大海如同白晝，遠遠地望去只有沉入海底的美國戰艦尙飄着陣陣的黑烟，但是日本軍艦的沉沒也只是數分鐘以內的事，麕集在傾斜甲板的將兵一齊向山口多聞中將狂叫着

「將軍，請早些離艦」

「將軍！已經不容再延緩啦，請快些乘入舢舨罷」

然而山口中將並不置答，只是輕輕搖動着戴有白手套的右手，命令部下的將兵們從速離艦，自己却緩步的登入艦橋，在月光中閃動着的山口中將白手套和浮上微笑掉轉頭來的將軍顏面使抬頭高望的將兵們大爲感動，胸中一致印上了强烈的印象，在中將登入的艦橋，豫先已有决心與艦輪共命運的加來止男少將站着，幕僚將兵及一般水兵們都已明瞭山口司令長官的嚴肅决心，無不熱淚盈腔，仰望着將軍登入艦橋的英姿，忽然有誰嗚咽的哭起來大聲叫着

「司令官！請你賜下遺物」

山口中將的右手猛烈的搖動着似在回答，在艦船一角所噴出的大火光和目光交織之中，中將拋下了追隨多年的隊帽，和加來艦長目覩部下將士懷抱自己遺物乘入小艇離艦駛去後才如釋重負，同時緩緩抬頭，仰望清潔的月光，返顧加來艦長若有所語，同時艦長也滿臉笑容的仰望着明月若有所答，其聲雖不可聞然想像起來總不外是

司令官「啊！艦長，多好的明月呀」

艦長「正是啊，與日本內地的明月正是一樣呢！」二將軍在臨死之前這從容欣賞明月，其情形與故山賞月並無二致，其撫生成仁視死如歸，又縱爲幽魂仍將守護祖國的壯

志，眞是歷歷如繪，洞若觀火，不久軍艦徐徐爲狂浪所呑沒，小艇中的慕僚將兵們懷抱着遺物無不放聲大哭，

我想，那是很緊要的關頭，一個人的生死決不僅是那一個人的問題，其現實可迅速地萌長於國家的歷史而溶化於下一代國民血液之中，山口，加來二將軍的那樣以死來表示的日本海軍精神完全灌注入了部下將兵的心血之中，那又加了我們詩人筆中加以普遍煊染，使世界上不論任何國家，凡是有眞實熱情的人心不得不爲之打動，同時又想到武人們壯烈殉難，雖死猶生而我等詩人亦賴一枝禿筆得以暢述素志，與俗惡不正份子絕不妥協，唯靜迎最美麗之日到來而永遠栩栩如生，必須像過去偉大的詩人一樣，永遠在歷史中生長，又像山口加來兩將軍那樣的壯烈故事我知道得很多，但是像那二將軍之最後殉難情形由目擊者親自告訴我的則未必很多，例如潛水艇當遭受敵人的攻擊而不幸沉沒時，其艦員究竟是怎樣的死法呢？是絕對不能知道的，

然而我只有對於日本潛水艇則能够知道，這並不是憑空臆測，是有很正確的事實的，何以呢？因爲日本的潛水艇自其草創時期起卽有一脈相傳瓜瓞不絕的殉難精神的緣故，那是與日本武士的切腹完全同樣，日本潛水艇員是有傳統的死法的，那是距今三十七年前之明治四十三年——日本潛水艇草創時代——日本潛水艇最初遭難沉沒時，有名的佐久間大尉所樹立的，這就是爲以後由同樣歷史連編傳統而來的潛水艇精神，佐久間大尉是日本潛水艇發達之父，同時爲確立了日潛水艇員鞏固犧牲精神基礎之偉人，佐久間大尉那時爲潛水艇艇長，他所乘坐的潛航艇第六號艇是當時日本僅有九艘潛水艇中之最小的，重量僅五十七噸，只有像火車頭那樣大的圖形的東西，並沒有像日潛水艇那樣的具有艦橋，當航行水上時，艇長所乘坐的地方只露出水面二尺，只要旁邊有其他船只經過，艇長就可被浪打得像落湯雞一樣，佐久大尉對於如此不完全之潛水艇研究應如何加以改良進步，冒險進行實驗，並且這種實驗就是在性態最劣的六號艇進行的，結果不幸因爲機械發生障礙遽遭沉沒，在遭難後六日沉艇由日本海軍當局設法撈起，然當時日本海軍當局所最感憂慮的，就是這是日本最初的潛水艇事故，衆艇員究竟是怎樣死的，因爲在同一時候有某外國海軍潛水艇亦因遭難沉沒，然當撈起來的時候，所有全體艇員上自艇長下至水兵都因恐懼死亡而曾經慘叫呼號的醜態可很顯然的看出來，以致遭受世人的譏笑，然而當時日本海軍當局對於佐久間艇長的擔憂則純屬杞憂，當海軍士官最初進入艇內去檢視死體的時候，看到佐久間艇長以至全體艇員的壯烈殉難姿態不禁叫出聲來，「好！」一聲竭力嘶竟至放聲大哭起來，我想那時哭泣一定是爲了那全體艇員將偉大的海軍精神闡示於世界和使他們得有今日的國體之偉大所感激熱烈出來，佐久間艇長及全體艇員各自對於自已所擔當之職務堅守到底寸步不離終至壯絕的殉難了，然而最偉大的還算是藏在佐久間大尉衣袋中的手册，在那手册裏有佐久間艇長在電燈業已無法發光的艇內利用司令塔對窗中所漏進來的一線海底光線所寫成的遺言，當時佐久間大尉因受艇內所發生的毒氣之侵襲業已氣喘不堪然而還勉强提起行將昏迷的意識來秉筆直書，首起對於沉失天皇所賜給的舟艇而致殺害部下表示歉意，繼而報告部下沉着應變奉公守職的情形，並顧到遺族的生活要求國家予以救濟慰安，將來潛水艇日益發展，切勿因此次犧牲而挫折了潛水艇研究工作，換一句說，就是大尉所書的無非是沉沒原因及經過狀況的一本詳細研究報告書，

因佐久間大尉發露了如此的超人精神致日本潛水艇之殉死精神得以鞏固確立，絕不動搖，日本潛水艇之沉沒海底完全是出于那種精神的發露，例如大正十三年之四十三潛水艇遭難事件，近如距今五年前昭和十四年之伊號六十三號潛水艇遭難件事多數的潛水艇均因訓練而致沉沒，然當撈起來的時候之

所有船員殉難的姿態每次都是同樣，竟連一寸一毫的也沒有差異，所以我得以斷言，日本潛水艇當遭受敵人攻擊而致不幸沉沒時艇員必定是怎樣死法的，那是有嚴然的事實證明而能很明顯的知道。

但是諸君！試回轉頭來看一看西洋的例子，那是怎麼樣呢？

由視死如歸的我們亞洲民族來看，他們完全是莫可名壯的醜惡。

當上次世界大戰帝俄的某一潛水艇因事故而致沉沒時，乘坐該艇自知命將不保的俄國海軍軍人們究竟是怎樣的姿態呢？我們試就俄國作家浦利鮑所作「潛水艇艇員」一書中翻開一頁來看：

（內燃式機關的機動和爆炸音一停止，潛水艇用電動機開始駛動，我們只保持了最小的航行能力而採取戰鬪形態前進着

忽然在靜寂之中發出了怒吼，

「畜生！你想把大家都燻死麼？」

我知道有誰在此責司廚兵，潛艇仍在水上繼續航行，由通話管傳來了潛水航命令，同時空氣吐出音，油槽吞入鹽水聲卽紛然雜作，更夾着滾滾流水聲，人的慘叫怒號聲，似發生了意外事態，然而究竟是什麼呢？則不很明瞭，忽然有數個水兵和副長從狹窄的中壁入口衝撞到艇首部來，都像落湯雞似的臉都多變了色，他們像抵禦攻近的盜賊那樣的急忙閉緊了鐵門，同時在對面方向聞到了數發槍聲，

誰打了誰？那是爲了什麼呢？我們認爲發生變故，急忙跑去馳救，但是腳下覺得甲板像要想逃去的樣子，潛艇是很顯然的急激的下沉下去了，迅度逐漸增加，好像投下的鐵片一樣墮落到萬丈深淵，我的胸中裝滿了空氣不能動彈，水繼續冲入艇內像大河一樣的發響，潛艇重量逐漸增加，連我自已也覺得像鐵一樣的沉重，腳下好像爲甲板所咬着無法移動，啊！那震耳欲聾的奔流聲音快點停止才好，

突然的，腳下覺得一震，那是潛艇碰到了海底，不久，周圍歸於像墳墓一樣的靜寂

我們大家都用了發狂樣的眼神來互相觀望，希望在彼此的眼色中求得解答，

「沒有什麼，沒有什麼，不要擔心，來調查調查就可以明白的」

副長竭力叫我們鎭靜，他雖是這麼說，可是他自已的嘴唇却震顫得格格作響，

「到底是爲了什麼才發了生的事故？沒有一個人知道麼？」

「我知道的，副長」砲手蘇洛基四答道，大家都以爲潛艇之是否得救是繫於他的解答的了，

「那完全是司廚兵的罪惡，他把油汚倒在電爐上面。因之發生了濛濛黑煙，誰在開始罵他了，他深恐將遭到艇長的處罰，就任意的開了廊房的風窗，他以爲那樣可以放烟出去，而不知道小艇就很快的潛沉下去」

、「我看見水雷士官馬上就看槍打死他」另一個人說明道，

此後大家開始用手槍互轟，也有自殺的，從測度計看來那時正是九十八呎，我們的頭上蕩樣着滾滾巨浪，在中壁的對方倒着屍體三十幾個，這一次是輪到我們的了……海水滾滾地向我們流來，中壁的接縫吱吱地發響我們立卽七顚八倒的倒下去身體像要被裂碎的樣子，水兵密特洛而金突然的放聲大哭

啊諸君，到底這是怎樣的一會事呢？我不禁放聲嘆息而拋掉了那本書，我們看到那海軍軍人在那海底永遠墓場，明知將要葬身魚腹，紛紛以手鎗互擊或因絕望而自殺那是何等的可恥，西洋軍人只要當生命迫於危急的時候，一定是貪生怕死而像發狂樣的演出慘叫呼號的醜態，那覺全不像是人類，不是已經還元到達爾文所說過的人類祖先的猿類了嗎？以此來和日本佐久間大尉的沉着壯大和山口中將加來少將的從容忠誠的殉國情形來比較，眞有天壤之別，那是因爲國體的不同，同時也是亞細亞血和歐美血的傳統之差異，

實在唯有軍艦和潛水艇橫倒了海底無限的沙漠和軍人們視如歸壯烈殉難的時候方能

發揚該國國體之光彩，這次的大戰爭有許多的日本勇士與軍艦潛水艇共其命運，也有與雷擊機戰鬪機，輪送船同沉海底，橫臥於無盡的砂原而輝耀着日本武士之壯烈和國體的偉大的，他們縱爲一根遺髮或一件遺品亦不願寄歸故國家族，將他們願永遠安眠於冷寂的海底，將來因戰爭規模的擴大，我想其他武士益將發揚其光輝於全世界七大洋的海底罷！此項日本武士的希望只在於穿過七大海洋的巨浪驅使信仰的旋渦進向天皇陛下所在的日本東京灣頭，這是一個日本瘦弱詩人所確信的，詩人的白日夢又像那天夜裏的夢一樣，希望成爲一條發光的深海魚提着螢火燈來參拜沉入七大洋的日本武士們的神座，讀者諸君！請勿嘲笑詩人那樣的感傷，請傾耳靜聽我唱日本詩的情調罷！日本詩的歌調雖非能用別國言語來傳達出來但至少他的心境是可以知道大概的了）

（詩）海底永眠的人們

這裏是南洋的海底，永遠廣涯的沙漠
靜寂的微光　放着奇輝
東南西北　寸草也不飄搖
依然是鴉雀無聲廣涯無限的海底
在這砂原上斜躺着
永遠安眠的祖國軍艦
在這烈燄升騰的戰鬪之日
收得輝煌功勳並不因而誇耀
只是投影樣地靜眠於滄溟之底
在傾斜的艦橋左右
自然地生出二道圓形的光環
來點飾那從容殉難的將軍之神座
某日　從沙漠的北方
來了一條輝煌發光的深海魚
像靈魂樣的環繞巨艦四周依依不捨
突然停止在將軍遺骸之下，
淚如泉湧　飲泣不停
啊！東太平洋海底的深處
無聲的慟哭逐漸向那靜寂的平原推展開去

人類經過九千九百萬年的進化，始學會用後脚走路。電話是六十年以前的倍爾發明的。

瀰漫與繚繞

——詩論百題——

應寸照

瀰漫是處身煙霧之中，繚繞是遠居煙霧之外；瀰漫是憑籍主觀的感覺而受客觀籠罩，繚繞是由客觀的事象去引帶主觀的意象。

瀰漫看起來是沒有邊際，而它底接觸，僅是一個局部；繚繞雖若是面積較小，形體較狹底模樣，但是它所陳列的，常是大部份乃至全部。繚繞是一個機遇，光景像蹼窗而望的鄰舍人家的煩煙；瀰漫則簡直是件不幸，情況如自己的臥室在深更半夜失愼。

就是爲了瀰漫致人於不舒適，而繚繞致人意遠，所以詩是寧取繚繞而不取瀰漫的。然而人是豎立於這個地面之上的，而今日時代的空間，它實在只是瀰漫而不是繚繞；你若果硬要說它繚繞就不免有「隔岸觀火」，「置身事外」之嫌。

是以用「脚踏實地」的做法，這當兒似乎是只許瀰漫而不許繚繞的，繚繞是「置身事外」，而瀰漫是「身歷其境」；所謂「已飢已溺」的心懷，不就要將別人家失愼的事件，看做是自己的嗎？可是事象之形成，有全與意念相左者焉：你以爲瀰漫的所在，全都是槍救的人嗎？這實在與事件的本身有甚不符合之處：

鄰村失愼，四下裏人便蝟聚攏來了；多數人的手裏都沒有帶着工具——水桶或水盆——空着一雙手，都懷了一顆幸災的心。徒說那些沒有必要，亦偏偏要「身歷其境」的人之外，再沒有可憎的事了，這世界至少還要安寧一半；而壞的是那些雙空着的手。還有要打算帶些什麼回去的。所以也還可以說，處於繚繞之境，尙能得察知那事件本身的哀樂，而惟獨於瀰漫中間，難求明晰；人之有惟恐其不瀰漫者，不全是「救世有心」的啊！

我把話說到別處地方去了——是的，詩之所以要求其繚繞者，乃是要求它底空間寬闊。雖然在形象上似乎瀰漫厚於繚繞，但究竟是瀰漫的宇宙是小成一隅，而繚繞的景地要比較地多而周全了；也是說，處於瀰漫中之你的身子，佔有的空間甚小，而抽出了自己的身子再從事去觀察瀰漫時，瀰漫就成了一種景狀的局部——繚繞的，同時也便是說，煙霧被你所處理了時，它是繚繞的，當你受了這情形的圍襲時，那就是瀰漫。我想說抽出自己的身子，並不一定是打算「置身

雖然我是沒有生命的

吳茶

我的朋友
假使我在發亮
這個亮
請你不要錯認我有螢火蟲那樣的晶
瑩，
我並不能在我的尾上
自由帶來我尾上燐質的燐。

△　△　△　△

朋友
我不過是你們的燈泡
因你的磨電而反射一個
五隻燭光的我的生命的生。

△　△　△　△

爲了你們生命的磨電廠
我有接受發光的義務
而反射在一切生命的光榮。

△　△　△　△

謝謝上帝
雖然我是沒有生命的——
——呵，我的朋友！我的先生！

事外」——生在這個世界上的人，似乎也到底沒法子逃出這個地面——那不過是說，你如願望得瀰漫看得更完全一些，那也是一個做法而已。

詩之繚繞者，它可能保持本身的寬敞，並且還是以引致感應延綿。香煙繚繞，使人的心地恬寧，歌聲繚繞，教人的怡情持續；它猶之飄浮的綾帶，遠寺之鐘聲。

而瀰漫便不是這樣了。它如嘈雜，又似忙亂；視覺蒙受脅逼，心情也遭遇重壓；像是四方圍近，又像是從頭罩落；「鳥煙瘴氣」，令人窒息。

詩之所以被形成瀰漫的，大概是由於情緒紊蕪，觀點狹窄而起。情緒紊蕪是改悒鬱而又憤怒，觀點狹窄是改愛戀而又嫉妒。以交錯夾疊的意向混然噴射，人便有瀰漫之感了。

勢利之交，難以經遠。

——諸葛亮語——

罪不容恕

周子輝

第三幕

時——第二幕發生後當日的晚上。

地——東吳大飯店三樓三〇八

人——傅惠興　呂天霸　劉山　朱菊英　警察甲　警察乙　筱旡忌　屠必勝　僕歐

景——這兒是東吳大飯店三樓三〇八號房間，如許多首等旅館一般，建築得非常堂皇富麗。

三〇八號是一間有着雙套房的大房間，現在在舞台上出見着的，那祗是這個套房的正間。前壁的左壁角那兒有着一扇可以外通走廊的門，這一扇門就是一切角色出入的孔道。至於右旁的橫壁上雖然也有一扇門設在那兒，可是這祗是用以通到那個較小的套房中去吧了！

房間內的裝修，除了極盡摩登化之能事而外，壁上的設色，——那是天藍底子上，隱約泛出一點乳黃的油彩，顯得異常調和，而且悅目，尤其跟懸在右壁窗檻上的蜜黃色的綢質窗帘，襯托的格外有韻致。為了每天有僕歐們的收拾，所以房間內一切都顯得瑩淨明潔，就是紅漆的地板上，也少有骯髒的塵穢。

一張席夢思的牀舖，靠後角橫斜地躺着，中間是靜置着一張六角形的玻璃面的摩登桌子，幾張小圓桌，很位置得宜地排列在桌子的四週。此外，一張類似柚木的衣橱，揀左壁的角落裏直站着，直塊生的玻璃橱面，拭的晶光燈亮。兩只單人沙發，距離牀舖半丈左右相對地安放着，草綠色的沙發衣套上，有一些殘留的香烟灰屑。

壁上張掛兩幅油畫，鏡框配得很富麗，內容一望而知是下劣的作品，只是用以點綴壁上的冷靜而已。

現在，正是萬家燈火欲上時，所以室內的，高度的電炬通亮了，隔房和樓下，不時傳來一些嘈什的聲響，然而當那窗扇唯一的用以出入的門關閉起來時，那聲浪就會突然低沉下去，竟至於幾乎完全消失了。

幕啓的時候，筱旡忌穿着一身相當高貴的華達呢袍子，全部生意人的氣派兒，他正從一張沙發上不耐煩地站起來，他的樣子顯得很焦灼，來回地踱了幾圈，於是他走到窗口處，拉開了窗帘，向下邊的馬路上探望，一回兒又旋過身軀，踱着步子。

筱　（自語）怎麼還不回來？大哥也太……太那個了！有菊小姐這末樣漂漂亮亮的美人兒愛着他，偏他不滿足，要去愛那個死板板的，一點也不風騷的李小姐，我呀！瞧我們的老大，說不定會毀在那個姑娘的手裏。（忽有所悟地）我想起了，對！我該仔細點，也好叫他們知道我阿筱膽子兒細，心眼兒可也細得很！（走到壁間去，撳動電鈴）（白衣的標着「No4」的僕歐上）

僕　先生！（有禮貌地雙手直垂着，腰微屈起來）

筱　唷！我告訴你這兒不論有誰來找苻先生

的話，得先進來告訴我。

僕　是！

筱　別讓人亂闖亂跑的。

僕　是！

筱　當心得週到的話，荷老板有特別的賞。

僕　（心花開放地）是！（腰更曲了下去）先生，還有旁的吩咐嗎？

筱　沒有叫你的時候，你別進來。

僕　是！

筱　去吧！

僕　是！（轉過身子，腰重新站直了，下）

（呂天霸，劉山兩人上）

筱　呂二哥，劉三哥，你們回來啦！我一個人正悶得慌，你冷，我守在這個冷冷清清的房間裏足有兩個鐘點 ，正像坐牢監。

劉　你瞧，你嘴巴裏就掉不出象牙來，他媽的！

筱　得了，得了，算我說了廢話。

呂　阿筱，上坑也得討個利市，你一開口就犯了咱們的諱。

筱　我錯了，嘁，兩位老哥別生氣。

呂　阿筱，我問你，傅大哥回來過沒有？

筱　沒有，你們不是去找大哥的嗎？

劉　可是到現在還沒有他的影兒，他媽的！

筱　那會不會……？

呂　（注視筱）怎麼？

筱　給什麼趙探長，錢探長……

呂　嘿！（恨恨地）阿筱，你真是比鼠子膽兒還小，老是想到倒霉的路上去。

劉　咱早說過阿筱不配吃這一碗飯。

筱　凡事小心防備，總好得多呀！

呂　好啦！別多說廢話吧！（向劉）老三，咱料定大哥一定跟那個李小姐出去了！（隨即抽起支烟，噴着一圈圈的烟霧兒。）

劉　咱也這末想。

呂　咱覺得情形是愈來愈危險，咱們總得想個應付的辦法。

筱　危險嗎？二哥！

呂　你瞧，你的腿又快發抖啦！真是沒中用的膿泡。

筱　不，不！呂二哥，我說少吃大哥的飯也有幾個月啦！我也見過點喪魂落魄的場面。

劉　（向呂）別跟阿筱多嚕囌吧！老二，咱也在這末想，可是兵來將擋，傅大哥不是個糊塗虫，憑他那些神出鬼沒的本領，怕什麼趙探長，羅局長！

呂　可是方才小層的來的消息，却有點兒麻煩。

（筱无忌凝神地聽）

劉　你的意思還是暫避鋒頭呢？還是……？

呂　除了這一條路，另外就只有一條。

劉　一條，什麼路？

呂　到實在太緊的時候，咱們就共有犧牲一個，不過我總覺得……

劉　覺得？

呂　第一，咱們得講義氣，比那批混蛋的什麼狗黨總要高明一點。

劉　那他的意思是避鋒頭啦！

呂　嗯。（扔掉半節煙，又抽起一支來。）

劉　那就是聽傅老先生的話，叫大哥三十六着，挑走的一着？

呂　你覺得怎麼樣？

劉　自然跟你二哥一樣的想頭啦！

筱　（忍不住地）二哥！真危險得不得了嗎？

呂　怕什麼？有咱們大哥，二哥，三哥擋頭陣，怕什麼？要是輪到你老四的頭上，那咱們這賣買，他媽的，也就完啦！

劉　阿筱，你管你的事，瞧你這模樣兒，咱就氣的肚子發脹。

呂　老三，那咱們得趕快去找大哥商量。

劉　可不是什麼地方都找遍了？

呂　他一定是跟李小姐到什麼幽會的地方！

劉　咱說咱們大哥也就這一點缺德，偏地有着菊小姐愛他却一點不希罕，總老是捨不得那個死板板的李霞芳。

呂　嘁！（同情地）咱們的菊小姐倒有那一點趕不上李霞芳？換了咱，就覺得心滿意足啦！

劉　可是咱們的菊小姐也怪的很，愈是有人愛上了傅大哥，愈是她不肯放鬆半點兒。

呂　女人的心理，就不是咱們這種老粗攪得明白的。

劉　咱可不跟你一般的想法。

呂　你？……

劉　你想：菊小姐把全部的愛情都給了傅大哥，她又怎麼肯讓別一個女人把他奪去呢？

呂　這樣說，傅大哥是並不愛菊小姐的囉！

筱　不，那決不！

呂　你知道？阿筱！

筱　是的，傅大哥怎麼能夠不愛菊小姐？有許多事情沒有菊小姐，那就會生出許多的亂子。譬如上次在B十三號裏吧，要是沒有菊小姐跟趙探長嚕嚕囌囌的絆住他的脚，傅大哥又怎麼能夠寫寫意意化裝起來，把個趙探長哄得成了個開眼的瞎子？

劉　哦！（點頭）阿筱，你只有這些話是中聽的，二哥，咱可以分析開來說。

呂　老三，你別這樣斯斯文文的，咱是老粗，就不喜歡這種斯文的字眼兒。

劉　也不過難得用一次，二哥，你聽我說，大哥愛菊小姐，愛她的有才幹，有濃膽。

呂　那末，愛李雜芳呢？

劉　愛她的文雅高尙。

呂　又是個斯文的字眼兒，得啦！咱們別管這些閒帳吧！瞧，這時候，大哥還沒有回來？

劉　（看手錶）快九點多啦！

呂　（忽有所悟地）老三，咱想起來了，大哥一定上什麼開士林的音樂會去。

劉　不會吧？

呂　他不是說過，李露芳很喜歡音樂，而今天晚上，開士林不是有音樂會嗎？

劉　（思索地）那也許……

呂　走！咱兄弟倆再去走一次。

劉　萬一他回來呢？

呂　那最多也不過十幾分鐘，咱們也就回來啦！

劉　好！

呂　阿筱，你當心，小屠也許有什麼消息送過來

筱　我知道，可是無論找得到，找不到，你們得早些兒回來呀！

【呂，劉二人下】

筱　（自語）我瞧，這兒總不能再就下去了，危險，警察局跟我們死作對，得開碼頭才行。

（僕歐上）

僕　先生，查房間的警察來了

筱　唔。

（僕歐下）

筱　糟糕，可是謝謝老天，他們兩位去了，我呀，我用不到怕。（笑，竭力鎮靜，望着緊閉的門。）

（警察甲、乙上，目光炯炯地注視着房間內的一切，然後銳利地注視筱旡忌。）

警甲　市民證，（高聲）市民證拿出來！

筱　（從袋內掏出派司套子，恭恭謹謹呈上去。）先生，請瞧吧！

警甲　嗯！（敏捷地倏的接過去，瞧着。）

（警察乙緊貼在甲的一旁，同樣地注視着。）

甲　（問筱）我問你，你姓什麼？

筱　蕭。

乙　什麼筱？

筱　蕭太后的蕭。

甲　叫什麼？

筱　蕭天乾。

乙　（打趣地）他到是蕭天佐的兄弟。

甲　幾歲？

筱　二十二。

甲　你的市民證號數？

筱　三七一八六……五。

甲　（注視一下市民證上的號數。）嗯。（把派司套逆到筱旡忌的手裏。）拿去！

筱　唔，（接過派司套，納入袋中。）

甲　（警甲、乙重又在房內巡視了一週。）喻，我問你，你是幹什麼的？
筱　做買賣。
乙　那一行？
筱　年頭兒不行，跑跑單帮，混口兒飯吃。
甲　這房間是誰開的？
筱　姓荷的朋友。
乙　（忽有所悟地）姓傅的？
筱　（急分辨）不，不，姓符。
甲　符？什麼符？
筱　張天師起荷捉鬼的荷。
乙　（問甲）老張，有這末個姓兒？我瞧是假製的吧？（低聲地）咱們的局長跟探長不是關照我們留心姓傅的？
筱　（急急地辨白）他的確姓荷，是我的老朋友，這個姓吧，以前就有個皇帝姓荷的。
甲　（沉思）對，老譚（問乙）不錯，有這樣的一個姓。
乙　唔，（點頭）
甲　（問筱）這姓荷的幹什麼生意？
筱　跟我一樣呀！
甲　也是跑單帮的？
筱　不錯。
甲　（問乙）走吧！
乙　好！
（警甲乙下）

筱　（深深地呼了口氣）唷！好危險呀！（抹抹額角上的汗）不得了，我瞧現在正是四面楚歌，危險的不得了！停回兒等傅大哥回來的時候，我非勸他走不可！
（傅惠與上穿着畢挺的西裝，臉上殘留着一些憂容。）
筱　（急奔上前）大哥，你回來了？
惠　唔。（坐到沙發上，抽起雪茄烟）這兒沒有人來過？
筱　有，怎麼會沒有！
惠　那些人？
筱　小屠來過一次，他說風聲緊的不得了，羅警察局長非要破這件案子不可！
惠　（毫不在意地）我知道。
筱　呂二哥跟劉老三來過兩次，可是總也找不到你大哥的影蹤。到底你在上那兒去了？
惠　唔，別管這些，現在他們呢？
筱　又找你去啦！
惠　上那兒。你知道？
筱　什麼開士林音樂會裏。
惠　嗯！
筱　大哥沒有跟李小姐一起到那兒去？
惠　沒有。
筱　那他們也許馬上就回來了。
惠　好吧！我等他們回來。
筱　大哥，方才小屠說，我們的菊小姐也在找你哪！
惠　唉喲！眞麻煩，我又不是乳臭未乾的孩子。
筱　可是菊小姐確確實實愛着你大哥！
惠　我知道。
筱　你總不能使她心裏難過，覺得失望呀！
惠　我並沒有不愛她。
筱　可是大哥，我覺得你愛菊小姐，比李小姐要差得多啦！
惠　你瞧差了，不過……也許是的。
筱　這……（注意地）這……
惠　阿筱，我現在沒有心緒談這些話，我問你，還有旁的人來過沒有？
筱　有，有！
惠　誰？
筱　兩個警察。
惠　（神色緊張地）警察？
筱　是，查房間來的。
惠　（心放下了一大半）這是平常的事。
筱　不，大哥！
惠　怎麼？
筱　他們對於開這個房開的人查問了半天。
惠　（鎮靜地）爲什麼？
筱　他們說，也許是姓傅的，不是姓荷，斷我這一張伶牙俐嘴，說的他們走了，大哥，瞧樣子。眞是危險得很！
惠　你永遠是個膽小鬼！

筱 可是二哥跟老三也這末說？

惠 他們也這末說？

筱 他們也曉得該暫時避避鋒頭。

惠 （瞧手錶）怎麽他們還不回來？

筱 我想 不用十分鐘，他們就可以回來了。

（僕歐上）

僕 先生，外邊有一位小姐要見。

筱 誰？

僕 她不肯說。

惠 她來過這兒沒有？

僕 我記不十分清楚。

惠 她瞧誰來的？

僕 荷先生。

筱 你去說筱先生沒有回來。

僕 是。（下）

惠 阿筱，這是什麽意思？

筱 仔細一點的好，別給人家暗算了，——碰到了女暗探，那眞够麻煩死人。

（僕歐又上）

僕 先生，那位小姐一定要進來！

惠 阿筱，許是菊小姐吧？

（宋菊英突然旋開門，站着）

菊 （獰笑）好，你們在玩些什麽把戲？連我也不能够進來。

（僕歐下）

惠 （急趨上前）菊英，是你，早該進來呀

筱 （臉色尷尬地）菊小姐！

菊 （氣憤地）你自已出的好主義，還說我應該早跑進來。

惠 （莫明其妙地）這……我一點不明白。

菊 我倒明白，你怕我纏住你，不能够去跟那個姓李的小姐幽會，所以才叫茶房擋我的駕。

惠 這你誤會了，我沒有向茶房吩咐過什麽話呀！

筱 （急謝罪）是我的不是，菊小姐，對不起得很，大哥實在一點兒也不知道。

菊 不知道？

筱 他才回來，回來後還不到五分鐘。是我怕也許有什麽偵探之類，化裝了闖進這兒的房間，所以才關照那個茶房，不許給人隨便亂闖！

惠 這可不是我的錯啦！

菊 好，算我錯怪了你，惠興。你別又走出去，讓我換一套衣服，再跟你說話。

惠 唔。

（朱菊英去入套房間，她換了件非常漂亮的，天藍色的旗袍，活潑地走到惠興跟前）

菊 惠興，你方才不是上李小姐的家裏去？

惠 不。

菊 瞧你還在死口抵賴。

惠 眞的沒有。

菊 什麽地方我沒有找過你，爲什麽都沒有你的影子？

惠 你得知道，我們現在是處在怎麽樣危險的境界裏？我正在想法子應付他們呢！（走上前去，握住她的手）菊英，你是有智慧，有膽量，有勇氣的人，這不能不告訴你，那個姓翁的跟我們作對，弄得警局裏非破案不可，這侉子，哼！總有一天逃不出我的手掌。

菊 兵來將擋，着急幹嗎呀？惠興，你從來沒有這末樣着急過。

惠 可是實在因爲……

菊 放着你的菊英在你的身邊，我就不信有人會把你扔到陷阱裏去。

惠 話雖然這末說，可是……

菊 總不見得他們有本領一下子就把你抓了去？我告訴你，請你先答復我一個重要的問題。到底你愛不愛李露芳小姐？

惠 憑良心上，我的確愛她！

菊 （臉色蒼白）好！好……你好狠心！

惠 可是已經拒絕了她。

菊 （色漸霽）拒絕她？

惠 我告訴她，她不值得愛一個墮落的，不求上進的，只會犯罪的人。

菊 她怎麽說？（好奇地注視）

惠 她非常痛苦，比流着眼淚還痛苦的！

菊 她還是不肯放棄她愛？

惠　是的。

菊　那末，你呢？

惠　（堅决地）决計拒絕她！

菊　爲什麼？

惠　爲了不能够玷汚她的高尙和純潔，不能够讓她的幸福給我毀滅！

菊　這末說，那她不會把你從我的懷抱裏奪去了？

惠　是的。

菊　（熱情地）惠興，我多麼高興，多麼的感謝你！（她的臉，貼緊在惠英興的胸前。）

惠　可是在心的深處，我是深探地感覺到她的確是一個可愛的姑娘！她向我說了很多的話！

菊　你別說吧！我不歡喜聽。

惠　不，我應該告訴你，菊英！你是愛我的，你應該聽我說。她希望我不要自己毀滅了自己，她希望我能够以重重的罪惡的底層中，把自己搶救出來，懺悔自己的罪過，重新做一個人。

菊　那你怎麼樣呢？

惠　我覺得這許多話很有意思。

菊　（冷笑）嘿！

惠　你笑我變得很稚氣嗎？

菊　不。

惠　那末？

菊　你以爲一個做着不正當事情的人是罪犯的？

惠　那自然咯！

菊　可是那種靠着自己的權勢，專門敲詐別人，專門搜刮別人的人，就不是罪犯的？再拿翁財寶這種人來說吧，靠着自己有幾個不清不白，不知道從那兒得來的臭錢，放兩毛錢，三毛錢的强盜債，難道就不算罪犯嗎？

惠　唔！

菊　可是這社會裏的人們却不把他們當作罪犯的人相待，這又是什麼意思？

惠　唔？

菊　所以我對于那位李小姐的話，根本就一句也不要聽。

惠　可是不管怎麼樣，我們幹這一種生活，總是非法的！

菊　那當然咯，還用說得！惠興，我不想多談這種嘮叨話，我問你，今兒晚上我穿過一套衣裳的道理你知道嗎？

惠　我不知道？

菊　不知道？你別裝傻。

惠　你要上百樂門？

菊　（温柔地）對呀！我的乖乖，昨兒你沒有陪我去，今兒總不能够再掃我的興呀！

惠　菊英，我實在沒有這種興致，（不耐煩地來往踱着）我的心亂得很，我覺得我們現在正交在四面楚歌的危險裏，警察局派了那末多的人在追查我們的行蹤，翁財寶這傢伙吧，又死跟我們作對到底，我自己雖然不怕對付不了他們，可是萬一他們跟我的爸爸爲難，那……那我怎麼好連累他老人家？

菊　法律上難道有父親代兒子吃官司的規定，惠興，怎麼你近來反而變得孩子氣了？

惠　你自己才變得孩子氣。

菊　我？哼哼！我才不孩子氣！

（呂天霸，劉山上）

呂　大哥，你回來了？什麼時候回來的？

惠　差不多有二十多分鐘了。

劉　大哥，怎麼你沒有到開士林？

惠　誰有這種興致！

呂　菊小姐，你也來了？

菊　唔。

劉　穿的這末樣漂亮，上那兒去？

菊　這要等你們的大哥決定呀！

惠　老二，阿筱說你們有要緊的事情找我？

呂　不差，大哥！趙探長的確到過你的府上

惠　他沒有難爲我的爸爸？

劉　沒有。

惠　我爸爸對我的行徑，一定非常憤恨吧？

呂　可也不見得。

惠 （疑慮地）不見得？

呂 是的，不過他一定要你回去一次！

惠 回去？

菊 這不行，這一定你爸爸在使什麼詭計！

呂 不，當時我們也這末懷疑，可是一聽見他老人家說出了理由，就覺得他是非常之疼愛你大哥了！

惠 這……

呂 他老人家已經知道了大哥的全部底細，他非要大哥立刻離開這兒不可！否則登在這兒是太危險了！

惠 眞的？

呂 大哥，咱們是炷過香拜過天地的弟兄，咱難道會在你大哥的面前撒什麼謊？

劉 他老人家再說，大哥必得離開這里，到遠遠的地方去暫時避鋒頭，而且他再說，那地方有他的老表兄和老朋友，一定可以把大哥招待得好好的。

惠 這……這難道是眞的嗎？難道他眞的爲了親子的緣故，所以才想出這個辦法嗎？

呂 （突然憶起）大哥，我忘記還有一件緊要的事情得告訴你。

惠 你說。

呂 那個當探長的趙作義，據老伯大人的報告，他們還是以前在私塾裏念書時候的同學呢！

惠 啞！

劉 一些也不錯，是老伯大人親口說的。

惠 （點頭）我明白了。

呂 明白？

惠 我們的處境有想像不出的危險。

筱 （急走到呂，劉二人前）對，對，我告訴你們，方才查房間的警察來過。

呂 這又有什麼驚慌的？

筱 聽我說呀！他們非常注意姓傅的，爲了這兒的房間，大哥用了個荷字的姓，就吃他們纏了老半天。

菊 惠興，瞧你那樣子，你似乎覺得這兒再也不能夠耽下去了？

惠 唔。

菊 那你打算怎麼辦？

惠 我老實告訴你們，方才我到過李霞芳那里，她也勸我暫時避避鋒頭，不過在離開這兒之前，必得回家去一次！

菊 她不是明明想算計你？

惠 不，她跟老二，老三說的一樣，可以讓爸爸告訴我一個安全的去處。

菊 你以爲你父親會一下子那麼樣的溺愛你嗎？你不是說你父親一向就痛恨不法的暴徒嗎？

惠 可是我終究是他的兒子！

筱 對的，天下總沒有騙兒子去吃官司坐監牢的爸爸！

菊 那你決計回去一次？

惠 是的。

菊 今兒晚上？

惠 （躊躇一下）我想還是明兒的早上。

菊 不過我們吃這一項飯的總得防着隨處有人給你安排好陷阱，讓你去往下掉！

惠 我想我爸爸也許不至於會……

呂 對的，咱瞧老伯大人的氣色，可以決定他決不是在欺騙咱們。

劉 咱也覺得是這樣。

菊 可是……

惠 菊英，你別疑疑惑惑的。

菊 好吧！那你預備明天什麼時候回家？

惠 大槪十點鐘。

菊 唔！（點頭）

呂 （笑）我明白菊小姐的意思。

劉 二哥你明白？

呂 菊小姐一定不放大哥一個人回去，她會臨時去做他的保鏢。

菊 噉！人家骨肉團聚，我好去攪擾他們？（向惠興）好啦！明兒我讓你回去冒一次險，今兒晚上，你可非跟我上百樂門不可！

惠 你不怕也許一個不留心，掉在別人家佈好的陷阱裏去？

呂 大哥，（急又斷了他們的對話）那末，咱們眞的決計開碼頭？

惠　等我回去見了爸爸再說，眞的開地，我們再商量辦法。

（僕歎上）

僕　先生，有一個不三不四的人，一定要衝進這兒來。

筱　誰？

僕　叫什麼小屠的。

惠　快讓他進來！

僕　是。（下）

（屠必勝上）

屠　傅老板，各位大哥，快一點離開這兒吧

惠　出了什麼亂子吧？

屠　方才老滕有個傳報，說有一批密探，正在搜查隔壁的大海旅店，說不定馬上就會上這兒來。

惠　（點頭）唔，小屠，你去吧！處處小心留神。

屠　（機警地）是！（下）

惠　（着急而又鎮定地）走！趕快，可是別一窩蜂擁出去。

衆人　（點頭）

惠　最好有一個人留在這兒，別跟小屠他們失了聯絡。

筱　原讓我留在這兒吧！

呂　你有這個種？

筱　唔！

呂　想不到我們的四老弟倒有這個胆。

筱　我這一行飯吃得最淺，而且又是全副生意人氣派，隨便那一個密探的眼比獵狗還凶，總不會疑心我。

惠　好！阿筱，就這麼辦，可是千萬不能出亂子！

筱　我知道。

惠　（命令地）走！

（衆人先後下）

——幕——

△威廉賀爾(William Hall)在(1786)年發明冰結漣。

△聖代是(1897)年紐約克州伊薩加一個藥劑師發明的。

一歲的小鹿

羅琳(Marjorie Kinnan Raw Lings)著
聶淼譯

第二章

白辨尼躺在他睡着的妻子龐大的身軀旁，不能入睡。每當月亮圓圓時，他老是睡不着。他時常這樣想，月亮這樣明潔，爲何不到地裏去做事呢？他想溜下床來，去砍柴，或是將嘉弟未鋤完的草替他鋤掉。

他想道，「我應該逼着他鋤草才是。」

當他年幼時，如果溜出去遊蕩，定被痛打一頓。他父親定然帶他到泉水旁，將水車拆毀，才准他回去吃晚飯。

他轉念想道，「不過孩子不會老是孩子，終要長大成人的。」

他回憶他童年時的情形，覺得他無所謂童年。他父親是個牧師，嚴酷得像舊約聖經所描寫的上帝。他父親並不靠傳道生活，却在佛樂沙鎮左租了塊小田地，一大家人就以耕田爲生。他父親雖敎他們讀書寫字，讀聖經，但一到一他們能背着種子袋跟他下田的時候，就要他們做事。做得懶骨頭發痛，小手指抽筋。營養既不足，米麥又生了虫。辨尼長到成人，身軀還像孩子，脚小肩窄，肋骨和大腿骨聯接一起，像個脆弱的架子。一天，他和傅家兄弟立在一處，竟像龐大的橡樹林中的一棵孅弱的槐木，渺小得可憐。

傅林低下頭，瞧着他的頭頂說，「你簡直像一枚小辨尼，錢雖是枚好錢，但再沒有比這更小的錢了。哦，小小的白辨尼啊！」

自那時起，這雅號就成了他唯一的大名。他投選舉票時，簽的姓名雖是「白伊斯」，但納糧付稅，旁人將他的姓名寫成「白辨尼」，他竟默然不加抗議。但他却非常强健，像銅樣的結實，並且還有銅樣的柔和。他爲人誠實，但過於誠實，以致時常成爲商店老板，廠主，及馬販子的引誘物。佛樂沙鎮上有個姓包的店主，像他一樣誠實，有一次多找給他一塊錢。洽巧他的馬跛了隻脚，但他仍巴巴地走了許多路，特地把錢送還給店主。

包店主道，「下次來鎮做交易時，再還給我也不遲。」

辨尼答道，「我知道，不過錢不是我的，帶在身邊，老放心不下。不管怎麼，我只拿自己的本份錢」。

他移居到這人稀煙少的叢林。人們都覺得奇怪。那些在舟車喧囂沿江雜居的人們都這樣說，白辨尼離開普通人的生活，帶着他的新娘子，居到狼豹成羣狗熊衆多的佛洛達州的野林裏去，要不是胆子大，定就是個瘋了。傅家移居叢林，大家覺得還有理由可說，因爲傅家的男人們爭鬭成性，人口一天天增加，需要遼闊的空間擴展，好讓他們無阻礙地發揮他們的自由。可是有誰來阻礙白辨尼呢？

這不是阻礙不阻礙的問題，城市裏，村鎮上，人們集居一處，他們的思想，行動，和財產，犬牙相錯似地彼此含接一處，個人的精神常被侵犯。固然，在患難時雖有友誼及互助的益處，但爭吵，互相防備，彼此猜忌，也是免不了的弊病。他從父親嚴厲的家敎中，走進刻薄，刁詐，奸險的世界，因此更是格格不入，更覺煩惱。

也許他時常受着激刺，因而感到離塵絕俗的大叢林中的和平及幽靜的可愛。他內心還存在着敦厚及仁慈的秉質，覺得與人接觸能刺傷自己的心情，與松樹接觸反可醫愈心情的創痕。叢林的生活固然困難，日用品的購買與補充，園地出產品的銷售，在在需要長途的跋涉方可辦到，但園地是自己的，沒人來侵犯你的行動，雖有野獸的掠奪，但也覺得人們的掠奪更是厲害，因爲野獸的掠奪其動機是可以了解的，而人類的慘酷却是不可以理愈的。

他三十歲的時候，和一位身材有他兩倍大的健美女子結婚，將她和幾件粗糙的傢具放在一輛牛車上，拖到他現在這塊土地上來。親手搭起一座木屋。她像男子漢一樣，在一片森林中選中這塊高地，是從居在四哩路外的傳家手裏買來的。這地像座松林島，在這乾燥的森林中，也眞像座海島，長葉的松樹突出高地上，似座界石，一遍碧海似地的叢林，包圍在它的四周。地的北邊及西邊，另外散佈着像這種海島似的大叢林，在那裏因爲地質或水量的關係，樹木長得特別茂盛。橡樹這兒一叢，那兒一堆；月桂，木蘭，野櫻，甜膠，胡桃，冬青等，點綴羣林中，別有風趣。

地上唯一的缺點就是水源稀少。地層下的水平線太深，如果挖井汲水，是得不償失的事。因此，除非甄瓦石灰有跌價的時候，在目前白家只能這百畝之地的西界上一個大地穴裏去取水。這種地穴，在佛洛達州的石灰石地帶內是個普通的現象。地層下的水道，流過這種地穴。那些突然變成溪河的泉源，就是這種地穴爆裂而致的。有時薄薄一層地皮陷下去，成了個大地穴，有的有水，有的沒有水。白家地上這個地穴，不幸是沒有活泉水的，不過從地穴四周的高岸，日夜泊泊地滴出薄薄一層明澈的淸水，流到地穴的底層，積成個水潭。傳家本想將叢林中最壞的地賣給白家，但白辨尼有現錢撐腰，硬要買這座松林島。

他對傳家道，「叢林對於野獸，像狐狸，麋鹿，豹子，毒蛇，固是個適當的生養所在，可是我却不能在一片光叢林中生兒育女呀。」

傳家的人聽了這話，拍着屁股笑得滿臉的鬍髭直抖。

傳林牛鳴似地向他道，「你知道一枚辨尼中有幾個半辨尼麼？你的成積準不會錯，你好好兒地做小狐狸爸爸吧。」

這雖是好幾年前的話，但他覺得這話仍逗留在他耳鼓裏沒有消逝。他謹愼地在床上翻了個身，怕將睡在身旁的妻驚醒。他的確曾計劃大量地生男育女，讓他們在長葉的松林內成羣結隊地遊玩。計劃實現了，一個接一個地養了下來。他的妻阿拉，無疑地是位生育的女子，但不幸，他自己的種子竟微弱得像他自己一樣。

他自忖道，「傳林又好道嘴了。」

養下的孩子都是身體脆弱，像養下一樣的快，一個個又很快地得病而夭。辨尼將他們葬在橡樹脚下一塊乾淨土裏，因爲那兒的土質鬆，容易挖掘。不久這墳地的面積愈來愈大，他只得在墳地四周紮起籬笆，以防豬和臭猫的侵襲。他替每座墳都刻了塊小木碑。這時他躺在床上，能想像到這些木碑白白地，筆直地立在月光中。木碑上有的刻着這樣的名字：伊斯第二；小阿拉；威廉。有的上面只刻着這樣的字：白家的寶寶，年齡三個月零六天。有塊木碑，他用小刀細心地刻了幾個字：「她從沒有見過天日。」他回想從前的一切情境，像數籬笆的柱子，歷歷在目。

他們的生養，中間曾停頓一個時期，直到叢林的幽靜使他開始感到驚懼，和他妻的生養快要定閉時，才生下嘉弟。孩子長到兩歲時，戰事爆發，他將妻子寄居在江邊的祖母胡脫家中，自己揑車去了，希望幾個就可回家。四年之後，他才帶着憔悴和風塵回到家中，將老婆和孩子又搬回叢林，過着和平幽靜的日子。

白媽對於她這最小兒子，有些不大關心，好像自己所有的愛心，顧慮，和興趣，一古腦兒都給了以前的孩子們。但辨尼對他的兒子，都懷着極大的希望。他們給予兒子的關心，超出父道之上。他瞧到孩子瞪着眼睛，忍着氣，瞧着飛禽走獸，一花一木，或是風雨日月出神，正像他小時一樣。孩子如果在風和日麗的四月裏溜走了，他知道孩子是被什麼東西吸引走了。他也知道這種時期是短促的。

他妻龐大的身軀動了動，嘴裏咕嚕一陣又睡熟了。

他知道，每當孩子溜出去遊蕩，他總是衞護孩子，以免孩子受母親的譴責。蚊母鳥飛進松林的深處，又悲慟叫了一聲，由遠處傳來，清脆動人。這時月光移到臥室的窗外去了。

他自忖道，「讓他四處去跑吧，讓他去做風車玩吧，年齡到了，自然會務正業的。」

第三章

嘉弟勉强睜開眼來。有時他想，獨自溜進深林，從星期五睡到星期一，睡個痛快。日光已從他小臥室的東窗射了進來。他拿不定是晨曦將他照醒，還是桃樹脚下的特鷄將他閙醒。他聽到鷄在棲木上一個個在鼓動翅膀。東窗上佈着橘黃色的朝霞，園地外的松林仍是黝黑一片。四月裏，太陽上昇得早，這時還不致太遲。他覺得高興，因爲他用不着母親的喊叫自已會醒了過來。他伸了個懶腰，乾玉蜀黍殼做的墊褥隨着響了一陣。一隻雄鷄提着宏亮的嗓子，在窗下喔地啼了一聲。

嘉弟道，「你叫吧，我醒了，吵不了我。」

東方的彩霞漸漸濃厚，混合成了一片金光，打松林背後射了出來。他正瞧出神，一輪金黃的朝陽昇了起來，像隻銅盆、被引出來掛在枝頭。起了陣微風 像是被耀眼的陽光從東方的天角送通來的一樣。麻葛做的窗帘，被風捲入臥室。風吹床邊，像幅柔軟陰涼的絲羢，從他身上拂過去。他留戀地在床躺了一會才走下床，立在鹿皮氈，短褲正好掛在手邊，襯衫亦幸而是正面在外，於是將衣服穿好，覺得宿醒全消，現在所須要的只是白天及廚房送來一陣香味的烘餅。

他朝房門外喊道，「媽，我喜歡你。」

白媽答道，「你和狗和家畜，肚子餓了瞧我手裏拿着食盤時，誰都喜欣你。」

嘉弟笑道，「這就是你頂可愛的地方。

他口裏吹嘯着，走到洗臉架旁，伸到木桶裏淘水，倒進臉盆。他將手和臉浸在盆裏，又將頭髮拍溼，分開來，用手指掠伸，從牆上取下一面小鏡子，朝鏡子裏端詳了一會。

他道，「媽，我眞難看。」

「自有姓白的以來，沒有一個漂亮的。

他朝鏡子裏搔搔鼻頭，鼻梁上的雀斑被搔得擠在一處。

「希望我能和傅家兄弟一般黑。」

「你的皮色不黑，應該得意才是，他們臉黑心也黑，你姓白，姓白的沒有黑良心的。」

「你這樣說，好像我不是你家裏的人似的。」

「我家裏的人也沒有黑良心的「他們的身材也都不小。你要是學着做事，會跟你爸一模一樣。」

鏡子裏映着個小面龐，高顴骨，臉上有雀班，蒼白的面色，但顯着康健的神色。他的頭髮，每上禮拜堂或上佛樂沙鎮有事時，總使他感到不安。枯草色的頭髮，亂得像一堆叢草，雖然他父親每當月亮快要團圓的那個星期日早上，總要好好替他剪一次頭髮，但腦後的頭髮仍長得像亂草。他母親說那堆頭髮像「鴨尾巴。」他有一雙藍色的大眼睛。當他縐眉讀書，或注視什麼新奇的東西時，那雙眼睛會迷成窄窄一條。在這種時候，他母親才說他像她家裏的人。她這樣說，「他很像我家的阿費士。」

嘉弟將鏡子照耳朵，並不是想瞧耳朵乾淨不乾淨，倒是記起那天傅林用隻巨靈掌托住他的下巴，另外一隻扭他的耳朵生痛。傅林道，「孩子，你這對耳朵，長在他腦袋上倒像一對袋鼠。」

嘉弟朝鏡子裏對自己怒直橫視了一下，才對鏡子放回原處，轉身問道，「我們非等爸回來才吃早飯麼？」

「我們得等他，要是把菜擺在你面前，也許他什麼也撈不着啦。」

他立在後門口，踟躕不定。

「別溜走，你爸在穀倉裏，就要回來。」

突然他聽到老若麗宏亮的吠聲，帶着極興奮的神情，打南首矮叢林那邊傳送過來。他似乎又聽到他父親叱責若麗的聲音。他拔腿就跑。他母親也聽到吠聲，瞧嘉弟跑走，趕到門口，尖着嗓音喊他。

「你和你爸別跟那傻狗跑遠了，你們倆人跑到樹林去玩，讓我一人守桌子，我可沒有這種忍勁兒。」

嘉弟聽不到他父親和老若麗的響動，心裏急查查的，怕興奮完畢：侵犯著逃走了，也許爸和狗追蹤去了。他穿過矮林，向聲音發出的方向跑去。突然他聽到他父親的聲音就近在手邊。

「孩子別急，會等你來的。」

嘉弟立刻停止腳步。老若麗立在那兒，興奮得混身顫動。他父親低着頭，瞧地上躺着的一條血肉模糊的死猪，是他家中一條搽稱的母猪。

辦尼道，「它一定聽到了我的聲音。孩子，瞧瞧能不能瞧出我所瞧見的東西。」

嘉弟瞧到肚破腸流的死猪，心裏非常難過。他父親正向死猪那邊瞧着。老若麗翹起鼻頭，也向那邊亂嗅。嘉弟向前走幾步，察看沙地，不覺混身血液跳動，因爲地上的腳跡確是一隻大熊的腳跡，並且自那隻帽頂大的右前腳看來，還缺了一只腳跡。

「是老蹻腳呀！」

辦尼點點頭道，「你還記得它的腳跡，我很高興。」

父子兩人彎着腰，察看地上遺留的來蹤去跡。

辦尼道，「這就是我說的敵人打上門來了。」

「爸，家裏幾條狗都沒叫，也許我睡着了，沒有聽到。」

「它們都沒有叫。它是順着風來的。別以爲它不懂事，它像鬼靈精不聲不響溜了進來，幹掉了，趁天沒亮又溜走了。」

嘉弟打了個寒噤，他彷彿親眼看到一個巨大的黑影，像座小房，在矮林裏移動，突然伸出一隻巨靈掌，嗖的一聲，向熟睡的母猪撲過來，雪白的牙齒，咬斷猪的背脊骨，然後插入溫暖顫動的猪肉裏，鮮血直冒，母猪連喊叫的份兒都沒有就完了。

辦尼道，「它並不餓，吃了不到一口。熊春天初出洞，胃口還沒大開。這就是我恨熊的緣故。旁的獸類是肚子餓了才殺害，正和我們一樣，盡力謀生罷了。可是一個動物，或者一個人，如果只是爲了要殺害而殺害——你只瞧熊的臉，絲毫沒有憐恤的樣兒。」

「你想把死猪抬回去麼——」

「肉被咬得糊糢一團，不過我想猪腸猪油還可以用。」

嘉弟知道自己應替死猪憂愁，但他現在感到的只是興奮。五年來，那隻大熊不知傷害了多少家畜，從沒被捉住，這次竟闖進自己的田園，慘殺無辜，成了自己的敵人。他很想立刻去追捕它，但又覺得害怕。老蹻腳已然闖到自已的門前來了。

他和辦尼，一人一隻抄起死猪的後腿，掩回屋子。老若麗跟在後面，現着不願回來的樣兒，瞧他們不立卽循着蹤跡去追捕，使它感到悵惘。

辦尼道，「這事怎好叫我對你媽開口呢？」

嘉弟道，「媽知道了一定難過。」

「你瞧這猪多肥，快要養了。」

白媽正立在屋門口，等候他們回來。

「嗓子喊破了都沒人答。你們在那兒幹什麼？這久才回。哦，天哪！我的猪！我的猪！」

她說着雙手向上一揚，現着悲傷的樣兒。辨尼和嘉弟將牠拖到屋後。白媽跟在後面，口裏咕嚕，怨着不已。

辨尼道，「我們把它掛在橫樑上，狗抓不到。」

白媽道，「猪在自家眼跟前，弄成這樣，這倒底是怎麼回事呀？」

嘉弟道，「媽，是老蹻脚幹的事，脚跡一絲不差，是它的。」

「狗不是全睡在園裏？，竟讓它來了。」三條狗聞着了血腥氣，都跑了過來。白媽從地上拾起樹根枝，向狗擲去，嘴裏駡道、「沒用的東西，只知道吃，全不問事。」

辨尼道，「狗生來就沒有態狡滑。」

「可是它們總應該會叫呀。」

白媽又拾起樹枝擲過去，狗只好拖着尾巴溜走了。

三人走進屋子，嘉弟興奮過度，聞到飯香，一直走進廚房。白媽雖心中難過，却瞧着了，連忙叫道，「回來回來，把你一雙齷齪的手洗一洗。」

嘉弟只好走回，和他父親一同將手洗淨。早飯已擺在桌上。白媽心內難過，搖晃着身子，坐着不吃。嘉弟檢了一盤子的菜和餅，邊吃邊道，「反正猪肉够我們吃些時。」

白媽道，「現在有肉吃，到了冬天就沒的吃了。」

辨尼道，「我可以向傅傅要猪婆接種。」

白媽憤悵地道，「得了吧，又向那班傢伙去討情。可恨的狗熊——恨不得和它拚了。」

辨尼嘴裏正咬着餅，含糊不清的道，「等我瞧着它，一定通知它。」

嘉弟忍不住哈哈大笑起來。

白媽道，「好，你們竟把我當笑料。」

嘉弟拍拍他媽粗大的手臂道，「媽，我這樣想着，你和老蹻「拚命，不知誰贏誰輸？」

辨尼道「我猜你媽準贏。」

白媽悲哀地道，「除了來誰也不把生活眞得太嚴重啊。」

醉

陳烟帆

誰會見過我醉後的英姿？
我有如許辛酸的歲月，
戰士的身軀無人致慰！

誰會見過我醉後的英姿？
我有用淚滴成的戀之懷念，
曾置絕代之美的公主
於不顧的青春已逝！

誰會見過我醉後的英姿？
我有無數個英雄的夢，
妄思功垂不朽，
拔山之力總成灰！

哦，我要后羿之箭，
不，有那麼長的劍，
從此擊碎明月！

爸爸歸來

胡金人

黃昏時分，街堂裏又熱鬧起來了。許多大的孩子，小的孩子，從學校裏回來便聚集在街堂裏儘情的作種種遊戲，男孩子們分列在街堂兩頭踢皮球，這裏便暫時充了足球場；女孩子們則三三兩兩的各自結成小組在玩鷄毛球或者散步，歲數比較更小的，他們的遊戲範圍似乎較廣，但總脫離不了他們所慣頑的那幾種，總之一到黃昏，則見那些孩子們跑呀，跳呀，頑得那樣興奮而認眞，這裏成了孩子的世界——。於是那打了一天瞌睡似的街堂，好像這才醒了過來，雖然濃紫色的陰影已經逐漸塗抹在兩邊的高大建築物上面了；然而這條街堂却是一天當中最活躍的時候。因此那些成天躱在屋子裏面的太太奶奶們，也會出臨在她們自家的門口竚立一會兒；老太太或者正倚門盼望她的兒子從辦事的地方歸來，年青的少婦，則在守候她的夫壻，各人心裏懷着一些歡欣而焦急的期待。於是她們一面在看着孩子們的頑要，一面遙望着那街堂的進口處。

九歲的紫綬似乎是習於孤獨如冷靜的，她不大高聲笑嚷，因此她的伙伴較少，但同鄰家那個每她小一歲的珞珞却很要好，此時她正同珞珞各人拿着篾針在學織絨線，紫綬的母親倚在門口織絨衫，她那失血的臉尖尖的下頷，同紫綬完相同，尤其是那一副憂鬱的眼睛。

不知那個孩子說了一句：「珞珞，你爸爸回來了。」珞珞抬頭一看，便牽了紫綬的手，一連串地叫着「爸爸爸爸」迎着她的爸爸奔過去。

那邊，那個年青的人便加快了步伐的速度，張開兩手無聲地在接受珞珞的呼喚。珞珞一眼看見他的左手拿了一個紙袋，連忙跳過去興奮地叫道：

「爸爸，你手裏拿的是蘋菓吧？」同時她吊住爸爸的手臂要接過那個紙袋。

「不，那不是吃的東西。」她爸爸故意高高地舉起那個紙袋子。「你在外面玩會一兒吧。」

同珞珞一路跑着跳着的紫綬，當他剛要走近珞珞的爸身邊，便突然的站住了，並且很快的收斂了她臉上那天眞無邪的歡笑。他倚在牆壁上張着一副憂鬱的眼睛，望着珞珞同她的爸爸跳着輕快的步子走過去了。她還是痴痴的望着他們的背影。

此時珞珞的注意力完全放在她爸爸手裏的蘋菓上，她撇下了她的小朋友。紫綬也不同別人去玩，她是被遺忘在難堪的寂寞之中了。

天色更深沉了，暗黃的路燈在孩子們的頭頂上眨着眼，雖然那種微弱的光不够照耀孩子們玩耍，但因爲他們還沒頑得盡興，那一片歡愉的呼喚聲遂融和在黑茫茫的暮色中而使這條衖堂顯得充滿了活力。

紫綬依然痴痴地倚在那堵高高的牆下，一種無名的惆悵佔據了她稚弱的心靈，她忘記了自己的存在，別的孩子在她面前奔跑，她也視若無睹，她同那些孩子之間仿佛隔着一層牆壁，他們同她一點也不發生關係，她儘睜大了眼睛仰望着半空裏那盞小小的路燈，此時她的心上正飄浮着一種夢幻的憶念，一種不可捉摸的疑慮。

她想起了三年前攤開了她到遠方的爸爸。她幾乎不相信她也有着一個同路路爸爸一樣年青的爸爸。

可是他一去三年也沒有回來。

紫綬的媽半天聽不見她孩子的聲音，便停止了手上的編織工作來尋找紫綬，意外的發現孩子獨個兒倚在牆上發呆，便走過來輕輕地拍着她的頭道：

「你又在想什麼？天黑了，快回去吃晚飯吧。」眼光幽幽地落在紫綬的臉上，她們的眼光在短短的接觸當中，似乎有了某種共同的瞭解，而使做母親的心上抹上了一層陰霾。

紫綬一聲不響，母女兩個默默地走了回去。

家裏還沒有用電燈，屋子裏是黝黑的，桌子椅子依稀顯着一點輪廓。紫綬看見她底年老的祖母照例坐在那靠近窗子的地方低低的唸佛，手上的念珠子匝着窗外微弱的光線在緩慢的動着。屋子裏寂寞的，但老太太似乎不堪這寂寞的壓迫，而逃避到另一個寂寞的境界裏去了。

紫綬依着她底媽默默地坐在沙法上，她想哭，却竭力在忍着，覺得沒有要哭的理由。過了一會，她望着媽說道：

「媽，你說過爸爸會回來的，可是爲什麼老是不回來呢？」

「唔」做媽的心上像被生銹的針刺了一下。她艱澀地說：「總有一天回來的。」

「到底那一天呢？」孩子抱着媽媽的手臂，仰着頸子在等她媽吐出滿意的答覆。可是媽不響，孩子看見媽底眼睛裏又有了亮晶晶的淚光。於是她不再問下去了，她想起每次提起爸爸，媽須偷偷哭泣，她底幼稚的心靈上仿佛意識到媽的哭泣裏隱藏着一段悲哀的故事而她屢次說的：「爸爸會來的」這一句，便含有一些欺騙的成份了。

其實紫綬的爸是不會回來了，做媽的不因爲忍把這種過份的痛苦無情地種植到孩子的小靈魂裏去，也不願意讓孩子感到自己與別的孩子有什麼差異，她得只將這個難言的痛苦埋在心裏，這樣的日子在她已經忍受了三年了。三年是一個不算短的時間，一個年青的少婦是受不起三年時間的折磨的，這三年在紫綬的媽每一分鐘都是苦痛的，三年來她失掉了歡笑，失掉了一切，過去的愉快生活變做她現在苦澀的回憶，

可是她底過往的歷史上，愉快的日子是並不多的，二十八歲的年青人，把往事看成了縹渺的夢，模糊的。她記不眞是那一年在大學裏結識了紫綬的爸爸，——一個忠厚謹愼的青年，他今年才不過三十三歲。在他二十三歲那一年，

他們結了婚，第二年紫綬便出世了。那時紫綬的爸還在大學裏繼續讀書，他家裏的簿產可以讓他供養他底五十多歲的母親，放棄了學校生活在家裏學做母親，這樣的家庭生活是過得相當融洽的。可是過了兩年，戰爭的氣息吹到上海來了，紫綬的爸不願守在上海等待那太平日子的到來，他拋開了老母和妻女，要跑到遼遠的地方去開發新的自由天地，但不幸他的壯志未酬，却在某一個地區的空襲之下犧牲了。後來，當這個不幸的消息傳到他家裏來，年老的母親受了這個打擊幾乎一病不起，而紫綬的媽幾次想追尋她底丈夫於地下，但爲了要侍候年老的姑姑撫養稚嫩的孩子，不得不咬緊了牙齒來接受這曼長的痛苦的歲月……

這天，紫綬看到路路的爸爸回家，又想到自己原也同路路一樣有一個爸爸每天按時歸來，有時也爲她帶回來好吃的糖菓，晚上同她們一塊受享用着晚餐……可是這已是三年前的事了，但在紫綬的記憶裏依然是清淅的鮮明的。

屋子裏完全黑了，一個娘姨走過來給開了電燈，同時在桌子上放了三副筷子，仍舊回到廚房裏預備晚飯去了。

燈光驟然一亮，屋子裏彷彿太空洞了顯得異樣冷清清的。老太太依然低垂了頭在咕嚕咕嚕地唸佛，偶爾抬起眼皮向紫綬母女倆投以憐憫的一瞥，這也祗有在他自己的額上多添兩條紋路吧。

冷清清的燈光照耀在寂寞的空間，連孩子都感到窒息了。

孩子畢竟缺少忍耐，她偎倚在媽身邊翻了一翻小眼睛自語似的說着：「我要爸爸我要爸爸。」

孩子的聲音突然觸及了老太太底遲鈍的耳膜，她嘆了一口氣，用了幾乎是央告的聲調說道：

「好孩子，別再提起你的爸爸了。」

她嘆息着，便不禁嗚咽起來。

紫綬疑慮的望了望老太太，望着媽一串淚珠子撲簌簌地滴在她的手上了。紫綬也跟着哭了，雖然她並沒有完全明白爸爸爲什麼不回來。

娘姨把晚餐放在桌上，可是誰也沒有吃，菜碗裏的熱汽冉冉上升，然後慢慢消失了。冷了。

懷謝魯

舶菩

謝魯兄已於半月前北去了：

「生離常惻惻」我們是很好而且相處了很久的朋友，因此難免不無依依之感！

謝魯兄是一個勤於工作的人，不，是一個勤於治學的人，也可以說因而是一個成熟的文人，他常常說：「做文人不但要做第一流的文人，而且要經得起風浪，上得了戰場，更要具有能開一代的決心的文人。」的確，中國有傳統的文化精神，所以才能夠把這民族的命運延續到今天，如果沒有這一點兒，恐怕還不只如德意志那樣，早就很糟糕了。

所以謝魯兄對於建設文化的主張，是要想把中國固有的東西——秦前精神，介紹到西洋去，也就是說給西洋人一點顏色看，事實上中國優久的文明精神，西洋人實在還是一知半解，感不到興趣，然而世界各國對於希獵精神的了解，埃及文化的洞悉，除了已經有很澈底的研究以外，還有些人在那兒不斷的掘發，爲什麼中國也是很古老而且有歷史的文化，就沒有人來尋根究底呢？這就是中國的文化人工作不力的地方，只是關起門兜圈子，沒有想到打出了，打到全世界去，不像西洋那些做文化工作的人，首先就把自己的「撒手鐧」「煙幕彈」使出去再說，讓別人永遠對於你去模索去探求介紹，自然其本身也要具備有被人模索探求介紹的條件，其實中國所具備的這些條件，何只是希臘埃及那一點兒，可惜的就是我們過去三幾百年的先人直到今天的自己，都沒有使用過「撒手鐧」「烟幕彈」，這不是不願意使。實在是都沒有想到要使。謝魯兄能夠在這上面去作打算，更在這上面去下決心，簡直是中國未來的一個偉大貢獻。

他寫了一本「中國人的希臘精神」。花了十年以上的功夫，就是想使中國的固有東西，與乎中國一切的一切，都要在世界上占得住，那末我們很希望他眞能夠把這一代的局面打開來。

五四前後的胡適之，丁文江，陳獨秀等幾位先生介紹西洋文化到中國的功績，實在不小，可是就沒有想到把中國的文化也介紹一點到西洋去，郭沫若先生後來雖然爲了與胡適之先生的「中國哲學史」打對台而寫了一本「中國古代社會之研究」但就沒有聽見上面兩部書翻譯成西文過，魯迅翁的「阿Q正傳」到是小說上占得住的東西，已經打到世界小說領域去了的，可惜是牠本身不是代表中國的偉大，乃是表現中國人的可憐。

聽說林語堂先生在美國，寫成了很多偉大的著作，自然不少是介紹中國精神的東西，但是林先生對治中國學問的造詣，仿彿不大有與趣精研，他的西洋文字根底，到是十分道地，記得世界幽默大師蕭伯納老翁到上海的時候，林先生是周旋於左右的，有一位記者去訪蕭老翁，問他對於中國有什麼感想？他說別的感想都沒有，只有林語堂先生的英國話，比英國人講得還好，的確，中國學校由中學到大學的英文教本，恐怕是林先生的權威吧？所以，我們覺得，要想使西洋人能在他的著作中認識中國人的「秦前精神」以及偉大的地方，恐怕很少有效。

德國對於世界各國的巨著，都有翻譯，就連中國的「康熙字典」也譯印過，不過據朋友告訴我，他們把字典中的人旁解釋如侍者之類的意義，因爲侍者都是占在旁邊的，占在旁邊的人，不是侍者是什麼？按理這種解釋，照西洋儀禮立場的看法，似乎也很合理，可是與中國文字中的六法意義又實在離得太遠了。

要使西洋人透澈的知道中國的一切之偉大，除了我們自已能夠負起「打出去」的責任以外，如其要他們自行去掘發，是只有使得他們認識中國人都是阿Q了，所以這樣偉大的工作，謝魯兄能夠叫起，已經是難能可貴的事。

關於謝魯兄治學精神的堅奮，又是值得稱頌的，舉個例吧：他在前年寫了一個劇本，名叫「十二小時的秦淮河」又名「姑娘的雲」整整的花了七八個月的時間，因爲他是初寫劇本，所以他總以爲要寫某一個問題，必須先把那問題的縱橫事實環境證據，都得仔細的加以整理和研究，因此他寫劇本也照這樣去下苦功，先讀了中外名劇本七八十種之多，并且還把寫劇本的基本準備材料摘錄下來，如像劇情，故事，情節，內容，技術，內容與技巧的化合，(排次)技巧中的三S、人物、穿插、分幕、時間、觀察、衝突、整理材料、審查材料、三節法、功用、劇名、緊張、補敘、伏筆、焦點、傳奇、抗爭、情緒、動作、官能刺激、時空限制、作劇方法、明白與暗示、凝縮、題材、結構、糾葛的結局，人物的性格、對話、獨白、傍白、手式、(勢)舞台指導，喜劇與悲劇的分野，循迴劇、默劇對話劇，劇本與劇作家，主題的統一，發展，收場，悲劇的人格，人格的性格化，悲劇的價值(亞理法多德論悲劇)(席勤論悲劇)單純、合一、完全之結構、因果之相推，連貫事實，阻礙事實，等等，他都一項一項的有很詳細的紀述，就是劇作家的年齡，也有確切的統計，是劇作家成熟的年齡比較別的文學家往往晚一點，大概四十三歲至四十六歲爲其創作成熟最高峯時期，這就是他統計的結果。

根據了這許多寫劇本的基本材料然後來開始寫作，其構成的價值，自然不用去說是很精深的了。

去年我們同在P埠，他研究方言與地方風俗，而寫了很多詩，如已發表的「吹起我們的畫角」，未發表的「小都市的一羣人，」都是當時因地而創作的，他還送過我一首詩是：「淮水東流無盡期，相逢各話少年時，與君快了澄清志，重寫當筵二謝詩。」我雖然不會做詩，但是興之所致，也效顰的步他原韻一首：「扶持危局互相期，漫話蒼生夜雨時，亂世東山宜共起，何須澤畔苦吟詩。」眞是獻醜之至，不過曲高和寡，自昔云然，今天想起來，不禁悵惘！

總之他的治學精神，的確是值得效法的，現在他已遠去北國，在南北徘徊過的今年的謝魯兄，我想應該更有一些偉大的作品產生，對於一個眞正努力於治學的朋友的懷念和期待，或者不止是我一個人而已吧！

讀「往矣集」雜感

丁 芒

前幾天開始細讀周佛海先生出了十二版的往矣集，讀過之後不免有一些感觸，憑這一點感觸我就寫了這篇讀往矣集的雜感。

一

最近五年來輭性文字已成東南風氣。

事變以後的東南論壇，前後，產生不下百數十種刊物，但是風采隱然，籠罩東南的還是要推陳公博先生和周佛海先生，只要一經寫作，總是譽滿東南；這是無關於他們在東南現有的政治地位底緣故，由於他們在過去已經奠定了他們不拔的論壇地位底緣故。

然而論壇的風氣呢？五四時代的風氣不必談，陳先生辦革命評論，周先生辦新生命月刊的那個民國十七年的時代，那個風氣還是不會要求輭性文字的時代，到了此刻也已經成為我們夢想中的一個過去黃金時代了罷。

現在怎麼樣呢？

這並不是說：上有所好，下必甚焉；這也不是說：下有所好，上必俯順輿情而降格焉。

目前這個風氣，是不能怨上頭，也不能怨下頭；——輭性的風氣——實在怨國勢摧頹難言，而民生又疾苦太甚。

一莖筍子，剛冒出新芽，用一隻瓦盆蓋上牠，筍子不能抽條，也會在盆裏橫起長粗的；——那就是筍子的無可奈何底橫性發展。五六年來東南文壇的筍子，就這樣在瓦盆蓋下，橫起發展，而沒有直冲霄漢的那一天。我對於輭性文字何以會成為今日東南風氣的看法，就用了這個『瓦盆覆新筍』的看法去看牠。

從輭性的到更低的輭性發展，彷彿他也有其經緯可尋似的：

從言情小說時代到福爾摩斯和亞森羅蘋時代，從福亞時代到商務印書館的人猿泰山時代，從人猿泰山又轉回頭到廣益書局百新書局的演義小說時代，中間又有平津的章回小說和南方的秋呀家呀打熱鬧對抬的時代，繪圖連環小說一直在街頭巷尾獨霸平民教育的天下，我們國民的飢餓，都很悲壯的把這些全吃下肚了，民生的精神痛苦，全是給他什麼他就吃什麼的良好國民，我們應該給他們些什麼呢？責任不能屬於大家，考慮不能不大家都該加以考慮，在這些上面。我們看，我們國家的命運，一直弄成今天，還是要從鬧劇那一方面，發展下去的樣子！就更不能不對輭性的，必然更低的輭性的，自己加以憬然了！

前幾天在雜誌聯合會的交誼會上，一位來演說的院長——不是水滸傳的戴院長，也不是戴和尚戴院長——拉直了嗓門在麥克風前向男女貴賓和四五百位作家及其眷屬，大談談其「我的性生活」！沙龍的空氣馬上變成嘻嘻哈哈，輭性的勝利眞是必然的麼？那嗎，一切快從鬧劇那一方面發展下去的樣子，也眞是必然的了！

二

在「走火記」裏面，周先生述說民國二十六年八一三事件發生以後，他們有個「低調俱樂部」，他說這個名詞，仿彿是胡適之取的。

我覺得八年後的今天，——民主呼聲忽然成了高調的今天，——國民對喧囂一時的民主也該考慮一番目前應有的低調。首先得說明的是我們的立場，不站在民主或不民主的地位來談這個低調，我們只站在純客觀的立場替他們雙方打算，替他們站在民主一邊或站在不民主一邊設想，他們應該根據各自不同的立場，一面如何使民主的成爲更民主的更澈底的民主；另一面如何使不民主的成爲更不民主的更澈底的不民主；如果兩面都不能或不敢做澈底的事，那末民主的最好放下民主，不民主的最好放下不民主。

從「澈底的民主」一方面來說，高唱民主同盟的人，他們對重慶黨國施政的重點，並不能負起「叛逆精神」成爲一個具有叛逆精神的責任者；理由是：他們反對黨國，並不敢反對代表黨國國徽的三個色底「黨國國旗」！他們不敢責問爲什麼五個顏色的國旗偏要減少到三個顏色？爲什麼不從五個顏色增加到七個顏色或增加到更多的顏色？倘若民主同盟者是好漢，第一件事，重要倒不在爭取什麼言論出版人身的自由；第一件重要事情，倒是在於毅然去攻打「代表一黨而不代表一國」的黨國國旗！這件事民主同盟的人敢嗎？不敢！爲什麼不敢？因爲共產黨並不反對這隻具有「滿地紅」的黨國國旗；民主同盟的小黨們就使想到這個上面，但是抬頭看看新民主主義者的臉上對這隻旗子是和顏悅色的，這時他們號稱民主同盟的小黨，臉色就不敢沉下去。若是問他們爲什麼你們也贊成「滿地紅」呢？這就算民主同盟的中庸性嗎？你們就算這樣適可而止嗎？他們一定答覆你那有什麼辦法呢？何況這是一個無補現實的空論！他們就連試做一回空論的叛逆也沒有勇氣，還能希望他們敢把一個空論做成現實，來一回澈底叛逆的運動嗎？那末他們爲什麼要跟隨共產黨後邊搖旗吶喔民主，民主呢？還不是爲了或許有一個「聯合政府」可能希望的那一天，去參加政府結構下的「政治分贓」！斷不肯下決心，在「爭民主的浪潮」上面，作一個乘潮破浪的「政治叛逆」！要不然的話，就斷然揭起忿兵，不惜內戰，準備作十年二十年大規模的黨旗和國旗混在一團扯不清，乾脆來個大混亂的爭奪戰，決定澈底民主，或澈底不民主的最後命運而戰爭！一個字！打！

從「澈底的不民主」一方面說來，現行擁戴重慶政權的人，他們也一樣對重慶施政的重點不能負起「奴隸精神」成爲一個具有奴隸精神的責任者！理由是：他們擁護元首，擁戴總裁，但並未曾打算考慮「中國元首的繼承人」，在領袖活着的今天，就該促成現行元首考慮決策的結果，早日明白公布於國人之前，使國民有他對政府繼續穩定的明白信心，使覬覦大位者無從再在萬一領袖山陵崩坼之日，重壞國體，而敢以身試犯國人相共指目之神器盜竊的罪犯行爲。所以他們今天應得考慮：統一繼承問題，軍人繼承最適當呢？政客們都有份嗎？國粹派的何應欽嗎？桂系的李白嗎？保定系的諸戰區長官嗎？革新社諸後進嗎？國內糾紛的必然性已經準備現役者與繼承人合力擔當大難到底嗎？元首決不下這條心他們該用何種方式提出使他決定得下去這條心呢？「必得爭取在領袖生前有一個領袖繼承人，」經由中央正式公布於國人，這些不都是願爲「統一國家服務者」所應具有的「甘爲國家奴隸」的精神和責任而應斷行促進考慮付諸實施的最緊急事件嗎？如其他們回答說到了那天，自然隨便那個來繼承都成，這只够證明他們沒有「澈底不民主的責任心」。如其他們回答是：照這樣放空砲，反而觸惱了領袖所竭力避免考慮的這樁事件呢？那只看他自己是否有甘爲國家奴隸的精神而去「犯顏敢諫」！犯顏敢諫也不行呢？那嗎就該拿出他們勇氣去「尸諫」罷！尸諫如其是碰開腦髓，頭顱一準有得够疼啦；尸諫如其是切腹，肚皮也一準有得够痛哩；澈底的「不民主者」敢做這樁奴隸精神所必須履行的流血之道嗎？如其不敢！那嗎「民主者」對於掀翻那個「以黨代國的國旗」爭論是沒有勇氣，「不民主者」對於警省現役與繼承必得同其爲最緊急措施的這個「統一繼承」的爭論也沒有勇氣，那末爭民主與爭不民主者，只好算是一邱之貉，誰能替他們分辨出來誰是得失？誰是高低？

「不做澈底叛逆，就做澈底奴隸」！

這是民國三十四年國民應有的低調。

自由不自由，民主不民主倒是餘興節目。

在國家劇場裏，國民的我們，全是觀衆；當心的不是演角怎樣在運用他的歌泣，當心的是：因而引起自己怎樣在贊歎和流淚，怎樣在叫號或歡喜，因而來不及想起自己是演角？或者自己畢竟還是一個看客？

三

周先生在往矣集內提到國民革命北伐成功以後有一班憂深慮遠之士喊出一個口號叫做：「軍事北伐，政治南征」。

眞的，北京官僚政治有他將近七八百年的郡縣制傳下來的習慣傳統，北京官僚的行政經驗和技術，有他不成文法的薰陶和訓練，直到現在北京官僚政治的步調還是按步就班的老套做下去一直比西南，東南都上軌道；行政結構上「指大於臂」的混亂是太少，社會最低度的秩序，人民最低度的安寧，官僚們常常是要關心到這些上面的他纔成其爲一個適當的職業官僚，否則就是他的「失職」；好處就在他還懂得什麼是他自己的職。西南和東南，可不講究什麼是「職」？什麼是「不職？」奠都南京以來的國民政府，是長期陷入政治病態，所謂「中央頭大，財政腰細，縣治脚小，」的現象，自民國十七年到今天全是一樣的病象。民國二十二年江西剿共，豫鄂皖三省剿匪總司令部獲得相當效果，還是由於官僚楊永泰依擬成法，著爲功令，明乎官守，毋使失職，而淸剿始有眉目。

有人說：國民黨執政以來，那些執政的黨人，你與他距離遠呢？你會覺得他言論都是革命化的，都是有生氣的；你與他距離近了，你會深嚐到他對你的行動全是官僚化的，糜爛氣味的。這些話倒沒有去體驗過，恐怕是想當然耳的話罷。

如果是眞的出自草澤，眞的草澤英雄一生就做不出來官僚架子；如果是一行作吏出身，也就永遠裝不出含血噴天的義憤說話，然而國民黨秉政二十年却是很能辦到這個兼而有之的雙簧人格。文的如像胡先生，武的如像蔣先生都足以代表這個。但是國民黨自噲以下的人，軍事毫無地位，偏要模仿蔣先生的特別短處，以爲已長。政治毫無建樹，偏會暗示胡先生的特別短處，以爲已長。蔣先生軍事戰鬥二十年他的短處國民對他是可恕的，胡先生政治戰鬥一直到死，他的短處國民對他也是可恕的，然而竭盡全力專去模仿兩先生的特別短處者，有什麼可恕呢？

老實說，國民黨在辛亥以前受淸廷的殺戮，在甲寅以前受袁氏的排擊，在甲寅以後國民黨因爲久經殺戮排擊，其結果早已意氣消沈，風癱痲痺，痨瘵無聊，五四以來思想前進的國民們，對於國民黨是與共和黨，進步黨，研究系一樣看待的，在當時並沒有什麼軒輊不同底地位的。青年們相戒不入既成政黨，亦已成爲五四前期有志青年的共同風氣，甚致於傅斯年羅家倫接受上海紗廠大亨的資助得以出國留學，當時也引起青年們對傳羅主持過新潮社的精神認爲是加上一個不可削去的汙點；如果加入既成政黨的話，青年們更要失望了，那是五四時代特有的這樣一種風氣。

國民黨後期的再生，——北伐成功——那應該歸功於共產黨諸少年的加入，雖然後來共產少年獲罪殺頭，但是國民黨之有今天，說良心話，不借當日共產少年的屍首，國民黨斷不會有今天還魂的機會，國共兩黨內賬的算不清，國共兩黨的寃仇算不清，就在借屍與還魂的身體上，誰是眞該存在者？外人沒有法子替他們判明，只是他們各自肚裏有數罷了。今天這本賬簿拿出來，就是延安誇稱以九十萬大軍，爲什麼要對重慶誇稱以六百萬大軍加以不能消解的仇視，就是爲了這些緣故罷。

因此我們也有點覺得，假使當時只憑國民黨西山會議派一些舊脚色，國民黨政學系一些新官僚，要打出一個如火如荼的北伐成功，這個功簡直到今天恐怕也沒辦法成得了。就看目前在南京的陳公博先生和周佛海先生他們兩位在未棄共以前，又都是什麼出身呢？在東南今天就有這們兩個不屬於國民黨而屬於共產黨出身的人證。

話說得太遠了，太雜了，我們總覺得只要是中國人，就應該從救國家救民族的事業上去打算才對。

至於「軍事北伐」似乎是枳逾齊而爲橘，「政治南征」則是橘逾淮而爲枳。

最後關於周先生的性格，他和拜倫恰巧相反；周先生是以最先獲得在新青年與改造兩大雜誌上發表日譯社會科學論文，鳴於海內而開始，他不肯把自已當做一個單純的文人就走上革命政治家的路。拜倫却是以一個貴族，先瞧不起文人而後來卻痛惡英國政治，拉回頭走一條詩人的路，這是一個同塗而殊歸的例子吧。

廣告刊例

地位	面積	刊費
後封面	全頁（$7'' \times 4\frac{1}{2}$）	$22400.00
封裏	全頁（$7'' \times 4\frac{1}{2}$）	20800.00
底裏	全頁（$7'' \times 4\frac{1}{2}$）	19200.00
目錄前	全頁（$7'' \times 4\frac{1}{2}$）	16000.00
目錄後	全頁（$7'' \times 4\frac{1}{2}$）	14400.00
目錄特等	一方（$7'' \times 3''$）	11200.00
文字欄插頁	全頁（$7'' \times 4\frac{1}{2}$）	16000.00
普通	全頁（$7'' \times 4\frac{1}{4}$）	12800.00
普通	半直橫（$3\frac{1}{2} \times 4\frac{1}{2}$）	6400.00
普通	三分之一（$2\frac{1}{4} \times 4\frac{1}{2}$）	4800.00
普通	四分之一（$3\frac{1}{2} \times 2\frac{1}{4}$）	3840.00

（一）本刊廣告概用白底黑字倘需彩色紙套色價目另議

（二）本刊廣告底稿所用銅鋅版均須由登戶依照規定尺寸自行設計製備如需本社代辦設計及製版費用照市另加

（三）本刊每月一期準期出版所有廣告收稿限期每次於出版前二十日截止登戶如有來稿請於截止期前登記預留地位

（四）廣告費於出版日憑本社正式收據收款惟以本市通用貨幣爲限

光化月刊廣告部謹訂

光化月刊

第一卷第五期

宣傳部登記證滬誌二一九二號

三十四年七月十五日出版

編輯者 光化出版社

發行者 光化出版社 上海霍山路五九九至六〇五號

印刷者 建東印刷公司 電話五〇七二七號

經售處 街燈書報社及全國各大書局

本期售價每冊國幣一千五百圓

社址：上海雲南路二六五弄B字八號

電話九〇二〇八

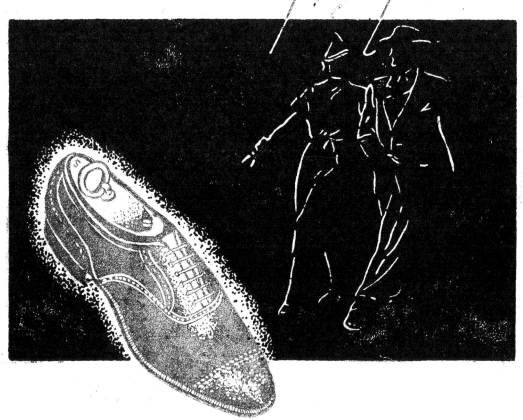

光化

第六期

目次

民國三十四年八月十五日出版

光化月刊目次

第一卷第五期

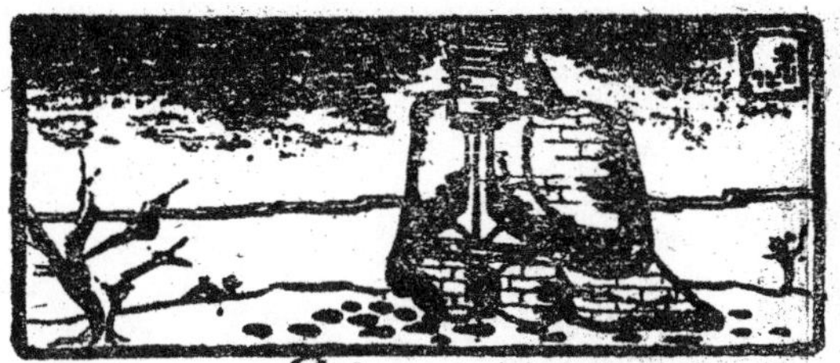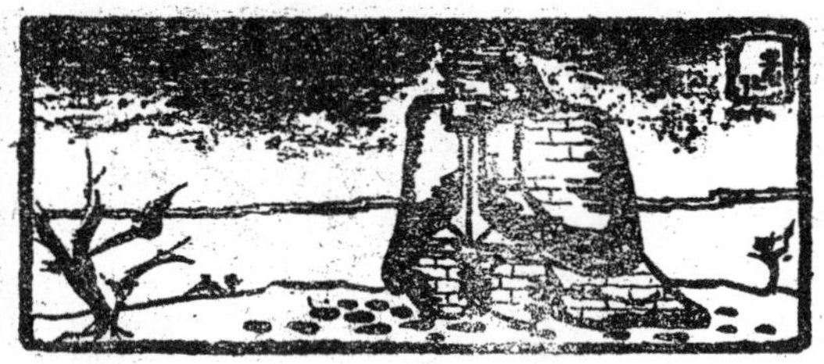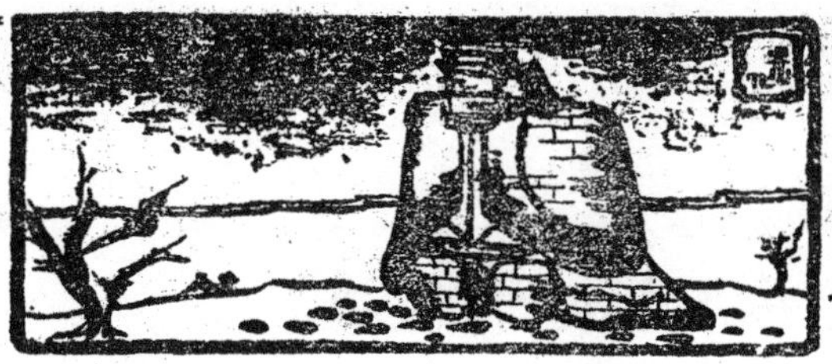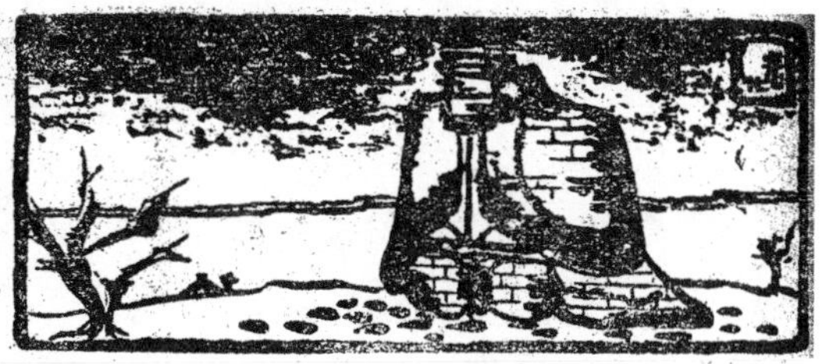

光化月刊目次

第一卷第六期

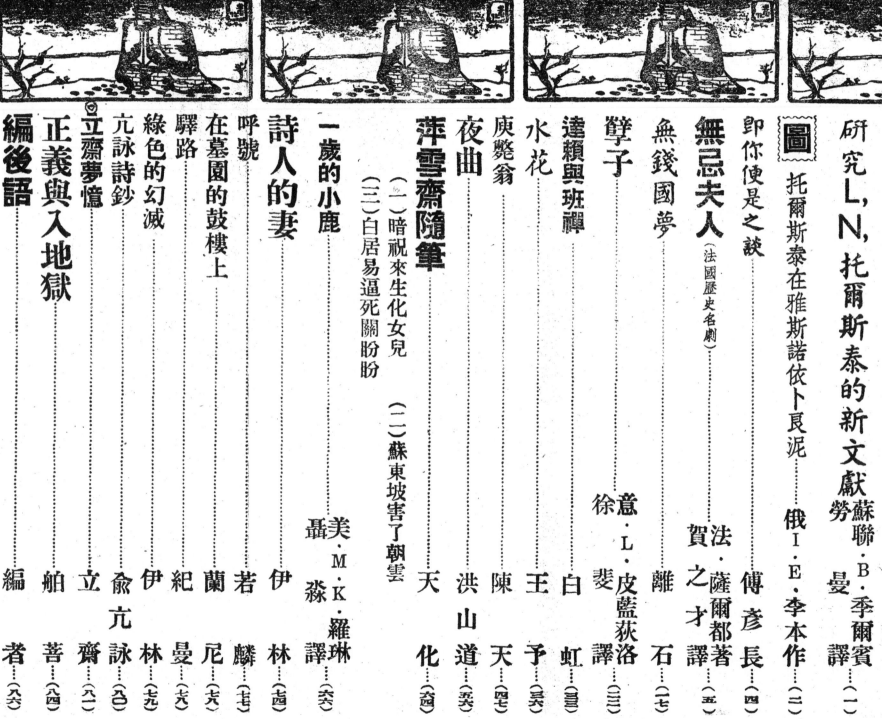

惠稿簡例

(一)稿費每千字一律致酬三千元無等級之別。

(二)惠稿本社有删改權如不願删修者請先行說明發表後版權歸本社所有。

(三)惠稿請寄上海雲南路二六五弄B八號光化出版社。

狩獵場之戀(石刻版畫)

(Lithographie zu Hatzfelds LiebesgedicHten)

德國 卡爾 霍弗 作

本圖係自1923年柏林保羅凱塞書店 (Verlegt bei Paul Cassires) 出版：赫爾曼•斯特魯克(Hermann Struck) 所編版畫藝術 (die Kunst des Radierens) 中摘出，霍弗在此圖中，其筆觸的豪放表現出狩獵場奔馳激速的節奏，而圓和豐潤則又如戀女柔美的肌膚實爲近代石刻版畫中之優秀作品

卡爾霍弗小傳

卡爾霍茀 (Karl Hofer) 德國現代版畫家，1878 年生於巴頓州 (Baden) 卡爾斯露赫 (Karlsruhe) 城南部萊茵河左岸，一座鄉野的山舍中，最初在巴頓美術學校苦學四年求得繪畫上基本技術，素描上一般的知識，當時德國大畫家罕斯，托瑪 (Hans Thoma 1839—1924) 正旅居巴黎，霍茀因欲從其深造，故亦往巴黎，在托瑪教授之下，霍茀對於繪畫上人物性格，有更深之理解，而其作畫技術，亦多有進步，其後遊意大利，更從當時旅居於羅馬的德國歷史畫家罕斯，馮・瑪勒斯(Hans von Marees 1837—1887) 學習，後又赴巴黎研究法國浪漫主義畫家，斐狄蘭維克多，依更尼杜拉克拉 (Ferdinand Victor Eugen Delacroix 1798—1863)，後期印象派畫家保羅塞尚 (Paul Cezanne 1839—1906) 及表現派立體派未來派的創始者保羅哥更 (Paul Gauguin 1848—1903) 諸大家繪畫的作風，因此他的作品受以上各畫家的影響甚深1913返柏林。其所作畫具有獨特表現之風格，在第一次世界大戰時，爲法國所俘，在俘虜營中，因無作油畫機會乃利用石子代替粉筆於地上於牆壁，作畫・研究構圖學，及練習素描，累爲獄吏而重加鞭笞，但霍茀則并不因其肉體上遭受苦痛而中止其在藝術上的學習精神上的創造，戰後釋返德國，以其在獄中印象作成版畫，在柏林，德勒斯頓(Dresden)，佛蘭克府 (Frankfurt) 維也納 (Wien) 各地展畫獲得各地藝術評論家之推崇，譽爲現代德國第一流版畫家。

晚年任德國國立柏林美術院教授并榮任德國國立普魯士美術研究院會員。

參考書：

1. Die Kunst de Radierens (德文：版畫藝術)
2. Bilder-Lexikon Literatur und Kunst. (德文：文藝辭典)

——紀曼——

研究L, N,托爾斯泰的新文獻

蘇聯 · B.季爾賓作
勞曼譯

蘇聯莫斯科州文庫管理局文獻整理委員會，在整理舊的文獻工作中，發現：列奧，尼可拉依維區，托爾斯泰（Leo Nikolaevits cha. Tolstoi. 1828——1910）底新文獻，資料雖然不多，但却非常名貴：

1. L. N,托爾斯泰在所有從事創作的年代中，一切作品，凡附有反抗色彩的插圖，在當時都是遭受帝俄政府嚴厲的檢查禁止刊載。

2,整理委員會在整理他1876年的作品中，發現在當時被檢查後出版的遺作中，還有一本1805年，而爲後世出版界尙未刊出者。

3, L, N,托爾斯泰於1884年，在他研究宗敎的隨筆中，所寫我底信仰是什麼，這是他從一般的檢討他底生活上心靈的苦悶，由肉的生活轉向靈的生活的追求，他這篇作品雖然很長，但原稿的筆蹟却很工整，也許他在當時曾經把這篇作品，重抄過一次。

4, L. N,托爾斯泰對於他底作品的出版，在印刷上他是極力反對用石印印出來給讀者，因爲當時俄國的石印非常拙劣，許多作品，都是經過他細心校閱，有時候他爲了校閱樣稿，很多次都忘去了他底晚餐，他常常說：

『我其所以這樣很仔細的校閱，不厭煩的改正，爲的是恐怕在印刷上有錯誤，給讀者以不愉快的感覺，』於此也可見他對於讀者們在欣賞上的關心了。

5, L. N.托爾斯泰有一次向莫斯科警務當局提出：

『請命令一切印刷所，在印刷L. N.托爾斯泰底作品時，要嚴格遵守原有的行列樣式，禁止擅自改動』，但是莫斯科警察當局就在他這樣突然的請求談話中，發生了懷疑，懷疑托爾斯泰有私設的地下室印刷所，在出版他自已的作品，警察局遂開始偵查，結果在1886年遂將托爾斯泰所設置的地下室印刷所破獲查封。

L. N. 托爾斯泰在雅斯諾依卜良泥

(L. N. Tolstoi W jasnoi Poljane)

俄國 I. E. 李本(ILja Efimowitsch Repine 1844-1930)作

原畫係油畫李本於1891年作，那時他已47歲，正是創作旺盛的時期，他爲托爾斯泰，果果爾 (N. W. Gogol) 的作品作插圖甚多，此外則多作歷史畫，故各國文字出版的百科全書或美術辭典皆稱其爲近代歷史大畫家。

雅斯諾依，卜良泥是托爾斯泰故鄉的村名。

6,在1887年他最受刺激的事件是亞歷克山大洛夫夫人所經營的印刷所，不願繼續將他所著以下各種書印完出版。

愛之所在，即神之所在，

大多數的人民需要土地，

神愛眞理，可是不早講出來，

二老人，

燭光。

7,L,N.托爾斯泰底作品，因爲受到帝俄警務當局嚴厲的檢查和無理的壓迫，在出版上遭受着大大的阻礙與困難，因此在當時他底許多作品，都被沒收藏在莫斯科警務局檔案文庫中。

8,戰爭與和平，復活，這兩部巨著，在1883年——1900年中，也是遭受着無數的困難，經他自己許多次的請求與解釋，才准許在俄國出版。

9,L.N.托爾斯泰最後的作品，到幸運之路，這是一篇內容豐富的短篇紀事論文，但在1901年也是禁止出版的。

現在莫斯科州文庫管理局專門委員根茲（Gentsch）教授在整理研究了關於L.N.托爾斯泰這些新發現的文獻後，在整理委員會會議上，已提出詳細的報告書，在其口頭報告的說明時，幷發表以下簡短的意見作結論：

『據我在這許多年來專門研究L.N.托爾斯泰一切未曾出版的遺作，及其與他有關係的各種文獻，我看現今一論L.N.托爾斯泰的論文，很少有充分的認識，和正確的批評。

我在L.N.托爾斯泰所有的作品與文獻中，發現L.N.托爾斯泰對於當時舊社會制度的組織，尤其是對於舊社會組織機構下所反映出的文化，他都用懷疑的態度，加以深刻的研究，而尋求一切社會現象尤其是文化部門諸動態的因果律。

L.N.托爾斯泰在其寫作的經驗上告訴我們。一切粗製濫造多產的作品，是有害於讀者們的腦筋；幷且對於文化本身的尊嚴性，也是一種侮辱，一種不可寬恕的罪惡。

我們文獻整理委員會，現時應該將新近所發現關於L.N.托爾斯泰這些文獻資料，很迅速的出版，幷且要普及的發行，以便幫助一般研究L.N.托爾斯泰的專門家和讀者們，有更正確的參考與認識。』

據作者所知，所有最近發現一切關於L.N.托爾斯泰的新文獻，莫斯科州文庫管理局，已決定出刊一冊專集L.N.托爾斯泰底新文獻。

卽你便是之談

傅彥長

元朝天如和尙有一句話，這就是即你便是之談。我以爲我們的一舉一動，在形式上，總不能跳出別人所暗示了的符號與象徵吧，所以人言是可信的。不過可以一信的人言，一查其中來歷之後，馬上就能發見這一句話與別一句話的不同，而人類生活的千變萬化也就從這一點出發。

是的，人言是可信的，而且似乎每一句話無不與經常之道是一致的。在這裏我想鄭重地再出來提示一下，就是怎樣纔是一致？我以爲一致的什麼，都是一句句後話。一句句後話都是決定版。當然，刻在決定版裏的一句句後話，在事前都不妨活用一番。經常之道是沒有迷信與獨斷的，但是天天在變化着的人類活動，却不能不注意到其中所暗示了的符號與象徵。在歷史上出現的人物，只有一二個眞正明白人所想的話纔能與經常之道相合。

即你便是的這一個人，我們不妨把他從人堆裏拖出來。在人堆裏過了一生的每一個人，關於日常動用的物件是不求其分解的，因爲一有了分解，他就孤獨得無法生存。大多數平凡人物只能十分貧乏地在不求其分解的渾合之中存在了一個個生命。好在與經常之道並不相反的話，每一個人到了某一時期自會了悟。可恨的是，了悟的「了」，只暗示着馬上不能來的一句句後話而已。不與別人處在一堆的分解生活，在形式上一定是觸怒衆人的。富貴人較少與富貴人在黑暗方面的成爲人生目標，明說出來當然不可以，就是爲此。

迷信與獨斷的現象到現在還不能從人心裏連根拔去。爲了這一個現象而有所圖謀，反而是不軌的變動。於是深知經常之道的明白人，就沒有細說的什麼話了。歷史上的一件件大事，往往與疲倦的經常之道走着相反的一條路。連一接二所顯現的，往往是跡近迷信與獨斷的行動。爲下一代有所算計的所謂明白人，往往對於一句句後話並不重視，他總是預先想從與一致相反之中做一些與經常之道有所不同的傑作。一致，只是一句句非此不可的後話，它當然不是什麼爲人所先知的預言。預言往往一到後來，除去在符號與象徵方面可以滿足我們的想像之外，實在還不是什麼經常之道。每一個人在兌現的時候，一定能够明白本票與支票，現欵與撥欵單，儘管名目不同，至於每一種名目的只有零碎價值，則是一樣的。也只有這零碎價值，纔是可以一信的經常之道。

關於日常動用的物件，是不是一有了分解之後，就會叫自已此後有一些比較並不難過的生活？我以爲一有了算計之後的價值問題，可以一信的人言一定是零碎的吧。在不能分解之前，在人堆裏過了一生的每一個人，不求其分解云云，就等於即你便是之談了。

◇ ◇

無忌夫人(續)

法·薩爾都
賀之才譯

第三幕

在拿皇底書房

第一場

燭光垂滅，爐火垂燼。在裏層，摩德廠和聖馬桑，斜着頭，注視右門，小聲密語。嘉德林坐在御書案前之矮凳上，奄奄欲睡，痛苦地沈思着，以手支頤，目注爐火。她底皮氅，零落在沙法上。賴伯爾底大衣，被拋擲在茶几上；佩劍在桌上。羅力當從拿皇臥室出來，走向摩聖兩侍衛，正欲有言，兩侍衛目止之，一面指着嘉。小聲交換數語之後，聖馬桑即走近嘉身。

聖馬桑　但澤公夫人許我送她回府麼？

嘉德林　謝謝您，隊長，我候李飛爾來，皇上派人傳他去了。

聖　(鞠躬)請您賞臉，穿上您底皮氅(他取來皮氅)，您一定正需要牠。

嘉　您太慇懃了，隊長(他給她披上大氅的時候)現在幾點鐘了，請問？

聖　兩點鐘了，公夫人，(孔士當拿燈走入，對孔)請你將爐火燒大一些，再問公夫人有什麼吩咐！

(嘉來到爐邊會孔)

嘉　(低聲的)孔士當，請告訴我，賴伯爾先生還在那邊麼？

(她用下巴指着右門)

孔士當　(低聲的)在，公夫人，在羅衛司丁和阿倫伯爾兩位監視之下。奉着嚴命，不許任何人接近他。

嘉　請您給我幫幫忙。替我去找一趟傳奢。他若已經睡了，請他起來，乘着皇上還在她臥室的時候，速來這裏，我有話和他說。

孔　好，公夫人。然而倘若皇上出來呢？……

嘉　你只管去罷！有我担當一切。

孔　我馬上去。

嘉　請快一點，唵？

(他去拿着茶几上的垂滅的大燈，向前層左門走去，那門忽然開了)

第二場

同上，李飛爾走入，匆忙地，穿着制服，軍官們對他行禮。孔走出。

李飛爾　(很担着心)皇上在那裏？

羅力當　皇上在她底臥房裏，大將軍大

人。

李飛爾　請您稟報一聲，羅力當先生，說我來了。（羅走入拿皇臥室。李走近嘉，嘉執其手，他小聲地說）我有些不耐煩了！到底有什麼事？您知道了那一場是非？……

嘉　（同上）呵！假定只有那件事，還則罷了！……（曳李至僻處，小聲地）賴伯爾回來了！今天夜裏！

李　（同上）有這等事？

嘉　我正要動身回家的時候，皇上捉住了他……

李　怎麼？

嘉　（指着裏屋）在那邊，在皇后……

李　（失驚）什麼？那位女人？便是……？

嘉　（急忙地）禁聲！

李　（心神顛倒）嗐！見他媽的鬼！於是怎樣呢？……

嘉　呵！於是，一場惡劇！你想想！皇上怒不可遏，扯下他底緒章。賴伯爾拔出佩劍！

李　冒犯皇上？

嘉　是的……

李　他完結了！皇上定是召我來槍斃他！

嘉　靠得住是這樣！

李　嗐！見活鬼呵！怎麼定要輪到我手裏……

（羅力當復來）

羅　大將軍大人，皇上候着您哪。

李　我這就去。（他剛動步）

嘉　（小聲地）你須拒絕！……

李　（小聲地，含着無可奈何的神情）我能彀嗎？（他走進拿皇臥室，所過之處，侍衛向他行禮）

第三場

嘉德林，摩德廊，羅力當，和在裏屋的聖馬桑

嘉　（背語）他說的對；他那兒能彀呢！……只要我有方法使賴伯爾知道我還在這裏！他就會明白我正在替他設法！（她向衆位軍官偶一抬頭，忽見賴底大衣在茶几上）他底大衣！……（對聖馬桑）對不住，隊長，剛才勞您照顧，給我披上皮氅，您肯將賴伯爾底大衣給他帶過去麼？他一定很需要牠。因為今天大早，天氣冷極了。

聖馬桑　您的話有理，夫人，我眞不該沒想到這一層！

（他拿着大衣，往右門走入，留着半開的門扇。嘉在遠處跟着他底動作，注視着）

嘉　（自語）他不會抬起頭來。他思念那一位！啊！他站起來了！……怎麼？他以為是怎麼一回事，是來提他出去……？可憐的孩子！現在，他似覺看見我了！

（聖馬桑復回）

聖馬桑　夫人，賴伯爾先生明白了這點小意思，是出自您。您瞧！他作手勢，向您道謝……

嘉　（為之感動）是呀！（她遙為頷首還禮，勉作微笑狀，既而移前一步，正當聖馬桑關門之時。她自語）至少，他知道他底朋友們沒有拋棄他。

第四場

同上，傅奢着便服，從前屋左邊走

入，嘉德林急趨至前。

嘉德林 (半低聲地) 啊！親愛的公爵！在這晚的時候，我擾了您底清睡，眞對不住……

傅奢 沒有的事。我正在鏖夜。

羅力當 (開開拿皇室門對侍衞們) 先生們，皇上傳喚您們……

傅 (對嘉) 對不住？(對聖馬桑) 請稟告皇上說我到了這裏，伺候她！

聖馬桑 我立刻就去，公爵大人。

(侍衞們走入拿皇臥室)

第五場

嘉德林，傅奢

傅奢 我正在鏖夜，我對您說，關於您底事，我有些不放心。

嘉德林 (悲傷的) 我沒有什麼讓人担心的……所讓人担心的是……

傅奢 是賴伯爾先生。

嘉 您知道？……

傅 (泰然的) 他底事絕望了。皇上傳但澤公爵和沙伐理來，要槍斃他。

嘉 (懇切地) 所以我請您來，爲的是要設法防止。

傅 要我！……

嘉 (苦求的) 是呀！

傅 (冷冷地) 喂！公夫人，這場風波，於我何干？……我固然明白您底意思，是要搭救您底好朋友賴伯爾……

嘉 (微形狼狽之狀) 還要免使我所愛的皇上犯一種罪惡。

傅 (嗅着他底鼻烟) 就說是一種過失罷……

嘉 又可爲皇后洗刷清白，她，我雖然不過分地愛她，她究竟是我們底主母，她底醜事，會影響到我們身上來！

傅 好！您這些理由，乃是根據感情，是您個人底理由，我，我是一個講求實際的人，我底利益，與您底大不相同……

嘉 呵！……

傅 大不相同！賴伯爾不是我底朋友，他底命運，於我無大關係。皇后最惡我，她底名譽，我不甚熱心愛護。羅維葛奪了我底位置，他一失寵，我更快活極了。皇上因爲我曾預言她這婚姻不會有好結果，責罰了我，現在果然沒好結果！我底仇算是報了！

嘉 (坐於沙法，聳肩說道：) 你瞧，你這聰明人，倒談起報仇來了！

傅 爲什麼不呢？

嘉 得了罷！報仇是傻人幹的事！從那裏頭，可以得着什麼好處？聰明人從來不報仇，除非牠於自已有益。

傅 (滿意的) 然而……

嘉 爲一時的痛快，是不是。

傅 正是！……

嘉 假如羅維葛栽了跟頭，您也跟着摔下來，那又有什麼痛快呢！

傅 (將帽子放在茶几上，坐於矮凳) 呵！我並不固執。請您給我證明：仇敵變作朋友，有什麼利益，我無不照辦！

嘉 (挨近他) 這裏面的利益，是再明顯的沒有了！

傅 (移坐近她) 請試說給我聆。

嘉 (放低嗓音) 這還不明顯嗎，皇后定會極口呼寃，證明賴伯爾有神經病，自已是白璧無瑕，皇上反而對她陪罪，憑您這樣伶俐的人，還待人提醒您麼！凡是和自己所愛的女人辦交涉，總是這樣結果呀！

傅　（微笑）十回有九回是這樣！

嘉　永遠是這樣！請您先救出賴伯爾，對皇上賭咒發誓，說他底令正是無罪的！她明天知道您是首先說這話的人，定然感激您！皇上本來相信她是無罪的，您底話，適獲他心，他也會感激您！您這一着，可以結那一位底歡心，得這一位底信任，還可以奪羅維葛底位置。而且毫不費力！（她作一手勢）您瞧，這便是利益！……

傅　咦！瞧您不出！您知道您這算盤打的很精細嗎？

嘉　（握他手）那末，我們倆來營救賴伯爾？

傅　這個！……

嘉　（堅持着）說定了？就這麼說，是不是？

傅　（和她並坐沙法上）好罷，就這麼說罷！我們進行罷！

嘉　（喜極）進行罷！第一，先要竭力……

傅　設法延期行刑。

嘉　用什麼方法呢？

傅　並不必要皇上認可，我用五分鐘的工夫，對他證明說：這樣倉猝行刑，會鬧出大笑話來……全巴黎的市民，都說他在皇后底懷中，捉住了賴伯爾。

嘉　（加勁地）那還用說！

傅　教他撤羅維葛底差，我便用很簡單的手段，使皇后脫却干係。

嘉　那手段是……？

嘉　（安然地）不將賴伯爾當作一個當場捉住的奸夫，在黑夜裏治死他；却將他當作一個亂黨，青天白日裏，在格乃爾刑場槍斃他。

嘉　（大駭）槍斃他？

傅　（仍然鎮靜）您等着啦！他謀了反，是既成的事實！既然謀反，必定有同謀者，為使這篇寓言小說有價值，非假裝調查真相不可，所以必需延期行刑，暫將賴伯爾監禁在萬森監獄裏。接着，皇后起來辯冤；梅特涅出來干涉！皇上底怒氣漸平，奧古斯脫恩赦了西納，賴伯爾得我底幫助，逃出獄來，……於是，一套戲法兒便這樣變成了！……

嘉　（呆視着）然而這件謀逆的案子，……沒有這件案子呀！

傅　多偺要，多偺！有一個警察當局，讓人看得起，至少有一件這類的案子，預備現成的，存在他底衙門裏，到了準時後，他便發覺出來，以便消滅他所願意消滅的某人某人。（微含自負意）我，這案子，我有兩件，在我底荷包裏，都是預備現成的。一件是急進黨謀逆案，其中有小弟弟阿勒納，拉和力和費拉德夫一家（可是賴伯爾攙在他們一起，不大合式）另一件是王黨謀逆案，其中有拉鋒，坡力尼亞克巴拉士畢非爾等等。這才於他相宜呢！

嘉　人家會逮捕那些不幸的人哪！

傅　好！為掩人耳目計，在形式上，逮捕兩三名黨羽，二十四小時之內，我會教人釋放他們，因為缺少證據！除非一找又找出證據來了，那才殼有趣咧！然而，無論如何，賴伯

嘉　爾定可以脫險。那便請您趕快，好不好？

傅　我立刻去製造一個小小謀逆計劃，送給皇上……

（他起立，到右邊桌上，從皮夾中取出幾頁草稿，擇要繕錄。羅力當和聖馬桑走入）

第六場

同上，聖馬桑，羅力當

聖馬桑　（對羅，他穿過舞台）並且告訴天明的圍獵取消了！（對傅奢）羅維葛公爵還沒來麼？

傅　還沒來！您瞧！

聖　皇上等的不耐煩了……（他走近傅）

傅　我想他也應該不耐煩了！……聖馬桑先生，您稟報了皇上說我在這裏候旨麼？

聖　稟報了，公爵大人；但是皇上不答一詞。

傅　哦？那便勞您駕，堅執地請他許我單獨覲見。事關緊急！（密告他）有一謀逆案件！

聖　我立刻去傳達您底請求。（他走出）

傅　（復走近嘉）只要皇上接見我，只要羅維葛那傻東西再遲延十分鐘不來！我就會搶過他底位置，來妥爲處理這一切事務！……

（他坐下；前層之門忽開）

嘉　這不是他來了！

傅　見他媽底鬼呵！

第七場

傅奢，嘉德林，沙伐理，既而李飛爾

沙伐理　（急遽而至，喘息汗流地）皇上不在這裏嗎？

嘉德林　不在，公爵大人！

傅奢　（轉過頭來，用筆桿指着中層的門）皇上在他底臥房裏。

沙　（担着心，小聲地）嗐！這倒底是怎麼一回事？爲什麼喚我來？（對傅）您知道爲什麼嗎？

傅　警政部長若還不知道，我怎麼會知道呢？我渺渺茫茫地，聆說是爲賴伯爾底事。

沙　賴伯爾！他已成爲明日黃花了。他已遠走高飛了！

傅　好罷，請您這樣對皇上說，您瞧，他一定很高興的。

沙　他不相信嗎？

傅　（復從事繕錄）也許！

沙　好！就只爲這個嗎？我去教她放心！……

（他走向拿皇臥室門首，李飛爾正從裏邊走出）

李　啊！沙伐理！好容易來了！趕快進去！皇上見您遲遲不來，很有氣。

沙　我只消用半句話，就可以平他底氣！

傅　（當沙走進拿皇臥室之時，背語）是嗎？可惜我不能在場！……

第八場

嘉德林，傅奢，李飛爾

嘉　（拿皇臥室底門剛一關上，問李）怎麼樣了？

李　（面色灰白，拭着額上汗珠）怎麼樣！不經軍法裁判，也不審問。沙伐理底馬車，載着四名警察來接他，將他交給執行隊兵。這隊兵是由我分派的在廟堂門圓場，等候他們。賴伯爾被吊在街燈木竿上受刑。

工兵們在一顆樹脚下掘了一墓穴。再過一點鐘，萬事俱休。就是這樣辦！見鬼呵！怎麼定歸要輪到我手裏來！

嘉　你沒有對皇上說……？

李　他肯聆嗎？他不許我作聲，我聆他的口風，和平時生氣的時候一樣，我於是不敢作聲！

傅　然而聖馬桑定該對他說過我有要事稟見哪！

李　他並且提到『謀逆』二字！

嘉　是嗎？

傅　怎麼樣呢？

李　怎麼樣！皇上聳了一聳肩膀，說：『我底傅奢，老是這樣，他底荷包裏，總有一樁現成的謀逆案子，要教人感覺他是有用之材！告訴他說我用不着他底謀逆案子，也用不着他！……』

嘉　（駭然）那怎麼辦呢？

傅　那我底計劃便完全失敗了！可是，皇后半句話也不會說嗎？

李　沒說半句話！

嘉　她麼，她還什麼都不知道！她睡着覺，可是人家正在為她而槍斃一人！

傅　蒲魯夫人被逮捕了嗎？

嘉　嗐！要不是這樣我早就通知皇后了！現在只有她一人，可以救出那倒霉的人！

李　怎麼？

嘉　啊！那是她底事情！隨她想法子辦罷！管他呢！我去！

李　上那兒去？

嘉　上皇后那兒去！

李　你？她幾乎不認識你呢。

嘉　不要緊，她慢慢會認識我。

李　你給她說什麼呢？

嘉　我給她說：『您想法子活動活動，搭救您底情人哪！』

李　胡說！

傅　要說委宛一點！

李　你不能那麼說！

嘉　為什麼？

李　那太大胆了！

嘉　我還用客氣！

傅　倘若皇上知道！……

嘉　他不會槍斃我，不是嗎！管他三七廿一呢，我要去！

李　嘉德林！

傅　（攔住李）也罷！讓她去罷！

（嘉開開裏層的門，瞥見魯司湯屹立在皇后門首，守衛着）

李　（半低聲地）魯司湯在那裏！

傅　皇上早看到這一着了！

嘉　（大失所望）現在，完結了！什麼也不行了！（她倒在中間的矮凳上，悲泣着）

傅　也許還剩下越獄的一條路……只要大將軍肯……

李　別往下說了，親愛的公爵！宮內大臣，不能聆您這話。我現在要去遵旨布置一切；若是我不在場，犯人背着我越獄，那是您和他和沙伐理你們三人底事……只要賴伯爾一經交到我手裏了，我只認識我做軍人的職務，一直做到盡頭，無論是怎樣忍心的！您若可以使我避免這種痛苦，我恐怕我比您還高興些咧！可是說到這裏為止，別再給我說別的了！我不應當聆，也不願意聆！

（他大踏步地從右邊走出）

第九場

嘉德林，傅奢，既而羅力當

傅奢　好罷，就這麼辦罷！我們不用他了！

嘉　（站着，急忙地）您莫非有了辦法？

傅　不是頂好的辦法！然而我們沒有選擇的餘地！（指着門）賴伯爾在那裏，是嗎？

嘉　（悲慟的）是！

傅　從那邊過去，是衣帽大廳麼？……看守他的共有幾人？

嘉　有三人，我想。

傅　（顯出莫奈何的神氣）姑且，我們試一試！他認識您底筆迹嗎？

嘉　認識！

傅　請您照我所唸的寫出來。（他從桌上取來白紙簿，遞給她，墊在一本像譜上，用鋼筆，在紫銅小墨水壺裏，凑着墨水）

嘉　（坐在右首矮凳上，對着書案，將紙簿架在膝蓋上，預備默寫）別唸的太快！因爲寫字不是我底拿手戲！

傅　您預備好了？

嘉　好了。

傅　（唸着）『乞佯爲昏睡。轉瞬有一人來……』（他停住）我手下的人！

嘉　（一面專心地聆着）我明白了！……

傅　（接着唸）『藉口尋覓値宿軍官，簽發……』（他灣下腰，看出她寫那『藉』字很覺困難，復唸着）不對……『藉口』！……『藉』字是草頭！……（她竭力改正。他伏在她身上，作灰心狀）對了！……好容易！……他會辨認出來的！（復唸着）『……命令……』

嘉　（很着急的）啊！假若他那時聆我底勸告！

傅　（接着唸）『可急乘隙，一躍出門。取道右首走廊……』（叮囑）『走……廊』……廊廟的『廊』……

嘉　（淚盈於眥）等一等！我瞧不見了……（她拭淚。傅暫停片時。靜默）現在，再唸罷！……

傅　（接着唸）『逃往但澤公府，自有友人接應。』這樣彀了！

嘉　（搖頭）唉！天哪！這眞要碰運氣呀！

傅　是呀！可是我沒有更好的辦法！現在的問題，是須立刻將這紙條遞給他。

嘉　當着那些守卒們？

傅　（一面聞着鼻烟）怎麼辦呢？我來想想！……

嘉　等一等！……我想我有辦法了！……

傅　什麼辦法？

嘉　請喚一侍衛來！……

傅　哦！好！（走來右邊門首）羅力當先生？

羅力當　（登場）公爵大人？

傅　公夫人有兩句話對您說。

嘉　羅力當先生，皇上准了我底請求，讓賴伯爾給他母親寫一封遺書，請您將這個遞給他，說是我托您辦的（她指着像譜上的白紙簿。羅微形猶豫，目視傅奢）

傅　（取紫銅墨水壺及鋼筆放在紙簿上面，一併交羅手）還有這個！

羅　我立刻便去！（他從右邊走出）

嘉 (小聲對傅)這樣一來，他在紙簿上一翻篇兒，便會看出……

傅 (半低聲地)該沒有人先看那字條吧！……

嘉 聆着！……(他們傾耳聆着)我剛才說爲他可憐底母親寫遺書，這句話該不是他底不祥之兆吧！……

(靜默)

傅奢 沒有！什麼也沒聆見……一切全好！羅力當大概業已回來了！現在，是歸我去辦了！您呆在這裏，傾聆一忽兒。再回您家，我們共同商量其餘的事。好罷，拿出勇氣來罷！……

嘉 呵！老等着！這眞急死人！(在左邊門後，有憤怒之聲猝發)皇上來了！

傅 我去了！……(他從前層左邊走出)

第十場

嘉德林，拿皇，沙伐理，聖馬桑，又一侍衛

拿皇 明白了麼？

沙伐理 明白了，陛下，這一次，包管陛下滿意。

皇 我爲你底前程着想，希望是這樣！(沙行禮，和聖馬桑，摩德麻從右邊走出。拿皇前進一步，瞧見嘉德林，正對他深深一鞠躬)

第十一場

嘉德林，拿皇。

拿皇 (起了疑心)你爲什麼還在這裏，夫人？

嘉德林 陛下，我等候大將軍，但是這時候……

皇 (粗率的)呆着罷！因爲你適逢其會地，親眼得見一些爲你所不該知道的事情，……(他住口，忽有所悟)也許你久已知道了？

嘉 我？

皇 是呀！你不會告訴我說賴伯爾是你們底朋友！

嘉 陛下不會問過我！

皇 他是爲這個緣故，所以今晚去對你辭行麼？……別說不是！我從你丈夫口中探聆出來的。

嘉 我爲什麼要說不是，陛下？

皇 (挨近她)呵！自然嚏，他私下告訴過你他被趕出法國的原由麼？……

嘉 眞正的原由，他不會告訴我，陛下。

皇 他沒有讓你猜出是爲一個女人的問題麼？

嘉 那卻有之！

皇 啊！

嘉 但是他不會舉出那女人底姓名來。

皇 (釘覷她，眼珠對着眼珠)你別想弄狡猾，拐許多灣，若呑若吐地，支吾其詞，須要老老實實答覆我，守你底有規矩的女人底本分！賴伯爾雖然沒舉出姓名，不會示意，讓你揣度是誰麼？

嘉 沒有，陛下。

皇 我不相信！

嘉 我說沒有，因爲本來沒有！

皇 別一女人，不及你那樣謹守秘密！帶領賴伯爾進來的那位厚臉的女人，我會問過她……

嘉 (爲之震動)啊？……

皇 這使你着慌了吧！……好！這是她底口供，隨後再聽你底。據說晚上十一點鐘，賴伯爾秘密地來到蒲魯夫人那裏，——她是已經得了皇后吩咐的——對她說：『等到皇上剛一退歸臥室，你即領我到皇后那裏，（他特別加重此句語氣）因爲她曾經叮囑我，於動身之前，必來見她一面！』

嘉　那可憐的蒲魯夫人，害怕地要死，定會將賴伯爾底話傳述顚倒了！

皇　（漸增激怒）你心坎裏不會相信是這樣！你和她一樣，明知道他們晚上的約會！那人無論怎樣大胆，如果未得許可，敢說出那種話來麼？他底大胆究竟到了什麼地步呢？這我却不知道，可是，你和蒲魯夫人，你們却知道，不過她，她不肯說，現在該你給我說了。

嘉　我從那裏知道這事呢？

皇　（嚴厲的）我要得着實情！不管什麼實情！我要整個的實情！我，我是你底皇上，你底主人，我責成你說出實情來！你聆見麼？我責成你！……（他粗暴地扭住她底膀子）

嘉　陛下扭的我怪痛！（他遠離一步）賴伯爾先生絕沒對我談過陛下所揣度的那件事！並且，恰恰是相反的！這個，我敢當天發誓！

皇　你和那位女人所說的話一樣！

嘉　那是由於……

皇　由於你們兩人都說謊，因爲你們兩人都利在否認你們同謀的醜事。像這樣，蒙騙我，那厮至死不吐一辭，皇后又矢口不認，我永遠不知道她所犯的罪到什麼程度，用什麼罪名懲辦那男的，該當用什麼罪名懲辦那女的！一切都有嫌疑，絲毫沒有實據，都只爲你們兩個賤婦不肯吐出實情！……（一時靜默，既而改變音調）這是我底錯誤！我沒能彀壓住火氣。我原應該呆在暗處，讓那厮進到皇后房裏，在那裏頭捉住他。他們一開口，定會露出馬脚來！況且黑夜裏，容留一個男子在她房間，就這事實的本身而論，已經彀明顯了！……

嘉　（斷然地）皇后決不致作出這事來！……

皇　（譏笑的）你相信麼？（復靜默）因此，若想得着實情，其權柄操之自我。這裏所經過的事情，她一點也不知道……我們來瞧瞧……（他走至裏層門首，小聲喚着）魯司湯！……（魯開門走入，不即關上）將蒲魯夫人帶上來……

（魯走入拿皇臥室）

嘉　（惶駭）陛下想要……

皇　（冷峭地）我要恢復我所打斷了的事態。別人所瞞住我的事情，她自已會從她所發出的命令裏告訴我。

嘉　（悶住了氣）呵！陛下！您這種辦法，太不正當了！……

皇　您說什麼？

嘉　我照我所想到的說！那種詭詐手段，有失您底身分！

皇　你這一害怕，勝似你底口供一樣！

（嘉噤口，蒲魯夫走入，面容灰白）

第十二場

拿皇，嘉德林，蒲魯夫人，魯司湯

拿皇　（進一步向蒲）上這裏來！好好地聆我說！你進皇后房裏去，別走下門進去，要從這道門進去，（他指着開向走廊的門）你原有這門的鑰匙！……你聽見麼？

蒲魯 （如冷水澆頭）是，陛下。

皇 你進去之後別關門，好讓我看着你底動靜，你這樣對皇后說，一字不差地：『賴伯爾先生沒有動身，娘娘，他現在來了，敬候陛下底命令！』去罷！不許增減半個字，也不許暗中做手脚！我在這裏監視你！……

（蒲魯夫人，緩步向皇后門首走去，拿皇回頭對魯司湯說『將燈光捻小些！』魯遵辦。書房重復黑暗。蒲從懷中取出鑰匙，開后室門，留下右扇敞開着，旣而走上床台。那房中有光而不見燈，但見右邊的床，掛上藍色羅帳，可以推想皇后睡在床上：蒲走向床頭。拿皇在書房門檻前，倚着門框，觀察着，魯司湯筆直地站在他身後，嘉德林在左首，一心注視着，心搖搖如懸旌）

皇后 （從睡夢中驚醒）是誰？是您麼，蒲魯夫人？

蒲魯夫人 是我，娘娘！……賴伯爾先生還沒動身，他現在來了，敬候陛下命令……

后 啊！好！您等一等！（嘉德林爲之一動，拿皇怒目一瞪，止住她，他立刻又注視后室；后伸臂，由花邊袖飾裏露出肌膚，向床頭小桌上，取出裝着大封套的書信一件，遞給蒲）將這封信交給他！……

蒲 是，娘娘！

（她鞠躬，走出，帶上房門。她剛一跨進門檻，拿皇即從她手中奪過信去）

皇 （嚴厲地）回你房裏去！……（蒲從走廊向左走出，拿皇回到書房，關上門，魯司湯捻回燈光。皇走近書案。燈光剛亮，他急瞧信面的住址）『奧地利皇帝陛下御覽』（失驚）她底父親？（嘉德林陡覺希望未絕，不期而然地走近拿皇。皇撕開封口，唸着）父皇大人聖鑒：近來兒臣安稟，悉被新任警政部長啓視，職是之故，此函特托賴伯爾伯爵便中帶呈，函中所陳，有關渠本身利害，專供睿覽，不足爲外人道也。賴家於我皇室，世篤貞忠，兒臣昔在甚不忍行宮，又與賴氏子朝夕過從，渠遂有恃無恐，屢與兒臣糾纏，人言嘖嘖，致啓法皇疑竇，今晨與兒臣發生齟齬，即嚴令伯爵遄回奧京。爲此特懇陛下宸機立斷，酌予羈留，毋令重來巴黎，則兒臣受賜多矣，兒臣誠惶誠恐，謹拜表以聞。兒臣馬嚴路意士跪奏』

（拿皇閱信之際，顏色漸霽，嘉德林轉爲微笑）

嘉德林 （奏凱的）我不是說他們兩人毫沒事情嗎！

皇 （喜極）是的，公夫人，是的，你底見解原本不錯！你可以打賭，你準贏！皇后究竟有什麼犯罪的迹象？就說我自己罷，你道我當眞相信她犯了罪麼？……

嘉 （半低聲地）好！這眞是從那兒說起！

皇 （對魯司湯）喚聖馬桑來！

（魯走至右門，開門招手，旣而回到爐邊，屹立着）

嘉 我不必問陛下是否下旨特赦了！

皇　啊！一定，自然！再說，這一刻鐘，想必苦殼了他。

嘉　這一刻鐘，賽過兩點鐘！

皇　（將原函交魯手）去到我房裏，重新加封之後，再拿回來給我！

（魯走入拿皇臥室）

第十三場

嘉德林，拿皇，聖馬桑登場

拿皇　去請賴伯爾先生來！

聖馬桑　啓奏陛下，賴伯爾早已不在我們手裏了！

嘉德林　（爲之一喜）不用說，他長腿了！

聖　他倒是想逃走。但是他剛一逃出門外，便碰見了羅維葛公爵手下的人，來提解他。

嘉　（失驚）哎呀！天哪！

聖　……將他押上馬車，解往廟堂門去了！……

嘉　（絕望的）他死在他們手裏了！

皇　那不幸的人！趕快去！李飛爾！李飛爾在那裏？

嘉　（着慌極了）這不是他來了！

第十四場

同上，李飛爾，旣而沙伐理

拿皇　趕快！教人騎馬追上去！我有恩旨！

李飛爾　（悲傷的）可惜！太晚了！聖下！這時候，定然都完結了！

沙伐理　（從原門走入，獻着慇懃，面有得色）是的，是的，已經辦了！

嘉　（大叫一聲）啊！（倒在沙法上，暗聲悲泣，李走近她，握她手）

沙伐理　陛下洩了憤了！……

皇　（厲聲）誰說我要洩憤！……

沙伐理　（不知所云）怎麼？

皇　他寃枉了！

沙　我那裏知道呢！

皇　你一路來什麼也不知道！

沙伐理　（却退）陛下，您底諭旨……我底効勞……

皇　你只會在這些事裏効勞，而且太趕忙了！萬森公園裏的墓穴，便是一個鐵證！

沙　陛下，我剛才所作的事……

皇　太荒唐了！若是傅耆，決不會作出這事來。

第十五場

同上，傅耆尋聲而至

傅耆　（作出一副適應時機的面孔）啊！一定，不會，陛下！我深知道陛下遇有該當動怒的時候，很容易動怒，然而開起恩來也來的快，所以陛下底臣民，不服凱撒的時候，總以上訴於奧古士德爲宜。我伺在宮門口，瞧見了（愴然地）那不幸的人，在羅維葛公爵底車中，押解他的，是公爵底部屬，——就是我底舊部屬——於是我心想：只要說一句話『陛下有恩詔，先生恢復自由了！』就可以免除陛下的後悔！

皇　嗐！可不是麼，本應當說這句話呀！

傅　（搗謙的）可是，我用什麼名義咧，陛下？除非是加上一句：『我們不必再服從羅維葛公爵底命令了！警政部長不是他而是我了！』

皇　嗐！你爲什麼不早說！果然是眞的嗎！你是警政部長，他不是的了！

傅 (沙伐理爲之一驚)
那陛下會赦我越職的罪名麼?

皇 啊!一定呵!

傅 (公然地)旣是那樣,好極了,陛下業已辦妥了!

皇 什麼?

嘉 (起立)唵?

傅 賴伯爾先生,這時候正坐着羅維葛公爵借給他的馬車,揚長地往蘇窪松去了。

皇 (喜極)眞有你的!這才是一位能手咧!

嘉 (緊握傅手)哦!這才好咧!哦!這眞好!

(魯司湯復登場)

皇 (對沙伐理)派一名馬差去,趕快!教他追上賴伯爾先生底馬車,將這封信交給他,帶給奧國皇帝!

(魯交給沙那封信)

嘉 (指着留在案上的寶劍)您不同時將他底劍還給他麼,陛下?

皇 還給他!可是有一條件,下回不准他濫用牠!

(他取劍交聖馬桑,聖行禮退出。)

沙伐理走近傅奢)

沙 (憤憤地,半低嗓音)一句話歸宗,您僭越了我底職權!

傅 (開着烟荷包)全部的職權!親愛的公爵!全部的!……

(拿皇轉過身去向傅奢,背朝伐理,沙向拿皇行禮之後,憤然走出)

第十六場

同上,除開沙伐理

拿皇 (對傅奢,一面從烟荷包裏取鼻烟聞着)別事不說,阿倘得公爵,你太冒險了,假如我不肯恩赦呢!

傅奢 (半低聲地)我也曾預防這一着,陛下。那我便追上蘇窪松去,捉回他來。(他聞着鼻烟)

皇 (微笑,與傅同聞鼻烟)傅奢這東西,想的眞周到!不用說,你總可算機靈的了!

傅 (笑嘻嘻地)我還遇見一個比我更機靈的呢,陛下。

皇 誰呢?

傅 (指着嘉德林)就是這位公夫人!

皇 (走近嘉揪她耳朵)是,對了,她是一個刁鑽鬼,她狠招我喜歡!

李飛爾 (喜不自禁)旣是這樣,陛下?

皇 你須要將她當作寶貝一樣保存着!你再也找不出同樣的來!

嘉德林 (當拿皇鞠躬吻她手的時候,對李)乖乖瀧的冬!這讓你沒得說的了吧!

皇 (笑着,一字一頓地)敬請晚安,公夫人!祝你們安睡,諸位先生!

嘉 (一面深深地鞠躬)彼此彼此,陛下!(對李)好容易輕爽了!我們該去睡覺了!這不是我們白騙來的!

(李拿起皮大氅,給嘉披在肩上。嘉與傅握手,維時拿皇走向皇后臥室而去)

——幕閉——

——全劇終——

生於憂患

死於安樂

無錢國夢

離石

十年來我常有一個「無錢國」的夢想。

無錢國即是國家不用通貨，不做買賣，錢沒有用處，所以就不鑄錢不印鈔票，便無錢了。

現在的世界上，還沒有不用錢的國家。我想，將來是有的，由一國到全世界。

我有這無錢國的夢想，是基於看透了錢的罪惡，錢的缺點，知道錢的利不及其害，世界的大戰，國家的內戰，私人的鬥爭，乃至一切貪污，欺詐，誣陷行爲，都是由錢而發生，不知在我以前有人主張廢除金錢的無錢國否？我却把這個夢想當作一個現代國家應當研究的問題。

若是眞的成的問題而引起人們的研究，進而有各國人的研究，並永遠不斷的研究以求其實現，那就是我夢想的目的了。

一　命運否定在無錢

命運之說，不但行於中國，世界各國皆然。其實命運之說，完全是基於封建社會的私有制度，與資本社會的機會主義而有的，得失窮通之不同，就是表明各人機會之不同耳。

某人做了大官，命運好！某人發了大財，命運好。假使做官不是發財的機會，或者根本沒有財給私人去發，請問命運好壞，從何說起？是以命運之說，都是因爲有「錢的私有」才成立的。若是一個國家，廢除了通貨，不講求交易，祇要是人，從小而壯而老而死，一切教育，職業，及人生的享受均等，請問命運好的人，如何好法？反之命運壞的人，又如何壞法？

無錢國主張實現了，命運之說完全否定。

二　無錢國的社會相

無錢國的國民，不知道「私有」這一個名詞，一生只知道作自己能作與應作的事，得自己該得的物——衣食住行。

社會上已沒有搶切，欺詐的情事，大家都有充分的享受，也不要個人去「養兒防老，積穀防飢」，生後事不必顧慮，在生事的一切也不必顧慮，試問還有什麼理由需要去做强劫欺詐的事呢？再推開去，則凡不道德的罪惡的事實，都沒有人做了。

唯一的工作，是共同生產。工農學三部生產事宜，由國民分担，現在以八小時工作爲合理，在無錢國中，重輕工業都一律機械化，電力化，工作至多四小時便夠了，因爲人人工作，只要到了作工的年齡，就得担任工作，每天一人作工四小時，這還不輕微麽？人生的幸福是够享受了。

配給是集團而合理的。

如吃飯，則有公共食堂，至少以五十家人爲一組，同時同堂吃同樣的食品，各皆飽足。

如穿衣，則因工作之便利而定形式，定質料。優劣多寡，配搭均勻。四季衣服，無不齊備，各皆溫暖。

如住屋，則無都市與鄉村的分別，建築物因需要而有，一切設備合理化，配給國民適當的居住。

如行動，則一切交通工具都全（沒有人力車），依需要而使用，不感到任何麻煩，比如只走兩條馬路者，當然不去坐汽車，長途旅行者，當然不用脚踏車。急則用汽車，遠則乘火車，急而遠者則乘飛機，至於電車的縱橫，網布在東西南北的孔道，與火車只分地理的需要而敷設。

養老院，孤兒院都不用了，老與孤皆有相當的舒服的合理的安置，那不是慈善機關，而是法定組織，醫院只有公立，多而且善，隨時檢查國民疾病，斷沒有到了不可治時才就醫，只有不治之症才得死，學校則按人口與區域而分配。以及一切娛樂場所，運動場所，都設備得十分完整。

無論何人，受完了教育，到職業的時期。或爲農人，或爲工人，或爲教員，或爲公務員，都只作四小時工作。以外就是個人自由享受的時機了，遊山，玩水，打球，看戲，唱歌，跳舞，都任其所便，要給親友寫信，不必貼郵票，要到遠地旅行，不必買車票，住旅館不給店費，上下碼頭不檢查，歡喜看什麽書報，圖書館盡量供給，流通的送到家中來，固定的則自己到圖書館去，刺激性的烟酒供給也有，但不使你成爲醉鬼或烟鬼，那是有限制的，戀愛絕對自由，必以雙方願意爲度。生了小孩不願自育者送託兒所，不担負子女的任何用費。同時也不担負父母的任何用費。

交朋結友不是爲了大家企圖升官發財或金錢的緩急相濟，只是趣味的結合，志氣的聯繫，朋友們在一塊兒只是爲了大家享樂或研究事業的進步，沒有損友，都是益友。

在無錢國中的國民，一生以服務大衆爲目的，斷不爲一己謀生存，自然可以得國家的配給而生存，能够消耗你分內應有的消耗，已不負國，國不負己，任何人都是機會均等，幸福相同，比如我們說「工農勞力，政學勞心，」可是在那時候政學的勞力並不減於農工，而農工的勞心亦不減於政學。不如現社會所說「勞心者治人，勞力者治於人，」並且農工期滿，可以服務政學，政學任滿，亦可以服務農工。都是平等的。沒有壓迫階級，也沒有被壓迫階級，即是大家都是僕人，大家也是主人。眞正的民主國家。

國防軍役是國民人人必服的，警察法規是國民人人必守的，那時候只有管理懶惰的人，用一種「餓飯」的懲罰。這可以說是很少的了。到了一切「公有」，是會以有餘補不足，則天荒水旱都不致於像今日有餓死人的慘象，交通既便利，運輸不困難，移災民容易，拯災民亦容易，且而農業進步到了極點，除非至大之災，是害不了農事的。

無錢國中，沒有男盜，也沒有女娼，你想，人人盡有應有，安居樂業，誰去爲盜？誰願作娼？因此沒有監牢也沒有妓院。自然人們是可能同二個以上的異性相交，這不只是說男人可以多姘女人，而是說女人也可以多姘男人，因爲戀愛是自由的，生子就是國民，沒有所謂私生子了。只以國族的繁衍爲前提，連姓氏都成了多餘的事。這是幸福，不是罪惡。因爲是自由的婚嫁，也有一夫一妻偕老百年的，男女的專一，須用愛情去維持，萬不可用法律來保障，要知道在無錢國中的女子，都是大學畢業生，既無利可誘，威脅更難，所以要欺騙對方却不容易，雖然有不在大學畢業時發生合姦之事，但，風氣所尚，選擇必當而嚴格，不合理的配偶，實在難有成功的，比如現社會女子之受引誘，無外乎勢利。在無錢國中，任何人沒有勢利的，從何作不正當的引誘呢！那時戀愛的成功條件，不外年齡，品貌，志趣，職業的關係，其他什麼都說不到了。因爲老婆不須自己贍養，就當選擇十分合意的老婆，因爲丈夫不須終身依靠，就當選擇十分合意的丈夫。這樣陰差陽錯的怨偶婚姻，就絕對沒有了。

三 無錢國的政治相

無錢國的宗旨是以人類與自然鬥爭，即務使人盡其才，地盡其利。

無錢國的政策，只有兩個，一共同生產，二平均配給。

無錢國的國務，最大的也只是生產與配給二事。

國中沒有官僚式的政府，只分中央政治會地方政治會，有立法司法行政之權。

中央政治會以下設立國防部，外交部，教育部，農業部，工業部，警察部，社會福利部。

社會福利部較別部爲繁重，生產之收入，配給之支出，及一切國民福利事務皆屬之。其他各部，則職有專司。

無財政部，無稅收機關，無市場，無商人。

無內亂，故無軍政部，惟設國防部而統轄海陸空國防軍。

中央或地方的政治會，乃純爲「辦理衆人之事」的會，絕不像現代國家的政府而有官僚，可以升發，負責人是眞正的公務員，雖有限期，亦可連任，皆是出諸指派或選舉，上任前既不賄賂，在任時亦無從貪汚，升遷調補，毫無影響，公務員不是特殊階級，亦無特殊權利，是與農工學兵各界之服務員一樣的生活平等。

無朋黨而引起政爭，無個人去留而影響政務。無裙帶關係，鄉土關係，學派關係的政團，主官來去只是一人，斷不是部長上任，必帶領親信而爲局長，局長上任，必帶親信而爲處長，處長上任，必帶親信而爲科長，科長上任，必帶親信而爲科員。

各部致用專門人才，無濫竽尸位，無學非所用。

以上是全國行政機構的大系。行政內部的現象。

無錢國所有的土地，都是國民的，分全國爲東西南北四區，若大國則因爲東南，西南，東北，西北區共爲八區，各區的行政組織爲區政治會，區國防部，區外交部，區工業部，區農業部，區警察部，區社會福利部。又分全區為東西南北四段。每段的行政組織亦如區。又分全段為東西南北四縣。每縣的行政組織亦如段。等下而分為保甲戶。

無論區，段，縣，……皆依地理人事之便而分為農業區，工業區，教育區以農人工人教育人分居專區。在各專區之內又分住宅區與遊覽區，全國的建築異於現時代的建築，總之一律的，平等的，因需要而定其大小與多寡及華麗與樸實。

全國的大地分配給全國的人民，以地之肥瘠，定人之多寡，使國民得到合理的地域而生存與工作。東區人民多則可移到少人民的西區。南區土地肥，則可補北區土地瘠，一切生產品統收統支。無論農業工業出產品，集合全國之數而配給全國民衆，一年有餘，或對外貿易，或儲存備災，火車，輪船皆為運輸東西南北之協濟物資。

生產者固然忙碌，配給者亦同樣忙碌，消耗者乃是全國的國民所以也就都願這樣忙碌了。全國口號是：「工作而生活，生活而工作。」這便是無錢國的政治相。

四 一般的疑問

問：看了上面講的無錢國，眞是盡美盡善。請問何時可以實現？如何能够實現？是否可以實現？

答：無錢國是一定可以實現的。

無錢國的理論，原是超過無政府主義，較之社會主義已進二步，自然不是現在可以實現的，有人說無政府主義須在二千年以後實現，那末！無錢國則至少也超一倍而在四千年以後實現了，那時科學發達，教育進步，人類絕對不用屠殺的戰爭來擴充領土，富强國家，只是用理智與自然鬥爭，廢除這造下萬惡的金錢。說不定進步快時四千年還不要，四百年都實現了，若用革命手段，或者四十年也可以實現的。

無錢國的實現，其革命手段，可分兩種，殘忍的是流血，仁義的是不流血，不流血則慢，比如說中國四萬萬五千萬人都簽字贊成而實現了，這當然是不流血的革命，可是要全國國民簽字是容易的，那些不是國民已成官吏的，軍閥，資本家們就絕對不幹，他們萬不信這是一個能够成功的思想。要快！當然只有流血了。但，還要明瞭的仁人志士流血。為他人為後代而流血，自己是犧牲的多。

問：俗語說：「鳥無翅而不飛，人無錢不行，」無錢一事怎麼辦得到？

答：你是以現社會私有制度的眼光看「錢」。所以人無錢就不行了。其實錢眞是無用的東西，用錢只有造成罪惡，現在已把用錢的原意失掉了。所謂國實源流，它是通貨，現在的人們，把通貨做成商品，用作交易，不以勞力勞心而得錢，只以貪污欺詐而斂錢，有錢以後又以錢去賺錢，投機交易就是以錢賺錢，凡錢之利一概消滅，凡錢之惡，無所不至，若再不提倡廢除用錢，這資本社會的毒害是不會消滅的。無錢倒是眞的人人能行了，有錢反而不行啊。

問：無錢國的組織很簡單，辦法亦容易，給國民的幸福是無窮，乃至為人類的理想終極點，何以前此無人提倡呢？

答：這是有歷史的必然性，社會進

化須由漸進而來的，由部落社會，而到封建社會，而資本社會，而共產社會而無政府社會而「無錢」社會。是必然的秩序，在部落進一步時只能到封建，以下循序而進步至於今日，一般政治家，經濟家都是爲了由此現實而改爲彼現實，求其立刻收效。所以不能有超越時代的主張，只有超越時代的思想，當其著作時仍然不把「無錢」一事作爲問題的，亦因爲在當時錢的弊病還沒有如今日的顯著，不是急需解决的問題，或者還不成問題，所以前此無人提倡了。

問：無錢國的主張，既是錢在社會上發生了弊端，難道不可以把錢的弊端消滅，如禁止以錢爲商品的投機交易那種以錢賺錢。然後作正當營業賣買，以逐什一之利麼？

答：錢的弊病，最大而最顯著的固然是投機者以錢找錢，自然可以禁止。就是所謂正當買進賣出的營業而逐蠅頭之利者，也是錢的大病，因爲買賣物品，還是以錢找錢，中間只經過一種物品的媒介耳，既云賺，就是私有，私有制度就是因錢來的，只禁止以錢找錢的投機，而不廢除買賣物品的賺錢，同樣是無補於社會的，所以要普天之下，安居樂業，非實行「無錢」不可能。

問：無錢國中，人人既有平均的配給品，則生活有着，生存無礙，人們有好逸惡勞的天性，則怠惰者當不免，凡事只求盡職，不求發展，則競爭的進步一定少，發明家，專門研究家也一定少，豈不是慢慢會成爲一個落伍的國家麼？

答：這一層純全是杞人憂天的看法，請你閉目一思，你所看見過在今日的大學畢業生，都盡是懶人麼？都是不求進步的人麼？在無錢國的工作時期，即服務社會時期，每個人都至少是大學畢業生。一個受了完全教育的人，生活有了保障，生存不成問題，還不致力於所任的職務麼？萬一發生有怠工者，除了病態之外，則有處罰的，請問四小時的工作還不願意做麼？至於發明家，專門研究家的減少。更是幼稚的推測。在那時候，供給研究的資料更多，研究的方法更善，人是有向上心愛羣心的，爲了國家社會的幸福，爲全人類的幸福，研究家更大胆熱心的努力研究了，則發明與發現一定比現代還多，務必盡發宇宙之寶藏，而爲人類所利用。不但不會落伍，反而進步更快呢。

問：共產主義的社會政策，除了不實行「廢除通貨」以外，不也是與無錢國一樣的形態麼？何不如就實行共產主義以代替無錢國呢？

答：共產主義的缺點，就是還「有錢」，因爲「有錢」，永遠不會實現理想的共產主義，反而會招致意外障礙的發生，可以說無錢國便是共產主義的理想，共產主義的社會相絕對不能代替無錢國的社會相，再說；無錢國的理論，倒是反共的最好理論，無論如何，共產理論是勝不過無錢國的理論，世界上今日沒有擊破共產理論的新主義，安那其主義已被目爲烏托邦，無錢國則更較安那其主義進一步，是實際的能實行的。用以打擊共產主義，是最適當而有力的，總有一天，無錢國理論會抬頭，共產主義理論會消滅。彼之所謂「各盡所能，各取所需」者只是口號，社會相與政

（下接第46頁）

孽子

意・L・皮藍荻洛著
徐斐譯

「寧佛露莎在屋子裏嗎？」

「唔，你打門好了。」

老婦人瑪勒格齊亞在門上叩了幾下後，慢吞吞地在門口不整齊的階石上坐下。

那些踏步是她天然的座椅—這裏的以及別處門前的石階—因爲她整天團坐在伐尼亞村中任何那家矮屋門前，不是打盹就是默默的流淚。當路過人投一個銅子或是一片麵包給她時，她不抬起頭來也不擦眼淚：祇吻一吻那施捨物，在自己身上畫個十字，仍舊繼續着流淚或是打盹。

她是一捆爛布——又厚又髒的爛布——不分冬夏，總是那麼，齷襪穢萎，身上發出嘔人的汗臭和街上汙物的氣味。枯黃的臉上緊織着縐紋，眼皮向外翻，不斷的流淚使牠們發炎，血紅到令人可怕。但是在那些縐紋，血紅中閃着一對明亮的眼珠——牠們似乎老是望着遠處——那久忘了的童年時代的眼珠。蒼蠅飢餓地聚在上面，可是她祇顧沈思着她的憂傷，並不伸手揮開牠們，彷彿還未注意到似的，稀而枯的頭髮，在頂中間分開披在兩耳旁，下耳早已被年輕時佩帶的沈重的環耳裂開。一條又黑又深的縐紋，從下巴連到乾癟的喉嚨，漸漸在那凹陷的胸膛消失。

那些坐在自家門口的女子們，再也不注意她。她們祇顧整日地坐在自家門前閒談——有的補破衣，有的做針線，有的揀蔬菜，每人總有一點事做。那些矮屋都是用鋪街道的石子造的，住房和牲畜槽連在一起，祇有前門可以透光。屋子的一邊是馬槽，裏面站着一匹驢或是一頭小騾，用後脚踢開那些揮不開的蒼蠅；另一邊放着一張牌樓一般高的林。房中祇放置一口黑色的松木或是櫸木抽斗櫥，看來像一口棺材，還有兩三把草墊的椅子，一隻揉麵粉的槽，和一些耕田的傢具。粗糙牆上唯一的裝飾就是幾張半分錢的畫像，上面印着鄉間最信奉的聖者像。街道上到處蒸發着烟和糞尿。被太陽灼黑的孩子，有的穿着又髒又破的襯衣，有的光着身子在街上玩耍，母雞雜在孩子中間鑽來鑽去，塗滿汙泥的小猪，豎起鼻子咕嚕着，對着垃圾堆中鑽進去。

那一天，那些女人正在談論第二天早上要離開本村到南美洲去的移民。

「薩魯，司哥麥也去的」，一個女人說，「他丟下了他的妻子和三個孩子呢。」

「維羅，斯各地亞」，另一人說，「他剩下了五個孩子，她的妻子還懷着孕。」

「眞的卡明朗加要把他十二歲的大兒子帶走嗎？」第三個女人問着，「那孩子已在硫礦中做工了。降福的聖母，她眞該把那孩子留給他的女人，叫這可憐的女人以後怎樣過活呢？」

「可憐嫩齊，列格西一家整夜號哭着……」第四個女人從街的另一頭高聲說，聲調中帶着同情，「他們不知流了多少眼淚——嫩西的兒子尼哥後從軍隊回來，現在又要走了。」

聽到這裏，瑪勒格萊齊亞把圍肩緊緊的掩在自己口上，不讓自己放聲號啕，可是過不住的悲哀，使眼淚從那發炎的眼皮中泉水般湧出來。

十四年前她的兩個兒子也離家到南美去，他們答應她四五年後回來，但是他們都發了財——尤其是大兒子——早把老母忘了。每次當一批新的移民離開伐尼亞時，她就到寧佛露莎那裏，請她代寫一封信，再哀求離鄉衆人中的一位，把那封信親自交到她兒子手中。等那一批人重負着行囊出發到車站時，那老婦人也跟着那些母親，妻子，姊妹哭哭啼啼跟着在塵土飛揚的路上走，有一次她目不轉睛的望着一位年青的移民，那少年人正在強作歡笑來減少送行親屬的憂傷。

「瘋老太婆！」他嘶聲向她說：「爲什麼老是向我死盯着，難道想把我的眼珠也盯出來嗎？」

「不是的，好先生，我多麼羨慕你那雙眼睛，因爲牠們可使你看見我的兒子啊。求你把我現在的苦況告訴他們罷，對他們說假使他們再不回來，他們在人世上不再能看見我了……」

隣人們繼續着閒談明天出發的人，靠近他們，一位老人仰臥在地上，頭下枕着驢鞍，一聲不響的抽着烟，忽然他把一雙粗大多角的手當胸一叉，吐一口唾沫，說道：

「假使我是皇帝，我一定下令不准有一封信從那邊帶到伐尼亞來。」

「好！好！雅哥，司賓納！」一個女人喝起采來，「但是音信不通，教那些可憐的媽媽和妻子怎樣過日子呢？」

「她們的信太多了——煩惱就在這裏。」那老人獨自嘰咕着，又吐了一口唾沫。「母親們可以去幫傭，那些女人可以到那……唉爲什麼那些傢伙不在信中提起他們所受的苦呢？他們祗訴說一些幸運的事，每一封信到這裏，就把那些無知的年輕人帶走許多，還有誰在田裏作工？伐尼亞祗剩下老人，女人和小孩。我的田地眼看着多荒了，祗生一雙手，教我有何辦法？可是他們還是一批批的走！我說讓他們風吹雨淋，不得好死，那些蠢東西！」

正在這時，寧佛露莎把大門打開了，小街上忽然出了太陽。她有豐滿的黑皮膚，黑而發亮的眼珠，鮮紅的嘴唇，結實而又婀娜的身段，她呼息着一種無束縛的快樂。一條很闊的黃花手帕結在那稱樣的胸前，耳上重垂着黃金耳環，烏黑的綣髮，向後直梳，頸後繞着銀簪打一個油光光的髻。飽滿的下巴正中一個酒渦，使她看去更有趣，更妖媚動人。

她結婚後兩年就寡居了，第二個丈夫又在五年前丟了她到美洲去，這事似乎沒人知道，可是在晚上村中的一位總督去訪她，從她家園中的小門進去。因此她的隣舍——那些體面，敬上帝的女人——都用懷疑的眼光瞧她，但是心中却暗暗妬忌她的幸運。還有一件事增加她們的仇覷，村中都傳說她爲了要發洩被第二丈夫遺棄的恨氣，寫了許多信給美洲的移民，肆意毀謗本村那些不幸的女人。

「誰在講大道理啊？」她從裏面走出來問着，「噢，原來是雅哥雅哥叔，假使祗剩我們女人留在伐尼亞，我們會把地耕好的。」司賓納！

「你們這些女人，」那老人發出沙嗄的嘰咕聲——「你們祗會一件事。」他啐了一口。

「什麼事？雅哥叔，你快說吧。」

「祇會哭—還有另外一件事。」

「啊！那末會兩件事啦。你瞧，我從不哭的。」

「唔，我知道的。連你第一個丈夫死的時候也沒哭過！」

「但是雅哥叔，假使我先死的話，」她敏捷地反駁着，「你想他會不娶別的女人嗎？當然他一定會的！可是你瞧，這裏有一個人代我們哭夠了——瑪勒格萊齊亞。」

「這還在……」雅哥司賓納嘰咕着，又挺直身子躺在地下。「既然那老太婆有水淌，她也得從眼中淌出來。」

那少婦笑起來。瑪勒格萊齊亞被吵醒了，她帶哭帶喊地說：—「我失去了兩個美麗得像太陽一般的兒子，你們還不讓我哭嗎？」

「美麗！是的，眞美麗，眞是値得你哭死—」寧佛露莎對她說，「他們在那邊逍遙作樂，讓你一人在這兒等死—做要飯的。」

「他們是我的兒子，我是他們的母親，」那老婦人回答說，「他們怎會知道我的愁苦呢？」

「可是，我不懂你那來那麼些眼淚和愁苦，據說是你自己把他們惱走的。」

「我？」瑪勒格萊齊亞驚訝地叫起來，捶着自己的胸膛，忽地立起來。「我？誰跟你說的？」

「總有一個人說的。」

「不要臉！那些不要臉的東西——我？我的兒子？我那麼……」

「啊，不要聽她！」旁邊一個女人插嘴說，「你要知道她不過在同你開玩笑罷了。」

寗佛露莎大笑起來，前後搖擺着身子；後來她覺得那玩笑未免太殘酷了，改過來[illegible]和氣的語調問道：——

「好了，好了，老奶奶，你到底有什麼事？」

瑪勒格萊齊亞把顫巍巍的手放進胸脯中，掏出一張千摺百縐的紙和一隻信封。她帶着哀求的目光拿給寗佛露莎瞧。

「假使你肯再做一次好事……」

「什麼？又要寫信了？」

「假使你肯開恩……」

寗佛露莎祇是嗤之以鼻，可是她知道那老婦人決不肯放鬆的，所以祇有帶她進自己的屋子。

這屋子和隣近的很不相同。當門關好之後，那間寬大的房間是很暗的，因爲除了門之外，祇有門上面一扇小格子窗可以透光，可是粉白的四壁，磚砌的地板，什麼都很淸潔整齊。房裏放着一張鐵牀，一架衣櫥，一口大理石桌面的五斗櫥和一張鑲胡桃木的小桌子——很簡陋的傢具，可是顯見寗佛露莎靠着自己替村中縫衣所得區區進款，是決計買不起的。

她拿出筆和墨水缸，把那一張揉縐的紙鋪在五斗櫥的上面，站起來預備開始寫。

「快點，快點講！」

「親愛的兒子——」那老婦人開始背誦着。

「我的眼睛不能再流淚了……」寗佛露莎代她說下去，不耐煩地透了口氣。她早已知道那封信的格式了。

那老婦人接着說下去：——

「因爲我的眼睛被那最後一次同你們見面的希望燃燒着……」

「快說，快說！」寗佛露莎催促着。「你這幾句話至少寫過三十遍了。」

「可是，你還是寫上罷。我的好人，你知道麼？這眞是實話。你寫下去罷：「親愛的兒子……」

「什麼？再從頭寫起嗎？」

「不，這次的話有些不同了。我昨夜想了一夜。聽着吧：「親愛的兒子：你可憐的老親娘許願發誓……」是的，眞的，眞是這樣——「在上帝面前許願發誓，倘使你們回到伐尼亞，她在世時就把那間小屋傳給你們」

甯佛露莎大聲笑出來，「那間小屋！他們旣然那麼有錢，還希罕你那間泥塑的柴屋麼？哼，那間破屋是一口氣就吹得倒的！」

「可是，你祇管寫上去。那老婦人固執地叮囑着。「客地皇國，抵不上自己家鄉的磚石。你把這寫上，寫上去。」

「我已經寫了。你還有別的話嗎？」

「還有這點——親愛的兒子，你們可憐的媽媽冷得發抖，冬天到了，她想添件衣服，可是沒有錢；你們肯不肯寄一張五個利爾的支票給她，那末……」

「夠了，夠了，夠了！」甯佛露莎把紙很快的摺起來放進信封內去。「我把要說的話都寫上了儘夠了。」

「那五個利爾也寫了嗎？」那老婦人似乎有點驚訝她寫得那麼快。

「是的，是的，什麼都寫了，連那五個利爾也寫上了，我的太太。」

「寫得都對嗎？每樣都寫了嗎？」

「討厭！什麼都寫了，我已經對你說過了。」

「忍耐一點……好小姐，你對我這可憐的老太婆忍耐一點吧，」瑪勒格萊齊亞哀求着。「你想你還能同我認眞嗎？現在我是半癡不癡了……但願上帝和他美麗的聖母報答你的好心。」

她收了信塞進懷裏。她已打定主意把信托給嫩齊，列格西的兒子。那青年人剛巧要到她兒子住的地方聖德斐的渥羅蘇里去。她走去找列格西的兒子了。

☘ ☘ ☘ ☘

到晚上，那些女人都回到自己的小屋裏去，家家的門戶都關上了。窄小的街道上寂無一人。祇有那管路燈的巡警走着，肩着扶梯，點燃那幾盞小煤油燈。慘淡的燈光照在冷落的小巷中更顯得黑黯淒涼。

老年的瑪勒格萊齊亞獨自躑躅着，低傴着背。她用一隻手把那封信緊挨着心口，彷佛想把慈母心中的愛送進那張紙上去。她用另一隻手時時搔着背和頭皮。每一封信都給她一種熱烈的新的希望——希望她終有一次能感動她兒子的心——把他們召還自己這裏。當他們讀到她那些話，那些伸述她過去十四年中所流的眼淚的話，她的兒子自然不能再拒絕她的要求了……」

可是這一次她很不放心她懷中藏着的那封信。她似乎覺得甯佛露莎那麼草率地寫，也許會漏了最後的幾句話——關於那五個利爾的事。五個利爾！她那兩個發財的兒子當然不在乎寄五個利爾給他們快要凍死的老母親……」

從那緊關着門的小屋內，傳出低低的哭聲——母親在哭明晨要離別的兒子。

「唉！兒啊，兒啊，」瑪勒格萊齊亞獨自呻吟着，把那封信緊緊的貼在懷中——「你們竟這般忍心的離開我嗎？你們曾允許回來，可是到如今還不來……唉，可憐的老太們，不要相信你們兒子的話罷！你們的兒子，和我的兒子一樣，也是一去永不回來……他們永不再回來了……」

忽然，她在路燈下站住了，她聽到屋中有一陣腳步聲，有誰來了？

那人是新來的教區醫生——那不多時前纔到這裏的年輕人，據說他不久又要到別處去，因爲他得不到村中紳士們的歡心，可是窮人倒很喜歡他。他看上去還不到成年，可是在學識和辦事方面倒很有經驗了。據說他也想到美洲去。可是他早已沒有母親了——他祇是單身一個人。

「醫生，你肯幫我一點忙嗎？」瑪勒格萊齊亞向他。

那青年人吃了一驚，立停在路燈下面。他獨自走着，沈思着，並未注意到那老婦人。

「你是誰？啊，你是……對了，你是……」

他記起了他好幾次在矮屋門前遇見過的那東爛布。

「先生，你肯不肯做一件好事——把我給我兒子的這封信讀給我聽一遍嗎？」

「好的，假使我看得清楚的話，」那醫生是近視眼，他把鼻上的眼鏡按一按正。

瑪格勒萊齊亞把信從懷中拿出來，眼巴巴地等他讀給她聽甯佛露莎寫的話——「親愛的兒子」——怎麼會事！大概他看不清楚，我是看不懂其中的意義吧。

他把紙湊近眼前，移到燈光下，翻覆看了幾遍，最後他說：

「這到底是怎麼會事？」

「你看得懂嗎，先生？」瑪勒格萊齊亞膽小地向。

那醫士開始笑起來。

「教我讀什麼——上面一個字也沒有，四行曲線，胡亂地劃在紙上，這個，你自己瞧，」

「什麼！」那老婦人驚愕得叫起來。

「就是這樣，你瞧，沒有！沒有寫下一個字。」

「竟有這種事！她怒吼着。「怎麼？我一個個字說給甯佛露莎聽，我看她寫的。」

「那末，她一定假裝着寫，」他聳聳肩膀對她說。

瑪勒格萊齊亞半晌開不出口來。忽然她猛烈地捶着自己的胸，忿慨地一口氣說下去：——

「啊！那賤貨！不要臉的賤貨！她幹麼騙我？無怪我的兒子不給回信了。他們並未收到過隻字……她什麼事都沒替我寫……原來如此！所以我的兒子不知道我的苦況——他們並不知道我爲他們快傷心死了……先生，你看，我倒反埋怨他們，原來這幾年來都是她——那不要臉的賤貨——在把我開玩笑！天哪！我的天哪！竟有那麼惡毒的人忍心把我這可憐的女人，可憐的母親害到這地步？唉，怎麼可以……怎可以……唉！——

那青年醫士心中充滿了同情和義憤，一面設法安慰她，一面問她甯佛露莎的住址，打算第二天去責備她一頓。可是那老婦人還是不斷地嘮叨他兒子怎麼不寫信；她痛悔她錯怪了他們。她現在深信假使那些信中有一封眞的送到，他們一定會趕回來——到她這裏。

爲了減少嚕囌，他答應第二天早上替她寫一封長信給她兩個兒子。

「好了，好了，別那麼灰心！明天到我這兒來。現在不行——應當睡覺的時候了。明天來吧。現在你去安息吧。」

可是醫生的話並不生效力——兩個鐘點後，當那醫生穿過狹街同來時，她依舊伏在路燈下嗚咽。他責備她，叫她起來立刻同家去，已經夜深了。

「你住在那裏？」

「唉！先生……我有一所小屋子在那邊，在村子的那一頭。我叫那賤貨告訴我的兒子，假使他們同來，我就把屋子給他們。她笑我——那娼婦——她說誰稀罕那泥塑的柴屋。可是我——」

「得啦，得啦」，他急急打斷她。「你現在快去睡，明天我們再談那小屋子的事。來，我送你去。」

「上帝祝福你這好人！可是先生，你說什麼？送我？不，先生，你先走罷，我這可憐的老太婆走得很慢。」

那醫士和她說過晚安後就回去了。瑪勒格萊齊亞遠遠的跟着他。當她走到他進去的屋子門口時，她停下來，把圍肩緊裹着頭和身子，坐在門前踏步上，就在那處過夜，等待天亮。

快天亮時她睡熟了，那醫生起身得早，預備出去訪病人。當他開前門時，那老婦人滾倒在他脚下，她是靠在門上睡熟的。

「天哪！是你啊？撞痛了嗎？」

「沒有……請先生原諒……」她含糊地說，掙着身子想站起來，手臂還裹在圍肩裏。

「你在這地方過夜的嗎？」

「是的，先生……沒有什麼，我過慣了的……」她解答着。好少爺？這有什麼，我的心思很不定……我受了那賤貨的騙，心中惱極了……我恨不能殺死她！她儘可對我說不高興寫，我可以請別人。我儘可到你這邊來，你是多麼好心……」

「是，是，你在這兒等一下，我現在去找那女人。以後我們再寫信，你等一下。」

他依着她昨夜指的方向，急急的走了。

當他向巷中一位婦人問甯佛露莎的住址時，他發見那同他說話的婦人就是甯佛露莎。

「我就在這裏，我就是你要找的人，先生。」她含羞帶笑地說，請他進裏面去。

她好幾次曾瞧見過他——那溫文，帶有孩子氣的醫生。可是因爲她身體好，不能裝生病，所以無從托故請他來。現在她非常高興，雖然心中不免有點詫異他突然來找她。當她查出他的來意，看見他很生氣並且着急的樣子，她裝出一副可憐的，媚人的樣子。她表示着她是多麼爲着他的不高興——他那無理的不高興——而難過。當她留心到有發話的機會——不致因中止他的話而顯得沒禮貌——她開始說道：——

「對不起得很，先生。」她說話時半闔着她那美麗的黑眼睛，「可是你眞的爲着那瘋老太婆而着急嗎？村中每個人都知道她，先生，不再有人理她，你去問隨便那個人，他們都會告訴你她是瘋的，自從他兒子到美洲去後十四年來她一直是瘋。她不肯承認她兒子早已忘了她——這是事實——她老是不斷地要寫信。好了，你想我爲了教她滿意，祗得假裝替她寫；去的人就假裝替她帶。可憐的老太婆，她倒信以爲眞了。先生，你想想，假使每個人都像她，這世界可眞糟了。你看，我也是被人遺棄的——被我的丈夫。是的，先生！你猜猜那位漂亮的男人的臉皮多厚？他竟把他和他的新相好的照片寄給我！我可以給你看。他們親愛地，臉偎着臉，手牽着手——把你的手給我——喏，像這樣，你懂了吧？他們微笑地，望着每個人笑——那就是說望着我笑！啊，先生……衆人都同情着離家的人，誰想到剩在家的人。在最初的時候我也哭過。後來我強自歡笑，現在呢——現在祗要有機會，我很知道自己享受了，我已看破這世界原不過這麼一套……」

那少年醫生被這美麗的動物那種親密動人的表情弄得心中不安起來。他祗把眼睛向着地下嚅嚅地說：——

「可是——你想來總還可舒適度日，但是那可憐的老太婆——

「什麼？她？」甯佛露莎嬌嗔着，「假使她願意的話，她也可以不愁衣食——什麼都是現成的——祗是她自己不要。」

「什麼？」他驚訝地抬起頭來。

甯佛露莎看到他那俊美的臉上滿露着驚疑，禁不住格格地笑出來。露出一排潔白整齊的牙齒。

「眞的！她自己不願意。她還有一個兒子；——那最小的一個——他極樂意和她一起住，供養她。」

「那老太婆？還有一個兒子嗎？」

「是的，先生，他的名字叫洛哥，屈羅比亞。她和他斷絕來往。」

「可是，到底爲了什麼？」

「我不是告訴過你嗎？她瘋了啊。她日夜爲了遺棄她的兒子痛哭，可是她永不肯從那供着手求她的那個小兒子手中接一片麵包……不錯，她收受路人的施捨，可不肯受他的。」

那醫生爲了不願再顯出驚異不安的神情，祇蹙着眉說：——

「也許他待她不好——那另一個兒子。」

「我想不見得，他是一個粗人，那我承認，口頭喜歡嚕囌幾句，可是他心地不壞。您要曉得他是一位佃工——妻子兒女們是他唯一留心的事。假使您有好奇心要知道，他家離這兒不遠。您瞧，沿着這條路走不上半里，在這村子外靠左邊，就有一所屋叫做「柱屋」。他就住在那裏。他租了一塊良田，收成也很好。你到了那邊就知道我說的話不錯。」

他準備起身就走；方纔的談話使他興奮，再加上早秋芬芳的晨光，更給他一種愉快的感覺。

「我一定去。」他說。

甯佛露莎整一整頸後銀簪上的髮髻；半開着笑的眼睛對着他：——

「走一走很好，我陪你去。」

爬過了山坡，他們立停了歇一歇。山的兩旁散落着幾所破屋，過北就是村外。街道盡頭處接着大路，前面循着寬闊的高原，筆直向前望去一里餘長，深埋在塵土中。路旁阡陌相間，田中祇剩下割過的枯黃稻根。靠左獨立着一支孤松，巨蔭如傘，伐尼亞村中的年輕人常在松下游憩。高原盡處隆起一行青山，山巔白雲，飛絮般浮游在天空，慢慢掠過伐尼亞村後的密綠塔山頭，紫烟消散處，青山乍晴。間斷的鎗聲，有時打破了秋晨沈寂的空氣；這是農人們在路過時打着百靈和雉鳩。一陣鎗聲後就接着村犬的狂吠聲。

那醫生一面匆匆的走，一面環顧四週景物，旱涸的田，急待驟雨後卽可耕種，因爲佃工太少，到處呈着荒蕪的景象。

他向下望時就瞧見那「柱屋」，因爲房子的一角，立着一根古代希臘神殿的柱子——那神殿的屋宇早已塌頹。那屋子祇好算一間茅棚——西西里農民稱爲「路巴」的那種村舍。屋後密密圍着一叢仙人掌矮木，前面堆着幾箇很大的圓錐形稻草堆。

「喂，「路巴」裏面有人嗎？」那醫生高聲叫門，因爲他怕狗，祇好站在那鐵銹的矮門前等着。

一個約莫十歲光景長得很結實的男孩子走出來；他赤着脚，一頭掃帚似的紅髮，被太陽曬淡了些。他有小野獸那麼一雙碧綠的眼睛。

「裏面有狗嗎？」醫生問。

「有，可是牠不咬人，牠很安靜的。」

「你是洛哥，屈羅比亞的兒子嗎？」

「是的，先生。」

「你的父親在那裏？」

「他在那兒，把肥料從騾身上卸下來。」

那男孩的母親正坐在路巴前的矮牆上替她最大的那個孩子——十二歲的女兒——梳頭。那女孩坐在一隻翻轉身的鐵桶上，手中抱着纔滿幾個月的小弟弟。另外一個頑皮小孩雜在一羣母雞中打滾，他似乎一點不怕牠們，可是那美麗的公雞却伸長着頸子，挺着胸，裝出很生氣的樣子。

「我想同洛哥，屈羅比亞說幾句話，我是新來的教區醫生。」他對那婦人說。

她目不轉睛地對他看了半響，心中有點焦急，猜不出那醫生找她丈夫為什麼事。他纔喂過嬰兒奶，胸前依舊袒着：她把粗布的內衣向裏塞，扣好鈕子，起來搬一隻椅子給客人坐。他辭謝了，祇是立在那裏撫着地上的孩子，方才的那個男孩叫他父親去了。

幾分鐘後，聽到沈重的釘鞋聲，洛哥，屈羅比亞從仙人掌叢後走出來。他彎着膝蓋傴僂着走，一隻手放在背後，這是每個鄉農的習慣。

他那扁大的鼻子，闊而向上翻的上唇，剃得很光，使他的臉看來很像只猩猩：頭髮是紅的，蒼白的臉上滿生着黑斑；深陷，發綠的眼珠中，射出斜移不定的視線。

他舉起右手把那黑線便帽向額後一推，向客人打着招呼：

「讓我吻閣下的手㊀，先生有何吩咐？」

「沒有別的，」那醫生開始說。「我祗是為了要同你談一談你母親的事。」

洛哥，屈羅比亞臉上變了色。

「她病了嗎？」

「沒有，」醫生趕快加上一句。「她沒有病；但是你知道她年紀大了，又老又窮，沒人照顧……」

醫生在講的時候，洛哥，屈羅比亞的憤怒漸漸增加，最後他不能遏止自己了。

「先生，您到底有何吩咐？我等候遵命。可是先生要談到我母親的事，我現在有事，恕我不能奉陪了。」

「別走！我知道這不是你的錯，」醫生趕快攔住他。「我聽說你還——」

「先生，請這兒走。」洛哥，屈羅比亞忽然指着「路巴」的門向他說。「這不過是窮人的屋子，可是先生是村中的醫生，一定看見過許多別的並不比這好。讓我領你去瞧瞧那常期準備着的牀鋪——等着接待那位老太太的牀鋪。她是我的母親，所以我不能說她別的，我的女人和孩子們都在這裏，他們可以證明我時常囑咐他們小心侍奉她尊敬她似同聖母一樣。先生，因為每個人的母親是應當尊敬的。我到底虧待了我的母親什麼，害得我這般丟臉？天曉得人家想我是怎麼樣人……雖則我是從小由父親家裏的人撫養大的，她對我那麼冷淡，我並無當她母親的責任，可是我仍舊尊敬她，好心待她。當她那兩個喪良心的兒子丟了她到美州去後，我連忙去接她到我家來做這屋子裏的主人，先生，她不肯！她甯可在村中討飯，到處被人看着教我丟臉。先生，我向你發誓，假使她那兩個兒子有一天再回到伐尼亞來，我一定要殺死他們，報復十四年來為他們所受的恥辱和痛苦……我和我的四個孩子今天都在這裏作證……我非殺死他們不可……」

洛哥，屈羅比亞氣憤填胸，他的臉色轉白，突出血紅的眼珠，連連用手揩去口角的唾沫。

醫生生氣地對他望着，「我明白了，你母親為什麼不肯接受你的好意。」他對他說，「因為你毒恨你的哥哥。那是顯而易見的。」

「毒恨？」洛哥，屈羅比亞咆哮起來，從背後拔出那緊握着的拳頭。「是的，現在眞是毒恨，先生。我恨他們，因為他們使母親和我受許多痛苦。從前他們在家的時候，我總是當他們大哥，敬愛

㊀鄉民見上流階級時，所示敬禮。

他們，他們却學該隱㊀那樣報答我。他們不做工，我做工養活一家，他們常來對我說沒有晚飯，母親要挨着餓上牀，我總是供給……他們喝得爛醉，化錢在壞女人身上，我總給錢……當他們到美洲去後，我……

「可是，爲什麼你要這樣？」

洛哥，屈羅比亞臉上現出不自然的笑容。

「爲什麼？因爲我母親說我不是她的兒子。」

「怎末會事？」

「教她解釋給你聽吧，先生。恕我現在有事，那些人在等着我卸下騾背上的肥料。我得做工……我說起了心裏難受。教她講給您聽吧。請准許我吻您的手。」

洛哥，屈羅比亞同方纔一樣，屈着膝蓋，傴着背，一隻手放在背後。醫生的視線一直跟着他的背影，一會兒，他掉過身來看着那些害怕得一聲不響的孩子。他看見那婦人合着手閉着憂惶的眼睛，微微地歎口氣：——

「我們祇有把這事放在上帝手中。」

☘　☘　☘

回到村中後，醫生急於要根究出這件神祕的案子。那老婦人還在那兒，坐在他家門前的踏步上，和他走開時一樣。當他叫她進屋時，他是帶着尖銳的聲調。

「我已經到「柱屋」和你的兒子講過，他說。「爲什麼你瞞着不告訴我你還有一個兒子？」

瑪勒格萊齊亞望着醫生，先是着慌，一下子又變爲恐怖。她用顫巍巍的手拂着頭髮和額角，回答着說：——

「啊，年輕的先生，您一提起那兒子我就一身冷汗。求你可憐我，別再提吧。」

「爲什麼不提？」醫生生氣地說。「他到底在你身上做了什麼事？快說出來！」

「他沒做什麼，」老婦人急忙回答着。「說句良心話，這一點我不能不說他好。他總是對我很有禮貌的。可是我……我……先生，你看見嗎？我一提起這事就混身發抖。我不能說起他！因爲——因爲——那人——不是我的兒子，先生！」

那青年人耐不住了。

「他不是你的兒子——這是什麼意思？你在說什麼？你獃了或是瘋了嗎？他到底是不是你生的？」

老婦人低垂着頭，半閤着那血紅的眼皮答道：——

「是的，先生，我也許獃了，可是沒有發瘋！天知道我還是瘋了好得多！省掉受這多苦……先生還年輕，有些事你不懂得。我頭髮白了，我受過許多苦，遭遇過許多不幸的事，許多事……我的好少爺，你連做夢也想不到。」

「你到底遇見什麼事，快說！」——他催着她。

「可怕的事：恐怖的事！」老婦人搖頭悲慟起來。「這時候先生還未出世。我親眼看見的——此後我的眼睛不斷地流着血和淚……先生曾聽過卡尼鮑多㊁這個名字嗎？」

「加里坡的吧？」醫生有點莫明其妙。

「是的，先生。卡尼鮑多。他領着鄉間和鎭上的人造反——反抗一切上帝和人的律法。你聽到過他嗎？」

「聽到過，聽到過，快講下去！加里波的與這事有何關係？」

「與他很有關係。先生大概曉得他到這兒來時　那卡尼鮑多——他下令把各地的牢獄底門打開。好了，先生可以想像到村中如

㊀舊約中弑兄的人。

㊁意大利救國英雄加里波的之誤音

何闇得昏天黑地——那些最凶的強盜，殺人犯，歷年來幽禁在獄中的那些等着噬人的野獸！在他們中間有一個叫克辣，卡米齊的——他是這些人中最凶狠的一個——這強盜頭腦殺人當蒼蠅一樣，他說這很好玩，可以試試他的鎗彈裝得好不。他在平原上駐紮下，帶着一大夥臨時召集的鄉民路過伐尼亞。他嫌人數不夠，到處拉夫，不從的人都被他殺死。先生，那時我出嫁已有幾年，已經生了那兩個現在美洲的兒子——我的兩個寶貝。我的丈夫——願他的靈魂得到安息——租了一塊地，我們一起住在普直魯農場上。克辣，卡米齊用武力將他擄去……兩天後我的丈夫回來了，看上去好像死人——他完全改變了。一句話也不說，眼光中充滿着恐怖，老把手是藏起來——可憐的人——大概是厭惡這雙手被迫所做的事吧……唉！先生，那時我望着他，我的心被恐怖刺透了。「我的男人！」我高聲叫他——願他的靈魂得到安息——『我的男人，你做了什麼事？』他不開口。『你逃出來的嗎？假使他們捉到你，怎麼辦呢？他們要殺死你！』我心中——心中早巳料到這事會發生……他坐在那裏。靠近着火，依舊不開口，眼望着地，兩隻手老是這樣——藏在外套底下——眼睛直瞪着，彷佛瘋人。「還是死了好。」後來他祗說了這一句，他躲藏了三天；第四天他出去了——我們很窮，非做工不可。他出去上田裏作工。晚上到了——他沒有回來。我等着他。天呀！我是怎樣的等他回來——心中早巳知道，我早就想到過這一層……可是我老是對自己說，『說不定他們沒有殺死他——也許又把他擄去了。』過了六天，我打聽出克辣，卡米齊佔了列格里僧士們的產業，駐在蒙得魯沙境邑內。我神魂恍惚地走到那裏。那一天刮着空前的狂風。先生，你見過大風嗎？那一天後眞是颶風！霎時間彷佛一切被害人的寃魂，怒號着向上帝和人類伸寃！我被旋風捲着走，幾乎被拓成碎片，我的狂喊聲比風的怒吼還響。我飛着走，不到一點鐘就到了那矗立在黑楊樹叢中的寺院門前。

寺外一帶圍牆，牆內就是廣場。我現在還清楚地記得，進口處的側旁一扇小門，被生在牆根的一叢續隨子樹半掩着。我拾起一塊石子，用力打門。打了好久不見人來開。我繼續着打，最後門開了。天啊，我當時親眼看見那種情形！——

瑪勒格萊齊亞立起身來，血紅的眼睛大大的睜着，臉上掙扎着痛苦和恐怖。他伸出一隻手，指頭痙攣着如同利爪。她喉間迸不出聲音，不能再說下去。

「在他們手中……」最後她說出來，「在那些劊子手……那些人的手中……」

她又頓住了，彷彿窒息似的，舉着手裝出扔東西的樣子。

「怎麼？」醫生打着寒噤問。

「他們在戲弄……在那廣場裏……把人頭當球滾……那些沾滿着塵土的人頭……他們抓着腦後的頭髮……有一個……有一個就是我丈夫的頭顱……克辣，卡米齊自己抓着……他扔給我看。我發出一聲尖銳的叫喊，幾乎把喉嚨和胸肺裂開，這可怕的叫聲使那些劊子手也戰起寒來。克辣卡米齊抓住我的頸子想止住我喊叫，可是旁邊四五個伙伴拚命向他身上衝過來，另外十幾個人也圍上來，四面圍攻他。他們也因爲受夠了那惡魔的殘暴起來反抗他。先生，那時我胸中十分快意，眼見他當着我的面被他自己的伙伴殺死——那殺人的惡狗！」

那老婦人倒在椅子裏，疲乏地喘着氣，不斷的痙攣和發着抖。醫生帶着憐憫，厭惡和恐怖的眼光望着她。當這一切漸漸過去後，他又能鎮靜地思想，他依然未知道這駭人的故事和那兒子有何關係。他請她再解釋一下。

「別性急！」那老婦人透了口氣漸漸恢復過來。那領導叛變的首領名叫馬哥，屈羅比亞。」

「噢！」醫生叫出來了。「原來那洛哥就是……」

「他的兒子，」瑪勒格萊齊亞接着說。「先生，你想想！在我遭遇這一切以後，我還能做那人的妻子嗎？他一定強迫我，把我捆縛着，塞住我的嘴——因爲我喊着嚷着……三個月後他被政府軍捕得，下在監裏，不久他死在獄中。可是我已懷孕了。

唉！先生，我向你賭咒當時恨不能我把自己的臟腑掏出來——我覺得彷彿我命裏注定要生一個惡魔！我不能摸那孩子，一想到我以後要喂他奶，我就瘋狂地叫起來。生他時我幾乎死掉。我的母親願她的靈魂得到安息！小心看護我，不讓我見那嬰兒，直接把他送到他父親家裏，他就在那邊長大……先生，您想我是否應當說他不是我的兒子嗎？」

那青年醫生默自沈思，不知怎樣回答；停了一會他勉強說道：

「可是說起來他到底，他——是你的兒子，他有什麼錯處呢？」

「絕對沒有！」那老婦人回答說，「我從未說過他一句不是，先生，我敢說反倒講他好。可是我不願見他，連遠遠望着他也難受，有什麼辦法呢？他的身材，樣子連講話的聲音都完全像他父親。我一見他就開始發抖，一身冷汗！我就氣憤得不能抑止自己。有什麼辦法呢？

她停了一下，用手背揩着眼角；隨即又想起幾乎忘了要交給離開伐尼亞的人帶給她兒子——她心愛的那兩個兒子——的一封信，她鼓起勇氣把醫生從幻想中喚醒：——

「假使先生肯照您的應許，替我……」

那青年人強自把幻想推開，將椅移桌旁，準備開始替她寫。於是那老婦人又開始用那哭訴的聲調申述：

「親愛的兒子……」

達賴與班禪

白虹

前草「西藏政情摭拾」投刊卅一年十二月卅日申報，惟零碎無統系，且有外誤，茲覓得藏情正確材料，爰另成此篇，藉贖前愆

一 「達賴」「班禪」之由來

考西藏歷史在明代永樂以前，原爲紅教勢力，自宗喀巴（永樂十五年生於青海西寧，八歲出家，廿四歲入藏。）入藏，闡明黃教傳佈成功，圓寂後乃遺囑其二大弟子，永以化身轉世，其二大弟子一爲「達賴喇嘛」，一爲「班禪額爾德尼」，（係蒙文寶貝意，班禪於淸康熙五十二年被封此號，喇嘛直譯爲上人，亦稱活佛。）當時第一輩達賴乃係藏王太子，舍王位出家受戒，傳黃教衣缽，因其具有二重身分，遂以主教而兼藏王，故傳統習慣上，達賴地位高於班禪。

按「達賴」，「班禪」均爲稱主教之尊號，並非人名，惟藏中習慣，對主教不直呼其名而祗稱其尊號，以故世人祗知達賴，班禪，而對於其每一輩之眞名，反不能舉。

達賴本蒙古語大海意，謂其福慧廣如大海，藏文則演繹爲最高權力之統治者。班禪一辭，班爲梵文「班智達」之簡稱，乃對學者尊稱，謂博學多能，無所不通；禪爲廣大意，謂人學問淵博，廣大無匹。歷來達賴駐前藏拉薩城布達拉寺，已傳至第十三輩；班禪駐後藏日喀則城札什倫布寺，已傳至第九輩。

二 近年藏中行政組織

藏中政教兩權，時有分合，大致須視每一輩達賴本人才力爲定。至近年行政組織，其最高主腦爲「葛廈」，直譯之爲行政廳，乃藏地行政最高會議機關，其性質彷彿內閣制之國務會議，由四「葛倫」組織之。「葛倫」直譯爲高級政務官，其性質彷彿內閣制之各部長，例定爲三俗人一喇嘛，由此四人以合議制處理全藏立法、司法、行政等民事，「葛倫」係由達賴任命，任期無定。

在「達賴」與「葛倫」間，後來又另設一「司倫」，直譯如政治大臣，其地位係承上啓下性質，彷彿內閣總理，由普通俗人充任，資格須爲達賴屬意人物。凡「葛廈」議決案件，先報告「司倫」，經其審核後，再呈達賴裁決施行。前充司倫者名堯杷冷青，係一青年人物，頗練幹。

宗教方面，設有「伊倉」處理。伊倉直譯如秘書廳，職員一體爲喇嘛，由「中譯」四人組織之。中譯意如秘書，專管喇嘛事務，兼及達賴私人文書。藏諺有：「政治四『葛倫』爲對外四柱，宗教四『中譯』爲對內四柱。」

軍事方面，則由「馬基」負責。馬基直譯爲總軍長，管理全藏軍務，直轄於達賴。前充馬基者名龍霞，曾留英數年，係一親英分子，達賴死後，遭藏人挖去雙目而死，亦云慘矣。

三 故十三輩達賴

故十三輩達賴名卓尼敎海，西藏人，於清光緒二年轉世，五年即位。光緒三十年英兵入藏，被逐走印度，民元始回藏，旋對中國宣佈獨立，並排擠班禪使離藏，所有全藏敎、政、軍、三大權，均在其掌握中。後又將政務主持人丁傑德林穆驅逐，而以其表姪堯杞冷青爲「司倫」。

當達賴宣佈獨立不久，民元九月，袁世凱曾接獲駐藏辦事長官鍾穎電告，謂達賴有意議和，袁乃以大總統名義，封爲「誠順贊化西天大善自在佛，」但以後內亂頻仍，政府迄無暇顧及邊事，彼此隔膜敵視者又十餘年。

十八年八月，英人擬建自拉薩經德慶、江卡、到加尼，及自江孜到日喀則，兩鐵路，以圖後藏，達賴表示反抗，頗有誠意內向，惜當時中央政治力弱，鞭長莫及，且川邊地方官兵思想頑固，致發生康藏軍事糾紛。二十年三月，中央曾派唐柯三赴康調查眞象，旋達賴電京，已令藏兵停止軍事行動。四月間達賴駐京代表辦事處成立，以貢覺仲尼爲代表，六月國府封達賴爲「護國鴻化普慈大師」。廿一年七月，忽又與青海方面發生軍事糾紛，經代表及蒙藏委員會斡旋，翌年五月始告解決。後達賴並對班禪回藏，亦表示同意，此一時中藏關係，頗有好轉現象，不料廿二年十二月十七日，達賴竟在拉薩圓寂。

國府對達賴圓寂，備極優遇：廿三年二月十四日，南京曾舉行追悼大會，中央派汪行政院長致祭，旋又派遣黃慕松爲致祭達賴專使，於四月廿六日起程赴藏，九月中一行安抵拉薩，十月一日在拉薩舉行隆重祭典。

四 故第九輩班禪

故九輩班禪名羅桑吐丹，西康達克堡人，清光緒九年轉世，十四年在拉薩認定。光緒三十年英兵入藏，達賴走避，當時清庭駐藏大臣有泰，曾奏請飭令班禪兼管前藏政敎，乃渠胆怯，力辭不就，是年冬曾隨英太子遊印度，歸來仍返後藏日喀則。後因與達賴疏隔日深，互相疑防，並傳達賴將加害於己，乃於民國十二年十一月十五星夜出藏，沿北路荒徑，經青海、甘州、涼州、而抵皋蘭，備受辛苦，次年往北平謁總統曹錕，報告藏局，當時正值內訌外侮，相繼而來，北庭無力爲援，渠乃趁此周遊國內冀、魯、豫、晉、陝、甘、察、綏、遼、吉、黑、蘇、浙、皖、寧夏、阿拉善等地，宣揚佛法。

國府成立後，對之亦極優渥：初畀以「護國宣化廣慧大師」名號，曾在京滬杭啓建「時輪金剛法會」，盛極一時。廿一年特任爲「西陲宣化使」，廿三年更任命爲國府委員。廿四年五月，經綏遠伊克昭盟寧夏甘肅抵青海，駐搭爾寺宣化。自達賴圓寂後，渠更極力宣示作回藏準備，實則當時藏中已另有實力派執政（後節詳），對渠未必歡迎，故好夢終未能圓，竟於廿六年十一月三十日，齎恨圓寂於青海玉樹行轅。

五　小達賴與小班禪

依慣例：老達賴或班禪圓寂後，即須派人四出尋覓轉世之靈童數人，再舉行抽籤決定。十四輩小達賴名拉木登珠，於廿四年生於青海西寧公𦶒地方祁家川，母祁氏，其兄爲塔爾寺（在西寧）小活佛，同時所獲靈童，尚有西康三十九族碧儒地方一名，又西藏山南們珠甯地方一名，但因「熱振呼圖克圖」（後詳）驗卦、觀海、及護法降神所示情形，均與拉木登珠符合，經西藏僧俗大會公認，爲十三輩達賴喇嘛轉世，故並未舉行抽籤，即行決定。二十九年二月廿二日，第十四輩小達賴拉木登珠在拉薩舉行坐床（即位）典禮，重慶國府曾派蒙藏委員會委員長吳忠信前往參加主持，時小達賴年六歲。

至第十輩小班禪，據三十年七月康定消息：「甘孜班禪行轅派來尋訪轉世靈童之人員，已分南北兩路查訪，在甾化縣屬濯桑，尋得靈童卯土登奪吉係康定折多塘人，二十七年舊曆十一月二日生，靈童及其父母均留住濯桑會拉寺，尋訪人員已返甘孜復命。」另據內地來人傳言：第十輩小班禪已於卅三年二月八日即位，惟是否即爲甘孜行轅方面所尋得之卯土登奪吉，則不得其詳矣。

六　現在實際執政人物

現在達賴班禪均屬沖齡，當無行爲能力，實際執政者，當另有其人，乃爲「結澤熱振」是也。藏文「結澤」如代理統治者之意，熱振係人名，原爲呼圖克圖。（喇嘛中之尊者）

藏中慣例：老達賴圓寂後，新達賴未即位前，在此青黃不接時代，由全藏人民，推選英明才智之呼圖克圖代理其職務。此次十三輩達賴圓寂後，即由熱振呼圖克圖代攝藏政，國府曾於廿三年一月卅一日明令照准。

此公青海人，有才智，有魄力，廿八年夏，曾將「司倫」堯杷冷青予以免職，現爲全藏實際之最高權力者。

水花

續

王予

四

——誰，敲門敲得這樣兇？

——我，怡青！

——你是？

——衞央，你把門開了。

——你怎末到我的家裏來了？

——我到梁惠家裏去，梁惠走了以後，元綺就也走了。

——她到那裏去？

——住到母家去了。

——你不知道她的母家，我告訴你。

——不，我不去了，我已經被雨淋得不像樣子，你不知道外面雨有多少大，你快把門開了。

——爲什麼不同自己的家去？

——太遠了，車子不肯拉。

——去找一個旅店。

——我的錢已經都給了酒店。

——要命的。

——你讓我進來。

——我得問一聲媽，我從來不曾在夜裏招待一個男朋友。

——你快問，你媽會招待我的。

——媽，衞央吃醉了酒，要進來。

——讓他進來呀，怡青，這樣大的雨。

——你聽，你的媽多好。

——當心門檻，你看你還醉得這樣。

——讓我到你的書房裏去。

——你的衣裳全濕了。

——怡青！

——媽？

——你拿一身弟弟的衣服去給他換，不要生了病。

——謝謝伯母！

——對不起衞先生，我已經睡了。

——你吃一口熱茶，一會就在書房裏的客床上將就休息，怡青，你來拿一副被頭去。

——謝謝伯母，眞是太驚擾了，怡青，你看你的母親待我多好。

——他把你當作一個孩子呀！

——你就一點母性也沒有。

——你也不見得要我在你的身上發揮我的母性。

——你總不該這樣兇，就像我到你的家裏來過了一夜，明天全蘇州都會知道了，明天梁惠也會知道了。

——不過你不知道我的家庭，母親是實在歡喜你，要換了別人，她會把他趕出去的。

——換了梁惠呢？

——至少心裏想用門閂把他隔到老遠。

——眞的？

——眞的。

——你就不順你的母親的心意。

——母親是母親，女兒是女兒，所以你失敗了，你只好絕望了。

——除了在梁惠的面前，你就像一塊石頭。

——一塊不可移動的石頭，碰了要痛手的石頭。

——看你給梁惠捏得粉碎！

——甘心的。

——別人一片眞心，不及梁惠半句假情話。

——對。

——別人一條性命，也不及梁惠一番敷衍的溫承？

——你當心你的性命。

——你這樣待我，也有時覺得一點點抱歉嗎？

——我知道怎樣報答你，剛才我不是已經告訴你你的新生了，今晚碰了一回壁，你總不能就氣餒，元綺又不知道你會去，她要知道，她决不回娘家，她會在門口等候你，她就是這樣一個女人，一天也耐不住寂寞，梁惠一走，她立刻不能在家過。

——深深的愛原會這樣的，如果我是梁惠，我一定一天也不離開她。

——你會是她的未來的梁惠，那時，你一定要這樣做。

——我會的，元綺是一個值得交託一世的女人，整天對着她的眼睛就夠了，她的聲音多好聽，聽了使人像在一個柔軟的溫暖的夢裏。

——她還有更好的，沒有一個男人不愛，却不是每個女子都有的好處。

——但是我怕。

——怕什麽？

——怕梁惠回來。

——你放心，要回來他也不走了。

——怕他來把她叫去。

——要叫她去，他今天就把她帶走了。

——依你說？

——他是爲了對她厭倦了才走的。

——他從此拋了她？

——自然。

——孩子呢？

——如果元綺不管，我會接受的。

——他接受他們的孩子？

——這孩子，我早就說過，就像是我的孩子一樣，是我借了別人的肚子養出來的孩子。

——哦，這是女人的感覺，你相信你對梁惠的看法不會錯？

——你應該相信我很瞭解他，而且他的心事都告訴我。

——我相信的。

——這就夠了，我也何必騙你。

——但你好像是自私的謀略，你是在用計，你移花接木，讓我去奪取元綺，於是你得到梁惠？

——就算你說對了，於你不是也樂於中計嗎？

——樂於中計的，既然你對我心像你鐵打，既然你對他是這樣苦心孤詣地想得到，我也該成全你。

——同時成全了你自己，不是我自卑，元綺比我好得多。

——她的學問有限。

——做妻子是用不到多少學問的。

——她沒有文學才能。

——她至少已經有了欣賞文學作品，欣賞一個文學者的才能了，你應該懂得，兩個志趣完全相投的人，並不是最理想的結合，一個男人要的只是一個美好的女人，和她的愛，何况元綺比我聰明，她如果受更多的教育，她如果致力於文學，她的成績一定不小，可惜梁惠是個懶蟲，他從來不想到再教育她，也從來不想使她成爲他的同道，你却不會不這樣改造她的。

——我一定要改造她。

——好極！

——我讓我自己中你的計吧。

——你必須依計行事，在最短期間，天天要去看她，把你所有的才能和情意完全表現出來，不要老是那樣坐在女人的面前一聲不響，一動不動，一個少女也不會歡喜你的沈默的戀慕了，你必須有自信，必須抓住最好的機會，女人像是等待的，女人也總歡喜男人的大胆，你只要得到她一次，你就全部得到他了。

——謝謝你！

——現在，你休息吧！

——我會做夢的，你也到樓上去做你的夢去。

——理想的現實在我們的夢的邊緣。

五

——怡青，你回來？

——回來了，媽。

——你回來得這樣遲。

——我怕梁惠帶的錢太少，路又遠，將來接濟不着，我預先去打聽一聲白報紙的價格，我想，等到他來信說要錢，我就把白報紙賣了匯給他。

——你送衞央出去以後，元綺來過了。

——她來做什麼？

——她也是來問白報紙的，取了一張紙樣去。

——她是來看我的動靜的。

——神氣有一點像，她一進門就問怡青有沒有出門。

——她恐怕我是同梁惠私奔了。

——小鬼。

——她的確會那樣担心，媽還記得起嗎？前年，元綺養孩子快滿月，有一天，也是一早，他到這裏來找我，無緣無故的找我。

——我記得的，那天她好像一夜沒有睡，披頭散髮的樣子，偏偏隔夜你睡在你的鳳姊那裏，我對她說了，她還是很不相信，雖然嘴裏說沒有什麼事，又匆匆走了。

——那夜梁惠沒有回家去，她以為是同我在一起。

——你們這些人！

——從這裏出去，她跑了幾家就近的旅館，竟會去查旅客的登記簿，她以為她能捉着什麼。

——她太多心了，她不該這樣懷疑你的。

——但是，媽，你以為她的懷疑是不可能的嗎？

——不可能的，我相信你，怡青！

——媽相信我那晚是和鳳姊在一起？

——鳳姊到蘇州來你常常去和他在一起過幾天。

——是的，但那時鳳姊沒有來蘇州。

——啊，你這小鬼——

——那夜我的確和梁惠在一起。

——不，怡青，不可能的。

——讓我告訴你，媽，黃昏時，我同梁惠在同寶和喝酒，他醉了，醉得踉踉蹌蹌的，出了酒店也不知道回家，我不知道他是故意的還是眞醉了，他是醉也眞醉了，故意也有一點，我只好扶持他，我願意扶持他，我想等他酒醒一點再送他回去，但是天在下小雨，又是雨天，我們不能老在街上走，必須有一個地方讓他休息休息，走過宮巷的新旅社，他就歪歪斜斜地蹩進去了，我只好跟他進去，我願意跟他進去。

——怡青。

——你聽我說，媽，新旅社是一個很小很安靜的地方，梁惠剛到蘇州獨自一個時住過幾個月，所以那裏的茶房都很熟，他們知道梁惠醉了，就給了他一個房間，他一進門就跌倒在床上，他醉得人事不知了。

——你應該立刻去叫元綺來。

——元綺還在月子裏，而且，我實在不願意，我也不能讓她看見是我和他一起吃醉了，一起在旅館裏，我只好，我也願意，服侍他。

——你，怡青。

——我給他脫了大衣，脫了皮鞋，讓他睡好了。

——你應該就回來。

——他要吃茶，他要抽紙烟，他大聲喊，我不能離開他。

——天！

——他拉住我的手，他嚷嚷說話，他流

了眼淚，他哭了，他說他寂寞，沒有一個人知道他，他說他覺得他自己太渺小，他一點也不能給這個世界的民族，這個衰敗的國家，盡一點點力，他蔑視他自己，他厭惡他自己，因爲他活着就好像只是爲了要活，只是爲了有一口飯吃，他覺得他活得可恥，他又恨他是一個文學者，他看不起他自己的才能，他覺得文學一點沒有用，現在的中國所要的不是文學，不是文學者，而他却連一個文學者也沒有好好做，一件文學作品也沒有好好產生，他只是在糊糊塗塗地浪費他的生命，他是那樣激動，最後一句話也不說了，像沉在無底的絕望的深淵裏，只是哭，哭得像一個孩子。

——於是你安慰他！

——我不能不安慰他，他太自卑，他不該那樣侮蔑他自己，像他那樣的人，不止他一個倒是太少了，要人人都像他，要是像他的人多一點，我們不會到今天，到了今天我們也不會絕望，然而他說像他那樣的人沒有力，沒有力就沒有用，他不知道他是有用的，他是有力的，他在蘇州一兩年，至少在許多青年的心裏喚起了一點東西，一點可貴的東西，就單單說他在文學上，他已經有了一點成績，他一定將有更多的收穫，他對他的工作肯刻苦，肯認眞，他是忠於藝術的，他沒有什麼缺點，除了有時候讓悲觀抬了頭，他連他自己也不要了，他變成頹廢，然而這也是不可免的世紀的病，他說他自己也知道，但是一時裏改不過來，他怕他也許會得終於一個頹廢者，白白地活了半生，悄悄地及早死去，媽，他實在感動了我，他使我愈益增加了我對他的信仰，同時，也愈益增加了我對他的關懷，一個女人，總是敬一個強者，愛一個弱者的，他同時是一個可敬的強者，又是一個可愛的弱者，一旦他把他的弱點盡情地暴露在我的面前，我看到我更不能不愛他了。

——你就此忘了你自己，忘了你的媽，你就此不想回家！

——這時候夜已經深了，我沒有法子回家，他的酒還沒有全醒，我又不忍拋下他一個人在一個冷靜的房間裏，他說我不妨留下，和他談到天亮，他看到我是他的知己，我能夠鼓勵他，把他從消極中拯救出來，他看到我憐惜他的靈魂，他拉住我的手，一聲不響地用我的手去擦他的眼淚。

——你啊！

——我和衣上床，他也着着全身的西裝，雖然，我們是相抱了。

——你。

——媽，是靈魂和靈魂的親熱，但是你放心，我沒有忘記你，我沒有忘記我自己，我不會的，他也是一個可敬重的男子，他一動也不動，像孩子一樣躺在我的身邊，我說我是他的天堂，他是在天堂裏，天堂的邊緣便是地獄，我不許他走進地獄，我說地獄是屬於元綺的。

——你總算沒有墮落，沒有失去你的——

——我的處女的至寶，媽，這是眞的，那天晚上，我們就這樣談談說說，後來，他醉倦了我就看他香甜地睡熟，一直到天明，回到家裏我還是你的沒有一點損失的女兒，你應該相信你的女兒，也相信梁惠，他實在是可教的。

——要眞是這樣，眞是可敬的。

——我說了假話，媽，我不得好死。

——住嘴。

——媽，你說元綺可惡嗎，她會得不顧是在月子裏，一天亮就冒着風寒到處找。

——她不放心。

——那天下午她看見我，面孔還是奇奇怪怪的。

——梁惠說他？

——說他在朋友家裏打了一夜牌。

——你看現在的男人！不過梁惠總算還對得起他，也對得起你。

——還不是，元綺只要有了他的肉體就

該知足了，佔據了他三年，也夠幸福了。

——元綺今天跟一個男人同來的。

——一個男人？

——唔，生得很好看的，三十多歲的男人。

——你問他是誰？

——我只問了貴姓，他說姓狄。

——姓狄？狄安，他媽的！元綺從前的男朋友，很有錢。這樣的女人，你看！丈夫一隻脚踏出門，她就去找她從前的男朋友了，初戀的男朋友了，該死！

——說是路上碰着的。

——路上碰着的！天下有這樣巧的巧事？我要寫信告訴梁惠的，讓他也知道他的妻子是怎樣的一個妻子，是不是一個茶花女，是不是比茶花女還不如。我還要在信裏告訴他，他的寶貝妻子的身邊還有一只小雄狗，儒央，他正在用鼻子嗅她的脚跟，而她却向他伸出她的手去。嫣，給我小茶壺，我要寫信去。

——怡青，你不應該的。

六

——怡青，怡青在家嗎？

——誰呀？

——我喂。

——哦，元綺！

——你沒有出去？

——沒有。

——我來告訴你一件事，梁惠放在你這裏的紙，我今天把它賣了。

——噢，眞可惜，小說集子更加印不起了。

——也沒有法子，一會有人帶了我的條子來取紙。

——好的，賣了多少錢？

——十五萬。

——賣得很好，市價只値十來萬。

——勉強由一個熟人接受的，本來賣不到這許多。

——這筆錢你打算？

——寄給梁惠。

——他要錢用嗎？

——他在北京窮得連大衣也賣了。

——啊，他在北京——

——你還不知道嗎？他說到鄉下去，却去了北京。

——這人！他先沒有告訴你？

——沒有，他告訴我到鄉下去看一看，我們能不能回去，再出來，或是帶我回去，或是再想別的法子；想不到他騙我，他沒有存心回鄉下，自然，我也眞不想到鄉下去。

——後來你怎麼知道他到了北京？

——他上了火車纔寫信給我，說他不是在滬杭路上，却是乘了滬寧路的車子，當晚就要過江上津浦路了。

——哦！

——我請你到蘇苑去吃茶。

——好的。

——他走的時候也沒有告訴你嗎？

——唔，但我曉得了。

——噢。

——他在南京發了封信。

——你不來告訴我一聲。

——我想你也一定同時得到他的信了。

——今天又接到他一封信，說他到北京時發過一個電報，說是暫住在姓張的朋友家裏，帶去的錢夠用二個月，現在這個電報還沒有轉到，電報倒比信還靠不住似的。

——唔，他去了快——

——半個多月了。

——半個多月已經窮得賣了大衣？

——他不能再在姓張的那個朋友家裏住下去，只好住進了一個很大的旅館。他說他想不到北京的房子有那樣難租，他就給住的問題，弄得很狠狽。所以我必須趕快把這筆紙錢寄給他，剛才問了四五家銀行和錢莊，偏偏又不能匯款到北京。

——我有法子匯的。我的弟弟在上海銀行裏，前些時就給姓張的那個朋友匯款到北京家裏去過。你把錢交給我也好。

——今天有一個便人到北京去，我不放心，只交給他三萬，另外買了一點日用的東西託帶去，還有十萬——

你交給我也好。

——我，我已經託狄安到上海去匯出了。

——噢，託狄安好極了，你可以放心的。梁惠這一回說着謊走了，你生氣嗎？

——生氣的，我接到他的信，幾乎呆了。

——這人就是這種脾氣，老遠跑到北京去，又沒有一點關係，太冒險了，太羅曼的克了，是的，他完全是一時的羅曼的克，不知道他又是海闊天空地轉着什麼念頭。他這個人太，太靠不住了，是嗎？

——是的。

——他不想一想，這是什麼時候，他也不想一想，他去了會弄成怎樣？去了能不能回來？把你們拋在這裏又怎末辦？在外面沒有法子，還來向你要錢，把這些紙賣了給他，你們以後怎樣過過？

——嗯。

——這樣的男人太靠不住了，太可怕了。他只有一腦子的理想，一腦子的幻想。跟着這想頭亂走，從來不去認識現實，從來不去把握現實。他這樣糊糊塗塗下去，將來怎樣好呢？已經是三十歲的人了，他却從來不爲他的下半世打算。他是可以沒有下半世的，可以潦潦倒倒過去的，你們呢？他以爲這是文學家的行徑，這是他的藝術生活，然而他現在還說得上是一個文學家嗎？最近，他寫了些什麼東西出來！簡直是一年不如一年了。他連過去的自己也追不上，他的作品越來越不成話，他已經失去了二三年前的大批讀者，他連最少數的讀者也要失去了；譬如我現在就已經對他的作品失望了，對他的文藝生活失望了，他只要藝術的生活，不要藝術，他的前途是黯然的。

——也許是的。

——藝術生活，在他就等於是放蕩的生活。他儘管窮，然而在外面他不會忘了個人的享受，尤其是官能的享受。他一定仍會去找女人，到處冒充多情，就像一個文學者永不能脫離女人。他的情感太不值錢，他的性格完全是喜新厭舊。他對你，我是用好友的立場來告訴你，他對你覺得三年已經太多了。他愛得疲倦了。他以爲這是妨礙他的藝術生活的，所以他離開你，跑得那樣遠。他一點良心也沒有。然而那也好，和一個已經愛得厭倦了的男人在一起，是女人最大的痛苦；索性還是分開，還是早一點暴露他的不忠實的內心，這樣他還不至於遺誤你的青春。女人，女人永遠不能相信男人，只能相信自己，尤其不能相信像梁惠這種極端自私的個人主義者，像梁惠這種惡魔。一個聰明的女人一定只和他共同生活三年，至多三年。能夠得到的幸福已經享受過了，再下去就是被冷淡，被虐待，於是被拋棄。一個聰明的女人一定是一個最現實的女人，第一要及早覺悟，第二要利用自己的青春，趕快抓住一個比自己年輕的人，不妨是非常之幼稚的，只要他像崇拜你一樣愛你，這種年輕的愛才是可貴的。要不然，就得抓住物質。我是現在變成一個很俗的俗物了，但這是世故教我的：愛情必須用金錢來培養，沒有金錢，愛情一定會得乾凋的。而且我們爲什麼不貪圖生活上的享受？人是爲了享受到這個世界上來的，不是爲了吃苦。天下再沒有吃得好，着得好，無憂無慮的生活更好的了。我們既然生而爲女人，既然經濟制度允許我們依賴男人，我們爲什麼不找個着着實實可以依賴的男人！

——你說得眞好，怡青，吃杯茶。

——狄安家裏很有錢？

——唔，很有錢，小開一名。

——你從前同他？

——很好。

——初戀總是使人最最忘不了的。

——唔。

——天下最幸福的眷屬便是初戀者和初戀者的結合了。

——但初戀往往有一點像兒戲，或者是往往不能順利的。譬如狄安，他和我認識的時候，早結過婚了，當我一得知，我就收囘了我心裏對他的愛。

——這是被逼的，並不是你願意這樣做。而且，如果舊歡是可以重拾的話，一定比新歡更有意思。

——也許是的。

——這一囘，你們又很巧的見了面？

——唔，很巧。我不想見他，但爲了可以給梁惠寄錢，終於又去找了他一次。他還要借看梁惠出的一個小說集子。

——看裏面寫到他的那篇著名的小說？

——唔，爲了他的朋友也正落在差不多的境遇裏。

——如果那篇小說的結果換一下，不像當初——

——那本來是梁惠一半幻想出來的。

——假使是事實，你是和狄安重圓了，我想，你一定會得更幸福，是嗎？

——我不大設想。

——你總也想到過，當你和梁惠窮得一點法子也沒有的時候。

——倒不是在那種時候想，而是，當梁惠對我的愛使我懷疑的時候，他和別的女人糾纏不清，害得我太担心，太吃力了，我怨他，就用囘憶來報復，不免也想，假使是狄安，也許不會要我愛得這樣辛苦的。

——眞的，這樣不專一的男子也少見。

——可是梁惠也眞壞，他知道我有囘憶，他就這樣對付我，他說，當我說到過去，他也立刻說他的過去給我聽；當我想到從前，他也立刻想到他的從前；他說他要比我說得更多，想得更甚。他做得出的，他，他教我沒有法子。

——這是他的惡毒。

——只要他愛我，惡惡毒毒愛我也好的。你想，他這樣說了，我還會想過去嗎？一個人總是生活在現實裏的。只要現實裏有愛，有足夠的愛，什麼缺陷也沒有，誰還用得着一點點囘憶，一點點輕淡的囘憶來彌補？囘憶在這種時候，不但是抱歉的，而且是無聊的。我們自然也寧願，囘憶在這種情形下面慢慢地消滅。只有不幸的人才活在可憐的過去裏。你知道，我就是這樣一個現實的人。我也不相信死灰可以復燃。死灰卽使復燃也是勉強而且無力的。我們爲什麼要追求迴光的一返照？

——你是對的，哦，衞央來了。

——不要招呼他，讓他坐到別的位子上去。

——也好，他眞好看。

——你應該說眞好白相。

——你知道嗎，現在有一個人在對你發生興趣，很濃厚的興趣，近於發癡的？

——哦？我的感覺很遲鈍，我不知道誰呀，誰還對一個老太婆發生興趣？

——老太婆？二十五歲的少婦？你眞是被梁惠帶得也有了不可救的衰老症了。同梁惠這個未老先衰的人生活在一起是的確也要衰老起來的，但你不會忽略了你還是這樣美好。

——不見得。

——要不然也不會有年紀輕輕的男人爲你癡狂了。

——也由他去。

——你知道他是誰？

——我不知道。

——就是他，那個坐在涼棚下面老向我們這裏望的，英國海軍少將，衞央。

——衞央？嘿，他有這樣大的胆？他要到老虎頭上來撲蝴蝶嗎？

——反正現在老虎走了，只剩下你這只蝴蝶。

——我本身就是老虎，他不能不知道。

——雌老虎嗎？

——自然，不是紙老虎。請他來試一試好了，我不會給他難堪的。但我會害得他顛顛倒倒。雖然我爲了修好，不至於要他跳樓自殺。我只是玩玩，假使我有這種閒暇，假使我的心境不壞，可惜我現在却沒有這樣的興致。我不願意儒央拉長了他的馬臉來扮丑角給我看。你說他的面孔不是可怕的長嗎？第一眼還好，梁惠說他漂亮，我也覺得他漂亮，但越看越長得可怕；又總是那樣不死不活的神氣。如果我同他開開玩笑，說我歡喜他，他會得發抖，他會得暈倒的。你也許以爲他有資格做面首，他可以吃着玩，但是你不知道這種精神衰弱的人，一點也不經吃，他還沒有做成藥料就會成爲藥渣的，你知道這笑話嗎，我可怕出人命案子。

——你這人！

——你不懂，怡青，你太好了，太純潔了，你用理來講愛情，已經，已經太學院氣。你是把愛情當作你們所談的純藝術，爲藝術而藝術的藝術，事實却並不如此。

——所以你這樣給梁惠迷戀住了？

——所以，我也同樣迷戀了梁惠。怡青，你等一等，四點了，我去打一個電話，叫我的母親給孩子吃棗子粥。回頭我給你看一樣東西，我給你看梁惠給我的信。

七

——怡青，你看，這是梁惠託便人帶給我的。

——他的照片，他眞會得取樂。

——你看，這是北海公園的白塔，梁惠在白塔下面顯得多渺小？

——眞是好地方。

——梁惠看去像胖一點了，他常常在流浪中反而身體好，這身黑西裝又着了起來，很神氣像個紳士，不像個沒有便士的人。

——後面還寫着字，我看：一九四五，五，二十一，沒有便士的人在北海公園，給內子元綺，哼。

——這一張是在中央公園拍的。

——還有一張。

——來今雨軒，這名字多好聽。

——北京春遲，桃花還正在開，給內子元綺。

——北京太好了，怡青，我恨不得一脚跨到，到梁惠的身邊，同他一起走在北海，走在頤和園。怡青，他還在這樣想。他還在信裏告訴我，他爲了我不和他在一起，不願獨自一個到故宮去，到西山去，到天壇去，到許多地方去；他說，他要等我，有一天，我去了，我們兩個一同到那些地方去才有意思。

——他給了你很多信？

——他天天寫，有時候我這裏一兩天接不着信，但一來就總有兩三封了。怡青，我告訴你，他在第一天火車上寫給我的信上，說他瞞了我一個人到北京去，心裏很難過，但他是不得已，因爲他要是說了出來，我會不放他走的；他却實在想北京，希望我們能夠到北京去生活，他又不想一下就帶了我和孩子去冒險，所以他決定一個人先去看一看，看能不能住下來，能不能找到簡單的職業，讓我們苦苦生活下去；他想在兩個月裏白試一試，如果可以租到一間房子，他就來接我去。你不知道，怡青，我們在一個月以前就計劃過到北京去了。我們實在已經厭倦了蘇州，我也不願再住在這裏，他也不願，他說蘇州有許多地方使他過得太吃力。他終於想到北京，他一說出來，我就高興得要命。我們計劃了幾天，因爲錢太少，這計劃才暫時擱起，他從此不再說了，其實他往往這樣的，不說的時候他想得更多。他要想做一件事，不試一下，他總不肯甘心的。他眞肯用苦心。他明知道我不願意回鄉下去，如果沒有我，爲他自己一個人計，他自然最好是同老家。他要我同去，我自然也依他，我可以爲了他忍受一切；但是，他還不願那樣做。他這回到北京去，完全爲了我。他多愛我！所以我看了他的第一封信，我沒有怨他，我覺得有許多不得不說的謊，不但是可恕的，而且是可以感激的。雖然我因此又不得不爲他担心，他帶的錢那樣少，他帶的衣服又那樣少，他簡直沒有帶一點夏衣，幸而北方春天遲，現在還不像這裏的熱。

——嗯。

——梁惠也眞像個孩子，驟然斷了乳，他想得我要命。他說他和我在一起的時候，沒有感覺到他不能少了我；一旦離開，他立刻看到他和我是不可分的，不可分的，愛原是這樣的吧，幸福原是這樣的吧：當愛着的時候，當幸福的時候，大家都在不知不覺中自然地過去，甚至好像並不在深深愛着，並不在享受着最大的幸福，永想不到換一個樣子會得怎樣。別離，小小的別離才把這種生活的可貴證實了，才把兩個人的愛情，才把兩個人只有在一起才幸福這個事實證實了。他在外面的感覺完全和我一樣。他恨不得立刻看到我，恨不得立刻在北京實現了他的理想，可以叫我去了，可以同我住在一個屋子裏了，卽使只有一張坑，卽使只能每天吃了窩窩頭，也會是快快活活的。他說，北京儘管寬敞，富麗，安閒，要沒有我，這一切於他是沒有份的。他不能一個人享受北京。他說愛人是眞的必須呼喊得應的。當他想到從外面回到家裏，吃醉了酒，立刻抱得着愛人，立刻可以把愛人重重的壓着，從睡夢中醒來，摸得着愛人在身邊，呼吸得到愛人的呼吸，那樣的生活是一點也不缺少什麼，一點也用不到增添和更變的。而今，他使他自己和我離開兩個月，這兩個月，不知將有多少長。他使他自己和我分開四千里，四千里，五十幾小時的路程，連夢也費時了。他說他眞怕，眞怕他會得死去，但是他使我放心，他相信不管怎樣，他一定要活着等我去，或者活着回來的。他會得說這樣的話，不知他給相思苦到怎樣了！

——唔。

——怡青，你知道的，我們自從結合以來，三年了，從沒有這樣久的分離。這以前我們只有過三次，兩次是他回鄉下，一次是我到鎭江去，都不過是一星期左右，最多的一次也不出半個月。這一回却要兩個月。我們約定的，我們不能有兩個月以上的分離。他一定能夠守這個約。但是兩個月已經太長了，太長了。你想，是一年的十分之一以上的時間，它要佔據我們結合以來的時間的三十分之二。這是太可怕的，幸福的浪費，人生的虛度；然而，說它是浪費和虛度却也不是，別離使我們兩個人一樣看到我們的愛的鞏固，我們過去的相愛有多少深，我們結合不久的重聚又將怎樣快活。這一段日子，這兩個月，決不是我們兩個人的愛的生活上的空白。苦苦的相思也成爲可貴了。哦，怡青，你一定覺得我翻翻覆覆地說得太多了，就是這幾句話，總是這一點意思。你一定要打呵欠了。你又不是梁惠。你又不是我。你不能分担我們的情感。你自然聽不下去的。你一定要疲倦了。也許你沒有聽，沒有聽進去。對不起，但你是個文學家，你是個詩人。你一定知道兩個愛着的和被愛着的人的心。你一定瞭解他們的癡情，而且，你又不會不知道梁惠常常說的一句話：幸福不是祕密的東西，它倒是非常需要說給別人聽，非常需要讓別人知道的。這是眞的，所以我一定要說出來，把我的幸福說出來。我覺得我挑選了一個最合宜於聽我說話的人，因爲你是梁惠的得意的學生，你又是我的很好的朋友，你一定願意聽我的幸福的伸訴。我是被一個男人，被梁惠這樣愛着，你想，我還不夠幸福嗎！想想梁惠的愛，我眞是立刻死去也閉得上口眼了；雖然我一定還要他吻一下我的屍體。幸福，一秒鐘的幸福就等於一生；如果是一生的幸福呢，歷史也要妒忌的，地球也要妒忌的。

——是的，元綺，你是一個幸福的婦人，一個可妒忌的幸福的婦人，但是，我不會妒忌你，你可以相信。

——我相信的。

——雖然，你不是不懷疑梁惠待我好，我好像對他也不平常，好像超出了師生，也超出了普通的朋友；但是，你放心，我不會，不會破壞別人的幸福，不會破壞一個圓滿的家庭。在你和梁惠之間，我不會做一個惡魔的，即使我曾經在別人的面前做過惡魔。

——我放心的。我們不是在一年前已經很坦白，很痛快地把這個問題，把我們三個人的問題談過了？自從那一次你非常感動，非常誠懇地對我說，你將止於做我們的家庭中的有益無害的好友，我就信任你，我就放心了。

——是的，你們的相愛是感動人的。那一次，不是受你的義正詞嚴的教訓的威脅，而是你對梁惠的愛感動了我。今天，元綺，你告訴我梁惠對你的愛，更感動我。我相信了，相信愛情是沒有理論的，你們是沒有理論地不可分，不可分了。我要你們幸福，因為你是梁惠的愛人，因為我敬仰梁惠。我只要梁惠能在你的愛裏得到最大的幸福。你一定可以瞭解這種精神。本來，看別人幸福，看自己所關切的人幸福，這幸福也好像有自己分担了，人心的奇妙，靈魂的不可說，也就在這種地方吧。

——我感謝你。

——我倒不是為了要你的感謝，因為我並沒有什麼能夠給予，我只是不取非份。

——這也夠偉大了。

——現在，請你聽我的話，從心裏發出來的話：既然你們是這樣的不可分，你們就不該再分離得這樣遠，應該快一點使兩個人在一起；這樣的時候，誰能担保，兩個月以後還是交通沒有阻礙，可以太平無事經過三四千里地的舟車？

——是的，我眞担心。

——再說，相思的苦，倒還可以當作甜的，還值得辨味；他沒有你，日常生活上却不知會苦得怎樣。他從來不知道照料他自己，在外面，一定吃也不曉得飢飽，着也不曉得冷暖。他又會得幾夜不睡，一睡睡上幾天。失去規則的飲食起居，會把他的身體糟壞的。他又那樣窮，他不是連衣服也自己在洗？我簡直不能想，不敢想，他怎樣可笑，怎樣可憐，自己在自來水龍頭旁邊洗他的衣襪。他不是在信上說他洗襯衫只洗領頭和袖口，有一回他又讓一只襪子給自來水管的口子吸了進去，襪子取不出來，倒弄得一地的水！你再想，他的手，怎末能洗衣服，他會把他的手弄壞的。

——是的，他已經擦破了兩個手指。

——你去了，他就可以不再吃這些太不該吃的苦了。反正，路費，你終可以張羅的。到了那裏，你們還有剛寄出的十萬元，還能過一些時候。

——房子難找呀！

——慢慢總可以找到的，差一點也只要可以將就，兩個人的費用决不會比一個人多多少。

——那是一定的，自己燒飯吃總要便宜得多。

——簡單的生活想不會太難，只要他肯做事，他决不會找不到事做。他說他不願意在北方再被別人當作文人，但只要他肯賣文，也多少可以彌補生活；如果賣到南方來，更加合算。北方的生活，只要租得到房子，一個小家庭有一萬元一月，足夠了。一個月寫三五萬字，在他不會太吃力，南方也不會用不了。安安靜靜寫寫文章，讀讀書，其實不做別的事也能維持了。

——而且我也可以找一個職業的。

——反正他又沒有什麼大志。

——我們原只要能夠勉強過日子，過了

這一個時期再說。

——是呀，萬不得已你們還可以回鄉下去。進攻退守，都沒有問題。我勸你還是趕快出去，孩子能帶就帶走，不能帶就在這幾天斷了奶，交給你的母親。

——孩子我要帶走的，

帶走自然更好。

——就怕路上險難，要沒有孩子，他走的第二天，我就追去了。

——爲了愛，你還怕難，你還不能冒一下險嗎？

——我不會畏縮的，不過，我們相約着兩個月，我本來想到了五十來天的時候，再等他的信。

——太久了，你不能等這許多日子。你還是早一點去的好。給他一個電報，叫他在北京車站接你。你想，當你們看到你們都在北京城了，你們會快活到怎樣？

——是的，我聽你的話，我一定去。

——越快越好。至於我，我也厭惡蘇州了。我會得在你去了以後，離開蘇州，到上海去，或者到一個小小的鄉村裏去。我要過安靜的生活，過一些時候。但也可能，同我的弟弟到另外一個地方去，一個很遠很遠的地方去。弟弟要去長遠了，叫我同他去長遠了。弟弟是不會騙我的，弟弟是不會使我失望的。元綺，我的精神，今天我說這些話時的精神，你懂得，梁惠不會懂得，也由他。你只給我帶一句話給他，就是我剛才說的，在你們兩個人中間，我不做惡魔，我是誠心誠意地要你幸福，要他幸福，要你們幸福。

——怡青，謝謝你，你不要我的感激，但梁惠也要感激也會謝謝你的，還有，我們的孩子。

——我們可以走了。

——你看，衞央還在那裏坐着發癡。

——讓他去，我們出去吧，我來會錢，我給你雇好車子。

——謝謝。

奇書古榻，不遇鑒賞家，寧落咸陽一刼。

董黃語

（接第21頁）

治相在實際上不是如此的，只要閱讀蘇聯今日的文藝作品，所暴露社會相與政治相就明白了。大家知道「掛羊頭賣狗肉」已成了共產黨專有形容詞麼？

五　希望研究批評

以上云云，純粹是我個人的夢想，也就是我個人的夢話，不充實的地方太多，只是初稿，以後隨時想到了，當有修改的，好像在今日的中國人，吃了錢的大虧者看來，假如自己是個無錢國的國民，倒也願意，若一般大人先生，豪商巨富，以及只要「有錢」過活者，不但不贊成，恐怕還以爲又是一個洪水猛獸的思想，因此加以阻礙，反對。這是必然的，不過我是希望大家不要害怕它，研究研究，再批評批評，我是極誠懇接受的，假如有人指出「無錢國」是不能實現的，而且這種思想也是錯誤的，有強力的論證，爲我所折服者，那末，我一定在腦海中泯滅這個夢想。（完）

庚甕翁

陳天

我被拘留在鳳皇有四十七日之久，是因我們軍隊打了勝仗，我又調任了××縣長，被師部中那一位繼任秘書長牛介眉，誣我「棄城」，所以師長打電報給陳總司令，就將我拘留於總司令部的禁閉室中，聽候查辦。

陳總司令總攬了湘西十五縣的軍政大權，霸佔至鳳皇稱了多年的湘西王，對於犯了「他的法律」的犯人，分爲兩個地方拘留，已判死刑的，移到縣署大監去，尙未判罪的，就拘留在總司令部的禁閉室。

禁閉室是副官處衛兵室後面，輪流派衛兵監管，衛隊部就在室前面的隔壁，禁閉室的面積約有丈五方尺，三面是磚牆，一面是木柵，牢門就在木柵的一面，照牢例在牢門之上還有小牢門（不到方尺的小孔）是給犯人接遞東西的，這一面雖是木柵，因爲在隊長室後面，白天也沒有什麼光線的。

室中的左角，有一個墳起的土堆，那兒埋着了半節入土的糞桶，這就是犯人們排洩處，先前我以爲苗人風俗如此，陳總司令也如此，或許是犯人多了，才用這個「加大馬桶」，後來才知道其中的尿屎，不是每天挑了出去的緣故，勢非加大不可，照例是十天挑糞一次的，在八九天上，若是犯人多了，就會糞滿爲患，那室中的老犯（有拘留十五六年未放出的）便命令的說：「不准亂撒」也等於不准再撒，自然談不到牢獄衛生的，於是撒尿的只好撒入老鼠洞，撒屎的才准勉强上「加大馬桶」去。

室中的吃飯與睡覺，那更糟天下之大糕，因爲暫時禁閉性質，內中並無囚糧，禁閉原爲待審，內中也無床舖，於是吃者只有託人在外買飯送去，睡者只有自已打草包而睡。

拘留在室中的人，並不限於軍事犯，有的是飢寒交迫的小偷，有的是無力繳納苛捐雜稅的農工商民，還有的欠上尾欵的征收員，或無力償債的破落戶，其他如逃兵土匪也都有，我却是客軍（本軍是聯軍之一）寄押在這裏的一名犯官——縣長，還有一個是出身秀才的苗子土司，那時室中的犯人連我共有二十一名。

季節已是隆冬，天氣正值嚴寒。在我入室的第三天的晚上，天下着大雨，更已深了，犯人們一部份熟睡着，正尋覓得他們出獄脫法的好夢；此外便是盤桓自已案子而嘆氣的，吞雲吐霧而躺着燒烟的，不知悲哀還唱歌消遣的，瞎三話四無聊談天的，滿室的繁嚣，一齊都被環境圍着去聽那外面疾風暴雨的聲音，這樣愁慘悽冷的氛圍，眞所謂天怒人怨了。

「是命運之神播弄吧！我太乏「知友之明」了！我是誤上了賊船，被嬲入了賊夥，到今日來遭受賊害……」我這樣的憤憤的想着，在寒冷中興奮得不能入寐了。

「夜深了！縣長！你睡吧！」挨着我睡的一個是偷了布鞋被捉來等候判刑的張三娃子，他關心我的身體催我睡覺。

「這兒那有晝夜？何會見得日月？早睡遲睡，都沒有關係，」我瞅了他一眼，含首又繼續我的幻想。

對面還在燒大烟的苗子吳土司，知我尙未睡覺，拿烟槍昂着頭掉過來向我招呼：「請來抽一口吧！縣長！」

「不客氣！我不會抽烟的。」我被他叫了一聲縣長，叫得耳根發熱，臉也紅了。

我要求他們不要稱呼我「縣長」，我現在是被稱爲罪人，他們的法律判定的罪人，已經是撤職拘留聽候查辦的人，何苦還要叫我縣長呢？然而他們不如此想，都說我是以秘書長積功而調任的縣長，是正印官，民之父母，況且又是客軍寄拘此間，難得牢獄相會，這樣稱呼我是應該的。這原是國人所謂的「養老官」那種惡習在作怪，我也無法不答應他們的呼喊了。

我的思想正擴充到「中國人何以有這種愛虛名而呼人下台後的官銜」的時候，只就有人用粗大的聲音喊道：「開門！老金！拿鑰匙來開門！」這是大家耳熟的就是分隊長的聲音。

開門二字，驚動了全體的犯人，立時他們都悸疑惶慄起來，據說在這個禁閉室中，夜間「開門」是最不好的事，多是提堂審訊，提出去的人，多是不會轉來的，不是槍決，便是下監，所以犯人們起了一陣騷動，睡熟了一羣也驚醒了，大家面面相覷的等待着那不幸的「開門」以後的事變，看究竟落在何人的身上。

老金來了，那是專管執禁閉室的鑰匙的人，睡眼朦朧的左手提了一隻「馬燈」，右手提着一掛長長短短的鐵鑰匙，來到牢獄的柵門前掛好了「馬燈」，用一把長鑰匙，開了那一把尺多長而生了銹的牛尾鎖，推開了柵門，這時都不見他叫出犯人的名字，他掉頭向着室外望着，於是大家也下意識的隨着他而向室外望着。

一會兒，四個武裝兵，前拉後推的帶進來一個雙手被紮在背上的老頭子，那牽拉繩子的兵，把繩端交與老金不說話，他們全體都不會說話，只望了些室中的我們犯人一眼，惡惡狠狠一齊向後轉走了，於是老金把紮手在背上的老頭子推進室中來，傲慢而訓令的說：「守法些！進去。」然後老金拉了柵門上了鎖，提着「馬燈」揉揉惺忪的眼睛，蹣跚的出去了，剩下我們這一室犯人依然在聽那門外的風聲雨聲，如常的狂暴，彷彿天公用了風雨之聲在爲我們這一羣代鳴不平。

渾身被雨打濕透了的老頭子，早被收款員任無雙推過去倒在「加大馬桶」的旁邊，看他的年紀，約有六十多歲，臉和手都枯瘦如柴，額上刻了不少的皺紋，下巴還蓄着一綹短鬚，穿着一件油垢膩膩的老布大褂，前後擺都破爛成了缺刻的花邊，還有包紮他蓬頭的布巾，已成了一條破爛的麻繩，短短的單單的布褲子，也是千萬疤痕，枯槁似的雙足沒有襪子，只穿草鞋，看形勢他已走疲乏了，冷凍殭了，睡在地上，好久不會說話。

吳苗子土司大發慈悲心，把自己的「竹烘籠」送去挨着老頭子的胸膛，其實擱在這兒地方正好是兼烤他自己的一雙冷冰冰的老脚，少年逃兵李二狗，大胆的走過去，替老頭子解鬆了紮手的棕繩，（照這兒的例，不得上峯許可，犯人不准鬆綁的，）因爲室中人多，體溫集熱，老頭子在地上默默的暈了一些時候，像也增高一點兒他的體溫，臉色稍爲好轉，自然還是灰白深暗的兩眼動了幾動，望着衆人，一會兒他開口說：

「各位弟兄！大家都是到此受難受曲的難友，照顧我些！」聲音是斷斷續續的全身仍然不住的戰抖。

收款員任無雙很可憐他——老頭子，把自已舖地的稻草，分了幾把給他圍着，不上半點鐘，他漸漸的清醒了，射出憤恨的目光，臉上呈現一點兒苦笑，提高了比先前說話還高的嗓子說：「媽的皮！關老子鳥事！兒子犯了『他們的法』，捕捉老子，眞是『新章』！嚇！天曉得！」

「爲了你的兒子什麼事情？」愛接嘴的張三娃子搶口問道：

「待我講出來給各位聽吧！評評道理！」他的聲音在嘴巴發抖起來：「廖所長新組織什麼黑旗大隊，隊中全是苗兵，下令要苗人家家派一名男子，出去充任隊丁，沒有男人去的戶口，須出五元錢一月，僱請別人去充補，我有兩個兒子，老大遵令去了，老二在家閒着沒事，就被本甲的廖甲長僱去替他家出壯丁，說是每月照價給錢，但，我只是得了他的二元五角。

老二去了四個月，廖甲長却到現在那第一月尾數——二元五角却不會補付我，問他要過，他置之不理，還說：「花戶爲甲長當差，是應該的，」我便帶口信給我的老二，他知道了，大大的生氣，對人家說：「這是什麼世道，拿性命替別人來充兵討死，都得不着「工錢」來養家，還幹什麼呢？」所以在本月十五的晚上，老二就開小差「私逃」了。

他走了之後，黑旗隊的大隊長，不去問廖甲長要人補缺，却派了兵士來捉我，罪名是：「叨咬隊丁，拐械潛逃。」限我十天交出老二來，否則就要押到捉住老二的時候爲止，今天是第九天了，天氣冷得很，又有大風大雨，隊丁們不願意收押，陪着我受冷，稟報了隊長，就送我到這禁閉室來，我已經兩天沒有得到一口飯吃，連水也未曾得一碗喝。

我的老婆子比我大五歲，今年七十一歲了，害了十年半身不遂症，整天睡在床上，能吃不能做，老大的媳婦，才生了女兒，還未滿月，又患了奶癰，也做不來粗事情，在家中的老少，都沒有用，只靠我一雙手打草鞋賣錢來度日，現在我替老二來坐牢，不知那個時候他才被捉來，我才得放出去？」

他說完了在憤懣中涕淚交流，牙齒都恨得在空交作響，室中聽他講話，我們也有幾個被感動得陪他流淚，還是那草包羅福興翻身坐起，開口高聲的說：

老爸爸！哭個舅子！有什麼值得傷心，我們見官如會老丈（岳父）挨打如放邊砲，坐牢如棧房，砍頭如揭毡帽……充其量變個砰，槍斃的花樣！一了百了！二十年後，又是一條英雄好漢，哭個舅子！有什麼值得傷心？這個世道，這種場合，那兒有讓老百姓抬頭自由的地方？」

老頭子不懂羅福興說些什麼話，仍然是憤憤的暗泣，咽氣而又嘆聲，一個瘦長子衛兵走過來，荷着上了刺刀的步槍，探頭在柵縫中喝道：「不准哭！這麼夜深，嚷嚷鬧鬧成什麼話？再要瞎哭就拿你去丟下大監，讓你哭死！」

他聽了衛兵的警告，也不敢再做聲漸漸收了淚，靠着「加大馬桶」凝神閉目的蜷伏着，與那幾把稻草，混雜在一堆，正像狗窠中睡着一條落水的爛毛狗，雖則胸前有吳士司的「竹烘爐」，因爲夜深天寒，全身還是冷得爲他的老二而得來的戰抖。

第二天風息雨停了，室中也增高了幾度溫度，大家正吃過了午飯，一個二十多歲的苗婆，衣服很是襤褸，臉色也像害過了大病一樣的，提着一隻小竹籃，內中擱一碗平平鬆鬆的黃米飯，中心還有一勺鹹菜，她站在禁閉室門口，無力的放矢的問：「這裏面有個陳公公麼？」

但，沒有人理會她，一會兒她又開口照樣的問了一句，同時又驚疑的問：「這是衛兵室嗎？」

「這是禁閉室，你會那一個？」一個衛兵似睬不睬的望着她。

「啊！是的！禁閉室，我說錯了，禁閉室中有個陳公公麼？」她望着衛兵，靜待他的答覆。

「這柵門是對穿對過的，這間屋一眼望到底，你生得有眼睛，自己不會認麼？」衛兵很不屑的告訴她。

「我不認識他呀！軍士！」

「呸！不認識的人，你會他幹嗎？」

「我是替他送飯來的，我的丈夫帶信來家說：同隊陳阿毛的父親，關在司令部禁閉室中，叫我每天與他送兩次飯來。」苗婆對衛兵說完了，兩眼望着室內，希望有人承認。

果然那老頭子聽她說到陳阿毛，就現出意外驚喜的模樣答道：「我就是陳阿毛的父親，受笑！受笑！這大年紀來替兒子坐牢，嫂子你貴姓！謝謝你這樣麻煩啊！」說後走到柵門前去，接過了飯碗。

「我姓古，我的丈夫在黑旗大隊當隊丁，與阿毛哥同排同班，很是相好。」苗婆向老頭聲明他們的關係。

「哎！你家老二，也太不懂事了，爲什麼要「開小差」？致連累你老人家，這年頭我們這等人家的子弟，不當兵也是死，當了兵也是死，那裏有安寧的生活日子呢？」

她說了站在柵門外等着老頭子吃完了飯，接回空碗放在籃中，又問他說：「放心些！陳公公！晚上我再送飯來看你老人家了！」

「給我一包皮絲烟好嗎？嫂嫂！嘿嘿！謝謝你！」老頭子露出苦笑的向她請求。

「是！我晚上帶來。」她應聲的走了。

老頭子待苗婆走了之後，就發議論：「現在的世道，還是有善人的，我的老大若不是有這個善人做朋友，我坐在牢裏，豈不要餓死嗎？年青人都是善人，年青人喜歡與年青人做朋友。」

他說完了，臉上露出淺淺痛苦的笑容，伸手向羅福興要香烟屁股，他的衣服經過了一夜又半天的體溫烘蒸，也乾了大半，加上吃了飯，所以身體就不像昨夜那樣打抖了。

這時候因為他才進禁閉室的緣故，沒有人附和他的議論，錢中照常打草鞋，他在室中是靠打草鞋糊口。雙手工作時，嘴巴還撮着噓出軍歌的調子。李二狗彎着腰，掀開了自已的破褲子和衣裳捉捕白虱，三娃子與收欵員在地上走「五子冲」（土棋）吳土司呢？埋頭來燒乾柴來烤自已才洗了的襪子，羅福興對着幾個犯人，又在宣傳他常常講述的搶人故事。其餘的人們睡的睡，醒的醒着，柵門外的衛兵像鐘擺一樣不停的，走過去又走過來。

老頭子每天吃了飯就是睡，後來大家混熟了，他在夜間也講些苗人的故事，有時高興起來，還唱幾曲苗人小調，他到過雲南省的，說得出在雲南的某縣，每年可以看見白龍上青天，又知道昆明有什麼特別物產，和那些美麗的名勝古蹟，並說凡是害了肺病而有錢的人，若到那兒去休養一年半載，包能夠恢後健康，最奇怪的他把雲南「白藥」的秘方都背得出來。

他愛喝酒，每天總向犯人們討得一口二口幾酒來喝，居然喝了極少的酒，會使他酩酊大醉，在醉後他就哭了，呼喊他兒子老二的名字，最愛說而用力說的話是：「老二，老子願永遠替你坐牢，望你永遠不回家來，永遠不再去當兵。」

他遇着有時候在夜裏失眠了，就□吳土司的烟盤子坐了談天，他們倆還用苗話說，看情形是說的女人，大約是他們年青時候的艷史，在苗話極端投機的當兒，吳土司自然而然的送他抽一口大烟，這於他是難得的恩賜，抽了烟又繼續談天，那就更有力，更多話，終於說到吳土司呼呼的閉目睡去。

平時在他的議論中，很有些關於禁閉室的，他主張，第一件是取消「加大馬桶」，或者先行每日挑清屎尿，這是人人贊成的，只是辦不到。其次他也悄悄的宣布過越獄計劃，這都被吳土司大大申斥一頓，以後他就不發議論了。

一天，他想要用一顆釘子來整理他的草鞋，四面尋覔都沒有，在那牢門的小方孔上，却看見四面都釘得有長過二寸的鐵釘，恰像老虎口中的獠牙，他正去拔那「老虎的獠牙」時，早被衛兵看見了，便喝令他停止動手立刻又叫人去報告隊長。

一會兒隊長來了，又叫老金開了柵門，把老頭子拖出去在柵門口前躺着，打了二百板屁股，又才關進來，那屁股已被打爛了，眞是血肉横飛，他已喊叫不出聲音來，據隊長說：「這是處罰企圖越獄。」

「怎麼會說我是企圖越獄呢？」老頭子痛得不耐的自言自語。

室中的老犯說：「這是民國法律上所不載，而鳳皇縣禁閉室中所獨有的一條，因為前三日有兩個小逃兵，年紀都不過是十三四歲，把他們二人捉來關在這裏，他們年青膽小，又怕稍甏，在夜間趁着我們睡熟了，衛兵也睡熟了，他倆就由這牢門小孔鑽出去逃了，因此在牢門小孔上的上下左右四方釘了這幾顆洋釘，表示縮小範圍，並宣佈於大家說：誰去摸動了這上面的洋釘，就以企圖越獄論罪，應當槍決，如今打屁股二百，還是從輕處罰。」

大家聽了都不做聲，老頭子更無話可說，只是疼痛不過，哼哼的嘆着氣，兩眼裏熱淚不住淌下，羅福興便出錢買了黃表紙與燒酒來，給老頭子施行醫治的手術。

這老頭子在室中過了六天，忽然苗婆不來了，在第七天上，他餓了兩餐，但是還按着空空的肚子體恤她們的說：「怕是古家嫂子病了啊！這樣寒冷的天氣，每天來回走三四趟，多麼辛苦啊！」

在第八天的中午，他餓得心慌意亂了，臉色也就變了常態，與初來之夜那種頹唐萎靡的形像相同，看着別人在吃飯，口面不住流出饞涎來，但不是忍耐着，依然在說：「怕是古家嫂子病了啊！這樣寒冷的天氣，每天來回走三四趟，多麼辛苦啊！」

直到晚上，還是不見苗婆來，衆人都吃過了晚飯，他餓得哭了，雙目依然渴望着柵外，不久二更鑼（鳳皇還在用打更報告時候的）響了，他那餓了兩天的身體，也又為年紀太大了，疲倦得再無力支持着向外面探望，只好像一隻老狗倒臥在地上。

「這裏面有個陳公公嗎？」一個乞丐婆模樣的婦人來在柵門前探頭叫喊着。

「有的！」李二狗熱心的代他答應，一面推動老頭子說：「有人找你呀！快些起來，老爸爸！」

他勉強而又很吃力的伸着頭，向外面有聲無氣的問：「那一個找我？」

柵門外的婦人也看見了他，帶着破喉的啞聲說：「我是與你老人家帶口信來的，古家嫂子說：她們的家境，本來是不好的，家中還有八十三歲瞎眼老祖公，婆婆早年死去了，雖說丈夫在黑旗大隊當隊丁，從來沒有關餉，每日只發三分銀的茶錢，一月共計九角錢，眞是吃菜也不夠，那有餘錢帶回家來！自己有三個兒子，小的一個尙在吃奶，家中一切都靠着她替人家洗衣服，做針線來維持生活，說來還有兩個弟弟可以分担一點家用，只是二弟派出去修築公路，沒工錢不講，還要自帶食糧，有時候還要挖了自己的祖墳上的石頭去塡路，這就够苦痛了，三弟呢！上月戰事正凶的晨光，被過境開赴貴州的客軍，「拉夫」去了！前幾天她送來的飯，是她聽了丈夫的話，在自己嘴角省下的，這樣半飽半飢了一個禮拜，奶就少了，那小孩子晝夜哭着要奶吃，她又沒有，看光景，她自己一家都難保；她的老祖公罵得很凶，說她拿飯去養別人，現不准她再送飯來了。」

婦人說到這兒，似久很吃力，頓息了一會兒，向着外面打量一下又才說：「她不好意思來回掉你，叫我來說個明白，你得自己打主意，今天她只叫我帶兩塊高粱餅，給你老人家暫時救救急。」

她說完了，在懷中摸出兩塊圓餅由柵門摔進來，臉上現出了十分同情老頭子的顏色。

餓昏了餓倦了的老頭子，現在不可走動，只得爬過去拾起了那兩塊高粱餅來睡着吃，咀嚼了兩口下肚去，似乎有了精神，淚珠也淌出來了，勉强的開口說：「謝謝你帶口信和餅子，我實在至死也感激古家嫂子的仁義，明兒我出了，叫我的老大，重重報答她們！」

「那倒不必啊！」婦人被老頭子的感動也在流淚的說：「可憐你偌大年紀，替兒子坐牢，這年頭的老百姓是真難過。」

她又在衣袋裏掏出八個當五十文的銅板，丟給老頭子說：「這點小意思，我給你老人家買包皮絲烟。」於是掉頭去了，看背影還舉起右手在拭她方才爲老頭子而洒的同情之淚。

之後，老頭子就絕了食糧。

每天吳土司和我剩下來的飯菜，原是給三娃子，錢中，和一個逃兵分吃的，現在爲了老頭子就分爲四份了，兩個人的食物，分成六張嘴巴吃，眞是微乎其微了；殊不知在第五天後，吳土司的案子完結被開釋了，這一羣無飯吃的罪人，就無法再飽肚子，甚至那三個年青犯人，把我剩下的飯菜，都爭得來吵嘴打架，老頭子自然無分了。

我本想多包加一客飯來濟急，但是外面早巳禁止，眞是心有餘而力不足，我此才想到失了自由的人，連拿錢周濟人也不得自由啊！

氣候越漸冷凍了，聽衛兵說：「外面在下大雪，老頭子在飢寒交迫中，精神一天不如一天，以前他睡着可以講閒話，現在却蜷伏一團正像隻喪家的餓狗，有時候也勉力的坐了起來，只堆頭在兩膝中取點溫暖，不說一句話，晝夜打着哆嗦，臉色全是灰暗，瞳子巳經糢糊了，冷凍得鼻涕不時的流出，有時也力竭聲嘶喊出他兒子老二名字來。

後來發現他有一種新玩意，就是扯出他那兒舖地作墊子的稻草來，用指甲一根一根的扯斷拉成一些短短寸寸長的節節，洒滿了他面前的地上，白天如此扯扯稻草，夜間也如此扯扯稻草，簡直成了他唯一的工作；這時候老犯人說：「老頭子再不能活過三天了！」

我好奇的問那個老犯道：「有什麼理由？」

老犯向我說：「縣長！你做了縣官，還不知獄中的犯人這種習慣麼？凡是在獄中要死的人，會要計算他的死期，扯斷稻草成短節，就是在計算他的死期了。」

這個有經驗的道理；我以前沒有聽過，在書本上我也未看見過，我以爲是「無稽之說」，不過有人把剩下的飯菜給老頭子，他也不會吃了，老犯人又說：「這是他的腸胃都餓癟了，窄得成了一條小縫的食管，不能再吞東西。」這個理由，或者是對的呢？我依然不完全相信，只是覺得老頭子的生命，巳在危險期中。

又一天，由他那草堆裏，爬出來成行成陣無數的虱子來，這又是我的第一次看它的奇蹟，有經驗的老犯又說：「老頭子快要死了，或者就在今晚死，古人說，虱子搬了家，無常把命抓！」

這時他不吃，也不哼，只是照常扯稻草，還能够喊出熟人的名字，也會向他人要香烟屁股，看樣子倒也清醒！

「犯人可以請假出去治病的，他該告假出去養幾天。」我向大家說。

「我們這裏十幾年來，或者若干年來，都沒有這個規矩，」坐了禁閉室多年的黃占彪說。

「這是法律上規定的。」我向他解釋。

「嘿！法律！總司令有總司令的法律。」黃占彪也在向我解釋。

「我們試爲報告守衞班長，看行不行？」羅福興提出這個主張。

「那個有錢請人寫報告呢？」三娃子又在叱嘴了。

「喲！縣長就會寫的搖筆而成，他還會要錢嗎？」錢鈞笑了用手提着我。

「好吧！我就代寫報告去試試。」取出了內室別人原有的紙筆，埋頭便寫了一張請病假的報告。

老頭子在聽見我們在討論他的事情，似乎全都懂得，向着大家苦笑一下，算是表示謝意，又向我磕頭，哀叫了一聲「縣長……」又蜷成一團扯他的稻草。

在上了報告請給病假的第二天晚上，夜深了！只有凛冽的風雪，才愛來光顧我們的屋頂，拚命的由木柵外吹進來，那些瓦縫屋穴牆孔，都成了冷風的進口，犯人們瑟縮的枕藉着，多數都在啼苦號寒，那警醒的悽涼的三更鑼發出了響聲，由遼遠又遼遠慢悠悠在冷寒的黑暗中送入我們的耳鼓來，一聲聲都能够震斷我們的心弦，我像有什麼離不開的心思，長久興奮着，又不能入寐了。

壁牆掛着那盞鬼火樣的煤油燈，把全室照成幽冥的景色，最能吸住我視線的，就是蜷伏着，貼貼實實一團的陳老頭子。我想起前天有經驗的老犯說的話，對於老頭子不祥的話，登時毛骨悚然，實在有些害怕，見着我未曾見過的慘劇；雖然在戰場上也打死過人，又看過死的人。

我又想：「若是老頭子今夜眞的離開了這個痛苦的，黑暗的，煩惱的，沒有窮人能够享受生趣的不公平世界，倒是他靈魂幸福的開始，我能看着他走到靈魂的世界去，也是一個難得的特殊的機會，因此胆子也就變得壯大了，我又破例的讀一段「燕山外史」，其實想着書本來遮着我可以看見老頭子的視線，以及改換我關懷老頭子的心情，倒底這樣一杯「苦酒」，我不忍看着他留下去。

大約要到四更了！他開始的嗚嗚的哼起來，連人帶草都在打抖，犯人們全都熟睡了，除了他無力的悲咽以外，室中是死一般岑寂，我預感不幸的事，快要到來了，又大胆的拋了書，注視老頭子的動態，不久，由嗚咽變成號泣，又不久，他忽地站立起來了，兩步跑到柵門前，大聲叫道：「我要出去了！開門！開門！開門！」

這「開門」的聲音，驚醒了幾個在夢中的犯人，也驚醒了在柵門外面站着依門而眠的衞兵。

「老糊塗！要出去！除非死！」這是那衞兵閉着眼睛張

開嘴巴的駡聲。

老頭子被這駡聲駭倒了壓在李二狗的身上，駭得李二狗從夢中驚醒的大叫，抓着老頭子的腰帶，使勁的摔他回到「加大馬桶」的原地位，還有個被驚醒了的犯人也在駡：「老糊塗！要瘋了。」

他又蜷伏着，氣力也沒有了，只像一隻重死的病狗在躺着喘氣，一會兒醒了的犯人們又都入睡了。

老頭子的喉中，漸漸的湧起痰聲來，哼着哼着，時斷時續的，這樣捱過半點鐘，冷和靜，形成了室中全無聲氣與生氣，那煤油吐出的火焰，忽然變成了慘綠色，一閃一閃的舉動了我的心，也照樣又忐又忑的不安直看那一羣七橫八豎倒臥在地上的犯人們的面孔和姿勢，有開口露齒，有的睜眼昂頭，凶神惡煞似的，醜，愁，慘，悍，——都表演在他們寒飢已久的臉皮上，正像那廟宇內泥塑的十二殿的鬼卒，似乎眞有死神降臨在室中來了，更使恐惶而又寒噤，心胆快要爆裂，額角上駭逼出了冷汗，有生以來的第一次畏懼的刺激，我身受了！

老頭子忽然「哇……」了一聲，兩眼翻白，四肢長伸，再也沒有聲息，只聽得遠遠的又傳來了凄涼的愁慘的四更響鑼聲，這正是爲他壽終牢獄的喪鐘啊！

我駭得發狂的大聲叫道：「老頭子死了！老頭子死了！」

這一叫喊，那三娃子，李二狗也醒了，又推醒了錢中，羅福興，黃占彪，任無雙們，二狗去探老頭子的鼻孔嘴巴說：「果然沒有氣了！」

大家都很惋惜，三娃子在旁流淚，室中於是起了大大的騷動，衛兵也睜眼看見了，用彈壓的口氣，扳着面孔說：「死了一條老狗命，有啥稀罕！大家轟鬧什麽？不准再鬧了，等天亮了，報告上去，靜候發落。」

天亮了！我們一羣「送終」的難友們，凑集了錢買紙錠來在屍前焚化，都含悲忍淚的默視他「早升天界」。

早上無人過問他，中午也無人過問他，晚間還是寂然，大家對着這位長眠的老人，都着急起來，我很懷疑的說：「怎麽在牢中死了人，許久還不抬出埋葬呢？難道死還要坐牢嗎？」

有經驗的老犯又說：「死人麽！有等待，照例是，衛兵先報告班長，班長做文報告隊長，隊長轉報告副官長，副官長轉呈參謀長，參謀長轉呈總司令，總司令囑秘書長擬辦，秘書長批交軍法長，軍法長批令縣長，縣長才派人來驗屍，是否病故，得蒙檢驗屬實，然後才准許屍親領埋，若無屍親，則由縣丁抬到城外義塚落葬。」

我聽了大爲咋舌而又嘆聲！

果然等到了「照例」的「公事手續」完畢，已是第三天的早晨，禁閉室的栅門開了，有兩個力伕進來，抬去老頭子的屍身，據說是還要看驗以後，才可以招領或埋葬的。

我們整整陪着老頭子的屍身三天三夜，臨末，看見他還是睜着眼，張着嘴，露出一排惡狠狠的牙齒，悲憤的怨色在臉上，無言的去了，想來他在九泉之下，也不會爲這庾死而瞑目啊！

(完)

夜曲

洪山道

（一）

我吸着烟。當烟頭微小的紅色亮的一刹那，我看清楚自已房中的一切。雖然我已經住在這裏二個多月了，可是我是不常歇在房裏的，那意思就是說：在白天我要在外面東奔西走，在夜晚，我也每天出去蹓躂，所以除了進來及出去時匆匆一瞥外，房裏的東西對我似乎還並不十分熟悉，我自然知道靠窗口是一隻桌子，上面堆着零亂的書籍和髒衣服，在這桌子的前面是一隻籐椅，門背後掛着我的衣服，而在牆上掛着一幀照片……

在太清楚的時候有時反而會使人糊塗，然而在迷離的刹那間，却會使人留下一個深刻的印象，當烟頭那點紅色的火花一現中，我却像一個在暗中摸索着的人突然走上光亮的地方一樣，非但看出掛在牆上的照片中的人，而且連那廣闊的額，一對並不大然而却使人不愉快的眼睛也都清晰的顯露在我的目中，我的所謂不愉快的眼睛並不是那意思，您可會碰到過一個人，不管和您是否相識，祇要他偶然的瞥你一眼，就會使你整天不安？

我開始有點不安，當然我知道是那三斤紹興酒使我這樣的，紹興酒在喝的時候沒有啤酒那末香醇，沒有紅葡萄酒那樣甜豔，我對於紹興酒是爲了酗酒而喝的，因爲爛醉的時候容易嘔吐，容易使人疲倦而昏迷；雖然我是孤身一人，可是當嘔吐的時候會有好心的茶房長林來侍候我，他會替我脫去衣服讓我睡在被窩裏，一面忙着掃地冲醬油湯給我喝，一面以一個將近五十歲的老年人的口吻來數說我：

「吳先生，不是我說您，年紀輕輕幹嗎要喝這許多酒，將身體糟蹋壞了後悔才來不及呢？」

對這種話我是聽過不少次數了的，長林說的話並不是配不上他的年紀，然而就因爲他的年齡和我相差一倍，我還是將這話當作安慰好呢？還是當作教訓好？長林多少是有些知道我的，當我第一天搬進這公寓來的時候，他就看見那張照片了，神秘的笑着問我：

「吳先生！這是吳太太麼？」

我沒有告訴他，祇唔了一聲。

「爲什麼不帶太太一起來呢？」

我愕住了，我將怎樣回答他呢？別人總是問我太太現在在那裏？我於是很坦然而又隨便的回答他們說是我的太太在杭州，或是在北京，倘使遇着一個北京人，我就回他我的太太現在在哈爾濱，我利用這個謊已經將近四年了，可是長林却問我爲什麼不帶他一起來？

長林也瞪着眼看那張照片，我從他的眼睛裏看得出他在懷疑這人不是我的太太，所以就乾脆回答他她是我的朋友，他聽了搖搖頭咕嚕着：

「年輕人總來這末一套。」

我不知道會否在酒後吐露過我和那張像片間的秘密，但是長林却時常以一些雙關意義的話來勸我，自然這是他的偏見，他的意思所有年輕人的頹廢都是女人一手造成的。所有在公寓裏的人沒有一個贊成他的意見，但沒有一個人不喜歡長林，因爲長林侍候得我們太好了！

我自然並不是每次喝酒都嘔吐的，然而即使不吐也已足够使長林忙的了，我一會兒要茶喝，一會兒又要叫他買點心，有時甚至還要叫他替我買酒來邀他陪我一同喝。

今晚長林可睡着了，他是睡在樓梯底下的；我祗覺得心煩，這是一種心靈上的變態，因爲我今晚喝的酒並不足够使我胡塗得人事不知，就基於這一點，我還能領略到在黑暗中看那紅色的火光閃亮，我還能看到那紅色的火光在閃亮的一剎那間所給與我的激動，當夢與現實之間那層稀薄的幕布拉開時，人就會感到他的宇宙縮小起來……

我站起身來，摸索着走到窗口去，拉開衣領，讓夾着雨點含有桂花香的夜風吹着我；天上沒有月亮，沒有星，雲厚厚的聚着，像蓋着一塊鋼板一樣。

底下小園子裏有一點點火光，敲更人蹣跚的走着。

「的篤的」「的篤的」……

然後鑼聲軟軟的響了……

「鏜！鏜！鏜！」

那一頂簑帽隨着鑼聲漸漸的消失了。

我呆呆的站着，神經於這黑暗離奇的宇宙上，這是一個海，一個荒谷，一個絕壑，充滿着冷漠和恐怖，一張使人心悸目暈的圖案畫。

我關上窗，捻亮了燈，房裏頓時變得親切溫和了，我的心裏也感到那份親切和溫和，但那些傢具是死的，是木質，是透明的玻璃，我還是一個人，我還是感到失去了一樣東西那樣空洞，我望望那張像片，是的，我看得更清楚了，那頭髮是多麼的黑，那額也是朗爽的，但是那眼睛呢？

那眼睛多令人憂鬱呵，憂鬱得可以使人發瘋！

從床下拿出一瓶酒來，斟上一杯。

一匹老鼠從門後蹓出來，轉動着那對靈活的小眼睛，搖了搖長尾巴，像支箭那樣的消失了！

眼睛！眼睛！眼睛！

我又望了望那張照片。

憂鬱！比俄羅斯王子還憂鬱一千倍的眼睛！

七色酒是必需同着情侶一起喝的，紹興酒可以走進自己的小天地裏慢慢獨斟，高粱却必需有一個喉嚨會說話的同伴，可是我現在祗有一個人，連那匹有一對靈活的小眼睛的老鼠也走了！

一杯高粱極快的就完了，您該知道一個被人目爲「神經質」的人底喝酒速度是可以與電流比一下的，我倒上第二杯……

我想說話，我不以爲我沒有談話的對手，因爲照片上的那對眼睛動了，向我微笑着。

「久違——我說——我現在失業了，您不高興麼？還有點病，自然不是重病，依舊是在酗酒。」

為表示我並沒有說謊，我舉起酒杯飲了一口。

「您上次臨走前對我說的話都記得，可是却沒有照着做，雖然不在外面荒唐了，然而這原因是因為沒有錢！」

「沒有錢？我永不會相信您！」

「真的！——我呷了一口酒說——您可以看我全部的財產——我從口袋裏掏出皮夾來數着——一百，二百，三百，四百……」

「不要做這些鬼樣給我看，您這無賴！」

「不要這樣生氣好嗎？」

我聽見一隻玻璃杯清晰的被擲在地上，我聽見開箱子的聲音，我揉了揉眼睛：我房中的一切還是如平常一樣。

第二隻玻璃杯響了，還夾着哭泣聲。

我明白了，那是從隔壁房裏來的，那個女人還在罵：

「您害了我！您害了我！」

隔壁房裏是一對年輕的夫婦，搬進來還不到一星期，房門整天關着，為什麼又在這樣夜深時吵鬧呢？

我聽見皮鞋的聲音從隔壁房裏出來，我過去開了門，將自已隱在門後，我看見一個男子的後身從樓梯上下去，緊接着，一個穿黑旗袍的女人也跟着出來，可是並沒有追下去，她祇站在房門口，她的背向着我，那是一個苗條的後影，一頭烏黑的長髮。

我故意大聲的叫：

「[illegible]林！」

那女人似乎一驚，突然回過頭來，於是我看見她的面影了！

您可曾體驗過在某一個黃昏一個別幾年的老友突然來拜訪您的那份驚喜？您可會體驗過當碰到您的愛人却不能相談一語的那份惆悵？

然而：這兩份不能同時遇到的情緒，都同時降到我的身上來了：我處於一種攣瘓的狀態中當我看到那女人的全部面影後；那廣闊爽朗的前額，那長長而烏黑的髮，那對並不大却使人憂鬱的眼睛，一切都一樣，一切都那樣相像。

我回到房裏，我的心臟因這突來的打擊而劇烈的跳動着，我疑惑這是一個夢，這是宇宙的一個真正底玩笑，造物者贈給我的一份太苛刻的禮物，我沒有權利而且也不可能接受這一份比死還難受的禮物，我瘋狂的飲酒，望着掛着的那幀像片……

幾分鐘後我稍稍安定些了，却是口渴得不得了，熱水瓶裏是空的，爐火也早熄了！

還有什麼辦法除了向人討取外，可是現在已經是一點鐘，正是人們做夢的時候。

隔壁房裏還沒有睡，可是我敢去麼？我還要再接受一份禮物？

去！我一定去，因為我實在口渴，而且為什麼我不能做得更勇敢些？最懦弱的人也就是最勇敢的人，自殺者不就是那樣？何況我還不至於自殺！對！立刻就去！

我拿了玻璃杯！在胸口劃了三個十字！

（二）

隔壁房門開着，那女人低着頭坐在床上。

我走進去。

她抬起頭來，她的眼睛裏帶着一份希望，可是當看到進的是我時就突然變色了，她站起身來：

「您——」

「我——」

「您進來做什麼？」

雖然她冷着臉問我，但是掩不了激動的情緒。

我將杯子向她揚了揚：

「我因爲口渴得很，這樣夜深時又沒有地方可以弄到水，實在對不住得很，可否給我一點。」

她指着桌上的熱水瓶說：

「您自已倒吧！」

我走過去，故意走得這樣慢，故意的裝着酒醉，故意的去拿起茶壺。

「茶壺裏是空的！」

我看了她一眼，仍舊拿起那把茶壺。

她似乎有些侷促不安，走過來拿起熱水瓶。

現在，我與她之間祗隔着二尺不到的距離了，我清楚的聞到她的髮香，我清楚的看到她那長長烏黑的頭髮，我清楚的看到她的廣闊的前額，清楚的看到她那對不大却使人憂鬱的眼睛。

我裝着酒醉打了一個呃。

她抬起頭來看我一眼。

我又看到她的眼睛了。

那對比俄羅斯王子們更憂鬱一千倍的眼睛呵！

我故意將杯子歪斜一些，又打一個呃！

沸熱的開水一直澆在我的手上，使我痛得眞的連杯子都摔掉，被燙的地方立刻紅腫起來。

「喲！對不起！」

她連忙放下熱水瓶，拿出手絹來替我揩拭，一面問：

「燙痛了沒有？」

「沒有沒有。」

我怎麼能對她說我的心早已被她燙傷了呢？

僅僅二尺距離，然而却好像隔了幾千里。

「這是我的錯，因爲喝醉了酒。」

我再打了個呃。

「沒有關係，可是爲什麼要喝那樣多的酒呢？」

她說着走開了，站到窗前去，那裏正放着一隻鋼琴。

我也跟她走到窗前去站在她的背後，低低的說：

「今天沒有月亮，沒有星，有的是雲。」

「是的！有的是雲。」

我能背出以前她給我所有的信，其中有一封信中有這樣兩句：

「我爲您傷心，我爲您流淚，抬頭望望青天，望望白雲……」

於是我說：

「今晚再也不能望望青天，望望白雲了，有的是烏雲。」

她不響，凝視着窗外的天空。

小園子裏又傳來了打更的聲音：的篤的，的篤的……

接着鑼聲軟軟的響了。

鐺！鐺！鐺！

「我爲您傷心，我爲您流淚。」

我像夢囈那樣說着。

突然，她回過頭來，冷冷地說：

「先生，您可以回房去了！」

我的血沸騰起來，我感到一種失望和被侮辱的憤怒，我並沒有考慮到自己的行徑，我以為我是不錯的，然而那有什麼用，無論如何我必需離開這房間，因之，我並不顧到是否失禮，急忙的走了出去。

在我剛出房門的時候聽到一陣皮鞋聲從樓梯上傳來，我無暇去看那是誰，我祇覺得我幹了一件頂傻的事情，把我的情愛竟會灌輸到一個認錯的女人身上去。

我重重的關上房門，重得幾乎連房子都因之而震動，我滿腔怒火，可是當看到那幀照片時卻又感到一種莫名的悲哀，我將那幀照片取下來擱在桌上，然後陪着它坐下。

隔壁房裏似乎又在口角了，一個男子的聲音說：

「您還要賴，您還要賴，我親眼看見那小子從房裏匆匆忙忙走出去的！」

「您別冤枉人，人家是來要茶喝的！」

「這麼夜深到一個素不相識而又祇有一個女人的房中要茶喝？您開了門就讓他進來？」

隨即又是開箱子的聲音，又是開房門的聲音，又是皮鞋下樓梯的聲音。

又是女人哭泣的聲音。

我心裏有一種奇異的感覺，那是近乎滿足的，我並不因為那女人因我而受到她丈夫的誣蔑而使我不安，相反的卻因為她受了丈夫的氣而使我快意，我心裏的憤怒一起都消失了。

我吹着口嘯，脫去上衣，預備睡覺。

可是那哭泣聲還在繼續，似乎特意給我那樣她直鑽進我的耳朵裏，直鑽進我的心裏。

我鑽進被窩裏，心裏唸着數目字，從一直一萬，可是我仍舊不能入睡，那哭泣聲還在繼續……

我想：「活該！誰讓您這樣對待我？」

於是我想些別的，想女人的紅嘴唇，想女人的細腰肢，想噴香的牛排，想烤鷄，想……

可是那哭泣聲還在繼續……

我不能入睡，而心裏也有些不安起來，這哭泣倒底要繼續到幾時呢？一夜？一星期？一個月？

女人的哭泣是偉大而危險的！

我想我應該去勸止她，我相信我的勸告一定會停止她的哭泣。但是，倘使我在房裏時她的丈夫又回來了呢？

我抽了一根烟，又抽了一根……

我決定去，什麼都不管！

最懦弱的人也就是最勇敢的人！對！

我在胸前劃了三個十字。

房門開着，她倒在床上哭泣。

在房門口我站住了，我怕她一看見我就會將玻璃杯擲過來。

我走進去，咳嗽了一聲。她不動，還在抽着肩頭。我再咳嗽了一聲。

她坐起來了，說：

「還是來要茶麼？」

感謝天！她並沒有將玻璃杯擲過來。

「並不並不！」

她叫我坐下。

一樣的面貌之外還有一個同樣的脾氣。

我又接受了宇宙給我的一份好禮物。

「剛才的事我都聽見了，一切都是我的過錯，等您先生回來後我一定向他解釋。」

我滿以為她一定會責備我，可是她却出奇的笑了：

「解釋是最愚蠢的舉動，倘使我為這生氣，現在也不會再讓您進來了，而且今晚他也不會回來。」

我呆呆的坐着，一句話都說不出。

「剛才您不是喝過酒麼？」

「是的！」

我祇能再打個呃。

她從抽屜裏拿出一罐咖啡來放在壺裏，然後擱在酒精爐子上煮着。

她走到鋼琴前坐下，掀開琴蓋。

琴音瑣碎的跳躍着……

「請您替我把窗打開，」她低低的說。

像個機器人那樣我過去把窗打開。

打更的那盞小燈籠又出現了。

的篤的……的篤的……

鑼聲歎歎的響了。

鏜！鏜！鏜！

隨後那頂簑帽消失了。

「今晚沒有月亮，沒有星，祇有烏雲，是麼？」

她的眼睛注視着琴鍵問。

像個機器人那樣我點點頭。

瑣碎的琴音被排列起來了，像燕子那樣輕快，像水銀那樣滑溜。

呵！熟悉的曲調，熟悉的節奏：

她微笑了，問：

「這曲子懂嗎？」

我那裏會不懂，我聽了四年了！

她滿意了，可是她的眼睛却變得更憂鬱了，那裏面充滿着沉思，充滿着回憶，充滿着惆悵。立刻，像盛夏的暴雨一樣，曲調變了，激烈！沈重！

那不是音樂，那是咆哮，那是憤怒，那是垂死者絕望的哀呼，一種巨大的力量，在這一雙手裏有着一千個人的精力，有着比一萬個人更多的情緒底衝動，無論什麼東西都擋它不住。

我戰慄地看着她，她的頭髮因過度的激動而垂下了，她的眼睛裏像在噴着火燄，她的兩手像兩把鋼鎚擊着石塊，她的臉是一座最動人的雕像。

夜風！八月的夜風吹進來。

雨點飄進來，飄在我的面上，飄在她的面上，飄在她的頭髮中像一顆顆夏夜的星星，飄在她的長睫毛上閃閃發亮。

瘋狂！

人性的跳動，人性的瘋狂。

黃色！紅色！白色！

圓的！尖的！長的！

二十世紀過去了！一百世紀過去了！一千世紀也過去了。

突然止住！寂靜！

她將頭埋在手中。

我憐憫的將手放在她的頭上。

過一會她抬起頭來，安詳的說：

「我們喝咖啡吧！」

（三）

沒有人能把我的生活整理得較好些，連我自己也不能，這不為別的，原因是我所有的財產僅僅足夠維持半個月了，對於這，我倒似乎並不十分焦急，隔房的女人才是我的致命病症，我不知道她是否和像片上是同一個人，我能確定她們面貌底相同，性情的相同，言語底相同，可是我實在不敢將舊事提起，在我們相處在一起時我變得拘謹起來，我聽她說着那些熟悉的雙關言語，我聽她每次彈着那首熟悉的曲調，我時時看見她作着深深的沉思，當我因這一切迷離的舉動挑撥起舊情忍不住想告訴她以前的一切時，她總將旁的事情岔開，使我們之間無從接近。

我們之間這樣相近，然而却又隔離得這麼遙遠呵！

除了酒之外沒有別的能使我清醒和安靜下來，我似乎已經感到末日降臨的預兆，我不敢想像在半個月後當我化完了全部財產時的景象，可以賣的衣服和書籍早已賣完了，找職業也不願意，爲了一種莫名底瘋狂的衝動我才把職業丟掉了住到這裏來的，倘使我不碰到她也許我會這樣做，但是現在不是可以使我滿足了麼？我已經找到她了，雖然還有些缺陷，但那至少是好的，我願意將整個的熱情交給她，讓我們之間築起一座滲入新與舊的感情的圍籬來。

舊的還沒有過去，新的也祗有短短十五天的時候了。

白天我索性不出門，關上門睡覺，一到晚上，我就蹓出去，找一個常去的小酒店喝酒，到了午夜蹀躞着回去，到她的房裏享受一切都熟悉的賜與。

某一個夜晚，天正下着雨，我在那小酒店裏佔據了一隻桌子獨自飲着……

隔壁桌上坐着二個年青人，陪坐着二個女人，他們飲着，嚼着，談笑着，浸沉在荒淫愉快的氣氛中；就在這時，那個向外坐着穿青色西服的青年突然發現了什麼似的向外張望着，不一會就叫跑堂的結了賬帶了他同伴們走了。

爲了這種突然其來的舉動引起了我的注意，我也向外望去，我看見了，我看見一個女人的背影，長長的烏黑的頭髮，披着黑色的雨衣。

人那裏能够拒絕隨處而來的奇遇和巧合？

我走出去，站在她的面前。

她將視線拉回來，向我點點頭。

「喝酒麼？」

不回答，跟着我進來了。

酒店裏還是那樣煩囂，然而我們之間却有一種單純的，清靜的感覺，我們之間已經用感情關了一個小天地，將外來一切都隔絕了。

醇黃色的酒，一杯，一杯……

一些猶疑，一點跳動，一個幽嫻黑色的固體……

「乾杯！」

碰了杯，咕嘟一口。

桌上的酒壺逐漸多起來，酒店裏的客人逐漸少起來，煩囂也逐漸消失了。

鐘聲：十點，十一點。

酒是善良的，黑髮可以下酒，使人憂鬱的眼睛可以下酒，已消失然而再凝聚起來的情緒可以下酒，默默的，可是心底的互鳴可以下酒……

跑堂的伏在扶梯邊上的一隻小桌子上磕睡着了，外面還在下着雨，載着情人的三輪車在雨中駛過，發出「磁磁」的叫聲……

「走吧！」我說。

跑堂的揉着惺忪的眼睛過來結了賬。

走在街上，四面都是黑的，寂靜的黑，脚踏在地上，像踏在荒寂的沙漠裏。

「您好！」我說。

「您好。」她也這麼問候我。

「一年多沒有見面了。」

「那裏！前天我們不是還一起喝咖啡的麼？」

「您——我鼓足勇氣說——祗分別了一年，就把四年的事情都忘記了麼？」

我停止脚步，將面孔向着她，我知道我的面部一定是蒼白而激動的，我帶着哀求和希望的目光注視着她；她是個人，是個奇特的女人，是個與別的女人不同的女人，她的感情比別人豐富，她一定會把幾日來的假面具拿下的，我相信。

果然，她望着我，望着我的臉，像是不認識我似的那樣仔細，隨即，她的眼睛張大了，像一盞燈似的漸漸光亮起來，那裏面重復煽起了舊情的火燄。

「為什麼這樣硬心腸對我，為什麼？」

我想她一定會回答我，告訴我，也許她會哭泣，但是我的想像錯了，她突然灣下身體去束鞋帶。

我看不見她的臉，我祗能看到她那黑色的長髮，從密密的長髮中掉下淚水來。

到公寓裏時已經十二點半了。

我站在窗前，被一種無目標的凝想佔據着。

咖啡壺在冒着熱氣。

她在撫弄着琴，軟的，頹敗的琴音像個敗子回去時那樣的遲緩，這裏沒有生命的跳動，有的是黃昏般底惆悵。

夜！八月底午夜呵！

打更的提着小燈籠在小園子裏出現了，像個幽靈般：

的篤的，的篤的……

鑼聲軟軟的響了：

鏜！鏜！鏜！

「過去的讓它過去吧！而且，我現在患着很重的肋膜炎，憑什麼我要在您已平靜的心境裏再挑起一陣波瀾呢？」

她靜靜地說着，然而我却一句話都不能說了。

第二天，我沒有看到她，她的房門關着。

對着像片我喝了一天酒，爛醉着睡了。

第三天，我仍舊沒有看到她，長林告訴我她病了，幾天沒有回來過的丈夫也回來了，正在請醫生給她治病。

喝酒！喝酒！爛醉着睡覺吧！

又一天，她的房門還是關着，我耐不住了，到甬道上將身體伏在欄杆上裝着眺望在樓梯上下的客人，不知什麼時候，她的丈夫出來了，匆忙的走下去，不一會又匆忙的走上來。

樓梯上那盞黃色的燈光發亮時，公寓外面突然傳來一陣汽車喇叭聲，隨即二個穿白衣服的男子抬了一架軟床走上來到她的房裏，不一會，軟床上載着一個人被抬下去，屍體用白色的被單蓋着，她的丈夫跟在後面。

我明白這是怎麼一回事，像瘋狂似的跑到房裏將那幀像片拿下奔下樓梯去。

那輛汽車開走了，我沒有能見到。

卍　卍　卍

卍　卍　卍　卍

萍雪齋隨筆

天化

暗祝來生化女兒

從前有一位張問陶先生，這個人生得風流倜儻，筆下做得一手好詩，名聞全國，同時跟他在一起的，眞是崇拜得五體投地，無以復加，大家有一種很奇怪的心理，竟想來生變成一個很漂亮的美女侍奉在他左右，方可如了他們崇拜的心願。也許一時混詭，說白相，尋開心，但是一個個想變成女子，並且是很漂亮，很時髦，很通文墨的少女，那却是當時的一件事實。張問陶聽到有這件事，他也很風趣，就用這件事爲題，做成了兩首詩，是不是歪詩，那由讀者自己來決定吧。第一首：飛來綺語太纏綿，不獨青娥愛少年。人盡願爲夫子婦，天教多結再生緣。累他名士皆求死，引我癡情欲放顚，爲告山妻須料理，典衣早替買花錢。第二首：名流爭現女郎身，一笑寒冬四座春。擊壁此時無妬婦，傾城他日盡詩人。只愁隔世紅裙小，未免先生白髮新。宋玉年來傷積毀，登牆何事苦窺臣。前輩風流，可見一斑，若從心理上分析起來，也可以說這是性慾的化裝游戲。當時諸名士一方面受禮教大防的約束，另一方面，又感於熱情之無處奔放，因而化成爲這一段事實，張先生聽到了也就成功了這兩首艷體詩。大家總是行乎不得不行，此孔子所以喟然而歎曰，「吾未見好德如好色者也！」然而同時又說：「食色性也。」其實這兩個字，一是生命的保持，（食），一是生命的綿延，（色）。請看這次世界的大戰，這兩個字就是眞正的發動力。

蘇東坡害了朝雲

蘇東坡這位文學大家，不僅有才，並還有情，這是中國一句老話，從無名士不風流。東坡在當時，與一個名妓叫朝雲的，卿卿我我，結爲膩友。一日忽動雅興，要同朝雲參禪。因從唐代以後，印度思想流入中土，中印合流，便產生了理學。宋代儒家，幾乎無一人不受佛家影響。在中土方面，禪宗最受歡迎。東坡當然不能例外。所以他和朝雲說：「我爲長老，爾試參禪。」朝雲當然是無可無不可的，說：「好」東坡一本正經，盤膝打坐，雙目微合，向朝雲說道：「何爲景中人？」朝雲雙手合十，向着東坡，當即回道：「金勒馬嘶芳草地，玉樓人醉杏花天』。東坡又問道：『何爲人中景？』朝雲答道：『裙拖六幅瀟湘水，鬢聳巫山一段雲。』東坡含首，又問道：『何爲湖中天？』朝雲回道：『落霞與孤鶩齊飛，秋水共長天一色。』朝雲是有問必答，自以爲是參透禪機。一面看看東坡，仰頭不語，面有懊喪的顏色，這眞使朝雲葫蘆裏摸天，莫名其妙了。因而瞅着東坡道：『究竟何如？』禪是參了，要有一個交代。東坡因說道：『門前冷落車馬稀，老大嫁作商人婦。』那裏知道朝雲，不聽猶可，一聽此語，粉頸紅垂，雙蛾倒促，並且看透了東坡的心理，原來東坡也不過拿她當一個玩物。諸位要知道，原來一個才女，總要想選擇一個漂亮的伴侶，所謂漂亮，並不是小白臉，或是有學問，或是能幹，或是有名氣，有地位。譬如董小宛之與冒辟疆，柳如是之與錢牧齋，李香君之與侯朝宗，梁紅玉之與韓蘄王，各有道理。正如有些人說，丈夫寧缺毋濫，得不到一個好丈夫，那怕三分之一，或四分之一也好，總比一個庸庸碌碌的來得强。這眞是大膽而坦白的讜論。原來朝雲一樣也有這種心理，她想總可以得到東坡三分之一或四分之一，一聽到這兩句話，乾脆不作此想，從此幷剪一揮，青絲齊斷，青燈古佛，了此餘生。請問這一代的才媛，不是爲東坡所害，更是誰人？

白居易逼死關盼盼

却說唐朝有一位官至尚書的張建封，曾做過一任徐州鎭守使，在唐代聲名赫赫，的確是善武能文的儒將。正是時值昇平，徵歌選色，極視聽之娛。在他所選擇的美女當中，有一個最出名的，叫做關盼盼，能歌善舞，特建燕子樓使其居住。當然張建封不久便歸道山，剩下了關盼盼，苦守空閨，淒涼寂寞。這時有一位白太傅白居易，他對關盼盼，最不放鬆，一再逼迫，終使這位絕代佳人，墜樓自殺，完全是白氏的罪過。我們偵查結果，認白氏確有殺人嫌疑，不能輕輕放過。當關盼盼在燕子樓中正感得淒涼寂寞的時候，他忽然要寄許多詩給她，如是慰勸的話，還可原諒，無如全是刺心的話，使人讀之，迴腸盪氣。當然寄的詩很多，內中有兩首，一、滿窗明月滿簾霜，被冷燈殘拂臥床，燕子樓中霜月夜，秋來只爲一人長。二、今春有客洛陽回，會到尚書墓上來（指張建封），見說白楊堪作柱，爭教紅粉不成灰。身當其境的關盼盼，讀到這種詩，眞是受不了，時時想自殺，因嘆道，『尚書死後，有妾隨死，深恐有玷相公清譽。』終日以淚洗面，已沒有絲毫人生的樂趣。白居易還不放鬆，逼迫愈緊，使關盼盼非死不可。他又寫一首詩給她，說：『黃金不惜買娥眉，揀得如花三兩枝，歌舞教成心力盡，一朝身去不相隨。』盼盼見到這首詩，追思往事，痛哭不已。認爲非死不可了。並和了一首詩，她才跟着自殺。詩云：自守空房斂恨眉，形同春後牡丹枝，舍人（白氏當時官名）不會人深意，訝道泉台去不隨。白氏逼死了盼盼，這才心滿意足。大有盼盼一日不死，他一日不放心的樣子，從前孔明罵死王朗，氣死周瑜，差不多無人不知，甚至演成戲劇，流傳千古。惟有白居易逼死關盼盼，這一重公案，幾乎沒有人知道，不得不拿他公布出來，以資信讖，藏書考據的讀者們，不妨再詳細的考據一下。

一歲的小鹿（續）

美·M·K·羅琳
聶淼 譯

第四章

辨尼推開食盤立起身，對嘉弟道，「孩子，今天還有一天的事要做咧。」

嘉弟心裏突地一落，以爲又要鋤草去。

「今天機會好，我們打狗熊去。」

像一線曙光一般，嘉弟又樂了。

「去拿我的背囊和藥粉箱來，還有火種箱。」

嘉弟一跳一聳地去了。

白媽道，「瞧他那種勁兒，叫他鋤草，慢似蝸牛，叫他去打獵，比水獺還快。」

白媽走到食物橱櫃旁，從櫃裏拿出一瓶甜醬，將甜醬敷在烘餅上，用布包好，放進辨尼的背囊裏。她又拿出剩下的蕃薯餅，檢了一個放在一旁，留着自已吃，把其餘的用紙包好，也放入背囊。她瞧瞧放在一旁的那塊蕃薯餅，想了想，拿起來也扔入背囊。

白媽道，這不够一餐吃的，不過你們也許回來的早。」

辨尼道，「我們沒回來時別去找我們，男子漢一天不吃不會餓死」。

白媽道，嘉弟說過，吃過早飯不消一點鐘肚子會餓得要死咧。」

辨尼將背囊和火種箱向肩頭上一背，對嘉弟道，「嘉弟，你拿把刀去割塊鱷魚的尾巴來。」

給狗吃的乾肉吊在野味屋子裏。嘉弟跑到門口，推開沉重的木板門。屋子裏陰沉沉地，充滿了火腿醃肉的氣味，地上佈滿燻肉時燒剩的樹木灰燼。屋椽上一排方頭的鐵釘，預備掛肉用的，這時除了三塊又小又乾的火腿和兩塊醃肉外，其餘空空地沒有什麼。屋子那頭吊着一條燻鱷魚，旁邊吊着一塊鹿肉。老蹻脚給予白家的損失的確很大，那隻母猪要是不死，養下小的來，這屋裏豈不掛滿了猪肉麼？嘉弟割下一塊鱷魚，雖然乾瘦，但肉還細嫩。他伸出舌頭舐了舐，覺得鹹漬漬地有點鮮味。他拿着魚，走回稻場。

老若麗一眼瞟着了裝火藥的舊獵槍，立時興奮得狂吠起來。利卜從屋旁竄出來，跟着亂跳。新買來的比克，莫明其妙地也亂搖着尾巴。辨尼伸手將狗一個個拍着道，「打了獵回來，怕你們沒有這樣高興咧。嘉弟，你最好穿上鞋，我們去的地方也許難走。」

嘉弟來不及似地立刻跑進自已的臥室，從床下拖出一雙老重的牛皮靴，連忙穿上，奔出屋子，好像怕他父親不等他就走了。老若麗跑在前面，低着頭，一路嗅着熊的腳跡。

「爸，熊的腳跡不會消失了吧？你想牠會跑到老遠的地方去嗎？」

「跑也許跑得很遠了，我們可以趕上它，不過我們不要緊緊地追趕，讓牠自由自在好些。熊要是知道有人在追趕，那末牠跑得非常快。」

腳跡向南穿過矮叢林，經過昨午一陣細雨，沙地潮濕，愈顯得鮮明。

辨尼道，牠的腳和裔其亞黑人的腳一樣大。」

矮叢林的盡頭，像農人撒種撒到那兒袋內的種子已撒完似地，一抹平整。盡頭過去地勢稍低，長着高大的松樹。

「爸，你想牠有多大？」

「我想不小，不過經過冬天的躲藏，沒有吃足，這時一定還沒長足。你瞧那腳跡，身軀一定不小，腳跟比腳尖深。鹿的腳跡也一樣。鹿或是熊如果身體肥胖，腳跟就比腳尖來得重。小牝鹿或是一歲的小鹿，它們走路輕快，只腳尖落地，印在地上的腳跡也只有腳尖一部份。這隻熊不會小。」

「爸，我們追上了牠，你會怕麼？」

「不會，怕就誤事，不過倒替我們的狗担心，它們都膽小。」

辨尼的眼睛閃動了一下，轉問道，「孩子，我想你不會害怕吧？」

「我不怕」。他想了一會又問道，「不過我要是怕，爬上樹去躲好麼？」

辨尼格格地笑道，「孩子，當然好，你就是不怕，躲在樹上也好瞧清地上的動靜。」

他們靜悄悄地走着。老若麗步子沉着，利卜跟在後面，若麗嗅過的地方牠也嗅嗅，若麗躊躇不定的時候牠就立着不走。野草觸着牠的鼻子發癢，時時打着噴嚏。比克是條不懂事的叭兒狗，時向這邊一衝，或向那邊一竄。一隻兎子打牠面前跳過，牠拔腿跟在後面追趕，跑到老遠去了。嘉弟吹嘯着，想喚牠回來。

辨尼道，「讓牠去，等牠覺得孤單時，自會回來的。」

老若麗輕脆地吠了一聲，別轉頭向他們瞧着。

辨尼道，「那隻老滑頭調了方向，大約朝那邊的湖沼走了。果真如此，我們倒可以溜溜地跑過去給牠個措手不及。」

嘉弟略略知道他父親打獵的秘訣。他心中想，傅家要是發現老蹺腳傷害了家畜，他們馬上會跟蹤追趕，大聲喊叫，狗也跟着狂吠，鬧成一片，不啻是給熊一個警告，通知他們的光臨。他父親打獵，如果有十次滿載而歸，他們只有一次，可以說是十與一之比。他父親是有名的好獵戶。

嘉弟道，「畜牲的行動你眞能想得出。」

「人是有理智的。野獸的行動比人快，身體比人強。人有而熊沒有的東西只不過是理智罷了。人固然跑不過熊，如果他再不能以理智勝過它，那末也別想打獵。」

松樹漸漸稀疏。前面一帶森林，橡樹椰樹參雜一處，地上野草叢生，很是茂盛。過此，西南方突現出一片空曠之地，初看像座牧場，細瞧却是一片蘆荻，長在湖沼裏有膝蓋多深，荻葉密茂，宛似一片草地。老若麗縱身躍入蘆荻內，濺得水花飛揚。一陣風吹過，將蘆荻吹開，顯出下面一處處的池沼來。辦尼注視着若麗。嘉弟覺得這一片沒有樹林的曠地更令人胆怯，因那頭黑熊隨時有出現的可能，立得人樣高，多麼嚇人。

他輕聲問道，「我們要繞過去麼？」

辦尼搖搖頭，低聲答道，「風向不對，我想牠不會穿過去。」

若麗照着蘆荻旁灣灣曲曲的乾地走着，一路嗅着熊的氣味。有時熊的氣味在水裏消逝了，牠於是低下頭，伸出舌頭舐水，並不是口渴，却是想從水裏嚐出熊的氣味來。牠有把握似地向池心移動。利卜和比克腿子短，走在深水裏覺得不如意，於是爬上乾地，抖掉身上的水珠，殷切地瞧着若麗。比克突地吠了一聲，辦尼打牠一下，禁止牠亂吠。嘉弟跟在他父親腳後，謹愼地走着。一隻藍色的蒼鷺不聲不響打他頭頂上飛過，使他嚇一跳。沼水陰涼，初伸下脚去有些吃骨。褲脚濕得纏在兩腿上，沼底的汚泥又侵入鞋內，覺得處處都不如意，但過了一會，覺得走在陰涼的濕地上也很舒服，腿子拔起來留下個漩渦，也很好玩。

辦尼輕聲道，「牠吃了蘆荻。」

他伸手指指箭形的扁葉，葉邊現着牙齒咬過的痕跡，有的只剩下光光的莖桿。

「這是牠春天的補藥。熊春天出洞第一樁事就是吃這種植物」。辦尼說着將葉子仔細瞧了瞧，有片葉子被咬過的地方已變成枯黃色，於是對嘉弟道，「前天晚上就來過，難怪牠的胃口好，要來傷害我家的猪婆啦。」

老若麗也停止脚步不走，因這時熊的氣味已由水裏移到蘆葉上面來了。若麗將牠的長鼻頭擱在菖蒲葉上，眼睛瞧着天空，嗅了一陣，知道應走的方向，於是快步向南跑着。這時辦尼也大聲說起話來。

「牠吃飽了，照老若麗的行動看來，牠已經回去了。」

辦尼走上稍高的地方，眼睛不離開若麗，邊走邊說話。

「有好幾次我親眼瞧到熊在月夜裏吃蘆葉的情形。牠嘴裏哼着，咕嚕着，身體忽左忽右老動個不休。牠把葉子從莖梗上撕下來，朝嘴裏亂塞，像人吃東西似地，於是低下頭，像狗吃草似地嚼着蘆葉。夜鶯打牠頭上飛過，發出淒厲的鳴聲。水鴨和青蛙一唱一和地叫着，葉上的露珠發出閃灼的紅光，像蝙蝠的眼睛——」

經辦尼這樣一描繪，不啻親眼目睹一樣。

「爸，有機會我喜歡瞧熊吃蘆葉的情形。」

「你要是活到我這樣的歲數，一定有機會可以瞧到，並且還可以瞧到許多希奇古怪的事。」

「爸，牠們吃東西的時候，你用槍打過牠們麼？」

「孩子，每當禽獸天眞無害地吃着東西的時候，我只瞧着牠們吃，從沒開槍打過牠們。在這種時候我不願下手傷害牠們的性命。牠們結合時我也不願下手。只在家中肉食完了的時候，有時也做自已不願做的事，否則自已就得受餓。希望你長大的時候別像傅家一樣，不是爲了肚子餓打獵，却是爲了好玩打獵。這是一種罪惡，像熊一樣可惡。我的話你聽到了沒有？」

「聽到了。」

老若麗尖銳地吠了一聲。熊的蹤跡轉而向東。

辨尼道，「我想牠跑進桂樹林裏去」

前面一片桂樹林，紅葉密茂，像堵牆似地穿不過去，倒是野獸藏身的好所在。老蹻脚雖四出尋食，但從未離牠藏身之處過遠。桂樹的嫩枝木柵欄似地排列一處，嘉弟暗想，這樣密茂的樹枝老蹻脚龐大的身軀怎會鑽得進去。不過有的地方枝葉稀少，現出一條公用的路徑，其他獸類也走這條路，像野貓，鹿，樹狸，兎子，松鼠等，都藉着這條路徑在樹林中來往。

辨尼道，「我想應該裝上火藥了。」

他嘴裏咯咯一聲，喚住若麗，若麗即伏在地上休息。利卜和比克也挨着牠伏下。嘉弟背着火藥箱。辨尼打開箱蓋，將火藥倒進槍口，從背囊裏拿出一束蘚苔，用槍杵將蘚苔塞入槍口，將火藥塞緊，然後蓋上槍帽。

「若麗，都準備了，現在可以去追趕。」

他們剛才的循蹤追逐，並沒費力，却幽閒自在，可以說是出外散步而非打獵。這時他們走入樹林，頭頂上密茂的樹枝接在一起，卜的一聲一隻飛鳥打葉叢裏驚走，脚下泥土潮濕，兩旁的叢草中時常嗦嗦作響，好像有什麼東西走過。頭頂上樹枝分開的地方，有時透進一線陽光，射在地上。這條路來往的動物雖多，但熊的氣味仍深深地遺留在牠經過的枝葉上。利卜身上的短毛根根豎起，老若麗疾速地跑着，辨尼和嘉弟也只得彎着腰跟着跑。辨尼將獵槍握在右手裏，槍口朝地，以免失脚跌倒獵槍走火時擊中跑在前面的獵狗。後面樹枝吱喳一聲響，嚇得嘉弟連忙抓住他父親的襯衫。一隻松鼠細細嗦嗦地打樹枝上跑了過去。

密茂的樹林逐漸稀疏，地勢也逐漸低窪，成了個沼澤。一道道的陽光打空隙裏射進，投在地上，一塊塊有筐籃大小。這兒長着鳳尾草，比人頭還高，熊走過的地方，被壓倒在一旁。牠的清香散佈在溫和的空氣中。一根爛藤鬚彈着豎了起來，辨尼對牠指了指，嘉弟知道老蹻脚打此地走過不久。老若麗非常激昂，因爲追蹤的結果也許是肉和水的獲得。牠低着頭，一路向前嗅着。一隻喜鵲在前面飛起，像警告似地「卜利格嗶嗶」地叫着。

前面有條淺窄的溪流，明顯地印着熊的脚跡。一條水蛇伸出頭來瞧瞧，連忙又縮入水中，像條櫻黃色的螺旋線向下流游去。溪流那邊長着椰樹。熊的蹤跡繼續向前。嘉弟瞧他父親的襯衫已濕透，伸手摩摩自已的，也是汗水滴瀝。突地若麗狂吠了一聲，辨尼即刻隨聲向前跑着。

他大聲叫道，「河濱！牠想逃過河！」

熊像陣黑旋風似地向前跑着，經過的地方，嫩枝草葉都被壓倒。狗狂吠着。嘉弟覺得自已的心卜卜地亂跳，脚下被根竹籐絆了一交，連忙爬了起來，瞧到他父親一雙短腿，划槳似地在他前面跑着。熊這時快要跑過河濱。

河岸樹木稀少，一片空曠。嘉弟瞧到一個黑狨狨的大東西正在過河。辨尼停止脚步，擎起手中的獵槍，正擬開放，突然老若麗像粒黃色小彈丸似地向熊的頭部竄了過去，連忙又跳回，脚沒點地又竄了過去。這邊利卜朝熊的身軀竄過去，熊掉轉身，伸出巨掌，向牠撲來。老若麗又躍過去，兩匹狗左右夾攻。辨尼只好按槍不放，以免打傷獵狗。

老蹻脚突然裝做冷淡的樣兒，像要逃避的神情。牠迂緩地走着，舉止不定，大有不知所措的樣兒，口裏像嬰兒哀啼似地叫着。兩匹狗退後伏着不動。這時正是開槍的好機會，辨尼於是擎起槍，側着頭，扳動彈機，但槍子扎住，沒有彈出，又扳動一下，仍未彈出，急得他前額冒着汗珠。他再扳動一下，仍沒彈出。這時老蹻脚一陣暴風似地以非常迅速的動作突向獵狗進攻，雪白的牙齒和鈎形的熊掌閃電似地向四面亂揮亂竄，鼻管裏不住地吐氣。狗也動作敏捷，老若麗登在熊的屁股頭，向熊背衝去。老蹻脚還沒轉身撲擊牠的時候，利卜向上一躍，想咬住毛狨狨的熊頸。

嘉弟瞧到熊狗搏鬥驚得目瞪口呆。辨尼正彎着腰查看槍膛。老若麗這時在熊的右邊進攻。熊旋轉身，不向牠撲去，却向左邊的利卜一掌掃過去，將利卜打到旁邊的矮叢林裏去了。辨尼又扳動彈機，槍嘶地響了一聲，却是後膛走火，將辨尼彈倒在地。

利卜再接再厲，又向熊頸躍去。老若麗却在熊的背後進攻。熊又裝腔作勢，來回地走着。嘉弟瞧他父親跌倒在地，連忙跑過去。這時辨尼已經爬起來，右臉上被火藥灼焦了一塊。熊甩掉利卜，打個廻旋，直奔若麗，一掌將若麗抓了起來，痛得若麗狂吠。利卜聳上熊背沒命地亂咬。

嘉弟驚得叫起來，「牠會咬死若麗」！

辨尼拔腿飛奔，趕到面前，舉起槍柄狠命地向熊的肋骨軋下去。若麗雖然受傷，仍伸長頸子咬住熊頸。老蹻脚哼了聲，突掉轉身，向河裏逃走。兩匹狗仍咬住它，不肯放鬆。老蹻脚逃進水，瘋狂地向前逃跑。若麗咬住頸項，頭露在水面上。利卜勇敢地跨在熊背上，咬住厚皮不放。老蹻脚游到對岸，爬上岸。若麗才鬆了口，精疲力盡地掉在地上，躺着不動。老蹻脚向前面的深林逃走。利卜跨在熊背上，跟了一陣，心裏一亂，也鬆了勁，跳下熊背，跑了回來。牠嗅嗅若麗，於是屁股朝地坐在一旁，向河這邊吠着。深林裏響了一陣，然後寂然無聲。

辨尼隔河叫道，「這兒，利卜！這兒，若麗！」

利卜搖搖牠粗短的尾巴，但仍坐着不動。辨尼舉起鳴角吹出慈愛的鳴聲。嘉弟瞧到對岸的若麗抬起頭，但又躺了下去。

辨尼道，「瞧樣兒非我過去抱牠回來不可。」

他脫去鞋子，走入河中，用力向對岸泳去。離岸數碼時，一道激流把他像塊木頭似地冲往下流去了。他掙扎着，向前游泳。嘉弟瞧他蹣跚地立起身，揩去眼皮上的水，向上流若麗躺着的地方走去，爬上岸，蹲下身子瞧若麗，於是把牠拖起來，夾在脅下，沿着河岸向上游走了一陣，才跨入河中，一隻手划着水，泳到激流內，隨波逐流地洽好冲到嘉弟立着的岸邊。利卜跟着泳了過來，爬上岸，抖掉身上的水珠。辨尼輕輕將若麗放在地上。辨尼道，「牠受的傷不輕」。他說着脫下襯衣，將若麗包在襯衣裏，將兩隻袖子打個結子，舉起掛在肩上。

「這樣成了」，辨尼道。「我一定要去弄管新槍才好。」

他臉上被火藥灼焦的地方已變成火皰。

「爸，槍出了什麼毛病？」

「全壞了。槍鎚鬆了，這我早就知道，已經扭緊了兩次三。可是後膛走火是總彈簧鬆了勁的關係。好吧，我們回去吧。這隻壞槍你拿着。」

他們走過沼澤，向西北走着。

辨尼道，「非把那熊弄到手我才甘休，只要有管新槍，給我充份的時間就成。」

嘉弟瞧到他父親背着的包裹，一滴一滴的鮮血流了出來，順着他父親的背脊向下淌着，心中不忍瞧。

「爸，我想走在你前面。」

辨尼轉身瞧着他道，「你走在前面礙事。」

「我可以替你開路。」

「好吧，那末你打頭走吧 。嘉弟——背囊拿去，吃點麵包，也許使你覺得好些。」

嘉弟伸手到背囊裏摸索了一陣，拿出個油紙包來。烘餅上的甜醬適味可口，他接連吃了幾塊，又遞了幾塊給他父親。

辨尼道，「這餅味兒眞好。」

矮叢林裏突地叫了一聲，有個東西鑽了出來，跟在他們後面。嘉弟定睛一瞧，却是比克 ，氣得他向狗亂踢了幾脚。

辨尼道，「別踢了，我早就疑心牠不是條打熊的狗。有的狗見熊就怕，有的不。」

比克跟在行列的後面走着。嘉弟走在前面，想做開路的先鋒，可是倒在地上的樹枝比他的身體還粗，使盡力氣也移動不了。遍地的荆棘，比他父親的膀臂還硬，觸着生痛，他只好繞道走過去，或是伏下身軀爬過去。辨尼背着包裹，也只好自己撥枝跨棘地走。沼澤濕氣濃厚，令人氣悶。利卜吐着舌頭喘氣。嘉弟吃了幾塊烘餅，肚子一舒服伸手又到背囊裏拿出蕃薯餅，拿一份遞給他父親，他父親不吃，就和利卜分着吃了。他心中想，比克沒用，不必給它吃。

他們終於走過沼澤，來到松樹林，路徑較寬，易於行走，就是前面一兩哩路的叢林，雖然長着不少的橡樹椰樹和野草，但比在沼澤地裏跋涉要容易得多。午後時份，他們才望到自家園地上參天的高松林。他們沿着由東方迤邐而來的沙石路走進自家的園地。利卜和比克跑上前，跑到爲雞羣預備的水漕前喝水。白媽坐在屋子走廊上，懷裏擱着一堆女紅，正在縫補。

白媽問道，「熊沒得到手倒死了一條狗，是不是？」

「沒有死。快替我拿水，氈子，和針線來。」

白媽連忙起身走入屋子。嘉弟瞧他媽每當困難發生時，她龐大的身軀和手那樣的敏捷，常使他驚奇。辨尼將老若麗放在走廊上，牠痛苦地叫了一聲。嘉弟灣下腰，伸手拍拍牠的頭，但牠却露出牙齒向着他。嘉弟心中不安，走到他媽身旁。白媽正拿着一條舊圍裙，撕成一條條。

白媽對嘉弟道，「你拿水去」。嘉弟連忙跑去拿水壺。

辨尼拿了堆麻布袋，做了個狗窩，將狗放在窩裏。白媽托着針線刀剪綳帶，走了出來。辨尼打開血漬浸透的襯衫，先用水將狗的傷處洗淨，然後將兩處深口縫好，塗上松油。老若麗先叫了幾聲，但牠是沙場老將，以前也負過傷，所以忍住痛，讓他去包紮。辨尼說狗的肋骨斷了一根，他沒法接上，但狗如能活下去，倒無妨礙，日久會自己復原。狗出血太多，呼吸短促。辨尼連麻布袋和狗抱了起來。

白媽問道，「你打算抱牠到哪兒去？」

「抱到睡房裏去，今晚我非着護牠不可。」

「白伊斯，你要是把牠抱進我的睡房，那可不成。應該替牠做的我都可以做，可是你千萬別把牠放在睡房裏，你上床下床的，叫我睡不安，昨宵我一大半夜沒睡好咧。」

辨尼道，「那末我睡到嘉弟房裏去，把若麗放在他的房裏。要是放牠在外面睡，我可不放心。嘉弟，替我拿冷水來。」

他將狗抱進嘉弟的睡房，放在屋角的麻布袋上，淘點水給它喝，但牠不肯張口，也許是不能張口。辨尼只好將狗嘴扳開，將水灌下。

「讓牠休息一會吧，我們幹我們的事去。」

園地裏這天傍晚的氣氛特別融和。嘉弟到雞圈裏檢好雞蛋，擠完牛奶，將小牛帶到母牛身旁吃奶，又替母親砍了柴。辨尼照常拿了兩隻木桶，用根牛軛挑在瘦削的肩頭上，到地穴裏去挑水。白媽燒晚飯，青豆猪肉，弄了不少。

白媽傷感地道，「今晚要是有熊肉吃，那多麼好啊。」

嘉弟肚子餓，但辨尼却無心吃飯，會兩次離開餐桌，給食物予若麗吃，若麗拒絕沒吃。白媽立起身，收拾餐桌，洗滌杯盤，對於清晨獵熊的詳細情形一字未提。辨尼滿腹心事，悶聲不響。嘉弟雖想將早上追蹤和熊狗互鬥的情形傾吐出來，但瞧父母都無心於此，也只好低頭吃飯，寂然不響。

這時太陽快要落山，渲染得天空一遍通紅，照得白家廚房內長長的陰影投射在地上。

辨尼道，「我累了，想睡覺」。

嘉弟因爲穿的是牛皮靴，壓得脚趾生痛，起了水皰，附和着道，「我也累了。」

白媽道，「我還要坐一會，今天除了担憂害怕和做了幾支香腸外，沒有做什麼事。」

辨尼和嘉弟走入臥室，立在窄狹的床前脫衣，預備就寢。

辨尼道，「你要是有你媽那樣粗大，這樣窄的床，也許兩人中有一個會擠下床去咧。」

可是兩人都是肌瘦骨細，同睡一床，倒不擁擠。西方天空的紅霞已經消散，屋子裏黯然無光。若麗在睡夢中時時哀號一兩聲。亮月昇起，一片銀似的月色照得臥室內通亮。嘉弟脚趾火熱，膝蓋時時跳動，展轉不能入眠。

「孩子，你沒睡着麼」？辨尼問道。

「一雙脚好像還在跑路似地。」

「我們今天跑的路不少。孩子，你對於獵熊感覺怎樣？」

嘉弟揉揉膝蓋骨道，「我喜歡迴想它。」

「我知道。」

「我喜歡跟着牠的脚跡去追趕牠，我喜歡瞧嫩樹枝被壓倒，和沼澤地裏的鳳尾草。」

「我知道。」

「我喜歡聽老若麗宏亮的吠聲——」

「可是互鬥時慘忍的情形令人害怕，是不是？」

「太可怕了。」

「情形確是令人不忍看，可是孩子，你還沒瞧過熊被打死時的情形咧。熊雖卑鄙可惡，可是當牠倒地，狗撕破牠的喉嚨的時候，牠哀叫着，像人一樣，死在你面前，那時你也會替牠不忍。」

父子寂然了一陣。

「野獸要是不傷害我們，我們不要去傷害牠們」，辨尼道。

嘉弟道，「那些侵害我們的家畜，偷竊我們的東西，我希望把牠們一網打盡。」

「野獸不懂什麼叫做偷竊，牠要生活，牠只知道用牠最好的方法去謀生。人也是如此。虎豹，豺狼，熊，牠們以傷害的方法去攫取食物，這是牠們的天性。園地的界限，人做的籬笆，這對於牠們是毫沒關係的東西。你想，野獸怎知道這是我的園地？怎知道這園地是我花錢買來的？熊怎知道我們是靠家畜活命呢？它所知道的只是肚子餓要吃罷了。」

嘉弟瞧着月色出神，覺得自家的園地像座堡壘似地，四周被飢餓所包圍。也許這時飢餓的眼睛正在月光下閃灼，飢餓也許會竄進園地來慘殺，掠奪，又偷偷地溜走。野猫會跑來殺害鷄羣，狼豹也許在天亮前跑來傷害小牛，老蹻脚或許再來飽掠一頓。

辨尼道，「野獸所幹的，正和我出去打獵時所幹的一樣，牠也要生存，也要扶養小的。「殺戮，否則即是飢餓」。這雖是慘忍的定律，但牠却是個定律。」

但這園地是個平安的所在。野獸來光顧，但又走了。嘉弟想到這兒，不覺混身顫動了一下。

「孩子，你冷麼？」

「恐怕是的。」

他瞧到老蹻脚旋轉身，露出白牙，喘着氣。他瞧到老若麗一躍，被熊掌抓住掙扎奮鬥終於躺下來流着鮮血，但這園地畢竟是個平安的所在啊。

「孩子，睡過來些，煖和點。」

他將身靠近他父親瘦骨磷磷的身體。辨尼伸隻手，挽在他的腦後，他緊緊地貼着他父親的身體睡着。他覺得他父親是平安的保障，父親會迅速泳過河濱，將受傷的獵狗抱回。這園地是平安的所在，父親為園地和他自己的平安而奮鬥。他想到這兒，不覺迷迷惚惚地睡着了。夜間他會被響動驚醒過一次，朦朧中瞧到他父親蹲在屋角的月色中，老若麗撫弄傷處。

詩人的妻

伊林

我從小喜歡看書。最早是連環圖畫的小書；到十來歲時，醉心於鴛鴦蝴蝶派的通俗小說，也就在那個時候，讀了『紅樓夢』，『水滸』，『鏡花緣』等等說部的名著；而對於新文藝的愛好，還是始於十五歲的那年吧。那時我整日價只知看『閑書』，把學校裏的功課反而丟在一邊。記得那時的課業除作文一門之外，其他就簡直不成樣，尤其是數理更莫明其妙。結果是畢業畢不成功，連校裏寄來的報告單都給我偷偷地毀了，沒讓爸看。但是我並不後悔，我仍是拚命地閱讀新文藝。

五四以來，這許多新作家十九都喜歡寫自已的故事，其內容又都可拿革命和戀愛兩詞來總括。從那些故事當中，我所看到的這些文學家們，總覺得他們是一種特殊的人，對他們懷着好奇。他們的思想和生活都和常人不同。而且我看見許多作家的像片，竟然覺得他們的臉相，腔調，和表情本身就是神秘。那時愈看他們的著作愈覺得自己漸漸在和他們這一羣『怪物』接近，漸漸自已的性格，思想，生活方式也都在向着他們這一方面發生着變化。終於，我看着那些小說，詩文時，彷彿裏面的女主人公就是自己——無論在革命，戀愛，……的場合中——了。

那一段時期，我是無意識地生活在文學的夢中。在這夢醒的時候，我才覺悟文學家——或者無寧說藝術家——才是真正的人；雖然他們受過藝術的修養，却是未經琢磨的璞玉。——但在當時我却絲毫沒意識到這些。

就在那一年上，我認識了我現在的『詩人丈夫』。他是我爸（我爸從前是當教員的）的學生。那時他還沒開始寫作，但在他的作文簿上已經寫著小說，詩歌。在學校的作文簿上寫小說詩歌，恐怕只有這位神經質的學生吧。先生不但不阻止，倒還在他的『大作』後面批上『珠圓玉潤』，『詩文均佳』等等像是鼓勵的話，也確得着這位『知音的』先生！

但他這些作文當中已經醞釀他憂鬱

的氣質！他這人雖然是嬉嬉哈哈的，但我和他往來了一時，漸漸地感覺得即使他這嬉嬉哈哈也是憂鬱的。他那圓圓的臉雖像彌陀樣的老是滿面春風，然而這春風當中我直覺地感覺到了神經質的陰氣。這最可以用他的談吐來解釋：他很喜歡說笑話，可是他的笑話的樞鈕便是神經質的憂鬱。譬如，有一次我們拿他的小眼睛開玩笑，他却瞇笑着他的小眼睛回答道：

『那麼小的眼睛已經看見了太多的齷齪；再大了，看出來的天地要變成一團純粹的糞土了』。說着，似乎眼淚要從他正在笑的眼縫中湧出來了。

他自從第一次因逃課來向我爸請罪到我家來，爸教誨了他一陣，替他介紹了我之後，他就常常來我家了。爸似乎很喜歡他，常帶了我和他一同上禮拜堂，聽音樂，看戲……我們漸漸地親密起來；他有時一個人也會約我去看戲，跳舞，逛公園，吃咖啡。我知道他已經愛上我了。他寫了許多書信給我，我也回了他許多。他說世人都不了解他，我却是了解他的。在我呢，我根本不知道了解了他沒有，我只覺得他和那些在我看的小說詩歌中活着，愛着，享樂，受苦的一羣是同類的。我愛讀他寄給我的書信，覺得他的思想很『奇特』，因此也很可愛。他是一隻奇種的鳥，顏色很鮮麗，趾高氣揚地仰起着頭，但却踏着很沉滯的脚步，雖然有時也活潑地跳躍，但那跳躍顯然是神經質的反動，使人的心隨着牠也跳起來。那隻怪鳥的鳴聲很嘹亮很好聽，不過像塞外的胡笳聲，使人聽了不由引起一種哀感，——然而又不是悲觀。

也許因爲他畢竟是詩人吧，也許也眞是那些『怪物』們把我的性格改變了吧，我們的戀史是極不平凡的……。經過了兇浪險濤，爬過了陡峯斷崖，我終於負着一個亂跳的心和他結婚了。

結婚了！一天到晚和他相處在一起，經過了相當長久的時期，現在我是眞的了解了他了，而他却反而說我沒有澈底的了解他。我駁問他不是老早就說我是唯一了解他的人嗎，那不是當時的虛僞的情話嗎？他對此所作的回答永遠縈繞在我的心頭——

『這裏就是你沒有澈底的了解我。從前，我的心是紅的，現在我的心是白的。從前我的靈魂是白的，現在我的靈魂已經變成黑色的了』。說着，他的青筋在他額角上爆凸出來，眼珠裏耀着冷冰的光，牙齒咬得緊緊的，抿緊着嘴唇，像是要哭出來了，却並不哭，撲過來發瘋似地抱住了我：『琳，我愛你！』沉默了一下，『咖啡，要濃』！

我是極愛他的，我知道他的神經質又在作祟了，我可憐他，可憐的孩子！我連忙去替他煮咖啡。但不替他煮得太濃；他的身體實在再經不起過分的刺激了。

當我煮好咖啡上來，大約十分鐘的時間，他却安分地坐在寫字檯椅子上了。左手一把抓住了自己的頭髮，右手握着筆。——他又是在做詩了！我把咖啡端到他面前，果然看見他一首詩寫成了。他的詩是秘不示人的，所以我也不去看他。但過後他的情緒平靜下來的時候，又定會得獻寶給我看的，這該是我唯一的 privilege 吧？

他很珍愛自己的詩篇，每次給我看

篇新作時，總問我『好嗎？好嗎？』有幾篇我實在不懂，但是我又不敢說不懂。我不懂他的詩，他要感受到極度的苦痛。有幾篇實在寫得不大好，但我又不敢說；說他寫得不好，他又要漲紅了灰白的臉（少年時代的圓臉，現在兩頰變成很瘦削了）把他的『血的結晶』撕得粉碎的。

我最怕看他撕詩稿。有時候大概是他自己看了不滿意吧，像對猩猩樣地喘着氣跳起來撕了；撕得粉碎了，他這口氣才平息下來。身體倒塌在椅上，臉色由白而紅，再由紅而轉成鐵樣地青。這種時候，我總在旁冷眼看護着他。我不能去安慰他，我一開口，一呼他的名字，他就要哭。

我不願看他哭，所以只好袖手看着他。

『琳，陪我到外面兜一圈去，好嗎？』等他這樣說時，我眞好比是囚犯聽到了大赦令。

他東西洋文學都很喜歡，書讀得極多。（有些書非常奇怪。有一次我看見他在看一個法文的造橋術的書，彷彿很有味似的，這可怪了，他根本不懂法文，工程學更是一脈不通風，不知他在看些什麼。我也不去問他。後來過了許久，那本書終於不見了。我不知那本書那裏去了，也不知是何處弄來的）。特別喜歡，其作品他已譯出了許多。他在文壇上大家知道他是一個翻譯家，其實他却是一個神經質的詩人。他因爲不肯把詩作發表，所以人家也不知道他是詩人了。

他是一個病態的人，但是那種病態是潛伏在他體內，不是一直表露在外面的。他像是給一個魔鬼盤據着似的。發起神經病（其實也不是神經病）來，就怪得可怕，看着他也可憐，然而平時他也在外面經商，幹事。商人和一般朋友到家來看他，他和他們談起來也很投機似的，再也看不出他神經質的病態，儼若兩個人。只是客人們轉了背，有時他就抵着嘴地惡笑，不知是鄙夷，還是他覺得人們所謂的『人生如戲』。那個時候，他似乎頓時又失了常態。我看着很希奇，但一經他解釋，什麼希奇也沒有了。

『每個人軀體內都有一個靈魂。這個靈魂常常會跑出體外，這便是人的眞面目。有時你覺得我像是發瘋了嗎？不，我始終沒有瘋過。我異於常人嗎？不，常人——因爲是人，也有靈魂，他們的靈魂有時也要溜出體外的。孔老夫子是聖人，是人的模範吧，他終不是瘋子，神經病了吧？但是你想他和他夫人怎樣生下他們的小二的呢？他在下這一顆後代的種子的一刹那，——至少這一刹，他的靈魂一定也溜出過他的軀體的。

……

『文明的人少顯露他們的靈魂，野蠻人的靈魂就是他們的外形。我多少已受着文明的薰陶，野蠻人的天眞却還沒有失盡。這就成了我現在的模樣。人家說我神經病——我知道好些人都在背後稱我神經病——可不知道自己也是神經病。自已做了賊，還用隱瞞着叫人家做賊嗎？其實上帝造的人是都給生就好一副賊骨頭的……。』

我不跟他多說這些了，他的『靈魂又要跑出體外來了！』我怕！

我說我是詩人的妻，也許有許多人

要羨慕我吧？再看看我的這位詩人丈夫，以及我和詩人的夫婦生活，一定又有許多人以爲我是很可憐吧？其實我不値得羨慕，也用不着可憐，可憐的是他。雖然他自已竭力否認神經病至少他是患着神經質，憂鬱病。不過他的憂鬱並不是悲觀的，他好像永遠在和一個想像的惡魔戰鬥。他只說眼前陰暗，却不說這陰暗是不可破的——相反地，他正要打破這重重的陰暗。一次一次的敗戰，他負着傷，吶喊狂叫，他不但不灰心，反而是更加堅定！更加 deperate! 他的戰鬥是慘苦的！我便是這個慘苦的戰士的伙伴。他受了傷，我看護他；他要出陣的時候，我鼓勵他；他敗戰回來時，我又忍着淚百般勸慰他，勉勵他。我對他有信心，我愛他，我痛愛着他。他呢，他也是發瘋般的狂愛着我。我相信假使他沒有了我，他的一生就危險了。——那是無可諱言的。

看護我這位神經質的——『恕我這樣稱你』——詩人丈夫就是我的人生！

呼號

若麟

茫茫的宇宙，
陰陰的愁城，
歷遍了錦里巴山
尋不着一點兒溫暖，光明？
享不着刹那間的幸福，和平？

只覺得冷冷的寒風陰森，
只覺得滾滾的江濤腥腥，
那兒沒是虎狼的壓迫？
那兒沒是惡魔的狂吼！
那兒找得出新的路徑！

只有離我虎狼滿遍的故鄉，
只是硬着心腸辭別了我的爹娘，
飄到長江的盡頭
流浪到這萬惡的海上，
我坎坷的前途喲，我是不能預想。

驛路

紀曼

蛺蝶　裙邊淡白的花紋，
襯着青螺繚亂的斑點，
戲嘘於湖水貪閑的岸邊。
紫葡萄捲出她柔美的鬚芒，
向山崖在作綣戀的親吻，
連松鼠也欣慕她們相愛的眞純。
驛路上停足的老年人，
布袍上長年依附的塵土，
標印出他暮年疲乏的心境。
我無智慧；但有愚蠢；
這駱駝的軀體如今已——
載不起這並世紀被絞榨的笞刑！
五月的太陽灼熱得很，
山茶花都因你頹然而入睡，
我們歡迎你——
來燒燬這東人入墓的園牆。

在墓園的鼓樓上

蘭尼

夜，靜靜的，那條安甯的街上已靜止了一切鐵輪的喧豗聲和人聲的囂鬧了，路燈灰白的搖幌着，夜已是很深了，對面街堂裏十四號樓上的那盞小燈，還是很明亮的照耀着，可是他的門却仍舊關得很緊！

我在太陽還未落山之前已在這墓園的鼓樓上了，我無奈地望那着些金色的纖雲，片片的晚霞，我只是想藉此能稍改我的悲痛，可是，不能，並且飛舞在電桿木上的許多烏鴉的乱噪聲反而倍增了我許多悵然！直到現在，夜深人靜的現在，我還是立在這墓園的鼓樓上，我望着，並且端詳着每一間謐靜的屋宇，和周迴樹梢的黑影，我是靜靜心心的爲着一個人禱祝着，說是祝禱那也許是很勉強的，我只是胡亂地想念着一個人吧了！

這地方，我已經有好幾年沒有來了，但我還是常常想念着它的幽靜，我是一個愛荒涼而又零亂的人，所以靜是覺得格外清美的。

在堂牆邊，有二棵近百年粗大的古柏，現在因年勢的荒亂而也給伐木人砍成二個供人休憩的圓矮櫈了，那裏，整個的鄉村已沒有樹木了，有的，只是那些黃萎的枯草！

夜深風很幽嫻地拂到我的身上來，那種清晰而涼爽的風味，很容易使人想起了一個完美的往昔，那個美，柔，幽嫻的往昔！

在夜色中；那條安謐的灰色的市街，橫欄在衆屋盈盈的中央，宛似一帶長城似的淒清中帶着雄偉，一條九節連環的市街。

可是我的心情和感覺現在已落在寂寞的荒蕪裏了，這裏，矩離上海二百公里，我這一座鼓樓是靠近一條湖岸邊的，那條湖安靜無波地伏在鼓樓下，但我一看見那條湖就恐佈地戰慄起來了，因爲那些無葉的竹管，樓下空無人居的開着的窗戶，還有一種叫人一聽見就

綠色的幻滅

伊林

爬山虎的綠葉又爬上窗沿上來
了，
我向爐香的輕煙中尋找一片綠
色的溫情。

每年，你萎黃，吐落，給我以
惆悵，
每年，我也望你再生，再綠，
以溫一個舊夢。

這回，不幸我開始感到了幻滅
——
是的，『最出色的笑話也經不
起永遠的重覆。』

覺得驚心動魄的風打碎紙窗的尖銳的聲音……在湖邊……

雖然如此，可是我還是預備在這恐佈的鼓樓上，居住一個星期，它的主人，伊佐先生，是我早年的同學，一別已有幾年了，雖然時常還通通訊問，可是已經很久很久沒有碰面了，最近，我在上海接到他的來信，他的信上，意思是，帶着一種小孩子想媽的強求的熱望；要我到他那裏去，他的信上，充滿了抑鬱和厭世的感覺，一種絕望的，沮喪的，不可藥救的慘淡的感覺，還說到他的身體病得很厲害，心情是給毛病刺激得如何如何的紛亂和痛苦！他再三向我表白他是怎樣地想着我，望我去，說我是他生平唯一的知己，希望我到他家裏去陪他，他說，他一見我心裏一高興，他的病體就立即會改輕的，這封信寫得十萬分的誠懇，一點不容我稍加考慮的餘地，當時我就遵從了他的意見，他的邀請，當夜就乘火車趕了去。

從火車上下來，已經是晨光稀微的早晨了，因爲夜來涼了點，所以早晨有點霧，那種白濛濛的霧，很容易叫人難過起來，我走到鎮上，到他的家還有廿餘里路，經我仔細地一打聽，才知道長途汽車要到下午二點鐘才有，可是我如何等得及，我只能拚命的用腿奔了，我從早晨奔到下午，還沒有找到他的祠堂，他的家，再問鄰人，才知道走錯了路。

找到他的家，已經是將近晚晌了，我敲進門去，見一個陌生的婦人，出來開門，她的眼睛隱約地閃爍着淚水，她朝我問道；

——先生是找誰家的？

——伊佐先生的家，我說。

——伊佐先生已經……先生請先到鼓樓上坐坐息吧，那樓上，不會使先生感覺寂寞的，伊佐現在暫時安置在鼓樓對面的屋裏，那婦人一面對我嘮叨地說，一邊走，穿過了花園的月形門，走到大廳前，那扇很粗大的鐵門半掩着，大廳上，已有好幾個客人坐在那裏了，他們都好似在默禱似的寂然無聲，我的情緒由於這種恐佈氣氛所襲，亦開始覺得苦楚起來，於是我半掩着給淚水所侵濕的眼睛，走到最高一層的頂上來了，我因爲有了一種說不出的死的悲苦而上來開眺着，我從東南西北看到夕陽；再從夕陽看到黑夜，我想藉此能稍改我痛苦的感覺，可是不能，只有一羣電桿木上的烏鴉煩厭的聒噪，倍增我許多悲苦和眼淚而已。

亢詠詩鈔

俞亢詠

自畫像

我舉起畫筆，
向牆頭一抹，
管它成何形狀，
那是我生命的像照。

四行

壯志是一口陷阱
靈感是一朵浮雲
我是一塊定命了的頑石
向壯士和詩人點頭……

（錄自『詩一束』）

我立在鼓樓上，一點鐘一點鐘的過去，天色到現在巳經很黑了，鼓樓的廳上燃着了蠟燭，那許多人圍着蠟燭，默然相對，對面屋裏漸漸有一種聲音傳了過來，一種尼姑的唸經聲，那種悽慘的，悲傷的聲音，很刺人的鑽進了每個人的耳膜，很容易的由於那種慘淡的聲音的緣故，使每一個客人都掉下淚來！

天色巳經是漆黑一片了，從夕陽的金光輝輝一直到現在。由於那種慘淡的景象的影響，增高了我許多恐佈的心情，鼓樓頂上，沒有別的通道，只有靠左邊一扇小門進去，通過一間臥房，便可以直達樓下，但是那間臥房却沒有點燈，黑沉沉地，玻璃窗上，掛着黑色的窗簾和帷幕，因爲風吹動的緣故，那帷幕在玻璃窗上像一個人型的黑影子似的幌來幌去擺動着，繞着窗門上的玻璃亂響，於是一種寒冷的戰慄逐慚透遍了我的身體，我的心！

夜逐漸地越來越深了，那條長街仍舊毫無動靜的伏着，那盞路燈巳燃盡了它的油漬了，但是對面那條弄堂裏十四號樓上的那盞燈，還是點得很亮，那扇門却仍是關得很緊，很緊，而尼姑的清脆的唸經聲，不時從對面風裏一陣一陣傳過來，我的手巳經冰冷了，我的身體也戰慄得冰冷似的，我的神經不知如何地暈迷起來，天啊，我那伊佐是不再與我作挑燈夜談了！

著名的科學管理專家泰勒（Frederick Taylor），在管理他下屬的時候，往往用種種手腕，使他的同伴們，不覺得是在受人所指使，而好像出於自已的意志一般。林肯（Abraham Licoln）手下有個名桑梅（Chorles Summer）的，在葛蘭脫總統（Grant）就無法用，而林肯却知道怎樣在不明顯的地方灌輸他的意思，使桑梅按照去做一些也不知道是林肯的意思的事。

立齋夢憶

立齋

一

六月底停刊平報，七月底停刊國民新聞，八月中上海大報的聯合啓事上面，牘了五塊招牌，其中，已只有新申報和新中國報是事變後新出的。

新申報是純粹日本方面的報紙。中國人主辦的，中華日報原是汪先生的報，像香港的南華日報一樣；此外，就要算國民新聞是事變後最早產生的了。

國民新聞的前身是民族日報，穆時英由香港到上海，把民族日報接收過來，改出國民新聞，那時雖只四開一張，但不能說它是小型報。它像昔日的立報，是小型的大報，而且非常重視社論，雖然，幾個月當中，社論幾乎由穆時英自己一個人執筆。

二

穆時英離開香港以前，據說在賭場上大大地失意。但他一到上海，頭腦非常清晰，以藝術者一變而爲政治者的英姿，帶來了全套新的理論。

我以前和他是公園坊的鄰居，還曾給他編的晨報副刊晨曦寫過稿，但雖常在楊邨人的房間裏見面，並不交談。我經過香港的時候知道他也在那裏。所以當他在新雅出現的時候，心裏想：噢，穆時英也回上海來了。

同座的傅彥長先生也告訴當時同座的還有許多朋友：

——這一表人材就是剛到上海的新的理想家穆時英。

一會，他過來了，介紹以後，他誠摯地對我說他一到上海就買了微音編的「南風」和我編的「文筆」，他讀了我的文章。

接着他說出了國民新聞的計劃，而且請林微音編副刊「六藝」，要我們每天寫稿。

三

這一個副刊，如果不是微音和其他兩個最要好朋友編的，不是自己曾經寫過一百天稿子，我眞想說，是這七年來的上海文壇上値得大書特書的一筆。它是的的確確形成了一種純粹的副刊文學的風氣，使上乘的讀者對日報的文藝副頁不作第二家想。

林微音是第一流編輯，穆時英能够一任他發揮他的技能，尤其是幾近乎偏見的執拗，眞是二美具，兩難解的不可再得的機遇。

穆時英決不企圖使林微音也由藝術者一變而爲政治者。他不是不會試過，但是毫無疑問，他看到他即使最能煽動人，最能克服人，他也無法煽動微音，克服微音。不但微音，我，以及還有一兩個朋友無不如此，以致過了半個月，他就連他的全套新的理論也不敢帶到新雅來了。我們抵制他的傳道的方法是：當他是在演說，我們吃茶抽烟，顧左右而言他，讓他漸漸感覺到他的寂寞。

然而我們不是不歡喜他，我們甚至很愛他，只有他到新雅來，只是一同吃茶，抽烟，談談不着邊際的事，而不及他的義。後來他也的確做得到這樣了。他開始講他的笑話。

四

穆時英帶了許多笑話到新雅來，這些比之他的理論，百倍受團團一桌的朋輩的歡迎。微音是最最講究細節的，他從來沒有粗燥的舉止，也從來不大笑；但是時英的笑話，常常使他忍不住，不得不前仰後合。

這些笑話傳給我，使我用了這幾年，也在朋輩中成爲一個擅講笑話的人。自然盡是有關猥褻的，它們有一種力量，就是當你說給你的朋友聽，如果是男的，他當夜一定轉講給他的妻子或者膩友聽，如果是女的，她的丈夫或者情人也一定當夜就知道了，這樣一傳二，二傳三，快似牧師傳道，增加靑年男女不少閨房的樂趣。

在這裏我却只能記述其中的一個：

據說，不愛江山愛美人的英國遜位的皇帝愛德華，當他還是太子的時候，有一次到爪哇去視察，總督知道他好色，那夜就選給他一個土產的絕色。愛德華在和她纏綿之際，只聽得那個爪哇女郎連呼「野路」，狀若不勝，愛德華以爲一定是不可支的親暱表現，因之很得意，但不懂野路一詞的意義。問總督，總督竟也不懂。第二天他到運動場去打高爾夫，忽聽拾球的。孩子也喊「野路」，過去問他，那孩子說：「野路是打錯了一個洞」！

五

現在幾乎有人以爲政治家一定好色，甚至，好色也成了政治家的條件似的。其實色是人人好的，在政治家，却因爲容易成爲逸聞，倘要使逸聞近於佳話，必須人生得漂亮，言行能够做到風趣。這兩點，穆時英當之無愧，雖然他年輕夭折，壯志不酬，終於只做了大半個作家，小半個政治家。

穆太太管時英很嚴，時英愛舞，穆太太給他着厚厚的豬肉皮底的方頭皮鞋，但時英另備薄底尖頭皮鞋在外面，回家的時候才換上。穆太太明知他靠不住，檢查他的上裝肩膀，檢查他的領帶。有一回，時英回家極遲，上床就睡，第二天早上穆太太把一條縐領帶放在他的面前，問他做了什麼壞事，他心虛膽寒，老實招認了，答應下次再也不敢，不想穆太太笑了出來，說領帶是她弄縐了試驗他的。

上月在新雅看見穆太太，她正在和路氏兄弟商量出時英全集的事，我不會過去，覺得安慰的話，反會引起她的傷感，即使不說話，看見時英的舊友，也只會引起她悵然的。

六

時英遇難前一月，到日本去了一次，回來說船上十分驚險，好像因此就引起了他的生和死的思索。不久，他就被一種恐怖的感覺所滋擾，他幾乎每天要找一個算命的給他算命，找一個看相的給他看相，他是一個眞正問兇不問吉的君子，他幾次劈頭就問那些術士他會得死嗎。其時上海充溢按牒索人的灰色馬中的氣氛，時英自信黑牒上不會有他的名字，但是口上的自信，他的心理不得不爲一些星相家的胡言亂語所左右。

有一個術士一口咬定他在半月內有生命之虞，已過半月，他的眼睛生了一場大病，幾乎失明，他以爲這就是術士所說的大晦氣。他比較放心了一點，雖然他一直行動如故，一定的時候到新雅，一定的時候到女子銀行大樓國民新聞社，他沒有自備汽車，他也沒有自衞手槍。他終於在一個雨的傍晚，從國民新聞出來，坐在人力車中，接受了兩粒子彈。

第二天一早看見國民新聞的第一條和他的照片，下午到新雅，大家都沈默，大概沒有一個人不這樣想：這是藝術的領域的損失，爲藝術計，藝術者還是不要有政治理想的好。爲政治計呢？我們這幾個沒有理想的人都說不出。

七

劉吶鷗繼任國民新聞社長，在愚園路半夜舞廳請六藝寫稿人吃了一餐富麗堂皇的夜飯。劉吶鷗幾乎是惟一可以保持六藝的風格的人，但微音進中華日報編華風，六藝他不編了。劉吶鷗要我編下去，我老實有點怕，而且我那時也不靠文化人的招牌和文字工作過活，一個商業機關正給我天天可以上國際聯歡社一面打紙牌一面吃威士忌，我謝絕了，劉吶鷗改請了復旦大學學生謝聞玄，六藝的基本作者，新雅的每日必到的茶客。聞玄編六藝，使六藝的文章題目，長到頂天立地，一個題目的最高的紀錄好像是四十七個字，這種大胆的作風，前不見古人，後未必有來者，也只有劉吶鷗這位天才社長能够欣賞。及聞玄腰纏三百元，與楊彥歧張家俊去香港，六藝編務交給了盧文希。盧文希，小說散文力學穆時英，頭角初露，不幸貧病，短命死矣！

自微音脫離，聞玄和文希編的六藝，我都不會寫稿。文希編六藝不久，劉吶鷗長國民新聞甫月，在新雅，我們又有了第二回的沈默。劉吶鷗也被槍殺了，他的身胚，尤其是他的肚皮，我在第一次看見他時就爲他危，不知怎樣我會得奇奇怪怪的想，他的肚皮太像會得裝一粒槍子了。他也時常到新雅，一面吃點心，一面用手帕揩汗，做衣去舞場，也揮汗不已，但他從未担心，不像時英會有一時爲死的恐怕所苦。

惟賢者必與賢於己者處。

——呂氏春秋

正義與入地獄

舶菩

世間上所謂的正義(justice)要嚴格地下一個定義確實很難，柏拉圖解釋以節制智慧勇敢三者，得完全和解之態亦即社會之風俗習慣制度道德，均在圓滿無闕之境，是爲正義，一般的解釋，大約是說合理的規範的名譽的是正義，如其反是，那就是違背了正義，不過正義雖然能起很大的作用，我們總覺得它僅是一個名詞，一個屬於倫理方面的名詞。

正義的存在與被運用發揮，却不大合邏輯，往往是各人本着各人的立場而詮釋而運用而發揮的，根本與它本身的意義相離太遠，是常有的事。

社會主義的布爾塞維克，對於正義的解釋，就不會與自由民主主義的德謨克拉西一樣，這是很顯然的，我們看在戰爭時的任何一方面，都在喊出爲正義而戰爭的口號，究竟誰是爲眞正的正義而戰爭，恐怕誰也有一點莫明其妙，如果彼此都遵循着正義而行動的話，那末大家就會自已放下槍桿，還來什麼戰爭？因此我對於正義的看法，就無法認定，但也無法否定，只覺得它是在認定與否定的分野之間存在着的，也只有讓利用它的人以各自的立場去發揮它！

歷史上有很多人和很多事，却是發乎正義，結果到逃不掉後來的遺臭，萬世的唾罵，實在使人爲他們或它們抱很大的不平。

一個眞正爲救人類救社會而工作的人，在他的行爲上決沒有留心去求粉飾，去求酬報——名譽上的酬報或物資上的酬報，他偉大的苦心，就是不計毀譽的只求能達到救人類救社會於危殆的目的，達到這目的所用的手段，根本沒有去考慮過它，因此乃蒙受了後世的寃誣，照一般人的目光來看，這種行爲的表現確實是人類的敗類，社會的壞人，但，假如按當時環境民族安危的立場去研究，就覺得這種工作太偉大了，眞是毀了自已救了大家，因爲只有這一途，才能救得了大家，救到了大家，而自已却蒙受了寃誣，這種精神就是入地獄精神，可是正義對於他的批評，還是只有詆毀。

眞正要做一件偉大的事，非具着入地獄的精神不可，沒有這種精神的人是沒有勇氣去嘗試的，即使有人想到這些，一慮到現在和將來乃至永久的毀譽問題，他就不敢做了，就是曾經在腦海中回旋過的偉大的事，也就因顧忌自已的毀譽而放棄了，這一類人，結果仍是庸碌一生，雖然自己無所謂毀譽，而究竟是不置一談的。

從另一方面講，也很有趣，有時候一個人惟恐自己入地獄，拚命地做不入地獄的事，結果到是免不了入地獄，有人準備入地獄，拚命地做入地獄的事，結果到沒有入地獄。

四川省有比較進步的建設——交通上的馬路公路，街市上整齊的洋房，最初主張實行的人是楊森，（現在是貴州省主席）他是一個軍人，在成都主政時（大約民國十幾年）首先主張改修街市馬路，他想到就做，在撤毀舊建築的街衢住宅店家時，自然要毀掉一些含有古典意義的東西，也很勞民傷財，所以成都的士紳前輩如五老七賢（指林山愚廖吉平徐子休方鶴齋趙熙駱公驌等）之輩，就羣起反對，市民本身為了怕麻煩和破費，自然十分不願意，十分表示痛苦，也附和在請願之列，楊森在幾度接見士紳加以說明，仍然有很多人來麻煩之後，他就出一個通告大意說：如果再有為此事而來求見，即以軍法論罪，而一切麻煩，馬上就消聲匿跡了，想做的事，雖然在怨聲載道敢怒而不敢言情形之下，也就實現了，四川各城市公路之有今天的整飭，誰不說是楊林的功績，假如當時他計慮到自己的毀譽，這偉大的事業，不知道要什麼時候才能開始，現在四川的人民提到他，總是有口皆碑，十分敬服的，他就是抱着入地獄的決心，結果到沒有入地獄，我們就覺得未來的毀譽，其結果是不一定的。

漢末時代的譙周，以勸降策議獻給劉禪降魏以後，歷史至今還不能原諒他，還是詬罵他，連博學宏詞的袁子才先生也罵他是老而不死的東西，其實他這個策議的作用，的確不但救了好多生靈於塗炭，而且也救了劉禪的本身。

歷史在當時只以漢為正統來批評，其實漢以後還不是以魏和晉作正統？不知撰史家為什麼不顧實際，不計環境？只以成敗為立場，如果歷史家眞有他的苦衷，又當別論，事實上就是怕自己會受別人的口誅筆伐才如此吧！所以我以為最會拍馬屁的人，就是修撰歷史的人。

貝當是抱着入地獄的精神而救了法國的國脈和人民，聽說現在的法國還主張殺他以謝國人，並且數他三大罪狀，說他不該「和德國簽訂休戰條約」，不該「自承戰敗，接受戰敗」更不該「以戰敗者的資格與戰勝者合作」，這些罪狀，却是德國老人安特雷莫奈特準備提出的，其實我們只要冷靜一點去試想，安特雷的所謂控訴貝當的罪狀，不就是救了法國國脈人民的偉大策略麼？如果不簽休戰條約就得戰爭，不自承戰敗，接受戰敗就得戰爭，不相互合作，上面的條約就不能成立，當時的德法之戰，十日不到首都巴黎就失陷，如果不停戰，只要過一兩月，法國的國族，恐怕早就滅亡了，法國之有今天不是貝當的功績，又是誰的呢？但是正義亦似乎不能原恕他，他只有入地獄了，為了救國救人。

希特勒只着重於英雄方面的成功，硬把一個世界上什麼東西都是第一位的德國弄到滅亡，喜歡悲壯歷史的人，到覺得看得很痛快很夠味，愛惜人類優秀競爭的人，只有為之喟然而嘆，如果希特勒在大戰的末期也拿出入地獄的精神，那末，今天的德國，至少比法國總要強些。

權變的經驗告訴我們，到了緊要關頭，處理偉大業事，是絕對不可求痛快的。所以我們只好把這個抽象的名詞，——正義，用合理的主觀去運用它，發揮它，拏權變的經驗來證明它，就是入了地獄，事實上也是成功的勝利的。

一九四五，七，二四。

編後語

本刊自第三期「復刊」以後，蒙孫曜東先生李時雨社長大力支持指正，得以有新生進步的成績，這不但有力於文化運動，而且有益於社會建設。

關於本刊內容，我們是時時兢兢業業地去求整飭，求多有一點於文藝方面的貢獻，因爲上海人所需要的精神食糧，不，中國人所需要的精神食糧，不一定是純低級趣味的東西，有時候你就拏一點可以供之於堂廟之上的上品給他們，他們也會受用的，因此我們就本着這個宗旨去努力。

從三期——六期連載賀之才先生賜譯的法國歷史名劇本——無忌夫人，實在的名貴的作品。賀先生是北京大學的老教授，是從事於文藝戲劇運動的老前輩，他的譯筆，可以斗膽說一句是爐火純青的，我們且看他以前先後譯出羅曼羅蘭的戲劇叢刊各種偉大作品，如羣狼、七月十四、哀爾帝、理智的勝利、李柳麗等就可以知道了，他以後還要每期給本刊紹介世界有名有價值的文藝作品，你想我們是應該如何的感激和高興呵！

本刊的俄國文藝與德國文藝，是承范紀美先生譯寄的，聽說范先生是留德的，且在法、意、俄、奧各國居住了十年以上，幷於文學、美術、晉樂各方面的造詣，都很精深，尤精識德、意、法、英、俄、荷蘭各國文字，從前亦曾爲黎烈文先生主編的「譯文」譯作不少，本刊承他賜寄譯述各國文藝，這不特我們感激，就是讀者也一定很興奮吧！

傳彥長先生是難於執筆的老作家，作品渾簡蓄深，，謝耆兄說他是「幽蘭自賞」，的確不錯，能爲本刊每期寫作，眞是萬分銘篆。

還有一位署名爲清映、問天的，就是鞠清遠先生，也是很難握管的，他是以「辛辣」見長的大作家，事變前出過風頭不少，能爲本刊撰著，亦是難能可貴的事，謝謝！

繙譯意大利，皮藍荻洛小說的徐婁小姐，譯筆清麗細緻，她從前在泰晤士報，字林西報譯過不少的文章。

張契尼兄是成功的譯著家，他自告奮的願爲本刊的基本執筆人，他的譯筆十分洗鍊，創作亦極精沉。

他如王予先生，洪山道先生，文載道先生、離石先生、伊林女士、聶淼先生以及不斷賜稿的各作家，使本刊增色不少，我們在這裏敬致謝禮了。

附帶一點小說明，就是本刊原爲定期的「月刊」，可是現在却成了不定期的「不知什麼刊」，眞是自愧不已！不過大家得原諒，本刊之所以如此者，其責任不在我們一方面，因爲本刊的各種條件都可以使牠不致脫期，而意外的如印刷所發生工潮哪！空襲停工哪！工人散去哪！還有種種使人意想不到的遲緩原因，可就沒法預爲防患了，像第五期從交印到出刊，花去了四十幾天的功夫，就是爲了這些。所以現在我們的辦法除了自行設法爭取和調整比較正確的時間外，只有求讀者原諒了。編者

光化廣告刊例

地位	面積	刊費
後封面	全頁	80000
封裏	全頁	70000
底裏	全頁	60000
目錄前	全頁	50000
目錄後	全頁	50000
目錄特	全頁	50000
普通	全頁	40000
普通	半頁	30000
普通	三分之一	20000
普通	四分之一	10000

光化 月刊 第一卷 第六期

宣傳部登記證滬誌第二九二一號

三十四年八月十五日出版

編輯者 光化出版社

發行者 光化出版社

印刷者 中國科學公司

經售處 街燈書報社及全國各大書局

本期售價每册國幣三千圓正

社址：上海雲南路二六五弄B字八號

電話 九〇二〇八

瑞華皮鞋公司

出品精良

式樣美觀

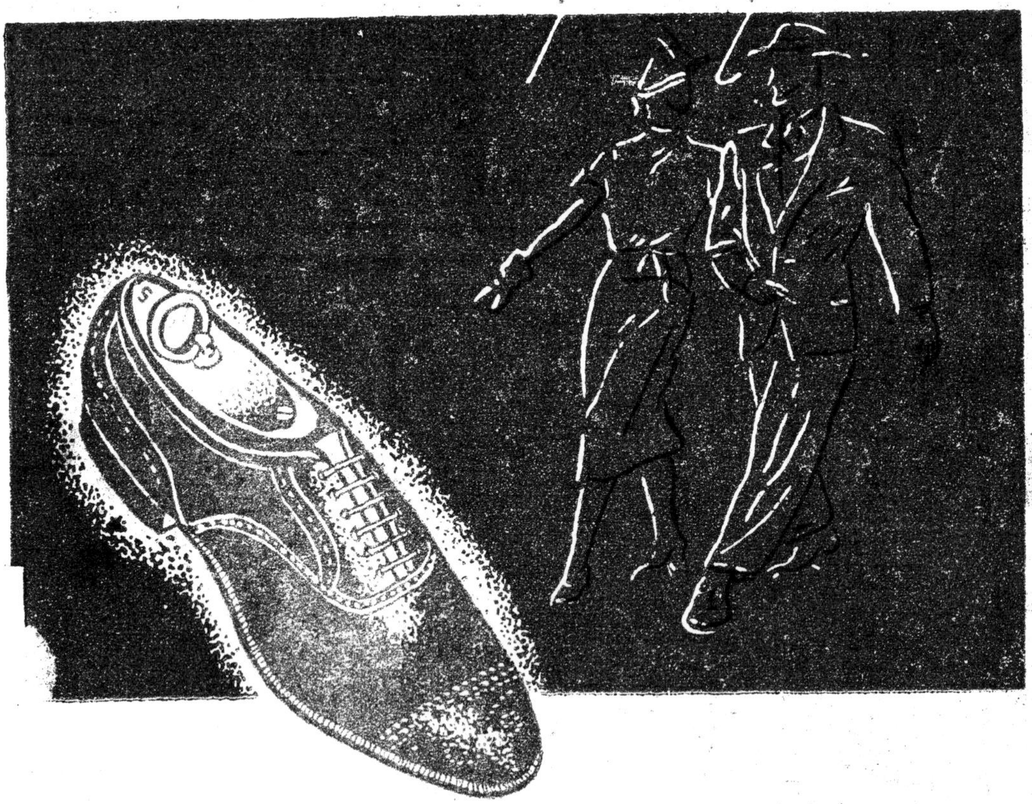

靜安寺路一〇九四號

光化（二）

數位重製・印刷　秀威資訊科技股份有限公司
https://www.showwe.com.tw
114 台北市內湖區瑞光路 76 巷 65 號 1 樓
電話：+886-2-2796-3638
傳真：+886-2-2796-1377
劃 撥 帳 號　19563868　戶名：秀威資訊科技股份有限公司
讀者服務信箱：service@showwe.com.tw
網 路 訂 購　秀威網路書店：http://store.showwe.tw
國家網路書店：http://www.govbooks.com.tw

2020 年 2 月
全套精裝印製工本費：新台幣 6,000 元（全套兩冊不分售）

Printed in Taiwan　ISBN: 978-986-326-777-5　CIP: 487.78

本期刊僅收精裝印製工本費，僅供學術研究參考使用

ISBN 978-986-326-777-5